KB271927

한 권으로 총정리한
물리의 법칙

김영태 지음

한 권으로 총정리한

물리의 법칙

바다출판사

머리말

일반인들이 어렵게 생각하는 물리에 관한 책을 선택하신 여러분께 진심으로 감사의 말을 전합니다. 사회가 물리가 어렵다는 편견을 가지게 된 데는 물리학자들도 한몫을 담당했습니다. 유명 물리학자들의 "전 세계에서 상대성이론을 이해하는 사람은 3명뿐이다" "양자역학을 제대로 이해했다는 사람은 이 세상에 단 한 명도 없다"라는 등의 말은 일반인들에게 천재들조차 이해하기 힘든 물리는 정말 어려운가 보다라는 강한 편견을 심어주었습니다. 이런 편견에 더하여 실제로 중고등학교 때 물리를 배우면서 다른 과목에 비해 물리가 어렵다는 생각을 더 강하게 하게 됩니다.

사실 간단한 내용조차도 깊이 완벽하게 이해한다는 것은 정말 어렵습니다. 방송에서 인기를 끌고 있는 〈벌거벗은 세계사〉를 보면서 피상적으로 알고 있던 역사적 사실이 잘 알려지지 않은 여러 원인들에 의한 결과임을 깨닫고 놀라게 됩니다. 역사를 방송처럼 공부했다면 얼마나 이해에 도움이 되었을까 하는 생각이 듭니다. 물리도 동일합니다. 물리를 완벽하게 이해하기는 힘들겠지만 좋은 스승을 만나 물리를 배운다면 지금보다 훨씬 이해하기가 쉬울 것이고 물리가 어렵다는 편견도 많이 사라지지 않을까 하는 생각을 해봅니다.

이 책은 물리에 대한 일반인의 이해를 돕기 위해 쓴 책입니다. 물리를 전공하려는 독자는 물론이고 물리에 관심을 가진 독자들에게 물리 전반을 소개하는 것이 목적입니다. 특히 왜 어떤 분야가 등장했고 왜 어떤 현상이 일어났는지 이해하도록 하는 데 초점을 맞추고 있습니다.

물리物理는 한자어로 사물의 원리를 연구하여 밝히는 학문입니다. 자연 현상은 복잡하지만 자연을 움직이는 원리는 단순하다는 가정에서 물리가 출발했습니다. 갈릴레이와 뉴턴이 등장하기 전에는 지상의 물체와 하늘의 물체가 각기 다른 원리의 적용을 받는다고 생각했으나 뉴턴 역학의 등장으로 모든 물체는 동일한 원리를 따른다는 것이 밝혀졌습니다. 전기와 자기 역시 동일한 역사적 과정을 따라 전자기학이라는 하나의 원리로 통합이 되었습니다. 이처럼 물리가 발전하면 할수록 지금까지 드러나지 않았던 자연 현상들이 드러나고 결국 하나의 원리가 여러 현상을 설명하게 될 것입니다. 여러분도 이 책을 통해 이런 물리의 발전 과정을 눈여겨 보기 바랍니다.

이 책은 18세기 시작된 뉴턴의 역학부터 19세기의 전자기학, 광학, 열역학 그리고 20세기에 등장한 상대성이론과 양자역학, 이후에 등장한 핵물리학, 입자물리학, 고체물리학, 최근 등장한 나노물리학, 인공지능까지 다양한 물리의 분야를 다루고 있습니다. 이 책 한 권으로 물리 전반에 관한 많은 지식을 얻을 수 있으리라 생각합니다. 또한 이전에 몰랐던 물리 내용에 대한 깊은 이해가 가능하리라 예상해봅니다.

  물리는 현재 무생물인 사물의 연구를 넘어 단백질, 인간의 두뇌까지 연구 대상을 넓히고 있고 많은 흥미로운 결과를 얻고 있습니다. 물리는 전공자 외에 비전공자에게도 매우 중요합니다. 물리는 공학의 어머니라는 말이 있을 정도로 물리는 공학과 떼려야 뗄 수 없는 관계를 맺고 있습니다. 고체에 대한 물리 연구가 없었으면 반도체 소자가 불가능했을 것이고 지금의 전자 산업이나 정보 산업이 존재하지 않았을 것입니다. 양자역학의 원리를 이용한 양자컴퓨터와 양자통신이 미래를 바꿀 날도 얼마 남지 않았습니다.

  처음에는 이해가 되지 않고 힘들더라도 끝까지 이 책을 읽어주시기 바랍니다. 읽는 동안 내용이 이해가 잘 안 되는 부분이 있다면 책을 덮고 눈을 감고 천천히 명상을 해보세요. 내용과 관계된 사례들을 머리에 떠올려보세요. 아마도 서서히 개념이 잡히고 이유가 이해가 될 것입니다. 이 책은 소설처럼 굳이 급하게 읽으려 할 필요가 없습니다. 이 책을 음미하며 읽는다면 미래에 충분한 보상을 받으실 것으로 믿습니다.

차례

떨어지는 물체, 무게는 달라도 가속도는 일정하다

최초의 근대 과학자 갈릴레오 갈릴레이(1564~1642)에서부터 우리의 이야기를 시작해봅시다. 갈릴레이는 중세 자연철학을 무너뜨리고 과학혁명을 이끈 선구자 중 한 명입니다. 그가 코페르니쿠스의 지동설을 옹호하다가 종교재판을 받고 재판정을 나서면서 "그래도 지구는 돈다"라는 말을 했다는 일화는 너무나 유명하죠(그가 정말 그런 말을 했는지는 확실하지 않지만요). 갈릴레이는 물리 현상을 설명하는 데 수학을 적극적으로 도입하였고, 과학 연구에서 관찰과 실험이 중요하다고 강조한 최초의 인물이었습니다. 갈릴레이는 망원경을 개량하여 태양의 흑점과 목성의 위성을 발견하였고, 공을 높은 곳에서 떨어뜨리거나 경사면에 굴리는 실험을 통해 물체의 운동을 설명하는 '속도'와 '가속도'의 개념을 확립했습니다. (하지만 그가 피사의 사탑에서 했다는 낙하 실험은 한 제자가 지어낸 이야기라고 합니다.) 갈릴레이의 낙하 실험과 유사한 오늘날의 예를 통해 운동에 관한 첫 법칙을 알아볼까요.

떨어지는 물체의 시간, 위치, 이동거리의 관계를 알아내다

서울 롯데월드에 가면 자이로드롭이라는 놀이기구가 있습니다. 사람을 태운 놀이기구가 80m의 높이에서 떨어지는데, 사람이 땅에 이르는 데 걸리는 시간은 겨우 4초 남짓입니다. 이렇게 빨라서는 1초, 2초, 3초 후에 사람이 어느 높이에 있는지 육안으로는 알기 어렵습니다.

하지만 현대에 발명된 고속 카메라만 있으면 제아무리 빠른 물체라도 그 운동 과정을 자세히 살펴볼 수 있습니다. 눈으로 볼 수 없는 빠른 현상을 고속으로 촬영하여 느리게 돌리면서 그 과정을 생생히 엿보는 것이지요. 우유에 우유 방울을 떨어뜨렸을 때 생기는 멋진 왕관 모양이나 총알이 사과를 뚫고 지나갈 때 사과가 터지는 모습은 맨눈으로는 볼 수 없고 오직 고속 카메라로만 볼 수 있습니다.

고속 카메라를 이용하면 지금으로부터 400여 년 전 갈릴레이가 꿈꿨던, 수직으로 떨어지는 물체의 운동을 눈으로 보는 기적이 가능합니다. 옆 페이지의 사진은 공이 떨어지는 모습을 고속 카메라로 촬영한 것입

갈릴레오 갈릴레이

　　떨어지는 물체, 무게는 달라도 가속도는 일정하다

니다. 공이 높은 곳에서 낮은 곳에서 떨어지는 찰나의 순간을 포착한 것으로, 이를 통해 떨어지는 물체의 운동을 눈으로 직접 확인할 수 있습니다. 만약 고속 카메라가 없더라도 스트로보라는 특수 조명기만 있으면, 이런 사진을 찍을 수 있습니다. 어떻게 이런 촬영이 가능하냐고요?

항상 빛을 내는 전구와 달리 스트로보는 일정한 시간 간격마다 짧게 빛을 냅니다. 예를 들어 스트로보가 1초에 30번 빛을 낸다고 해봅시다. 그러면 시작 시간으로부터 1/30초 후에 빛이 잠깐 비쳤다가 꺼져 정확히 1/30초일 때의 물체의 위치만 볼 수 있습니다. 다음에는 2/30초, 3/30초, 4/30초, 5/30초 등에 빛이 잠깐씩 비춰져 각 시간별로 물체의 모습이 카메라에 기록됩니다. 그러면 위와 같은 사진을 얻게 됩니다.

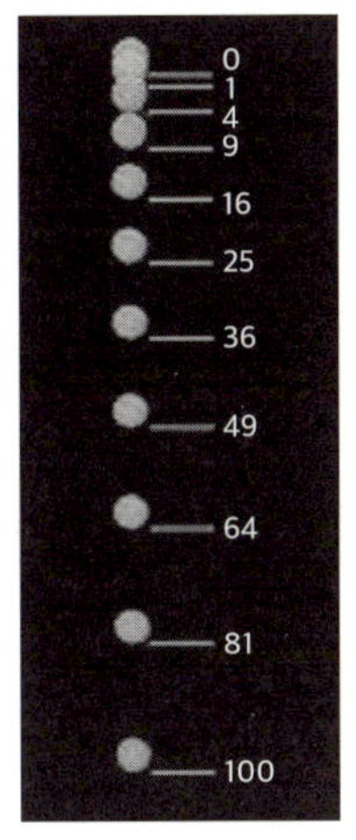

고속 카메라로 촬영한, 수직으로 떨어지는 물체의 운동 모습

사진을 보면 공이 같은 시간 간격 동안 달리 움직이는 것을 알 수 있습니다. 시간이 지날수록 움직이는 거리, 즉 이동거리가 길어지지요. 갈릴레이는 경사면 실험을 통해 이런 사실을 직접 눈으로 확인하였습니다. 이동거리가 시간이 갈수록 길어진다는 사실을 발견한 것도 대단한 일인데, 갈릴레이는 여기서 한 걸음 더 나아갔습니다. 자신의 전공인 수학과 그래프를 이용해서 말이지요.

무슨 말이냐고요? 스트로보나 고속 카메라를 이용해 찍은 사진에는 시간 간격이 정수배일 때의 공의 모습만 남기 때문에 시간과 공의 위치를 쉽게 알 수 있습니다. 만약 공이 1/30초 간격으로 찍힌 것

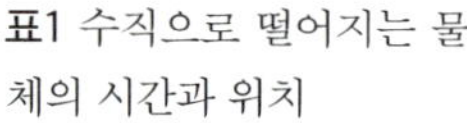

시간	위치
0	0
1	1
2	4
3	9
4	16
5	25
6	36

표1 수직으로 떨어지는 물체의 시간과 위치

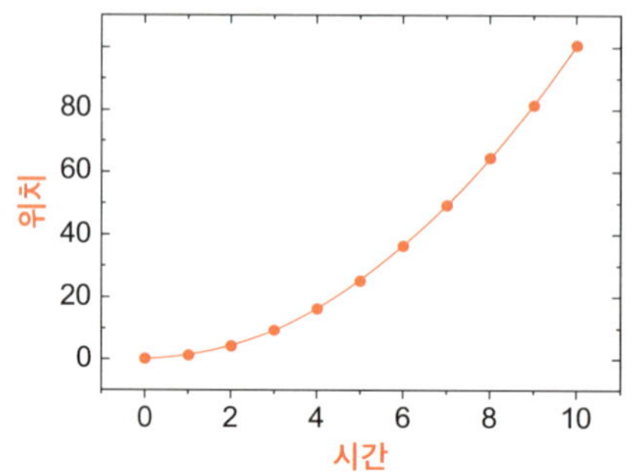

그래프1 수직으로 떨어지는 물체의 위치가 시간의 그래프로 그려져 있습니다.

이라면, 시간은 0, 1/30, 2/30, 3/30, 4/30초 등이 됩니다. 앞의 사진을 보면 각각의 시간에 대한 공의 위치가 0, 1, 4, 9, 16, 25 등으로 적혀 있습니다.

이제 공의 위치를 그래프1과 같이 시간의 그래프로 그려봅시다. 그래프의 위치와 시간에 미터(m), 초와 같은 단위가 붙어 있지 않습니다. 물리학에서는 단위가 무척 중요하지만, 여기서는 공의 위치와 시간 사이에 무슨 관계가 있는지 알아보는 것이 목적이기 때문에 단위는 잠시 무시하기로 합니다.

갈릴레이는 그래프를 보고 시간과 위치 사이에 단순한 수학적 관계가 있음을 발견합니다. 여러분도 한번 찾아보세요. 힌트를 주자면, 우선 표1과 같이 시간과 위치의 표를 만들어 규칙을 찾아보는 겁니다.

표를 보니 규칙이 보이지요? 위치가 시간의 제곱과 같군요. 이를 발견했다면 여러분도 갈릴레이 못지않은 관찰력을 가진 셈입니다. 이제 지상에서 떨어지는 공의 위치와 시간은 다음과 같은 수학적 관계를 가집니다.

떨어지는 물체, 무게는 달라도 가속도는 일정하다

시간	위치	이동거리
0	0	
1	1	1
2	4	3
3	9	5
4	16	7
5	25	9
6	36	11

표2 수직으로 떨어지는 물체의 위치와 이동거리

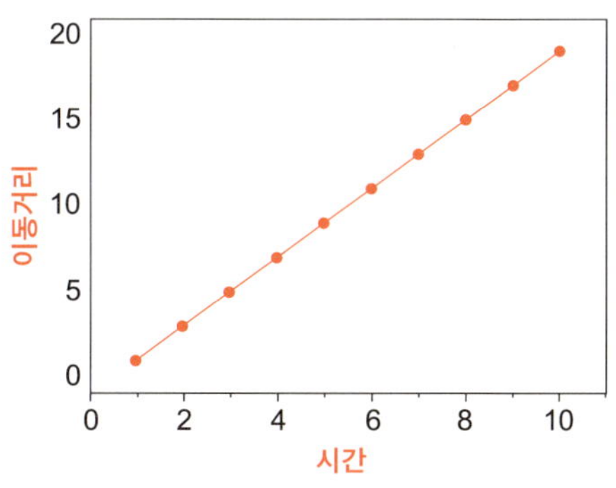

그래프2 이동거리와 시간의 그래프. 이동거리가 시간에 비례한다는 것을 알 수 있습니다.

$$위치 \propto 시간의\ 제곱$$

과연 공만 그럴까요? 갈릴레이는 여러 종류의 물체로 실험하여 위의 수학적 관계가 물체의 종류에 상관없이 항상 옳다는 사실을 확인하였습니다. 이제 위의 수학식은 떨어지는 모든 물체가 따라야 하는 물리, 즉 **자연의 원리** 또는 **자연법칙**이라고 볼 수 있습니다.

다음으로 갈릴레이는 떨어지는 모든 물체가 왜 위의 수학식을 따르는지 궁금해했습니다. 그는 더 간단한 답이 숨어 있을 거라 생각했고, 답을 알아내기 위해 궁리했습니다. 여러분이라면 답을 찾기 위해 어떤 방법을 쓸까요? 이런 방법은 어떨까요?

일정한 시간 간격 동안 이동한 거리가 시간과 어떤 관계를 갖는지 표를 만들어 알아보는 것입니다. 표2에 물체의 이동거리와 위치 및 시간이 표시되어 있습니다. 이해하기 쉽도록 위치와 시간의 단위를 m와 초라고 하면, 처음 1초 동안 공이 이동한 거리는 1m − 0m=1m, 다음 1초 동안 이동한 거리는 4m − 1m=3m 등이 됩니다. 이 값을 표에 적고 나서 이동거리와 시간의 관계를 생각해보면, 이동거리 역시 위치처럼 시간에 따라 커지지만, 급격히 커지지 않고 시간에 비례해 커지는 것을 알 수 있습니다.

표에 적힌 숫자에 따라서 이동거리를 시간으로 표시한 그래프를 그려보면 관계를 더 잘 알 수 있습니다. 그래프2를 보면 물체의 이동거리가 직선으로 나타납니다. 따라서 앞선 수학식처럼 이동거리를 다음과 같이 적을 수 있습니다.

$$\text{이동거리} \propto \text{시간}$$

비슷한 실험을 한 번 더 해봅시다. 위치의 차이로 이동거리를 구한 것처럼, 이번에는 이동거리의 차이를 구하여 표에 적습니다.

놀랍게도 이동거리의 차이는 표3에서 보는 것처럼 시간에 관계없이 항상 2가 됩니다. 그래프3은 시간에 따른 이동거리의 차이를 그린 것으로, 값이 일정하다는 사실을 알 수 있습니다. 복잡하게만 보였던 떨어지는 물체의 운동에 '이동거리의 차이는 시간에 관계없이 항상 같다'라는 단순한 자연의 원리가 숨어 있었다니…. 인류 역사상 처음으로 이런 비밀을 발견하고도 교회의 박해로 드러내 놓고 기뻐할 수 없었던 갈릴레이는 얼마나 답답했을까요?

등가속도 운동은 우주 전체에 적용되는 보편법칙

지금까지 이야기한 내용을 정리해봅시다. 실험을 통해 떨어지는 물체의 위치를 시간에 따라 측정합니다. 위치와 시간의 표를 만들고, 일정 시간 동안 이동한 거리와 이동거리의 차이를 계산하여 표

   떨어지는 물체, 무게는 달라도 가속도는 일정하다

에 적어 넣습니다. 이 표를 이용해 그래프를 그리면 위치는 시간의 제곱에 비례하고, 이동거리는 시간에 비례하며, 이동거리의 차이는 시간과 관계없이 동일하다는 사실을 알 수 있습니다.

갈릴레이 이후 학자들은 물체의 운동을 해석하는 데에서 시간에 따른 물체의 위치, 이동거리, 이동거리의 차이를 알아내는 일이 매우 쓸모 있다는 사실을 깨닫습니다. 물리학에서는 이처럼 유용하고 자주 쓰는 내용에 이름(물리학 **용어** 또는 물리학 **개념**)을 붙입니다. 위치는 그대로 **위치**라고 부르지만, 이동거리는 **속도**, 이동거리의 차이, 즉 속도의 차이는 **가속도**라고 부릅니다.

일정 시간 간격 동안의 이동거리 = 속도
일정 시간 간격 동안의 속도의 차이 = 가속도

지상에서 '떨어지는 물체의 운동'은 가속도가 일정한 운동(**등가속도 운동**)의 좋은 예입니다. 가속도가 일정한 운동에서 속도는 시간에

시간	위치	이동거리 (속도)	이동거리의 차이 (가속도)
0	0		
1	1	1	
2	4	3	2
3	9	5	2
4	16	7	2
5	25	9	2
6	36	11	2

표3 수직으로 떨어지는 물체의 위치, 이동거리와 이동거리의 차이

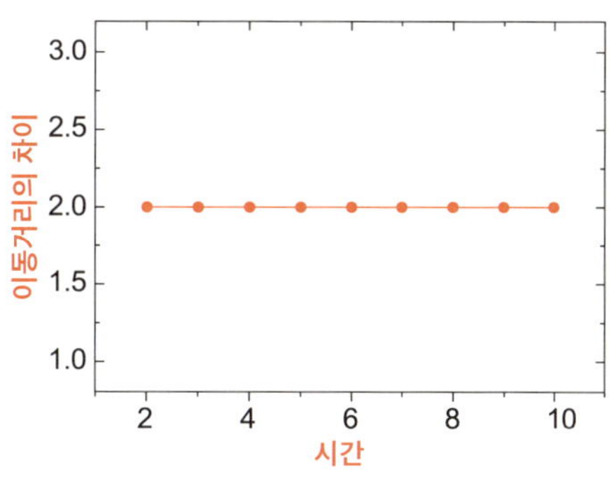

그래프3 이동거리의 차이(가속도)와 시간의 그래프. 이동거리의 차이는 시간에 관계없이 동일합니다.

비례하고, 위치는 시간의 제곱에 비례합니다. 속도라는 개념은 일상생활에서도 많이 사용하므로 익숙하지요? 자동차가 시속 100킬로미터(km)로 달린다는 말은, 곧 자동차가 1시간 동안 100km를 이동한다는 뜻입니다.

반면 가속도는 속도보다 덜 친숙하고, 때론 잘못 사용되기도 합니다. 흔히 자동차를 감속 또는 가속한다는 말을 하는데, 두 경우 모두 가속도 운동을 뜻합니다. 가속도의 값이 음(-)이면 물체의 속도가 줄어듭니다(감속). 반대로 가속도의 값이 양(+)이면 물체의 속도가 늘어납니다(가속). 따라서 감속운동과 가속운동은 가속도 값(음 또는 양)만 차이 날 뿐, 모두 가속도 운동입니다.

현대에는 정확한 측정을 위한 도구와 단위가 주어져 있습니다. 위치의 측정에는 자, 시간의 측정에는 시계를 사용하고, 위치의 단위로는 m, 시간의 단위로는 초(s)를 사용합니다. 또한 속도는 이동거리를 시간으로 나눈 것이므로 단위가 m/s이고, 가속도는 속도를 시간으로 나눈 것이므로 단위가 m/s²(s²은 초의 제곱을 뜻합니다)입니다. 물리학에서는 지상에서 수직으로 떨어지는 물체의 위치·속도·가속도에 대한 수학적 관계, 즉 수학식(흔히 **공식**이라고 부릅니다)을 보통 기호를 사용해 적습니다. 위치 x, 시간 t, 속도 v, 가속도 a를 활용해 지상에서 수직으로 떨어지는 물체의 운동에 관한 수학식을 적으면 다음과 같습니다.

$$x = \frac{1}{2}gt^2, \ v = gt, \ a = g$$

위의 식에서 기호 g는 **중력가속도**라고 부르는데, 지구에서는 9.8m/s²이라는 일정한 값을 가집니다. 위의 수학식을 어떻게 활용할

  떨어지는 물체, 무게는 달라도 가속도는 일정하다

수 있는지 예를 들어 설명해보지요. 공을 잡고 있다가 놓으면 1초 뒤에 공이 4.9m 낙하하는데, 이때의 속도는 초속 9.8m(즉 9.8m/s)입니다. 2초 뒤에는 처음 위치보다 19.6m 아래에 있고, 속도는 초속 19.6m입니다. 3초 뒤에는 44.1m 아래에 있고, 속도는 초속 29.4m로 증가합니다.

달에서 물체를 떨어뜨리면 어떻게 될까요? 달에서는 중력이 작용하지 않아 우주선 안에서처럼 물체가 두둥실 떠다닌다고 생각하는 사람들이 많을 것입니다. 하지만 중력가속도 값만 다를 뿐 달에서도 위의 수학식이 똑같이 적용되어 물체가 등가속도 낙하운동을 합니다. 다만, 달의 g값은 지구의 g값의 1/6 정도로 작습니다. 다시 말해 달에서는 물체가 느리게 떨어집니다. 지구와 달에서 같은 물체를 아래로 떨어뜨린다고 할 때, 지구에서는 낙하 3초 후에 물체가 원래 위치로부터 44m 정도 떨어진 곳을 초속 30m 정도의 빠른 속도로 통과하지만, 달에서는 낙하 3초 후에 원래 위치로부터 7.4m 정도 떨어진 곳을 초속 5m 정도의 느린 속도로 통과합니다.

다른 태양계 행성이나 천체에서도 g값만 다를 뿐 동일한 가속도 운동이 일어나기 때문에, 등가속도 운동 공식은 우주 전체에 적용됩니다. 이처럼 우주 전체에 적용되는 법칙을 **보편법칙** 또는 **만유법칙**이라고 부르며, 물리학 법칙들은 예외 없이 보편법칙이어야 합니다.

자이로드롭의 속도를 구해보자!

수학식 $x=\frac{1}{2}gt^2$, $v=gt$, $a=g$를 사용하면, 높이 80m의 자이로드롭이 지면에 닿는 시간과 그때의 속도를 구할 수 있습니다. 첫 번째 식에 대입해봅시다.

$$80\text{m} = (1/2)(9.8\text{m/s}^2)(t^2)$$

$$t = \sqrt{\frac{2 \times 80}{9.8}} \approx 4.04$$

따라서 대략 4초면 지면에 닿습니다. 이때 속도는 두 번째 식으로 구할 수 있습니다.

$$v = (9.8\text{m/s}^2)(4.04\text{s}) \approx 39.6\text{m/s}$$

즉, 대략 초속 40m가 됩니다. 이를 시속(1시간(h)=3,600초)으로 고치면?

$$40\text{m/s} \times 3,600\text{s/h} = 144,000\text{m/h} = 144\text{km/h}$$

곧 시속 144km가 됩니다. 이것은 정상급 야구 투수가 던지는 매우 빠른 공의 속도와 맞먹는 엄청난 속도입니다. 이런 속도감 때문에 자이로드롭을 타면 짜릿짜릿한 기분을 느낄 수 있지요.

   떨어지는 물체, 무게는 달라도 가속도는 일정하다

태양계를 움직이는
세 가지 질서를 밝히다
행성 운동에 대한 케플러의 법칙

우리나라에 사계절이 있는 까닭은 지구가 태양 주위를 타원 모양으로 공전하기 때문이라고 배웠습니다. 계절 변화 때문에 우리는 한 해 동안 다채로운 자연의 모습을 감상할 수 있습니다.

자, 여기서 재미있는 문제 하나를 내겠습니다. 북반구에 있는 우리나라의 경우, 더운 여름에 지구가 태양 가까이에 있을까요? 아니면 반대로 태양에서 멀리 떨어져 있을까요?

여름은 덥기 때문에 지구가 태양과 가장 가까이 있을 것 같다고요? 하지만 그렇게 따진다면 남반구 역시 더운 여름이어야 하므로 말이 안 되지요. 실제로 우리나라가 여름일 때, 지구는 태양에서 가장 멀리 떨어져 있답니다. 그럼 여름에는 왜 더운 걸까요? 사실 계절의 변화는 태양과 지구 사이의 거리와는 관계가 없습니다. 지구 자전축이 공전궤도면에 대하여 23.5도 기울어져 있기 때문에 생기는 현상입니다.

케플러가 등장하기 전까지는 그 누구도 지구가 태양 주위를 타원을 그리며 공전한다는 사실을 몰랐습니다. 지구를 포함한 태양계 행성들의 공전궤도 특징을 발견한 케플러에 대해 좀 더 자세히 알아봅시다.

행성의 궤도는 원이 아니라 타원이다

옛날 사람들은 천체가 개인과 국가의 운명을 결정한다고 믿었습니다. 농업이나 나라의 제사에 필요한 달력을 만드는 데도 천체에 대한 연구가 필수적이었지요. 그래서 초기 과학자들은 현재 천문학이라고 부르는 과학 분야에 큰 관심을 가지고 있었습니다.

망원경으로 달이나 목성, 토성을 관찰한 갈릴레이도 그중 한 사람이었습니다. 갈릴레이는 연구를 통해 우주의 중심이 지구가 아니라 태양이라는 사실을 알아냈지만, 여전히 행성들이 원궤도를 따라 움직인다고 생각했습니다.

태양계 행성들이 원궤도가 아닌 타원궤도를 따라 움직인다는 사실을 처음으로 발견한 사람은 독일의 수학자이자 천문학자였던 케플러(1571~1630)입니다. 그는 원래 프로테스탄트 교회(종교개혁 이후 로마가톨릭교회에서 분리되어 나온 교회로 '신

요하네스 케플러

    태양계를 움직이는 세 가지 질서를 밝히다

교'라고도 부릅니다)의 목사가 되길 원했지만, 가정 사정으로 인해 수학 교사가 되었습니다. 하지만 학생들은 지루한 케플러의 수업을 몹시 싫어해, 그는 학생 한 명을 대상으로 수업을 한 적이 많았다고 합니다.

독일에서 가톨릭을 믿지 않는 사람들에 대한 종교 탄압이 시작되자, 케플러는 덴마크로 건너가 천문학자인 브라헤의 밑에서 조수로 일합니다. 브라헤는 덴마크 왕의 지원을 받아 천문대를 건설하고, 무려 16년간 태양계 행성(태양 주위를 공전하는 천체를 말하며, 브라헤가 살던 당시는 수성, 금성, 지구, 화성, 목성, 토성을 말합니다)의 운동을 관측한 사람입니다. 브라헤가 관측한 자료의 정확성은 당시 세계 최고였습니다.

1601년 브라헤가 사망하자 케플러는 그의 관측 자료를 물려받습니다. 이때까지도 사람들은 행성이 원궤도를 따라 공전운동을 한다고 생각했습니다. 그도 그럴 것이 지구를 비롯하여 금성, 화성, 목성, 토성 등 수성을 뺀 모든 태양계 행성의 궤도가 원에 가까운 타원이었기 때문에 그 미묘한 차이를 발견할 수 없었던 것이지요.

케플러 역시 처음에는 행성의 궤도를 원이라고 믿고, 브라헤의 관측 자료를 설명해보려고 했습니다. 하지만 브라헤의 관측 자료와 케플러의 계산 결과가 조금 차이를 보였습니다. 케플러는 고민에 빠졌습니다. 관측 자료가 부정확한 탓이라고 여기고 넘어갈 수도 있었지만, 그는 브라헤의 자료가 정확하다고 믿었습니다.

케플러는 행성의 궤도가 원이 아니라면 어떤 것일지 곰곰이 생각했습니다. 3년간 꼼꼼하고 정확히 계산한 결과, 그는 행성의 궤도가 원에 가까운 타원일 경우, 계산 결과와 관측 자료가 미묘한 차이 없이 정확히 일치한다는 사실을 발견합니다.

이것은 당시로서는 대단한 발견이었습니다. 지금이야 전자계산기나 컴퓨터가 있어 방대한 자료를 분석하는 일이 어렵지 않지만, 케플러는 오직 자신의 머리와 손과 종이에만 의지해 계산과 분석을 했지요. 그래서 행성 운동에 관한 법칙을 발견하기까지 오랜 시간 수많은 시행착오를 거쳐야 했습니다.

태양계 행성 운동에 관한 3가지 법칙

케플러는 이 외에도 브라헤의 자료를 바탕으로 역사에 길이 남을 '태양계 행성 운동에 관한 3가지 법칙'을 발견했습니다. 케플러와 브라헤는 결국 믿을 수 있는 좋은 파트너를 만나 물리학의 발전에 커다란 공헌을 한 셈입니다.

케플러가 발견한 태양계 행성 운동에 관한 3가지 중요한 법칙을 케플러의 법칙이라고 부릅니다. 그 내용은 다음과 같습니다.

케플러의 제1법칙은 행성이 타원운동을 한다는 것입니다. 원을 위아래에서 누르면 원이 찌그러지면서 타원이 됩니다. 그러면서 가운데 하나였던 중심(초점)이 양쪽으로 이동하여 2개가 됩니다. 이때 태양은 타원의 두 초점 가운데 하나에 위치합니다.

이제 지구궤도를 놓고 생각해 봅시다. 태양이 타원의 중앙이 아니라 한쪽으로 치우쳐 있기 때문에 지구와 태양 사이의 거리도 계절에 따라 달라집니다.

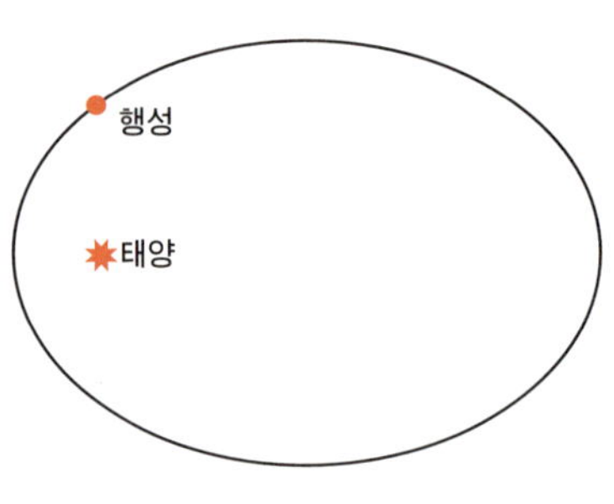

그림1 케플러 제1법칙

지구가 태양에서 가장 가까울 때와 가장 먼 때의 거리는 무려 500만km나 차이가 납니다. 지구 지름이 1만 3,000km 정도이니 지구 크기의 400배나 되는 엄청난 거리입니다. 하지만 지구와 태양 사이의 평균 거리가 1억 5,000만km인 점을 고려하면, 지구가 태양으로부터 가장 가까울 때와 가장 멀 때의 거리 차이는 지구와 태양의 평균 거리의 3%밖에 되지 않습니다.

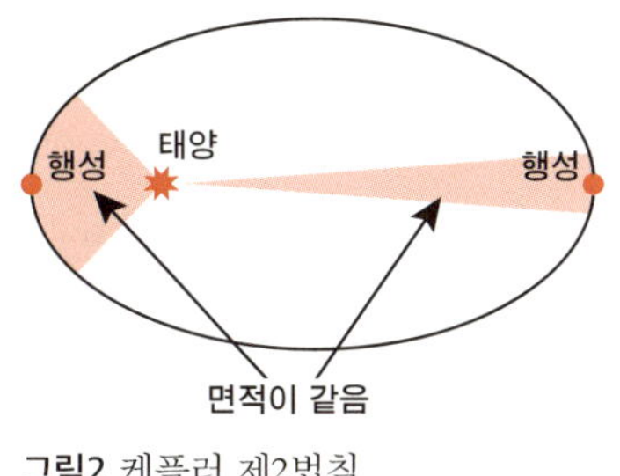

그림2 케플러 제2법칙

다시 말해 지구의 궤도가 타원이긴 하지만, 찌그러진 정도가 아주 작아 멀리서 보면 거의 원에 가깝습니다. 때문에 케플러의 발견 이전에는 사람들이(심지어 갈릴레이조차) 행성이 원궤도를 따라 공전운동을 한다고 착각한 것이지요. 금성, 화성, 목성, 토성 등의 나머지 행성들 또한 궤도가 거의 원에 가까운 타원입니다. 반면 수성은 다른 행성들에 비해 많이 찌그러진 타원궤도를 보입니다.

케플러의 제2법칙은 동일한 시간 동안 태양과 행성을 잇는 직선이 스치고 지나가는 면적이 행성의 위치에 관계없이 항상 같다는 것입니다. 무슨 말인지 이해하기가 어렵지요? 이럴 때는 그림을 보면 쉽게 알 수 있습니다.

우선 태양과 행성을 직선으로 잇습니다. 행성이 공전을 하므로 시간에 따라 행성의 위치가 달라지고, 직선 역시 따라서 움직이겠지요. 그림2를 보면 행성(예를 들면 지구)이 태양에서 가장 멀 때와 가장 가까울 때, 한 달 동안 직선이 스쳐 지나간 면적이 색으로 표시되어 있습니다. 이 두 면적이 동일하다는 것이 바로 케플러의 제2법칙입니다.

두 면적이 같으려면, 행성이 태양으로부터 멀리 있을 때 삼각형 비슷한 타원 조각의 각도가 작아야 하고, 행성이 태양 가까이에 있을 때는 타원 조각의 각도가 커야 하겠지요. 이러한 사실은 과연 우리에게 무엇을 말해줄까요?

지구가 태양에서 멀 때는 느린 속도로, 가까울 때는 빠른 속도로 공전한다는 것을 의미합니다. 즉 행성이 타원궤도를 돌 때, 동일한 속도가 아닌 다른 속도로 돈다는 것입니다.

그렇다면 지구의 공전 속도는 어느 정도일까요? 지구는 태양 주위를 평균 초속 30km(시속 10만 8,000km)로 공전합니다. 지구의 공전 속도는 놀랍게도 우수한 투수가 던지는 공의 속도(대략 시속 150km)와는 비교가 안 되게 빠릅니다. 지구가 우주 공간을 이렇게 빨리 이동한다는 게 믿어지시나요? 가장 빠르게 움직일 때와 가장 느리게 움직일 때의 속도 차이는 초속 1km(시속 3,600km)나 됩니다.

케플러의 제3법칙은 행성의 공전주기의 제곱을 행성 - 태양 사이의 거리(정확히는 가장 먼 거리를 말합니다)의 세제곱으로 나눈 값이 행성에 관계없이 항상 같다는 것입니다.

지구를 예로 들어 보지요. 지구의 공전주기는 1년이고, 지구 - 태양 사이의 거리는 평균 1억 5,000만km(천문학에서는 이 거리를 1천문 단위 또는 1AU라고 부릅니다)입니다. 이제 케플러 제3법칙에 의해 다음과 같은 식을 적을 수 있습니다.

$$\frac{\text{지구 공전주기}^2}{\text{지구 - 태양 사이의 거리}^3} = \frac{(1년)^2}{(1\text{AU})^3} = \text{일정}$$

위의 식을 이용해서 화성의 공전주기를 구해봅시다. 화성은 지구보다 태양으로부터 1.52배 먼 곳(1.52AU)에 있습니다. 화성에 대해

 태양계를 움직이는 세 가지 질서를 밝히다

케플러의 제3법칙을 적습니다.

$$\frac{\text{화성 공전주기}^2}{\text{화성 - 태양 사이의 거리}^3} = \frac{(?\ \text{년})^2}{(1.52\text{AU})^3} = \text{일정}$$

두 식의 오른쪽 값(일정)이 같다는 것이 케플러 제3법칙이므로, 이제 두 식을 같게 놓고 풀면 화성의 공전주기를 구할 수 있습니다.

$$\text{화성 공전주기}^2 = \left(\frac{1.52\text{AU}}{1\text{AU}}\right)^3 (1\text{년})^2 = (1.9\text{년})^2$$

위의 식을 통해 화성의 공전주기가 지구의 공전주기보다 1.9배 크다는 것을 알 수 있습니다. 따라서 화성의 1년은 지구의 1.9년 즉 687일입니다. 태양으로부터 멀리 떨어져 있는 행성일수록, 한 번 공전하는 데 더 오랜 시간이 걸립니다.

화성보다 더 멀리 있는 목성의 공전주기는 11년, 토성의 공전주기는 무려 30년이나 됩니다. 반대로 수성, 금성같이 태양 가까이에 있는 행성들의 공전주기는 지구보다 짧지요. 금성은 225일, 수성은 88일의 공전주기를 가집니다.

모든 행성계에 동일하게 적용되는 케플러의 법칙

케플러의 법칙은 태양계 행성을 관측하여 찾아낸 것이지만, 다른 행성계에도 동일하게 적용되기 때문에 보편법칙이라고 할 수 있습니다. 만약 행성계가 달라지면, 케플러의 제3법칙에서 행성 공전주기의 제곱을 행성-태양 사이의 거리의 세제곱으로 나눈 값만 달라집니다. 이 값은 행성계의 중심에 있는 천체(태양계의 경우 태양)의 질량에 의해 결정됩니다.

달리 말해, 태양계(태양과 그 행성들), 지구계(지구와 그 위성인 달), 목성계(목성과 그 위성들), 토성계(토성과 그 위성들)에도 모두 케플러의 법칙이 적용되지만, 케플러 제3법칙의 값은 태양, 지구, 목성, 토성의 질량에 따라 주어지기에 행성마다 각각 다르게 나타납니다.

2013년 2월, 러시아에 1톤 정도 질량의 운석이 떨어져 세계를 놀라게 했습니다. 이때의 충격은 제2차 세계대전 당시 일본에 떨어졌던 원자폭탄의 30배가 넘었다고 합니다. 역사상 지구와 운석의 충돌은 심심찮게 일어나는 현상입니다. 그런데 만약 이 운석보다 수만 배 무거운 소행성(화성궤도와 목성궤도 사이에 있는 행성보다 작은 천체들)이 지구와 충돌한다면 어떨까요? 아마도 인류는 살아남을 수 없을 것입니다.

미국 항공우주국NASA에서는 소행성의 충돌로 인한 인류의 멸망을 피하기 위해 드넓은 우주 공간에서 지구와 닮은 환경, 즉 사람이 살 수 있을 만한 환경을 가진 제2의 지구를 찾고 있습니다. 다행히도 2014년 2월, 태양계 너머에 있는 715개 행성을 조사한 결과 이 중 4개의 행성이 생명체가 거주할 수 있을 만한 환경을 가지고 있다는 발표가 나왔습니다. 어쩌면 인류가 지구가 아닌 다른 행성으로 떠나 사는 것도 허황된 꿈이 아닐지도 모릅니다.

다만 먼 훗날 우리의 후손이 이런 행성에 가서 살더라도, 케플러의 법칙이 여전히 옳다는 사실을 확인할 수 있을 것입니다. 케플러의 법칙은 다른 행성계에도 동일하게 적용되는 보편법칙이기 때문입니다.

　　　　　　　　태양계를 움직이는 세 가지 질서를 밝히다

우주의 모든 물체는
서로를 끌어당긴다

놀이공원에서 롤러코스터를 타 본 적이 있나요? 열차가 빠른 속도로 휘어진 궤도를 달리면 저절로 비명이 나옵니다. 하지만 아무리 빠른 롤러코스터라도 지구의 공전 속도에 비하면 아무것도 아닙니다. 그런데 우리는 어떻게 아찔할 정도로 빨리 움직이는 지구에서 태평하게 살 수 있을까요? 그 답은 **중력**에 있습니다.

허블 우주 망원경을 수리하기 위해 우주로 나간 주인공이 인공위성의 잔해와 부딪히면서 겪는 어려움을 그린 영화 〈그래비티〉는 2013년에 개봉한 화제작이었습니다. 영화의 제목 〈그래비티〉는 바로 중력을 말합니다. 중력은 우리가 지구에서 안전하게 살 수 있도록 할 뿐만 아니라, 밀물, 썰물을 일으키고, 하늘에 있는 수많은 별들을 탄생시키는 원동력입니다. 이제 중력을 발견한 과학자를 만나 봅시다.

왜 사과와 달리 달은 지구로 떨어지지 않을까?

우연하게도 뉴턴(1642~1727)은 갈릴레이가 사망한 해인 1642년 크리스마스에 출생합니다(이 주장에는 논란이 있습니다. 당시 이탈리아와 영국이 사용하던 달력에는 1년이라는 시간차가 있다는 반론이 제기된 것입니다. 이 주장에 따르면 뉴턴은 갈릴레이가 죽고 1년 후에 태어났습니다). 불교에서는 한을 품은 사람은 하늘로 올라가지 못하고 지상을 떠돌다가 다시 사람으로 태어난다고 하는데, 자신이 발견한 물리학 지식을 사람들에게 알리지 못하고 죽은 갈릴레이의 영혼이 뉴턴의 몸으로 들어가 과학혁명을 완성한 것은 아닐지 잠시 상상해봅니다.

뉴턴은 영국의 시골인 울즈소프에서 태어났습니다. 아버지는 그가 태어나기 전에 이미 돌아가셨고, 어머니도 그의 나이 3살 때에 재혼하는 바람에 할머니가 어린 뉴턴을 기릅니다. 뉴턴은 외삼촌의 도움으로 18살에 케임브리지 대학의 트리니티 칼리지에 입학합니다. 하지만 집이 가난하여 공부를 하는 중에도 틈틈이 일을 해 스스로 생활비를 벌어야 했습니다.

뉴턴은 대학을 졸업한 후에도 학교에 남아 연구를 계속하였습니다. 대학에서 케플러의 법칙을 공부했지만, 그에게는 아직 몇 가지 궁금증이 남아 있었습니다. 왜 행성들은 케플러의 법칙에 따라 움직일까? 행성들을 이런 식으로 움직이게 하는 근본 원인은 무엇일까? 케플러는 중요한

아이작 뉴턴

    우주의 모든 물체는 서로를 끌어당긴다

발견을 하고도 이 질문에는 답을 할 수 없었습니다.

그러던 중 뉴턴이 23살이 되던 해인 1665년에 유럽 전역에 페스트(흑사병)가 퍼졌습니다. 케임브리지 대학은 흑사병의 전염을 염려하여 학생들을 모두 집으로 돌려보냈습니다. 청년 뉴턴 역시 이로 인해 고향으로 돌아가야 했습니다. 집으로 돌아온 그는 종종 사과나무 아래에 앉아 평소 관심이 많았던 태양계 행성 운동의 원인에 대하여 깊은 사색에 잠겼습니다.

그러던 어느 날 그는 우연히 사과가 나무에서 땅으로 떨어지는 것을 보고, 지구가 사과를 끌어당기기 때문이 아닐까 생각합니다. 그의 생각은 곧 꼬리에 꼬리를 물고 이어졌습니다. 지구는 사과뿐만 아니라 달도 끌어당기지 않을까? 그래서 달이 지구로부터 도망가지 못하고, 지구 주위를 공전하는 것이 아닐까? 그게 맞다면, 왜 달은 사과처럼 지구로 떨어지지 않고 공전할까? 달이 지구 주위를 공전하는 것을 설명할 수 있다면 지구, 아니 모든 행성이 태양 주위를 공전하는 것도 자연스럽게 설명되겠지…. 뉴턴은 천체가 이렇게 다른 물체를 끌어당기는 원인을 '중력'이라고 부르고, 중력의 성질이 무엇인지 찾아보기로 합니다.

우선 그는 사과가 지구로 떨어지는 반면, 달은 떨어지지 않는 이유가 사과와 달이 느끼는 중력의 세기가 다르기 때문이라고 생각했습니다. 사과는 지구 가까이에 있고, 달은 멀리 있으므로, 거리가 멀어질수록 중력이 감소한다고 생각한 것이지요. 하지만 거리에 따라 중력의 세기가 어느 정도로 감소하는지는 여전히 알 수 없었습니다.

또 이런 문제도 있었습니다. 태양과 지구의 거리는 지구와 달에 비해 엄청나게 먼데도 불구하고, 달과 지구 모두 공전운동을 합니다. 중력이 단순히 거리에 의해 작용한다면, 태양이 지구를 끌어당기는 중력은 지구가 달을 끌어당기는 중력에 비해 엄청나게 작아야 합니다. 하지만 그래서는 태양이 지구를 충분히 끌어당기지 못해 지구가 태양 주위를 공전하게 만들 수 없습니다.

그렇다면 태양과 지구 사이의 중력을 늘릴 방법은 무엇일까? 뉴턴은 중력이 거리뿐 아니라 천체의 질량(무게라고 생각해도 됩니다)과도 관계가 있음을 깨닫습니다. 그는 중력이 천체의 무게에 비례해 커진다고 생각했습니다. 그러나 지구를 끌어당기는 중력의 세기를 결정하는 것이 태양만의 질량인지, 태양과 지구 모두의 질량인지는 여전히 수수께끼였습니다.

미적분학으로 밝혀낸 모든 물체 사이의 중력의 법칙

뉴턴은 케플러의 제3법칙에 주목합니다. 우선 그는 행성의 공전 주기와 태양과 행성 사이의 거리가 반비례하고, 행성에 관계없이 일정하려면, 중력이 태양과 행성의 질량 및 거리와 어떤 관계를 보여야 하는지 수학을 이용해 조사하기 시작합니다. 하지만 당시에는 중력의 성질을 알려줄 마땅한 수학이 없었습니다.

뉴턴은 스스로 필요한 수학을 만들기로 작정하고, **미적분학을** 만듭니다. 그리고 이를 이용하여 마침내 그토록 궁금해했던 중력의 성질을 알아내고, **뉴턴의 중력법칙을** 발견하기에 이릅니다. 즉, 중력이 천체뿐만 아니라 모든 물체 사이에 작용하며, 물체의 질량의 곱에 비례하고, 물체 사이의 거리의 제곱에 반비례하는, 서로 끌어당기는 힘이라는 사실을 밝혀낸 것이지요.

뉴턴에 의하면 중력은 한 물체가 다른 물체에 일방적으로 작용하

　　　　　　　　　　　　　우주의 모든 물체는 서로를 끌어당긴다

지 않습니다. 태양이 지구를 끌어당기는 만큼, 지구도 태양을 끌어당깁니다. 그럼 태양도 지구 주위를 돌아야 할 텐데, 왜 그런 일은 일어나지 않는 것일까요? 이는 다음 장에서 살펴보겠습니다.

흔히 중력법칙을 만유인력법칙이라고 부르는데, 이것은 잘못된 명칭입니다. 일본 사람들이 이해하기 쉽도록 중력 대신 만유인력이라는 용어를 사용한 것을 우리나라에서 아무 생각 없이 받아들인 탓입니다. '인력'은 끌어당기는 힘을, '만유'는 우주의 모든 물체에 작용하는 보편성을 표현하기 위해 붙인 말입니다. 하지만 중력이라는 공식 이름이 있는데, 굳이 만유인력이라고 부를 필요는 없겠지요.

중력은 지구–사과, 지구–달, 태양–지구 사이에서만 작용하는 힘이 아닙니다. 중력은 심지어 사람과 사람 사이에서도 작용합니다. 하지만 일상적인 물체 사이의 중력은 세기가 너무 작아서 느낄 수 없고, 또 영향이 미미하므로 크게 중요하지 않습니다. 반면 태양이나 지구, 더 나아가 은하계와 같이 엄청난 질량을 가진 천체들 사이에서는 중력이 사과를 지구로 떨어지게 하거나, 행성을 공전시키거나, 성간물질을 압축시켜 별을 탄생시키는 것과 같은, 대단히 중요한 역할을 담당합니다.

뉴턴이 우연히 떨어지는 사과를 보고 중력법칙을 떠올린 일화는 굉장히 유명합니다. 그런데 이 일화는 사실 뉴턴을 존경하는 사람들이 지어낸 이야기일 가능성이 높습니다. 누구나 오래도록 안 풀리던 문제의 답을 어느 날 우연히 발견한 경험이 있을 것입니다. 뉴턴 역시 대학에서 공부하는 내내 왜 행성이 태양 주위를 공전하는지에 대해 생각했지만 답을 얻을 수 없었습니다. 그러다가 우연히 고향 집에 돌아와 답을 찾은 것입니다. 그가 그토록 오랫동안 한 문제에 대해 깊이 생각하지 않았다면, 한순간에 위대한 발견을 이룰 수 없었

영국 케임브리지 대학 트리니티 칼리지에 있는 뉴턴의 사과나무

을 것입니다.

　뉴턴이 다니던 케임브리지 대학은 그를 기념하여 그가 태어난 집 뜰에 있던 사과나무를 가져와 트리니티 칼리지 뜰에 심었습니다. 영국에 여행을 간다면, 꼭 한번 가서 보기 바랍니다. 뉴턴의 사과나무 근처에 갔다가 뉴턴처럼 위대한 발견을 할지도 모르니까요.

　그러나 굳이 멀리 영국까지 가지 않더라도, 가까운 곳에서 뉴턴의 사과나무를 만날 수 있습니다. 뉴턴의 사과나무 4대손이 대전의 한국표준과학연구원에서 자라고 있기 때문이지요. 대전에 가면 꼭 이 사과나무를 찾아서 뉴턴의 기운을 받아보기 바랍니다!

　보통 고등학교 2학년 이상의 과정에서 배우는 미적분학은 곡선의 기울기나 곡선으로 둘러싸인 면적, 또는 도형의 부피 등을 구하는 데 이용하지만, 물체의 운동을 알아내는 데도 유용합니다. 뉴턴도 이 미적분학을 이용하여 중력에 관한 다음의 식을 세우고, 행성

　　　　　　　　　　　　우주의 모든 물체는 서로를 끌어당긴다

이 타원궤도로 공전한다는 사실을 증명했습니다.

$$중력 = (중력\ 상수) \times \frac{물체1의\ 질량 \times 물체2의\ 질량}{(물체1과\ 물체2의\ 사이의\ 거리)^2}$$

이를 뉴턴의 '중력법칙'이라고 부릅니다. 여기서 중력 상수는 $6.673 \times 10^{-11} \frac{N \cdot m^2}{kg^2}$의 작은 값을 말합니다. 수학에서는 1,000억 분의 1을 기호 10^{-11}로 적습니다. 10^x는 1 뒤에 x개의 0이 붙은 수를 말하며(즉 10^3은 1,000), x값이 음(-)일 경우는 나누는 것을 의미합니다(즉 10^{-2}는 1/100). 이 표시 방법은 아주 큰 수나 아주 작은 수를 적을 때 편리합니다.

중력 상수의 오른쪽에는 단위가 표시되어 있는데, kg, m는 이미 아는 바와 같고, N은 뉴턴이라 부르는 힘의 단위인데, 과학자 뉴턴을 기리기 위해 사용하고 있습니다. 1kg의 물체를 들어올리려면 대략 10N의 힘이 필요합니다.

중력 상수는 매우 작기 때문에, 이를 통해 질량이 아주 큰 물체 사이가 아니라면, 중력이 크지 않다는 사실을 알 수 있습니다.

두 물체 사이의 중력 구하기

중력은 사람과 사람 사이에도 작용합니다. 중력법칙을 이용해 그 값을 구해볼까요?

질량이 70kg인 두 사람이 서로 1m 떨어져 있다고 가정하면, 사람 사이의 중력은 다음과 같습니다.

$$중력(사람 \cdot 사람) = \left(6.673 \times 10^{-11} \ \frac{N \cdot m^2}{kg^2} \right) \times \frac{(70kg)^2}{(1m)^2} = 3.27 \times 10^{-7}N$$

이것은 1억 분의 3kg의 물체, 즉 미세먼지보다 가벼운 물체를 드는 데 필요한 힘에 해당됩니다. 매우 작은 힘이지요.

이번에는 태양과 지구 사이의 중력을 계산해봅시다. 앞서 지구와 태양 사이의 거리는 1억 5,000만km라고 했습니다. 앞서 사용한 표시 방법을 쓰면 $1.5 \times 10^8 km = 1.5 \times 10^{11}m$가 됩니다. 태양과 지구의 질량은 각각 $1.99 \times 10^{30}kg$과 $5.98 \times 10^{24}kg$으로 알려져 있습니다. 이제 식에 대입해봅시다.

$$중력(태양 \cdot 지구) = \left(6.673 \times 10^{-11} \ \frac{N \cdot m^2}{kg^2} \right)$$

$$\times \frac{(1.99 \times 10^{30}kg)(5.98 \times 10^{24}kg)}{(1.5 \times 10^{11}m)^2} = 3.53 \times 10^{22}N$$

$3.53 \times 10^{22}N$은 엄청나게 큰 힘입니다. 이런 세기의 중력으로 태양이 지구를 끌어당기고 있기 때문에 지구가 태양에게 잡혀 태양 주위를 공전하는 것입니다.

   우주의 모든 물체는 서로를 끌어당긴다

사과에서 달까지 모든 물체는 똑같은 운동법칙을 따른다

만화영화를 보면 간혹 악당이 주인공을 맹렬한 속도로 쫓아가는 장면이 나옵니다. 절벽 끝에 다다른 주인공은 잽싸게 90도로 회전하여 악당을 피하지만, 악당은 그것도 모르고 절벽 너머로 계속 달립니다. 위기를 넘긴 주인공이 멈춰 서서 악당을 부르고, 그제야 악당은 자신이 절벽 너머 허공에 있다는 사실을 깨닫습니다. 하지만 때는 이미 늦었지요. 악당은 비명을 지르며, 수직으로 떨어집니다.

아이들은 이런 장면을 보면 "말도 안 돼!" 하며 깔깔거리고 웃지만, 정확히 무엇이 잘못됐는지 짚어내지는 못합니다. 현실에서는 악당이 절벽을 넘어서는 순간부터 지구의 중력에 의해 아래로 떨어지기 시작합니다. 그냥 수직이 아니라 앞으로 곡선을 그리며 떨어지는데, 이유는 앞으로 달리던 '관성' 때문입니다.

일상생활에서도 관성이라는 말을 자주 사용합니다. 게임에 빠진 학생은 공부를 하려고 책상에 앉더라도, 게임 생각이 나서 집중하지 못합니다. 게임을 하던 관성이 남아 있기 때문이지요. 게임을 하던 습관을 공부하는 습관으로 하루아침에 바꿀 수 없는 것은 움직이던 물체가 갑자기 움직임을 멈추지 못하는 것과 비슷합니다.

이제 물체의 운동에 대해 좀 더 자세히 알아봅시다.

뉴턴, 물체 운동의 원인을 설명하다

이렇게 이야기하면 관성을 중력 이외의 또 다른 힘으로 생각하기 쉬운데, 관성은 힘이 아닙니다. 관성은 하던 운동을 즉시 중지하지 못해 운동의 여파가 남아 있는 것을 가리키는 용어입니다.

또한 우리가 일상생활에서 자주 사용하는 힘과 물리학에서 말하는 힘에는 차이가 있다는 사실을 알아야 합니다. 특히 힘은 눈에 보이지 않기 때문에 더욱 혼란을 부추깁니다. 힘이란 무엇인지, 힘이 하는 일이 무엇인지를 물리학적으로 정확히 알려준 사람이 바로 뉴턴입니다.

페스트로 인해 고향 집에 머물면서 중력을 발견한 뉴턴은, 이제 힘에 대해 깊이 생각하기 시작합니다. 힘이란 무엇일까? 중력 이외에 다른 힘은 없을까? 물체에 힘을 가하면 어떤 일이 일어날까? 뉴턴은 힘이 물체 운동의 원인이라고 생각하고, 모든 물체의 운동을 설명할 수 있는 3가지 법칙을 발견합니다. 이는 고대 그리스의 대학자인 아리스토텔레스의 생각과 크게 다르지 않아 보입니다. 아리스토텔레스 역시 물체는 외부 원인의 작용으로 움직인다고 주장했습니다.

　　　　　　사과에서 달까지 모든 물체는 똑같은 운동법칙을 따른다

이들의 생각처럼 운동을 하려면 '힘, 또는 운동 원인'이 필요합니다. 그런데 이 둘은 운동 원인이 필요하다는 점에서는 생각이 같았으나, 결과에 대한 해석은 전혀 달랐습니다. 아리스토텔레스는 운동의 원인이 사라지면, 물체가 운동을 멈추고 즉시 수직으로 떨어진다고 주장한 반면, 뉴턴은 움직이던 물체에는 **관성**이 존재하기 때문에, 힘이 작용하지 않더라도 즉시 떨어지지 않고 운동을 계속한다고 주장했습니다.

이제부터는 뉴턴이 발견한 물체의 운동에 관한 3개의 법칙에 관해 살펴봅시다.

운동에 관한 제1법칙: 관성의 법칙

운동에 관한 제1법칙은 움직이는 물체는 힘이 작용하지 않더라도 관성 때문에 계속 움직이지만, 정지한 물체는 힘이 작용하지 않으면 계속 정지해 있다는 것으로, **관성의 법칙**이라고도 부릅니다.

관성의 중요성을 처음으로 깨달은 사람은 갈릴레이인데, 뉴턴 역시 힘이 물체의 운동에 미치는 영향을 이해하기 위해서는 우선 관성이 운동에서 어떤 역할을 담당하는지를 깨닫는 것이 대단히 중요하다고 생각했습니다. 그래서 이를 물체의 운동에 관한 3가지 법칙 가운데 제1법칙으로 삼았습니다.

항상 아래 방향으로 중력이 작용함에도 불구하고, 공을 위로 던졌을 때 공이 한동안 위로 올라가는 것은 관성 때문입니다. 그러나 중력이 계속해서 공을 지면으로 끌어당기기 때문에 공은 최고점에 다다른 후 바닥으로 떨어집니다.

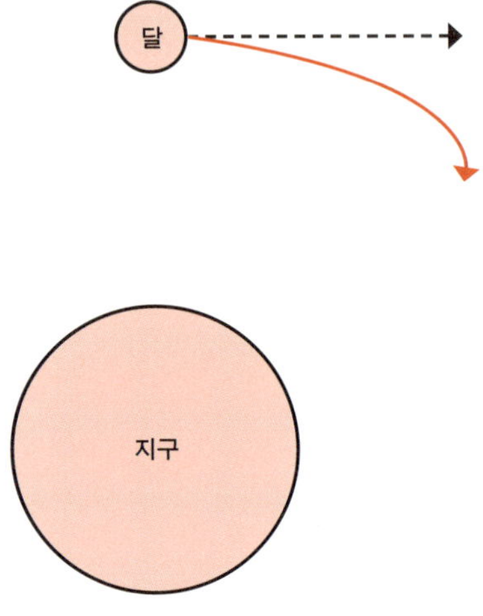

그림1 달은 관성(점선 방향 운동)에 의해 지구로 곧바로 떨어지지 않고 공전합니다.

축구공을 발로 차면 공이 날아가는 이유도 관성 때문입니다. 발이 공에 주는 힘은 공이 발을 떠나는 순간 사라집니다. 이후에는 관성 때문에 공이 날아갑니다. 따라서 축구공을 멀리 보내려면, 발이 공에 닿아 있는 동안 최대한의 힘을 가하는 훈련을 해야 합니다. 발을 떠난 공에 미련을 가져 봤자 이미 늦은 셈이지요.

뉴턴이 발견한 중력을 설명할 때 자주 듣는 질문 하나를 소개합니다. 많은 사람들이 사과나 달 모두 지구의 중력을 받는데, 왜 사과는 땅에 떨어지고 달은 떨어지지 않는지 궁금해합니다. 달은 사과랑 달리 수직으로 떨어지지 않기 때문이라고 생각하는 사람들도 있지만, 사실은 그렇지 않습니다. 달도 사과와 마찬가지로 아래로 떨어지지만, 관성 때문에 공전을 하는 것입니다.

물론 달도 사과처럼 지구의 중력 때문에 지구 중심을 향해 떨어집니다. 하지만 정지해 있던 사과와 달리 달은 원래 지구 주위를 공전하고 있기 때문에, 그림1의 점선처럼 수평으로 움직이려는 관성을 가지고 있습니다. 이 관성과 지구 중심을 향하는 중력에 의해 달은 지구를 향해 곧바로 떨어지지 않고, 그림의 실선처럼 곡선을 그리며 이동합니다. 다만, 달이 지구로 떨어지는 거리만큼 지구의 표면이 둥글게 휘어 있기 때문에, 달은 지구와 충돌하지 않고 공전할 수 있

     사과에서 달까지 모든 물체는 똑같은 운동법칙을 따른다

습니다.

사과나무에 달린 사과도 수평으로 매우 빠르게 던지면, 달과 마찬가지로 관성에 의해서 지면과 충돌하지 않고 지구 주위로 공전할 수 있습니다. 이것이 바로 인공위성의 원리입니다. 이에 대해서는 뒤에서 더 설명하겠습니다.

운동에 관한 제2법칙: 가속도의 법칙

달은 지구가 달에 작용하는 중력과 달의 관성 때문에 지구 주위를 공전합니다. 이와 마찬가지로, 지구는 태양이 지구에 작용하는 중력과 지구의 관성 때문에 태양 주위를 공전합니다. 그런데 지구가 태양에 작용하는 중력은 왜 태양을 지구 주위로 공전하게 할 수 없을까요? 정지해 있는 태양에는 관성이 없기 때문이라고요? 그렇지 않습니다. 정지해 있는 물체라도 힘을 받으면 운동을 합니다. 그렇다면 태양이 지구의 중력에 의해 지구 쪽으로 끌려와 충돌해야 할 텐데, 왜 이런 일은 일어나지 않을까요?

뉴턴도 마음속으로 같은 질문을 던졌을 것입니다. 이 질문을 통해 뉴턴은 운동에 관한 제2법칙이라 불리는 '힘과 운동에 관한 중요한 원리'를 깨닫습니다. 즉, 물체에 힘이 작용하면 이 물체는 힘을 물체의 질량으로 나눈 가속도를 갖게 된다는 것입니다.

$$\text{물체의 가속도} \ = \ \frac{\text{물체가 받는 힘}}{\text{물체의 질량}}$$

앞에서 이야기한 것처럼 가속도는 주어진 시간 동안의 이동거리의 차이, 즉 속도의 차이를 나타냅니다. 따라서 가속도가 0이 아니라는 말은, 곧 속도가 달라진다는 것을 의미하지요. 정지한 물체는 속도가 0입니다. 여기에 힘이 작용하면 가속도가 생기면서 속도의 값이 달라지고, 물체가 움직입니다. 따라서 힘은 물체를 움직이게 하는 원인이 되며, 가속도는 얼마나 빨리 속도가 변하는지를 알려 줍니다.

가만히 있는 물체가 힘을 받으면, 힘의 방향으로 물체가 이동하면서 가속됩니다. 하지만 움직이는 물체가 운동 방향과 다른 방향으로 힘을 받으면, 관성에 의해 물체의 운동이 조금 복잡해집니다. 앞서 달의 공전운동에서 본 것처럼, 힘은 지구 중심을 향하지만 달은 지구 주위를 회전합니다. 속도와 운동 방향이 모두 힘의 방향과 다르기 때문입니다. 스키를 타고 내려오다가 언덕을 만나 점프하면, 중력에 의해 곧바로 수직으로 떨어지지 않고 앞으로 나가며 떨어지는 것도 동일한 예입니다.

앞서 말한 운동에 관한 제2법칙의 식을 보면, 가속도가 힘과 질량에 의해 결정된다는 것을 알 수 있습니다. 물체의 질량을 아는 방법은 물체를 저울에 달아 눈금을 읽는 것입니다. 이제 우리는 같은 크기의 힘이 작용하더라도 두 물체의 질량이 다르면 가속도 역시 달라진다는 사실을 알게 되었습니다.

다시 지구와 태양의 경우로 돌아가 봅시다. 앞서 태양과 지구의 질량이 각각 2.0×10^{30}kg과 5.98×10^{24}kg이라고 했습니다. 지구도 무겁지만 태양은 지구에 비해 40만 배나 더 무겁습니다. 따라서 태양과 지구는 같은 크기의 중력으로 서로를 끌어당기지만, 태양의 가속도는 지구 가속도의 40만 분의 1밖에 되지 않습니다. 다시 말해 지

　　　　　　　　　　사과에서 달까지 모든 물체는 똑같은 운동법칙을 따른다

구의 가속도에 비하면 태양의 가속도는 무시해도 될 정도, 즉 0에 가깝다고 할 수 있습니다. 따라서 태양은 거의 정지해 있는 반면, 가속도가 큰 지구만이 태양 주위를 공전하는 것입니다.

이것이 태양계에서 태양은 정지해 있고, 행성들만이 공전한다고 보아도 좋은 이유입니다. 이처럼 운동에 관한 제2법칙은 운동에 관한 제1법칙과 함께 지상의 물체뿐만 아니라 행성계의 운동을 이해하는 데도 도움을 줍니다.

운동에 관한 제3법칙: 작용-반작용의 법칙

운동에 관한 제3법칙의 다른 이름은 익히 들어본 적이 있을 것입니다. 바로 작용-반작용의 법칙입니다. 운동에 관한 제3법칙을 설명할 때 자주 드는 예가 얼음판 위에 정지해 있는, 질량이 같은 두 스케이터입니다.

한 스케이터가 다른 스케이터를 힘주어 밉니다. 그러면 당연히 힘을 받은 스케이터가 힘이 가해진 방향으로 멀어져 갑니다. 이때 힘을 준 스케이터는 그대로 있을까요? 스케이트를 타 본 사람이라면, 누구나 답을 알고 있을 것입니다. 힘을 준 스케이터 역시 움직이는데, 차이가 있다면 자신이 다른 사람에게 준 힘의 방향과 반대 방향으로 움직인다는 것입니다. 왜 그럴까요?

운동에 관한 제3법칙에 의해 힘을 준 스케이터는 다른 스케이터로부터 반작용 힘을 받습니다. 반작용 힘은 작용 힘과 크기는 같고 방향이 다르기 때문에, 힘을 준 스케이터는 이제 다른 스케이터가 움직이는 방향과 반대 방향으로 움직여 시간이 지날수록 두 스케이터 사이의 거리가 멀어집니다.

작용-반작용의 법칙은 일상생활에서도 적용됩니다. 예를 들어 볼까요? 누구나 친구와 한 번쯤 다툰 경험이 있을 것입니다. 화가 난 나머지 상대방을 툭 쳤는데, 상대도 가만있지 않고 덤벼 큰 싸움이 일어난 적도 있을 테지요. 내가 상대편을 때리면(작용), 상대편도 가만있지 않고 나를 때린다(반작용). 또는 내가 상대편을 괴롭히면, 상대편도 나를 괴롭힌다. 이런 상황에도 물리학의 법칙이 작용된다니 무척 흥미롭지요? 운동에 관한 제3법칙은 여기서 더 나아가 내가 친구를 때리면 친구가 느낀 통증만큼 나 역시 통증을 느낀다고 이야기합니다. 세상이 공평하게 이루어져 있음을 보여주지요.

물론 이런 이야기를 하려고 뉴턴이 제3법칙을 발견한 건 아닙니다. 뉴턴은 '힘이란 일방적으로 작용하지 않고, 항상 짝을 이루어 작용한다'라는, 힘이 가진 중요한 성질을 알리려고 제3법칙을 주장했습니다. 이를 이해하고 있어야만 여러 물체들의 운동을 설명할 수 있기 때문입니다.

태양-지구 사이에도 제3법칙이 적용됩니다. 태양이 지구를 끌어당기는 만큼, 지구도 태양을 끌어당깁니다. 하지만 앞서 태양과 지구의 질량차가 너무 커서 각각의 운동에 미치는 영향이 매우 다르다고 이야기했습니다. 이것이 태양만 지구를 끌어당기고, 지구는 태양을 끌어당기지 않는 것처럼 착각하게 되는 이유입니다.

물리학을 배우다 보면, 여러 지식을 알고 있어도 이를 잘못 사용하면 잘못된 결론에 이를 수 있음을 깨닫게 됩니다. 사람들은 지구에 태양의 중력이 작용한다는 것만 알지, 태양에 지구의 중력이 작용한다는 생각은 잘 하지 못합니다. 따라서 한 가지 생각에만 치우치지 않게 훈련하여 올바른 결론을 얻도록 노력해야 합니다. 물리학

　　　　사과에서 달까지 모든 물체는 똑같은 운동법칙을 따른다

은 그런 훈련을 할 수 있는 좋은 기회를 제공합니다.

뉴턴, 고전역학을 완성하다

　뉴턴은 25살 때인 1667년, 다시 대학으로 돌아와 수학 교수가 됩니다. 그는 지난 2년간 고향 집에 머물며 물리학, 수학, 천문학, 광학 분야에서 중요한 발견을 이루었으나, 자신이 발견한 결과를 논문으로 발표하기를 꺼려 했습니다. 이 때문에 중력법칙을 누가 먼저 발견했느냐를 놓고, 동료 물리학자인 훅과 논쟁이 벌어졌습니다.
　핼리혜성을 발견한 것으로 유명한 뉴턴의 친구 핼리는 이 논쟁을 끝내기 위해, 발견한 내용을 책으로 발표하라고 뉴턴을 설득합니다. 그 결과 1687년, 뉴턴은 드디어 《자연철학의 수학적 원리》(줄여서《원리》, 라틴어로《프린키피아》)라는 책을 발표합니다. 자연철학은 고대

《프린키피아》 표지

그리스 전통에 따라 과학을 부르는 또 다른 이름입니다. 뉴턴은《프린키피아》에서 그동안 자신이 발견한 중력법칙, 운동에 관한 법칙, 미적분학을 소개하고, 뿐만 아니라 이들 법칙을 사용하여 다양한 자연현상을 설명하였습니다.

뉴턴은《프린키피아》로 말미암아 영국뿐 아니라 세계적으로 유명해졌습니다.《프린키피아》는 이제 과학자들에게 성경과도 같은 존재가 되었습니다. 이때부터 과학자라면 누구나 뉴턴의 방식, 즉 실험이나 관측을 통해 자연현상을 살펴보고, 이를 설명할 수학법칙을 제안하며, 현상과 일치하는지 확인하는 방식을 올바른 방법처럼 따르게 되었습니다. 우리나라에도《프린키피아》를 번역한 책이 나와 있으니 읽어 보기를 강력히 추천합니다.

코페르니쿠스에 의해 시작된 과학혁명이 갈릴레이와 케플러를 거쳐 마침내 뉴턴에 와서 완성됩니다. 오늘날에는 뉴턴이 완성한 물체나 천체의 운동을 다루는 물리학 분야를 **역학** 또는 **고전역학**(아인슈타인의 상대성이론과 구별하기 위하여 부르는 이름)이라고 부릅니다.

놀랍게도 뉴턴은 지금으로부터 무려 500년 전 인공위성이 가능하다는 사실을 알아냅니다. 그는《프린키피아》에서 이를 자세히 설명하였습니다. 한 사람이 높은 산 위에서 대포를 지면과 평행하게 쏩니다. 이때 대포 속도가 느리면 포탄이 얼마 지나지 않아 바로 지면에 떨어집니다. 관성에 의해 수평으로 이동하는 거리보다, 중력에 의해 수직으로 떨어지는 거리가 크기 때문입니다. 대포 속도를 좀 더 빠르게 하면 포탄이 더 멀리 가서 떨어집니다. 지구는 둥글기 때문에 대포 속도를 이보다 더욱 빠르게 하면, 포탄이 지구로 떨어지는 것보다 지면이 더 빨리 낮아집니다. 뉴턴은 이 경우 포탄이 지면에 닿지 않고 계속 운동하므로, 인공위성처럼 지구 주위를 공전하게

        사과에서 달까지 모든 물체는 똑같은 운동법칙을 따른다

할 수 있다고 생각했습니다.

당시 기술 수준으로 봤을 때, 뉴턴이 인공위성까지 상상했으리라고 보기는 힘들 것입니다. 하지만 과학자들이 가능성을 믿고 열심히 노력한 덕분에 1957년 10월 4일 소련(지금의 러시아)에서 세계 최초로 인공위성 스푸트니크 1호 발사에 성공합니다. 참고로 우리나라 최초의 인공위성은 1992년 8월 11일에 발사한 우리별 1호입니다.

대단한 발견을 수없이 많이 한 뉴턴은, 훗날 친구에게 보내는 편지에서 "내가 다른 이들보다 더 멀리 볼 수 있었던 이유는, 바로 거인들의 어깨 위에 올라서서 세상을 바라볼 수 있었기 때문이라네"라며, 갈릴레이와 케플러에게 고마움을 표했습니다.

또 죽기 직전에는 "세상은 나를 천재로 생각할지 모르지만, 나는 바닷가에서 예쁜 조약돌이나 조개껍질을 줍고 좋아하는 소년에 지나지 않는다. 내 앞에는 아직 발견되지 않은 거대한 진리의 바다가 있다"라고 말했습니다.

자신은 남들이 생각하는 만큼 대단한 사람이 아니라는 겸손의 뜻이었지요. 뉴턴은 과학계에서 대단한 학자였지만, 말년에는 주식 투자로 재산을 많이 잃었습니다. 그때 그는 "나는 우주의 원리를 터득한 사람이지만, 주식 투자의 비결은 도통 알 수가 없단 말이야"라고 탄식했다고 합니다. 모든 것을 다 잘하는 사람은 없나 봅니다.

중력가속도의 비밀을 풀다!

앞서 지상에서 수직으로 떨어지는 물체는 $9.8m/s^2$의 일정한 중력 가속도로 등가속도 운동을 한다고 이야기했습니다. 왜 그럴까요? 뉴턴의 중력법칙이 발견됨에 따라 비로소 설명할 수 있게 되었습니다. 조금 복잡하지만 왜 그런지 알아볼까요?

지면 근처에 있는 물체가 받는 중력의 공식은 다음과 같습니다.

$$중력 \; = \; (중력\,상수) \times \frac{물체1의\,질량 \times 물체2의\,질량}{(물체1과\,물체2의\,사이의\,거리)^2}$$

이제 물체1을 지구, 물체2를 지면 가까이에 있는 물체라고 가정해보지요. 물체1과 물체2 사이의 거리는 지구 반지름이라고 생각할 수 있습니다. 지구 반지름이 6,400km 정도로 크기 때문에, 물체가 아무리 멀리 지면에서 떨어져 있어도 지구와 물체 사이의 거리는 지구 반지름과 크게 다르지 않습니다.

$$물체2의\,중력 \; = (중력\,상수) \times \frac{지구\,질량 \times 물체의\,질량}{지구\,반지름^2}$$

뉴턴은 이 중력이 바로 물체의 무게라고 생각하고, 운동에 관한 제2법칙을 적용하여 다음과 같은 수학식을 얻습니다.

$$물체2의\,중력 \; = \; 물체2의\,무게 \; = \; 물체2의\,질량 \times 지구\,중력가속도$$

  사과에서 달까지 모든 물체는 똑같은 운동법칙을 따른다

위의 두 식에서 왼편에 있는 물체2의 중력이 같기 때문에, 식을 정리하면 다음과 같이 적을 수 있습니다.

$$\text{물체2의 질량} \times \text{지구 중력가속도} = (\text{중력 상수}) \times \left(\frac{\text{지구 질량}}{\text{지구 반지름}^2} \right) \times \text{물체2의 질량}$$

이제 식의 왼편과 오른편에 모두 물체2의 질량이 곱해져 있으므로 소거할 수 있습니다. 남은 항만을 적으면 다음 식이 얻어집니다.

$$\text{지구 중력가속도} = (\text{중력 상수}) \times \left(\frac{\text{지구 질량}}{\text{지구 반지름}^2} \right)$$

놀랍게도 지면 근처에 있는 물체는 질량에 관계없이 모두 동일한 가속도인 지구 중력가속도를 가진다는 사실을 알 수 있습니다. 이제 중력 상수, 지구 질량, 지구 반지름을 사용해 계산해볼까요?

$$\text{지구 중력가속도} = \left(6.673 \times 10^{-11} \; \frac{\text{N} \cdot \text{m}^2}{\text{kg}^2} \right)$$

$$\times \frac{(5.98 \times 10^{24}\text{kg})}{(6.37 \times 10^6\text{m})^2} = 9.8 \; \frac{\text{m}}{\text{s}^2}$$

이 값은 앞서 설명한 중력가속도 g와 일치합니다. 모든 물체가 지상에서 중력가속도로 떨어지는 것은 바로 뉴턴이 발견한 중력 때문입니다. 갈릴레이가 실험으로 등가속도 운동을 확인했다면, 뉴턴에 와서야 비로소 그 이유를 알 수 있게 되었습니다. 이것이 과학이 발전하는 방식입니다. 처음에는 실험이나 관측을 통해 결과만을 알 수 있으나, 시간이 지나 왜 그런지 깨달으면서, 자연의 법칙을 발견하게 됩니다.

자연에는 4가지 기본 힘이 존재한다

생활이 풍족해진 요즘, 사람들은 몸무게 걱정을 많이 합니다. 몸무게가 조금만 늘어도 다이어트를 생각하는 사람이 많습니다. 그런데 똑같은 물체라도 달에 가면 무게가 지구에서의 1/6 정도로 줄어듭니다. 지구에서 무게가 60kg인 사람이 달에 가서 저울로 무게를 재면 10kg으로 줄어드는 것이지요. 왜 이런 일이 생길까요?

이유는 바로 중력의 차이에 있습니다. 지구에서 우리의 몸무게는 곧 지구가 우리 몸을 끌어당기는 중력을 말합니다. 지구 질량은 대략 6×10^{24}kg으로 우리 몸의 질량보다 엄청나게 큽니다. 이런 지구가 중력을 통해 우리 몸을 끌어당기기 때문에, 우리 몸이 떨어지지 않고 지구에 붙어 있으면서 지금과 같은 몸무게를 갖는 것이지요. 과연 달에서는 어떨까요? 달의 질량은 지구의 질량에 비해 매우 작기 때문에 몸무게가 지구에서보다 상대적으로 줄어듭니다.

원래 몸무게는 힘의 일종인 중력이기 때문에 몸무게를 이야기하려면 힘의 단위인 N으로 이야기해야 합니다. 흔히 몸무게를 말할 때 "내 몸무게는 60kg이야"라고 하는데, kg은 질량의 단위이므로 이 말은 잘못된 표현입니다. 힘의 단위로 이야기하자면, 몸의 질량 60kg에 지구에서의 중력가속도 $9.8m/s^2$을 곱한 $588kg \cdot m/s^2$, 또는 588N($1N$은 $1kg \cdot m/s^2$과 같습니다), 또는 60kg중이 맞습니다.

사람뿐만 아니라 질량을 가진 모든 물체가 **무게**를 가집니다. 그리고 물체의 무게는 물체의 질량에 물체가 위치한 곳의 중력가속도를 곱한 것과 같습니다.

$$물체의 \ 무게 = 물체의 \ 질량 \times 중력가속도$$

지구에서 무게의 방향은 중력의 특성에 의해 지구 중심을 향합니다. 달에서 몸무게가 지구에서의 1/6로 줄어드는 것은, 달 표면에서의 중력가속도가 지구 표면에서의 중력가속도의 1/6 정도이기 때문입니다. 질량은 어느 천체에 있든지 변하지 않지만, 무게는 중력가속도에 따라 달라집니다.

이처럼 힘은 비록 눈에 보이지 않지만, 우리가 매일 같이 재는 몸무게는 물론이고, 우리 생활 곳곳에서 크고 작은 영향력을 발휘하고 있습니다.

뉴턴의 발견을 통해 우리는 중력이라는 힘을 알게 되었습니다. 하지만 여전히 중력은 아리송하기만 합니다. 빛 속도로 달려도 몇 년이 걸릴 만큼, 멀리 떨어진 천체 사이에 중력이 어떻게 작용할 수 있을까요? 멀리 떨어져 있는 천체는 다른 천체가 주는 중력을 즉시 느낄까요, 몇 년이 지나 느낄까요? 이런 의문을 품은 것은 여러분뿐만

이 아니었습니다.

《프린키피아》를 통해 뉴턴의 중력법칙이 유럽 대륙에 알려지자, 그곳의 유명한 과학자들도 뉴턴에게 같은 질문을 던집니다. 힘이 우주처럼 먼 거리에까지 작용하리라고는 상상할 수 없었기 때문입니다. 그들은 또 자신들의 질문에 뉴턴이 만족할 만한 답을 줄 수 없다면, 중력은 참일 수 없다고 주장했습니다.

그들에게 명쾌한 답을 줄 수 없었던 뉴턴은 고민 끝에 "나는 가설을 만들지 않는다"라는 짧막한 편지를 써서 보냅니다. 자신은 자연을 관찰하여 남들이 모르던 새로운 사실을 발견했을 뿐이지, 하나님(뉴턴은 독실한 기독교도였습니다)만이 알고 계실 내용을 추측하지 않겠다는 의지를 표현한 것입니다. 또 그는 "어떤 위대한 발견도 용감한 추측 없이는 발견될 수 없다"라고 하며, 용기가 있으면 자신보다 나은 추측을 해보라고 도전장을 던집니다.

뉴턴이 살던 당시처럼, 지금도 힘을 제대로 이해하기란 쉽지 않습니다. 힘은 눈으로 볼 수 있는 직접적인 대상이 아니기 때문입니다. 하지만 눈이 아닌 마음(정신)을 사용하면, 힘을 나무나 꽃처럼 생생하게 느낄 수 있습니다. 이제 우리 주위에 존재하는 힘을 느껴보도록 합시다.

벡터: 힘은 크기만큼 방향이 중요하다

힘은 물리학에서 **벡터**라고 부릅니다. 벡터는 크기 외에도 방향이 중요합니다. 물리학에서 다루는 물리량 가운데에는 벡터 외에 **스칼라**도 있습니다. 다만, 스칼라는 크기만 중요할 뿐 방향은 의미가 없

　　　　　　　　　자연에는 4가지 기본 힘이 존재한다

습니다.

벡터의 대표적인 예가 속도입니다. 자동차의 속도에 대해 생각해 봅시다. 얼마나 빨리 달리느냐(크기)만큼 어디를 향해 달리느냐(방향)도 중요합니다. 속도의 방향을 모르면 1시간 후에 자동차가 어디에 있는지 위치를 알 수 없기 때문입니다. 반면 스칼라의 대표적인 예는 질량입니다. 질량이 10kg인 물체는 어디로 가져가든 항상 질량이 10kg입니다. 다시 말해, 방향과 관계없이 크기만이 중요합니다.

힘이 벡터라는 사실을 알고 싶다면, 다음과 같은 실험을 해보면 됩니다. 우선 로프와 무거운 물체(냉장고나 가구)를 준비하고 자신과 체중이 비슷한 친구를 부릅니다. 그리고 물체의 양쪽에 로프를 연결합니다. 이제 각자 자기 쪽 로프를 잡고 당깁니다.

첫 번째는 줄다리기 시합을 하는 것처럼 서로 반대 방향으로 힘을 주어 당깁니다. 두 사람의 힘이 비슷하다면, 물체는 움직이지 않습니다. 두 번째는 한쪽 로프를 옮겨 두 사람이 같은 곳에 서서 같은 방향으로 힘을 주어 당깁니다. 물체가 아주 무겁지만 않다면, 슬슬 움직이기 시작할 것입니다.

이 실험을 통해 우리는 물체의 운동에서 힘의 크기만이 아니라 방향도 중요하다는 사실을 알았습니다. 따라서 힘을 알기 위해서는 힘의 크기 외에 방향도 잘 기억해야 합니다.

중력이나 무게와 같은 힘은 눈에 보이지 않지만, 학교 과학시간에 귀에 못이 박히도록 들었기 때문에 많은 사람들이 잘 알고 있습니다. 반면 이제부터 이야기할 힘들은 그렇지가 않습니다.

수직항력은 물체가 놓인 바닥이 물체를 밀어 올리는(바닥이 저항한다고 볼 수 있어 항력이라 부릅니다) 힘을 말합니다. 수직이라는 단어가 붙은 이유는, 수직항력의 방향이 바닥에 수직하기 때문입니다.

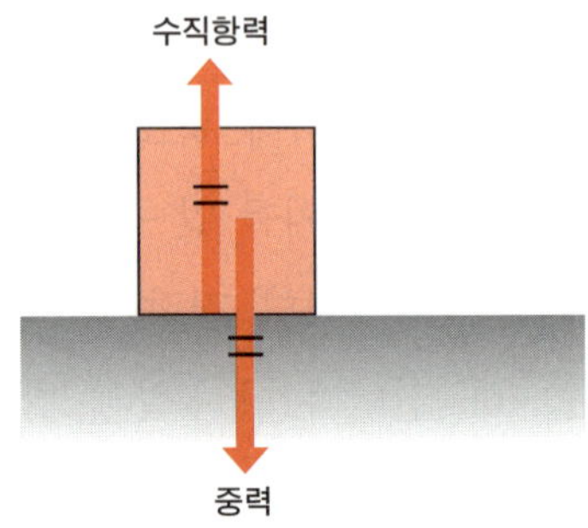

그림1 수직항력은 바닥이 물체를 밀어 올리는 힘입니다.

바닥에 물체를 놓으면 왜 수직항력이 작용할까요? 이를 이해하기 위해서는, 앞서 이야기한 뉴턴의 운동에 관한 제2법칙을 알아야 합니다. 단단한 바닥에 물체를 놓으면, 물체는 바닥 위에 정지해 있습니다. 정지한 물체의 속도는 0이고 이 상태에서 변화하지 않으므로, 이 물체의 가속도 역시 0입니다. 운동에 관한 제2법칙에서는 물체의 질량에 가속도를 곱한 것이 물체에 작용한 힘과 같습니다. 그림1에서 보듯이 물체는 질량을 가지므로, 지구의 중력, 즉 무게(질량×중력가속도)라는 힘이 아래 방향으로 작용합니다. 물체에 무게 외에 다른 힘이 작용하지 않는다면 앞서 '물체의 가속도=물체가 받는 힘/물체의 질량'에서 봤듯이 다음과 같은 식이 성립합니다.

$$\text{가속도} = \frac{\text{무게}}{\text{질량}} = \frac{\text{질량} \times \text{중력가속도}}{\text{질량}} = \text{중력가속도}$$

따라서 물체는 바닥에 놓여 있음에도 불구하고, 중력가속도로 인해 아래로 떨어져야 하는데, 이런 일은 본 적이 없지요? 반대 방향

 자연에는 4가지 기본 힘이 존재한다

의 힘이 무게를 상쇄시켜 가속도가 0이 되게 하기 때문입니다. 이때 작용하는 반대 방향의 힘이 바로 바닥이 물체를 밀어 올리는 '수직항력'입니다.

그림1에서 수직항력은 그 크기가 물체의 무게와 같고 방향은 반대입니다. 이 경우 무게와 수직항력은 뉴턴의 운동에 관한 제3법칙에서 말한 작용과 반작용에 해당합니다. 앞서 작용과 반작용은 힘의 크기가 같지만 방향은 반대라고 이야기했습니다. 물체가 바닥을 무게라는 힘으로 누르면(작용), 바닥은 물체에 수직항력(반작용)을 가합니다.

수직항력은 무게와 달리 힘의 크기를 알기가 쉽지 않습니다. 바닥의 한쪽을 조금 들어 올려 경사면을 만들면, 바닥이 수평일 때에 비해 수직항력이 줄어듭니다. 바닥이 기울면서 물체가 바닥을 누르는 정도가 약해지고, 이에 비례해 수직항력도 작아지는 것입니다. 나아가 바닥을 정확히 수직으로 세우면, 물체가 바닥을 누를 수 없으므로 수직항력이 0이 되고, 물체는 중력가속도로 아래로 떨어지지요.

여전히 어렵다고요? 자, 그럼 이런 경우를 한번 생각해볼까요? 눈앞에 강을 가로지르는 썩은 나무다리가 놓여 있고, 자신이 이 다리를 건넌다고 상상해봅시다. 덜컥 겁이 나지요? 우리는 이 다리가 우리의 무게를 지탱할 만한 수직항력을 가하지 못한다는 것을 본능적으로 알기 때문입니다. 따라서 다리를 건너다 자칫 아래로 떨어질 수 있습니다. 다리를 건너는 상상만 해도 누군가 아래에서 자신을 잡아당기는 듯한 느낌에 등골이 오싹해지지요. 이처럼 물리학을 모르더라도 누구나 무의식적으로 수직항력의 존재를 느낍니다. 마찬가지로, 물리학을 잘할 수 있는 DNA 역시 누구나 가지고 있다고 전 믿습니다.

수직항력이 존재한다는 것은 눈이 아닌 머리, 즉 정신으로 보아야 비로소 이해할 수 있습니다. 물리학을 모르고 세상을 보는 것은 장님이 코끼리를 만지는 것과 같지요. 장님은 앞을 볼 수 없기 때문에, 코끼리를 두고 '기둥 같다, 긴 파이프 같다, 아니다, 벽이다'와 같이 잘못된 이야기를 할 수밖에 없습니다. 물리학은 머리를 쓰며 고민해야 하는 학문이지만, 이러한 어려움은 세상을 진실되게 바라보는 즐거움에 비할 바가 못 됩니다.

장력과 탄성력

영화를 보면 간혹 주인공이 늘어진 나무줄기를 잡고 절벽을 오르는 장면이 나옵니다. 줄기가 끊어지면서 떨어지려는 순간, 주인공이 손을 뻗어 절벽의 돌을 잡아 위기를 넘깁니다. 이처럼 사람이 줄에 매달려 공중에 머물 수 있는 것은 장력의 작용 때문입니다.

눈으로 볼 수 없는 장력의 존재를 어떻게 알 수 있을까요? 물체가 줄에 매달려 정지하기 위해서는 무게를 상쇄시킬 또 다른 힘이 필요하다는 사실에서 찾을 수 있습니다.

그림2에서 보듯이 물체의 무게로 인해 줄이 당겨지면(작용), 줄은 끊어지기 싫어 장력을 가해 물체를 당깁니다(반작용). 작용의 크기와 반작용의 크기가 같아야 하므로, 이 경우 장력은 물체의 무게와 같습니다. 동일한 줄을 사용하더라도 매단 물체의 무게에 따라 장력은 달라집니다. 바닥의 경사에 따라 수직항력이 달라지는 것처럼, 줄 역시 상황에 따라 장력을 변화시키는 요술을 부립니다.

누구나 알고 있듯이, 너무 큰 힘을 가하면 줄이 끊어집니다. 줄에

   자연에는 4가지 기본 힘이 존재한다

는 자신이 견딜 수 있는 최대 장력이 있어서 너무 무거운 물체는 매달 수 없습니다. 보통 줄이 가늘면 가늘수록, 매달 수 있는 물체의 무게가 줄어듭니다.

물체를 줄 대신 용수철에 매달면 어떻게 될까요? 용수철이 조금 늘어나는 것을

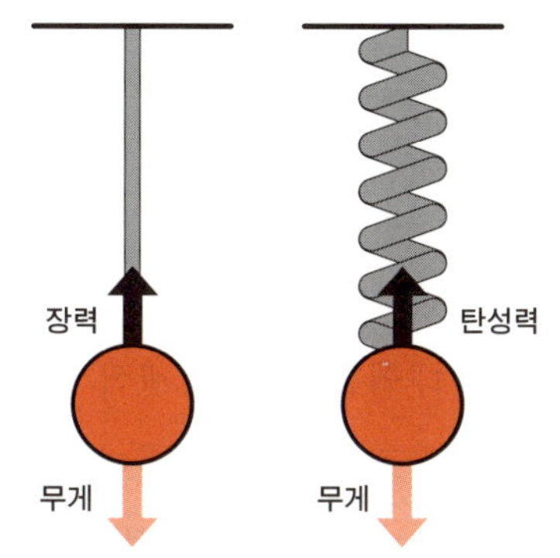

그림2 물체를 줄에 매달면 장력이, 용수철에 매달면 탄성력이 작용합니다.

제외하고 상황은 같습니다. 무게를 상쇄할 힘이 물체를 위로 끌어당기기 때문에 물체가 정지하지요. 이 힘이 바로 용수철이 물체에 작용하는 탄성력입니다.

탄성력은 장력과 달리 재미있는 현상을 일으킵니다. 용수철에 매달린 물체를 조금 더 아래로 당겼다가 놓으면 어떻게 되지요? 잘 알고 있듯이 물체가 위아래로 **진동**합니다. 그리고 이렇게 한 번 오르락내리락하는 데 걸리는 시간 간격은 시계로도 사용할 수 있을 만큼 정확히 같습니다. 왜 그러냐고요? 용수철이 **훅의 법칙**을 따르기 때문입니다.

모차르트를 이야기할 때면 늘 살리에르가 등장하듯이, 훅은 뉴턴을 이야기할 때 항상 언급되는 과학자입니다. 가난하게 태어나 어렵게 과학자가 된 훅은 성격이 까칠해서 물리학 법칙의 발견을 둘러싸고 다른 과학자들과 말다툼이 잦았습니다. 뉴턴 역시 훅이 중력법칙을 발견했다고 주장하는 바람에 그것에 반박하기 위하여《프린키피아》를 출판하였지요. 하지만 그로 인해 유명해졌으니, 오히려 훅에게 감사해야 할지도 모르겠습니다.

어쨌든 뉴턴의 적수였던 훅은 용수철에 물체를 매달았을 때, 용수철이 늘어나는 길이가 물체의 무게에 비례한다는 수학적 관계를 발견하였습니다. 이를 '훅의 법칙'이라고 부릅니다.

지금은 손목시계 대부분이 전지로 움직이는 전자식 시계이지만, 예전에는 태엽을 감는 기계식 시계를 썼습니다. 기계식 시계 안에는 원형으로 감긴 작은 용수철이 있어서 이 용수철이 규칙적인 진동을 일으킵니다. 이 진동을 통해 시간을 정확히 잴 수 있었던 것이지요. 이러한 용수철의 탄성력을 이용하여 탄생한 손목시계는 물리학 지식을 활용해 쓸모 있는 발명품을 만든 좋은 예입니다. 이처럼 물리학이 발명의 어머니가 된 예는 과거에도 많았고, 또 미래에도 무수히 등장할 것입니다.

마찰력

뉴턴의 운동에 관한 제1법칙은 관성을 설명한 법칙입니다. 물체에 힘이 작용하지 않더라도, 움직이던 물체는 계속 같은 속도로 움직일 수 있다는 것이지요. 하지만 많은 사람들이 이를 믿지 않았습니다. 물체를 평평한 바닥에서 밀면, 얼마 가지 않아 물체가 정지하기 때문입니다. 사람들은 물체가 **마찰력**이라는 눈에 보이지 않는 힘 때문에 멈춘다는 사실을 몰랐습니다. 지금은 누구나 알고 있는 마찰력은 물체가 운동할 때마다 항상 나타나는 고약한 녀석입니다.

보통 평평한 바닥에 놓인 물체를 오른쪽으로 밀면, 그림3처럼 무게와 수직항력 외에 마찰력이 작용합니다. 수직 방향으로 작용하는 수직항력과 물체의 무게는 크기가 같고 방향이 반대이므로 서로 상

　　　자연에는 4가지 기본 힘이 존재한다

쇄됩니다. 마찰력은 수평 방향으로 작용하는데, 그 방향이 물체의 이동 방향과 반대여서 속도를 일정하게 감속시킵니다. 따라서 시간이 지나면 물체는 결국 속도가 0이 되어 정지합니다. 마찰력이 크면 클수록 빠르게 감속

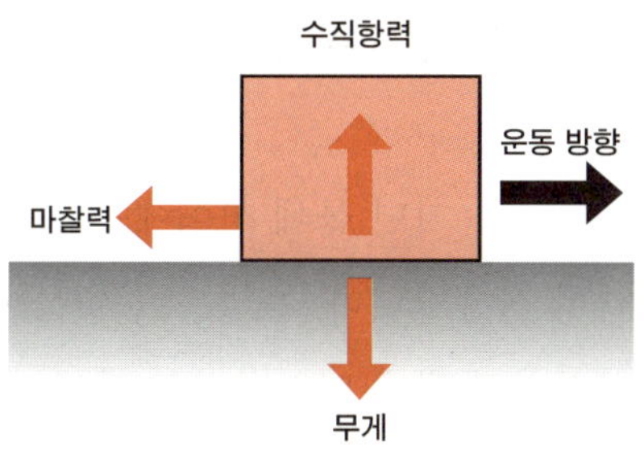

그림3 오른쪽으로 이동하던 물체가 마찰력의 방해를 받아 이동을 멈춥니다.

되므로, 얼마 못 가서 멈춥니다. 반대로 얼음 위에서처럼 마찰력이 작은 곳에서는 물체가 훨씬 오랫동안 멀리 나아갈 수 있지요.

마찰력은 물체 표면과 바닥의 거친 정도, 표면과 바닥의 닿는 면적 등 여러 요소에 의해 결정되는 복잡한 힘입니다. 이러한 마찰력을 줄이고 싶다면, 물체 표면과 바닥에 기름과 같은 윤활제를 바르면 됩니다. 이렇게 하면 윤활제가 표면과 바닥의 접촉을 줄여 마찰력이 작아지게 됩니다.

에어테이블이라는 특수 장치를 사용할 수도 있습니다. 에어테이블에 물체를 놓으면, 무수히 많은 작은 구멍들을 통해 공기가 물체를 0.1mm 정도 공중에 뜨게 합니다. 그러고 나서 물체를 밀면 물체가 거의 마찰 없이 공중에서 일정한 속도로 이동하는 것을 확인할 수 있습니다.

이 상태에서 마찰력이 아예 사라진다면 어떻게 될까요? 물체가 멈추지 않고 영원히 움직이게 되겠지요!

네 종류의 기본 힘

전하를 지닌 물체 사이에는 중력과 유사한 수학식을 따르는 전기력이 작용합니다. 플라스틱 빗을 옷에 잘 문지른 다음 머리 근처로 가져가면 빗에 머리카락이 붙는 까닭도 모두 전기력 때문입니다. 또한 자석을 종이클립과 같은 철로 된 물체에 가까이 대었을 때, 종이클립이 자석에 붙는 것은 자기력 때문입니다.

이처럼 전기력과 자기력 모두, 물체에 힘을 가해 물체를 운동하게 합니다. 전기력과 자기력에 대해서는 이후에 더 자세히 다루겠습니다.

물체가 원자로 이루어져 있다는 사실은 오늘날 누구나 아는 상식입니다. 또 원자가 그보다 작은 원자핵과 전자로 구성되어 있다는 사실도 1900년 이후 현대물리학을 통해 알려지게 되었습니다. 원자는 크기가 10억 분의 1미터(10^{-9}m, 나노미터) 정도로 작지만, 원자핵의 크기는 이보다 10만 배나 작은 10^{-14}m 정도입니다.

원자핵 안에는 더 작은 크기의 양성자와 중성자가 모여 있으며, 이들 사이에 강한 핵력(핵자들을 끌어당기는 엄청나게 강한 힘)이 작용합니다. 만약 강한 핵력이 없다면 양성자와 양성자 사이의 전기적 반발력에 의해 원자핵 안의 양성자들이 떨어져 나가서 원자핵이 남아나지 않게 됩니다.

원자핵 안에서는 강한 핵력 이외에 이보다 훨씬 작은 세기의 약한 핵력도 작용합니다. 이 부분은 뒤에서 더 자세히 설명하겠습니다.

우리 주위에는 다양한 힘들이 있습니다. 가족이 사랑을 주고받으며 하나가 되듯이, 자연은 힘을 주고받으며 하나가 됩니다. 다시 말해 힘은 자연이 서로에게 영향을 미치고, 또 영향을 받는 방식을 말

　　　　　　자연에는 4가지 기본 힘이 존재한다

합니다. 따라서 힘은 절대 일방적일 수 없고, 운동에 관한 제3법칙처럼 작용과 반작용이 동시에 나타납니다. 힘이 없다면 사물이 서로에게 영향을 줄 수 없습니다. 자연은 힘을 통해 물체를 운동하게 하고, 물체의 모양을 유지하며, 우주 만물을 주관합니다.

앞서 이야기한 것처럼 힘의 종류는 무궁무진해 보입니다. 하지만 1900년대 중반에 이르러 물리학자들은 자연에는 **네 종류의 기본 힘**만 있음을 깨닫습니다. 첫째 **중력**, 둘째 **전기력과 자기력**(합쳐서 **전자기력**이라고 부릅니다), 셋째 **강한 핵력**과 넷째 **약한 핵력**이 그것입니다.

수직항력, 장력, 탄성력, 마찰력과 같은 힘들은 왜 빠졌냐고요? 이들 힘은 사실 전기력의 요술로 인해 생긴 착각에 지나지 않습니다. 수직항력은 바닥을 구성하는 원자 사이에 작용하는 전기력 때문에 생겨납니다. 장력이나 탄성력 역시 줄과 용수철을 구성하고 있는 원자들 사이의 전기력이 원인입니다. 따라서 장력, 수직항력 등은 자연의 기본 힘이라고 할 수 없습니다.

구심력이나 원심력에 대해 알고 있나요? "줄에 매단 물체가 원을 그리며 움직이는 이유는 구심력 때문이다" "자동차가 커브를 돌 때 차 안에서 몸이 바깥쪽으로 쏠리는 이유는 원심력 때문이다"라는 말은 과연 옳을까요?

이것은 모두 잘못된 표현입니다. 줄에 매단 물체가 원운동을 하는 것은 줄의 장력 때문입니다. 또 커브를 도는 자동차 안에서 몸이 바깥쪽으로 쏠리는 것은 관성 때문입니다.

우주에 구심력과 원심력이라는 힘은 없습니다. 혹시 구심력과 원심력이라는 말을 쓰는 사람을 만난다면 조심해야 합니다. 물리를 잘 알지도 못하면서 아는 체하는 사람일 가능성이 매우 높습니다.

모습을 바꿀 뿐, 에너지의 총합은 영원히 변하지 않는다

에너지 보존의 원리

자동차 회사에서는 차가 안전한지 검사하기 위해 충돌 테스트를 거칩니다. 사람 모형의 인형을 자동차 운전석에 앉히고, 그대로 시동을 걸어 벽과 충돌시키는 것입니다. 이 인형에는 수많은 센서들이 달려 있어 충돌 시 운전자가 받는 힘의 정도를 알려줍니다.

다음 그래프는 인형이 자동차와 충돌했을 때 받은 힘에 대한 기록입니다. 그래프 왼쪽의 일정한 수평선은 충돌 전에 인형에 힘이 작용하지 않았음을 의미하며, 이후 충돌이 시작되면 그래프의 선이 갑자기 아래로 떨어지며 힘이 커졌음을 보여줍니다. 또 선이 위아래로 심하게 떨리는 것은 힘이 커졌다, 작아졌다 하며 복잡하게 변하는 것을 의미합니다. 충돌한 후에는 힘이 사라져 그래프가 다시 거의 수평에 가까워집니다.

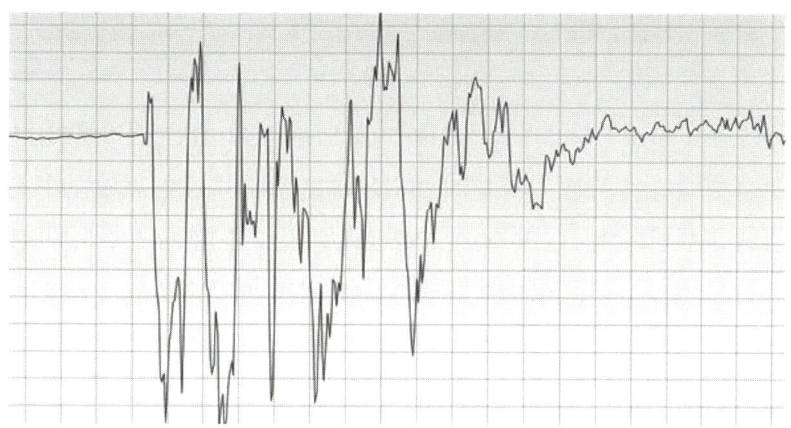

자동차 충돌 테스트로 얻은 힘의 그래프로, 수평축은 시간, 수직축은 힘을 나타냅니다.

이처럼 충돌할 때 물체에 작용하는 힘은 앞서 살펴본 힘들과는 성질이 매우 달라서 뉴턴의 운동에 관한 제2법칙을 적용하기 어렵습니다. 그렇다면 이를 어떻게 설명할 수 있을까요?

이번 장에서는 충돌뿐 아니라 물체의 운동과 관련된 현상을 설명할 수 있는, 물리학의 기본 원리에 관해 알아보겠습니다.

앞서 뉴턴은 '물체의 운동법칙'을 통해 물체가 어떻게 운동하는가를 설명하였습니다. 그의 뒤를 이어 여러 물리학자들이 뉴턴의 운동법칙을 포함하는 일반 원리를 발견하기 위해 노력했고, 끝내 보존 원리라는 엄청나게 중요한 자연의 원리를 발견합니다. 그들은 곧 자신들이 발견한 보존 원리가 물체의 운동법칙뿐만 아니라 빛, 전기, 자기, 열, 원자세계와 같이 다양한 분야에서 매우 유용하게 적용된다는 사실을 깨닫습니다.

물리학에 자주 등장하는 보존 원리에는 **에너지의 보존 원리**와 **운동량의 보존 원리**가 있습니다. 이를 설명하기 위해 뉴턴만큼이나 유명했던 철학자 겸 수학자 라이프니츠를 만나봅시다.

독일의 라이프니츠(1646~1716)는 뉴턴과 거의 같은 시기에 미적분을 발견하여 이를 누가 먼저 찾았느냐를 두고 다툼을 벌였습니다. 그러나 뉴턴의 농간으로 라이프니츠가 논쟁에서 패했고, 결국 미적분의 발견은 뉴턴의 업적으로 남습니다. 하지만 지금 우리가 사용하는 미분과 적분 기호들은 대부분 라이프니츠가 처음으로 사용한 것들입니다.

라이프니츠는 높은 곳에서 떨어뜨린 물체가 단단한 바닥과 충돌한 후 다시 위를 향해 튀어 오르는 것을 보고, 이를 물체의 활력이 보존되기 때문이라고 생각했습니다. 그가 말한 활력은 물체의 질량(m)과 물체의 속도 제곱(v^2)을 곱한 값인 mv^2을 의미했습니다. 당시 라이프니츠는 힘을 이용해 물체의 운동을 설명한 뉴턴의 운동에 관한 법칙은 모르고 있었습니다. 힘에 대한 이해가 부족했던 것이지요.

하지만 그는 뛰어난 창의력을 발휘하여 누구도 생각하지 못한 방식으로 물체의 운동을 설명하고자 했습니다. 바로 활력입니다. 활력이라는 이름은 흡사 잠을 쫓기 위해 마시는 에너지 드링크와 같은 느낌을 줍니다. 라이프니츠는 활력을, 충돌한 물체를 원래의 위치로 되돌아오게 하는 에너지 드링크라고 생각했나 봅니다.

서로 충돌하는 두 물체에 관한 다른 예로는 동계 올림픽 종목 중 하

고트프리트 라이프니츠

    모습을 바꿀 뿐, 에너지의 총합은 영원히 변하지 않는다

나인 컬링 게임을 들 수 있습니다. 한 선수가 던진 둥근 스톤이 다른 편 선수의 스톤과 충돌합니다. 라이프니츠는 이때 충돌 전의 두 스톤의 활력과 충돌 후의 두 스톤의 활력이 같다고 주장했습니다. 다시 말해, 충돌 전후에 스톤들의 활력이 **보존**된다고 생각했습니다. 그리고 활력이 보존된다면, 이를 통해 충돌 후 두 스톤이 어떻게 움직일지 알 수 있음을 증명해 보이려 했습니다. 즉, 뉴턴이 힘을 가지고 물체의 운동을 알아내려 한 것처럼, 라이프니츠는 활력의 보존 원리를 통해 물체의 운동을 알아내려 한 것이지요. 하지만 안타깝게도 라이프니츠의 계산 결과가 실제 실험의 결과와 달라서 그의 주장은 곧 잊혀지게 됩니다.

운동량의 보존 원리

라이프니츠의 주장과 달리 실제로 물체가 충돌할 때 활력이 보존되지 않습니다. 그러나 물리학자들은 마침내 보존되는 물리량이 있음을 발견해냅니다. '운동량'(정확히는 선운동량)이 바로 그것입니다. 물체의 운동량은 물체의 질량(m)에 물체의 속도 벡터($\vec{v}$)를 곱한 것, 즉 운동량 벡터 $m\vec{v}$를 말합니다. 활력을 속도로 나누면 운동량의 크기가 되므로, 안타깝게도 라이프니츠는 정답을 맞히진 못했으나, 정답 근처까지는 간 셈입니다.

$$운동량\ 벡터 = 질량 \times 속도\ 벡터$$

운동량을 처음으로 생각한 사람은 프랑스의 데카르트입니다. 독실한 기독교 신자였던 그는 충돌의 결과가 신의 뜻에 따라 결정되며, 신의 뜻이 바로 운동량의 보존이라고 주장했습니다. 이후에 네덜란드의 하위헌스가 실험을 통해 물체가 충돌할 때 운동량이 보존된다는 사실을 증명해냈습니다.

뉴턴의 운동에 관한 제1법칙인 관성의 법칙은 운동량의 보존 원리라고도 볼 수 있습니다. 힘이 가해지지 않으면, 물체는 관성에 의해 일정한 속도로 움직입니다. 따라서 물체의 질량에 속도를 곱한 운동량 역시 일정하게 보존됩니다. 다시 말해, 물체에 별다른 힘을 가하지 않으면 물체의 운동량은 보존됩니다.

두 물체가 충돌할 때는 작용과 반작용을 통해 서로 힘을 주고받습니다. 하지만 뉴턴의 운동에 관한 제3법칙에 의하면, 작용과 반작용은 크기가 같고 방향이 서로 반대이므로 두 힘을 합한 값이 0이 됩니다(힘이 벡터라는 사실을 기억하세요). 그러므로 별다른 힘이 가해지지 않은 이상, 충돌하는 두 물체의 운동량은 보존되어야 합니다.

1700년대에 들어서 뉴턴의 운동에 관한 제2법칙과 제3법칙을 가지고 운동량의 보존 원리를 유도할 수 있게 되었습니다. 이로써 운동량의 보존 원리가 물리학의 중요한 원리로 자리를 잡게 됩니다.

운동량의 보존 원리는 두 물체가 충돌할 때와 같이 물체가 받는 힘을 정확히 알 수 없어 뉴턴의 운동에 관한 제2법칙을 적용할 수 없는 경우 아주 유용합니다. 무슨 말이냐고요? 달리던 자동차가 다른 자동차와 부딪쳐 교통사고가 나는 경우를 상상해봅시다.

일정한 속도로 움직이는(가속도가 0) 자동차에는 힘이 작용하지 않습니다(자동차와 승객의 무게가 수직항력과 상쇄되고, 바퀴와 도로의 마찰력이 엔진의 힘과 상쇄되기 때문입니다). 그러나 두 자동차가 접촉, 즉 충돌하면 그 순간부터 힘이 작용하기 시작해 속도가 느려지고 차

 모습을 바꿀 뿐, 에너지의 총합은 영원히 변하지 않는다

가 찌그러집니다. 이 힘은 시간이 지날수록 더 커져서 차의 속도를 줄이고, 차체를 심하게 파손시키지요. 마침내 힘이 사라지면 자동차가 완전히 멈추고, 운전자들이 나와 차를 살펴보며, 보험사에 전화를 하게 되겠지요.

앞서 이야기한 것처럼, 충돌의 경우 운동에 관한 법칙을 적용할 수 없습니다. 이때에는 오직 운동량의 보존 원리만을 사용할 수 있습니다. 교통사고가 났을 때 교통순경이 도로 위에 생긴 바퀴 자국(스키드 마크)을 재고 기록하는 것 또한 자동차의 운동량을 알기 위해서입니다.

물체가 충돌할 때 운동량(정확히는 **선운동량**)이 보존되는 것처럼 물체가 회전운동할 때는 **회전운동량**(정확히는 **각운동량**)이 보존됩니다. 회전운동의 좋은 예는 피겨스케이팅입니다.

김연아와 같은 피겨스케이팅 선수가 얼음판 위에서 멋진 경기를 펼치는 장면을 본 적이 있을 것입니다. 모든 동작이 아름답지만, 그 가운데서도 경기의 마지막을 장식하는 빠른 회전(스핀)이 특히 인상적입니다. 맨몸으로 어떻게 저렇게 빨리 돌 수 있는지 신기할 따름입니다. 이러한 빠른 회전의 비밀이 회전운동량의 보존 원리에 숨어 있습니다. 회전운동량은 앞서 말한 운동량과 유사하게 정의됩니다.

$$회전운동량\ 벡터 = 회전질량 \times 회전속도\ 벡터$$

회전속도는 얼마나 빨리 도는가를 말합니다. 1초에 두 바퀴 회전한다면, 1초에 한 바퀴 회전하는 것보다 회전속도가 2배 빠릅니다. **회전질량**(정확히는 **관성모멘트**)은 물체의 질량에 거리 제곱을 곱한 것입니다. 여기서 거리는 물체가 회전축으로부터 떨어져 있는 거리를 말합니다.

　피겨 선수는 회전을 시작할 때, 손과 발을 몸통으로부터 멀리 벌립니다. 그러면 회전축(얼음판에 닿은 스케이트 날에서 수직으로 올라간 선)으로부터 손이나 발까지의 거리가 멀어져 회전질량이 증가합니다. 반면 빠른 회전을 할 때는 손과 발을 회전축에 바짝 붙입니다. 그러면 회전축으로부터 손이나 발까지의 거리가 가까워져 회전질량이 크게 감소합니다. 빠른 회전을 하는 선수의 경우, 회전을 시작할 때와 가장 빨리 회전할 때의 회전질량이 10배 정도 차이가 난다고 합니다.

　회전하는 동안에는 회전운동량이 보존되기 때문에 회전질량이 확 줄어들수록 회전속도가 엄청나게 커집니다. 그래서 얼굴을 볼 수 없을 정도로 빠르게 회전할 수 있습니다. 이것이 피겨스케이팅 스핀의 비밀입니다. 트리플 악셀 같은 고난도의 회전 점프를 할 때 선수가 팔을 몸 쪽으로 오므리는 것도, 회전질량을 줄이고 회전속도를 높여 공중에 떠 있는 짧은 시간 동안 여러 번 회전하기 위함입니다.

역학적 에너지의 보존 원리

　라이프니츠가 주장한 활력이론은 그로부터 100년 정도가 지난 1800년대에 들어서야 사람들의 주목을 받게 됩니다. 1829년 프랑스의 토목기사이자 물리학자였던 코리올리(1792~1843)가 활력의 절반, 즉 $\frac{1}{2}mv^2$을 **운동에너지**라고 부르면서 특수한 충돌의 경우 운동량과 운동에너지가 모두 보존된다고 주장한 것이 계기였지요. 코리올리는 물이 싱크대로 빨려 들어갈 때 지구의 자전에 의해서 소용돌이

　　모습을 바꿀 뿐, 에너지의 총합은 영원히 변하지 않는다

처럼 회전하면서 빨려 들어간다는 코리올리 효과(또는 코리올리 힘)를 처음 발견한 사람으로 유명합니다. 태풍이나 허리케인이 거대한 구름의 소용돌이를 만들며 이동하는 것도 같은 이유이지요.

정지한 물체를 힘주어 끌면 뉴턴의 운동에 관한 제2법칙에 의해 가속이 일어나 물체의 속도가 점점 빨라집니다. 코리올리는 물체에 준 힘과 물체의 이동거리를 곱한 것을 일이라 정의하고, 힘이 한 일이 물체의 운동에너지로 바뀐다고 생각했습니다. 그리고 계산 결과 운동에너지가 $\frac{1}{2}mv^2$ 이 되는 것을 확인했습니다. 또 충돌 후에도 모양이 찌그러지지 않을 정도로 아주 단단한 물체끼리 부딪치는 경우, 운동량은 물론 운동에너지가 보존된다는 사실도 알아냅니다.

물체의 운동과 관련된 에너지에는 운동에너지 외에도 **퍼텐셜에너지**가 있습니다. 퍼텐셜에너지는 흔히 위치에너지라고 잘못 불리는데, 이는 사실 일본 학자들의 잘못된 번역을 우리가 그대로 가져다 쓰면서 생긴 실수입니다. 중력을 만유인력이라고 잘못 불렀던 일본 사람들은 이번에도 자기 식대로 퍼텐셜에너지를 위치에너지라고 불렀습니다. 위치에 따라 에너지가 달라진다는 특성을 표현하기 위해서였지요. 이 때문에 높은 곳에 있는 물체만이 위치에너지를 갖는다는 오해가 생겨났습니다.

퍼텐셜에너지는 1853년 영국의 랭킨(1820~1872)이 처음 사용한 말입니다. 퍼텐셜potential은 잠재적이라는 의미를 가진 영단어로, 높은 곳에 있는 물체든, 낮은 곳에 있는 물체든,

월리엄 랭킨

모두 잠재적으로 에너지를 갖고 있음을 의미하지요. 이처럼 모든 물체는 각각의 퍼텐셜에너지를 가지고 있습니다. 다만 높은 곳에 있는 물이 낮은 곳에 있는 물보다 큰 퍼텐셜에너지(눈에 보이지는 않지만 잠재적인 에너지)를 갖지요.

따라서 높은 곳에 있는 물을 아래로 떨어뜨리면 감소한 잠재적인 에너지를 실제적인 에너지로 변환할 수 있습니다. 댐에 담긴 물을 낮은 곳으로 떨어뜨려 발전기를 돌리고, 거기서 전기에너지를 얻는 수력발전이 대표적인 예라고 할 수 있습니다. 물을 낮은 곳에서 높은 곳으로 이동시켜 퍼텐셜에너지를 증가시키려면 힘을 써야 합니다. 마찬가지로 용수철을 압축시키거나 늘릴 때에도 역시 힘이 필요하지요. 이렇게 힘을 받아 압축되거나 늘어난 용수철은 힘을 받기 전보다 더 큰 퍼텐셜에너지를 갖습니다.

이처럼 물체에 작용하는 힘에 따라서 다양한 종류의 퍼텐셜에너지가 존재합니다. 그리고 물리학에서는 퍼텐셜에너지와 운동에너지를 더한 것을 **역학적 에너지**라고 부릅니다.

역학적 에너지 = 운동에너지 + 퍼텐셜에너지

마찰력이 작용하지 않을 경우에는 역학적 에너지가 보존되는데, 이를 **역학적 에너지의 보존 원리**라고 부릅니다. 자연은 항상 퍼텐셜에너지를 감소하려는 경향을 가지고 있습니다. 예를 들어 높은 곳(퍼텐셜에너지가 큽니다)에서 물체를 놓으면 물체는 중력에 의해 가속(속도가 빨라집니다)되면서 낮은 곳(퍼텐셜에너지가 작습니다)으로 이동합니다. 이때 물체는 어느 위치에서 출발하느냐에 상관없이 아래로 떨어지면서 퍼텐셜에너지가 점점 감소하는데 그 양이 물체의 속

　　　모습을 바꿀 뿐, 에너지의 총합은 영원히 변하지 않는다

도 증가에 의해 늘어나는 운동에너지의 양과 정확히 일치합니다. 즉 퍼텐셜에너지가 줄어드는 만큼 운동에너지가 증가하게 되어 역학적 에너지는 변하지 않습니다. 이것이 바로 역학적 에너지의 보존 원리입니다. 물체가 떨어지는 동안 퍼텐셜에너지와 운동에너지는 계속 달라지지만, 역학적 에너지는 항상 보존됩니다.

이와 같은 역학적 에너지의 보존 원리는 1800년대 중반에 들어와 물리학에서 확고한 위치를 차지하게 되었고, 지금도 물리학 문제를 풀 때 유용하게 사용되고 있습니다.

뉴턴의 요람이라는 장난감을 알고 있나요? 운동량과 역학적 에너지가 동시에 보존되는 것을 보여주는 재미있는 장난감으로, 서로 다른 줄에 매달린 여러 개의 쇠구슬로 이루어져 있습니다.

이 장난감의 맨 왼쪽 구슬을 당겼다가 놓으면, 이 구슬은 다른 구슬과 충돌하는 순간 멈추고, 대신 맨 오른쪽 구슬이 위로 올라갔다가 내려옵니다. 그러면서 옆의 구슬과 부딪치면, 이번에는 맨 왼쪽에 있는 구슬이 올라갔다가 내려옵니다. 이 과정이 계속 반복해서

뉴턴의 요람

일어납니다. 만일 왼쪽에 있는 구슬 두 개를 동시에 잡아당겼다가 놓으면, 다른 구슬과 충돌하는 순간 두 구슬의 운동이 멈추고, 대신 맨 오른쪽에 있는 구슬 두 개가 위로 올라갑니다.

이처럼 뉴턴의 요람은 흡사 몇 개의 구슬을 당겼다가 놓았는지 정확히 기억하고 있다는 듯이, 반대쪽에 있는 구슬이 같은 개수만큼 움직입니다. 마치 요술을 보는 것 같습니다. 왜 데카르트가 충돌이 신의 뜻에 따라 일어난다고 했는지 알 것 같습니다. 구슬이 이처럼 정확히 반응하는 이유는, 바로 운동량과 역학적 에너지가 동시에 보존되기 때문입니다.

에너지란 무엇인가?

지금까지 운동에너지, 퍼텐셜에너지, 역학적 에너지 등 에너지에 대해 많은 이야기를 나누었습니다. 그렇다면 에너지란 도대체 무엇일까요?

에너지란 말은 '활동, 또는 작동'을 의미하는 고대 그리스어에서 생겨났습니다. 기원전 300년경, 아리스토텔레스가 물체의 운동을 이야기하면서 이 용어를 처음으로 사용했으며, 오늘날에는 일로 바뀔 수 있는 모든 것을 가리키는 단어로 쓰이고 있습니다. 즉, 에너지는 일과 밀접한 관계를 갖고 있습니다.

예를 들어 볼까요? 물레방아는 물이 떨어지는 힘으로 수차를 돌려 곡식을 찧는 기구입니다. 그 원리를 더 구체적으로 설명하면 다음과 같습니다. 위에 있던 물이 아래로 떨어지면서 물의 퍼텐셜에너지가 수차의 회전운동에너지로 바뀝니다. 또 이 회전운동에너지가

     모습을 바꿀 뿐, 에너지의 총합은 영원히 변하지 않는다

수차에 연결된 방아를 움직여 곡식을 찧습니다. 즉 물의 퍼텐셜에너지가 최종적으로 곡식을 찧는 일로 바뀐 셈입니다.

수력발전기 역시 물의 퍼텐셜에너지를 이용해 발전기 터빈을 돌리는 일을 함으로써 전기에너지를 얻습니다. 그리고 전기에너지는 다시 선풍기나 에어컨을 돌려 바람을 내는 일을 합니다.

이처럼 에너지는 일로 바뀔 수 있습니다. 일로 바뀔 수 있는 모든 것에 에너지라는 말을 쓸 수 있기 때문에 에너지의 종류는 무궁무진합니다. 예를 들어 휘발유를 태워 얻은 **화학적 에너지**로 자동차를 움직이는 일을 할 수 있습니다. 또 물을 끓여 얻은 뜨거운 수증기의 **열에너지**로 기차를 움직이거나 기계를 돌릴 수 있습니다. 벽의 콘센트에 TV 플러그를 꽂으면 전기에너지가 공급되어 TV 화면이 켜집니다. 이때 TV는 **전기에너지**로 일을 합니다.

이외에도 원자력에너지, 풍력에너지, 태양에너지, 지열에너지 등 새로운 형태의 에너지가 계속 등장하고 있습니다.

예전에는 사람이 했던 일을 이제는 사람의 편의를 위해 기계가 맡아서 합니다. 사람은 밥을 먹으면 힘이 나 일을 할 수 있지만, 기계는 에너지를 먹어야 일을 할 수 있습니다. 때문에 현대사회에서는 에너지가 대단히 중요합니다.

언뜻 생각하면 앞으로도 더 많은 에너지가 발견되어 에너지 걱정 없이 살 수 있을 것 같지만, 물리학자들은 '자연은 우리의 바람대로 에너지를 무제한으로 공급할 수 없을 것'이라고 굳게 믿고 있습니다. 우주가 가진 에너지의 전체 양은 우주가 탄생한 빅뱅 시절이나 지금이나, 또 먼 미래에도 변하지 않는다는 것이 **우주 에너지의 보존 원리**입니다.

이 원리를 증명할 수도, 또 실험을 통해 확인할 수도 없지만, 물리학자들은 이를 가장 확실한 자연의 원리로 믿고 있습니다. 지금까지 알려진 다른 물리학 법칙들은 틀릴 수 있을지라도, 이것만큼은 절대 틀릴 수 없다고 말입니다.

우리는 아직 우주가 얼마만큼의 에너지를 가지고 있는지 모릅니다. 어쩌면 우주에는 우리가 미처 발견하지 못한 새로운 에너지가 많을지도 모릅니다. 하지만 한 종류의 에너지가 다른 종류의 에너지로 바뀔 뿐, 이들 에너지의 전체 합은 변하지 않을 것입니다. 따라서 인류와 지구, 그리고 우주의 미래를 위해서라도 우리는 에너지를 절약해야 합니다.

　　　　　모습을 바꿀 뿐, 에너지의 총합은 영원히 변하지 않는다

빛의 기초 법칙들을 알아내다

빛의 반사법칙과 굴절법칙

비 온 후 맑게 갠 하늘에서 무지개를 본 적이 있나요? 요즘에는 대기오염 때문에 보기가 힘들어졌지만, 간혹 운이 좋을 땐 쌍무지개도 볼 수 있습니다. 무지개는 빛이 일으키는 대표적인 요술입니다. 그 밖에 봄날 도로 위에 피어오르는 아지랑이, 사막에서 여행자들을 홀리는 신기루 또한 빛이 만들어내는 마법이지요. 빛은 오래전부터 사람들에게 매우 흥미로운 존재였습니다.

생각해보십시오. 빛이 1억 5,000만km나 떨어진 태양으로부터 출발하여 지구에 도달하기까지 얼마나 걸릴지 궁금하지 않습니까? 아마도 빛이 무한대에 가까운 엄청난 속도로 이동하지 않는다면, 태양을 보는 일은 불가능하겠지요. 더 나아가 도대체 빛이란 무엇일까요? 작은 구슬과 같은 알갱이(입자)일까요? 아니면 파도와 같은 파동일까요?

과학자들이 빛의 성질을 이해하기까지는 앞서 이야기한, 물체의 운동을 다루는 고전역학보다 더 오랜 시간이 걸렸습니다. 세상의 다른 것들과는 전혀 다른 속성을 가진 우주의 이단아 '빛'. 빛을 이해하는 일은 결코 만만치 않은 작업입니다.

이러한 빛의 성질을 연구하는 물리 분야가 바로 광학입니다. 빛은 우리 일상생활에서 매우 중요한 대상입니다. 이번 장에서는 빛의 성질에 대해 알아봅시다.

유클리드, 알하이삼, 스넬이 발견한 빛의 성질

기록상으로 볼 때 빛의 성질을 가장 먼저 연구한 사람은, 기하학을 발견한 사람으로 유명한 고대 그리스의 유클리드입니다. 그는 2,300년 전 발표한 책에서 빛의 직진(똑바로 나가는 성질)과 반사에 대해 다루었습니다. 특히 그는 관측을 통해, 빛이 거울이나 수면과 같은 '표면에서 반사될 때 입사각과 반사각이 같다'라는 반사법칙을 알아내었습니다.

또 고대 만능 과학자인 아리스토텔레스 역시 빛의 성질에 관심이 많았습니다. 그는 카메라의 시초인 바늘구멍 사진기를 만들고 이를 책에 기록했습니다.

하지만 이들보다 광학의 발전에 더 큰 기여를 한 인물이 있습니다. 바로 1,000년 전에 활동한 중세시대 이슬람의 대학자 이븐 알하이삼입니다. 그는 저서 《광학의 서》에서 눈의 구조, 빛의 반사와 굴절, 렌즈, 무지개, 대기굴절에 대해 다루었는데, 이 책은 1270년 당시 로마인들이 사용하던 라틴어로 번역되어 유럽의 광학 연구에 큰 영향을 미칩니다.

알하이삼은 빛을 수면에 비스듬하게 비추면, 빛이 수면에서 반사

　빛의 기초 법칙들을 알아내다

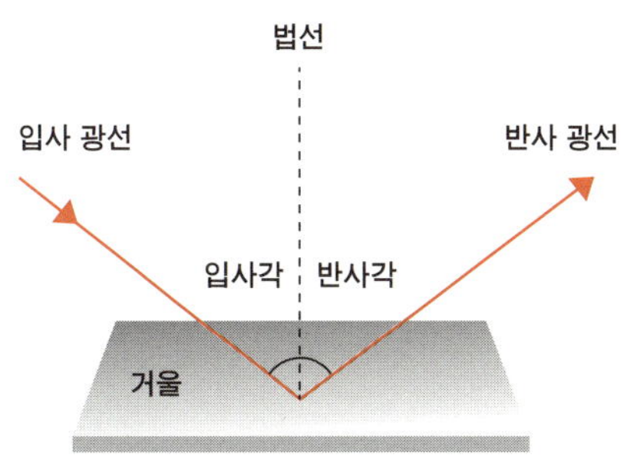

그림1 거울 표면에서의 빛의 반사법칙

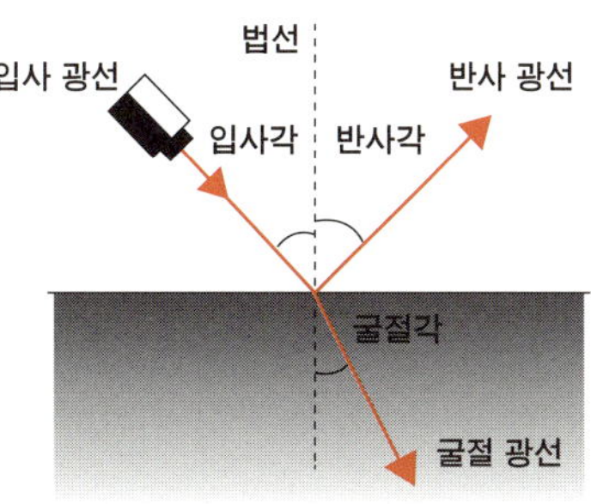

그림2 수면에서의 빛의 반사와 굴절. 굴절각이 입사각과 달라 빛이 꺾여서 진행합니다.

됨과 동시에 물속으로 꺾여 직진하는 굴절 현상을 발견합니다. 물이 담긴 비커에 연필을 넣으면 연필이 꺾어져 보이는 것이 그 예입니다.

알하이삼은 연구를 계속하여 빛이 굴절할 때 입사각(수면에 닿기 전 각도)과 굴절각(물속에서 직진하는 각도)이 다르며, 굴절각은 빛이 진행하는 물질(물이냐 기름이냐)에 따라 다르다는 **빛의 굴절법칙**을 발견합니다.

알하이삼이 발견한 빛의 굴절법칙을 이보다 한참 후인 1615년에 네덜란드의 과학자 스넬이 다시 발견하여 서양에서는 이를 스넬의 **법칙**이라고 부릅니다.

영국과 프랑스의 과학 풍토를 바꿔 과학혁명의 초석이 된 베이컨과 데카르트 역시 빛에 큰 관심을 가졌습니다. "나는 생각한다. 그러므로 존재한다"라는 유명한 말을 남긴 데카르트는 1637년에 출판한 책《방법서설》에서 빛의 굴절 현상과 눈의 구조 및 시각 현상에 대하여 다뤘습니다.

굴절망원경과 반사망원경

광학 하면 망원경 이야기를 빼놓을 수 없습니다. 1608년 네덜란드의 한 안경 제조업자가 볼록렌즈와 오목렌즈를 겹쳐서 먼 곳에 있는 물체를 보면, 물체가 아주 가깝게 보인다는 사실을 우연히 발견합니다. 처음으로 망원경의 아이디어가 번뜩인 순간이었지요.

이 사실을 알게 된 갈릴레이는 디자인을 개량하여 천체 관측이 가능한 망원경을 제작하였습니다. 그리고 이를 활용해 목성의 위성 4개를 발견하고, 달 표면의 분화구와 토성의 고리도 관측하였습니다.

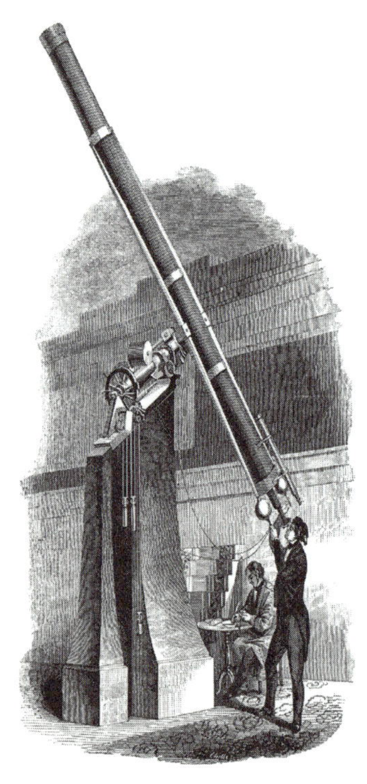

굴절망원경

갈릴레이는 여기서 더 나아가 은하수가 많은 별들로 이루어져 있다는 사실을 확인하여, 망원경이 천문학 연구에서 없어서는 안 될 중요한 기구임을 증명하였습니다.

오늘날 우리는 갈릴레이가 사용한 망원경을 **굴절망원경**, 또는 갈릴레이식 망원경이라고 부릅니다. 옆의 그림에서 보다시피 굴절망원경은 통의 길이가 길고 가는 것이 특징입니다.

뉴턴의 업적은 광학을 말할 때도 빼놓을 수 없습니다. 페스트 때문에 고향 집에서 쉬다가 케임브

　　빛의 기초 법칙들을 알아내다

리지 대학에 돌아온 뉴턴은 역학 연구보다는 광학 연구에 더 흥미를 가집니다. 광학에 대한 뉴턴의 관심은 이미 고향 집에서부터 시작되었습니다. 그는 대학을 떠나올 때 가져온 프리즘을 이용해 **빛의 분산** 현상을 발견합니다.

프리즘은 유리나 플라스틱을 삼각형 모양으로 깎아서 만든 기둥입니다. 여기에 가늘게 모은 빛을 비추면 빛이 프리즘을 통과하여 무지개 빛깔로 나누어지는데, 이러한 현상을 '빛의 분산'이라고 부릅니다. 비 온 뒤 하늘에 생기는 무지개도 하늘에 떠 있는 작은 물방울들이 프리즘 구실을 하여 빛을 분산시켜 만들어내는 현상입니다.

뉴턴은 또 프리즘 2개를 사용하여 분산 실험을 합니다. 빛이 하나의 프리즘을 통과하면서 무지개가 나타나는데, 이 무지개가 또 다른 프리즘을 통과하면 다시 색이 없는 빛이 나옵니다.

뉴턴은 굴절망원경의 단점을 개선한 새로운 방식의 **반사망원경도** 발명합니다. 매우 멀리 떨어져 있는 물체를 굴절망원경으로 보려면 통의 길이가 불편할 정도로 길어야 합니다. 게다가 그렇게 만들더라도 볼 수 있는 시야가 매우 좁습니다. 밤하늘에서 많은 별을 보려면 시야가 넓어야 하는데, 굴절망원경으로는 그것들을 볼 수 없습니다.

이런 단점들을 극복한 것이 바로 뉴턴이 발명한 반사망원경입니다. 반사망원경은 렌즈 없이 오직 오목거울만으로 물체를 확대해 볼 수 있는, 당시로서는 매우 획기적인 발명품

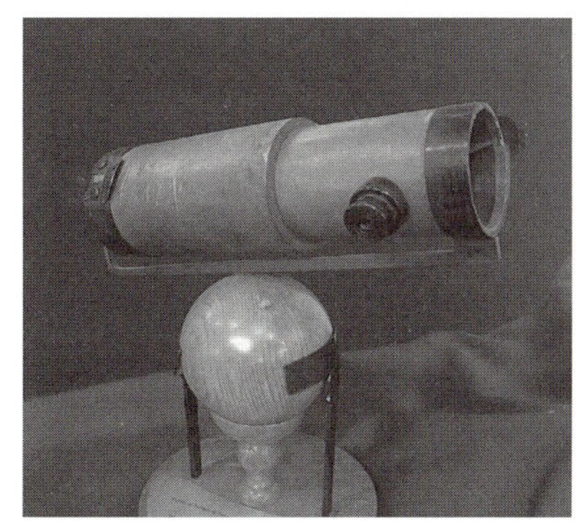

뉴턴의 반사망원경

이었습니다. 통의 길이가 짧고 통통한 반사망원경은 큰 거울을 쓸수록 더 멀리, 더 넓게 볼 수 있습니다.

빛은 입자다 vs 빛은 파동이다

머리 쓰는 일에 능했던 뉴턴은 빛의 분산이 왜 일어나는지에 대해 끊임없이 생각했습니다. 그는 빛이 여러 가지 색깔을 가진, 눈으로 볼 수 없을 정도로 작은 입자들로 이루어져 있다면, 빛의 분산을 설명할 수 있다고 주장했습니다. 또 그러한 전제에서라면, 빛의 반사와 굴절 역시 설명할 수 있음을 깨닫습니다.

뉴턴은 빛이 입자이기 때문에 공기 중에서보다 물속에서 더 빨리 전달된다고 주장했습니다. 물이 빛의 입자를 중력으로 끌어당기기 때문에, 빛의 입자가 공기 중에서보다 더 빨리 이동한다고 생각한 것이지요. 흥미롭게도, 빛이 입자라는 주장을 뉴턴보다 먼저 한 사람이 있었습니다. 바로 빛의 굴절법칙을 재발견한 네덜란드의 스넬입니다.

그런가 하면 빛이 파동이라고 주장한 과학자도 있었습니다. 바로 하위헌스(1629~1695)입니다. 영국에 뉴턴이 있다면 유럽 대륙에는 하위헌스가 있다고 할 만큼, 그는 네덜란드의 유명한 물리학자였습니다. 하위헌스는 굴절망원경으로 토성의 위성을 발견하고, 진자시계(추시계)

크리스티안 하위헌스

      빛의 기초 법칙들을 알아내다

를 최초로 발명한 것으로도 유명합니다.

당시 유럽 학자들 중에서는 영국의 뉴턴을 무시하는 이들이 많았습니다. 그들은 뉴턴의 중력법칙이 발표되자, 뉴턴에게 중력이 생기는 이유를 따져 물으며 그를 괴롭혔습니다. 이유를 밝히지 못하는 주장은 가치가 없다고 무시하면서 말이지요. 그중에서도 하위헌스는 빛을 파동이라고 가정하면 빛의 반사와 굴절을 설명할 수 있다는 사실을 깨닫고, '빛은 입자'라는 뉴턴의 주장에 맞서 '빛은 파동'이라고 주장합니다.

우선 하위헌스는 파동이 어떻게 퍼져 나가는지 알기 위해 고민했습니다. 그리고 연못에 돌을 떨어뜨려 파문이 퍼져 나가는 모습을 머릿속으로 그려보았습니다. 하위헌스는 파문 가장자리의 각 지점들이 새로운 파문을 만드는 원인이 되는데, 그렇게 생긴 무수히 많은 작은 파문들이 겹쳐져 다시 새로운 파문을 만들고, 그 과정이 계속 되풀이되면서 파문이 퍼져 나간다고 주장했습니다. 이 주장을 하위헌스의 원리라고 부릅니다. 이 원리를 사용하면 빛의 반사와 굴절이 설명됩니다.

또 하위헌스는 뉴턴과는 반대로 '빛은 파동이며, 물속에서보다 공기 중에서 더 빨리 이동한다'라고 주장했습니다. 물속에서의 빛의 속도를 측정해 보면 빛이 입자인지 파동인지를 쉽게 알 수 있었을 텐데, 안타깝게도 당시에

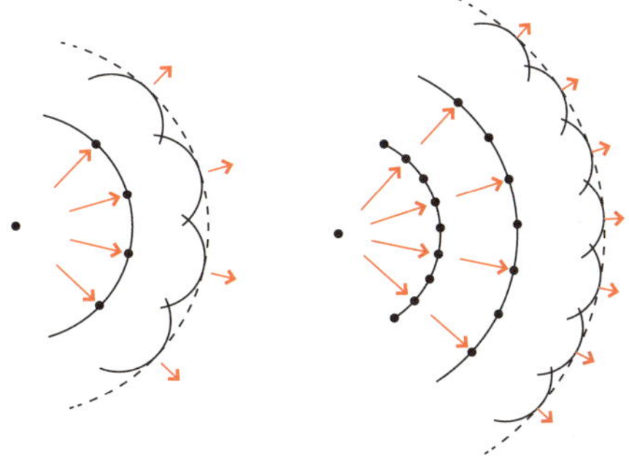

그림3 파문이 퍼져 나가는 것을 설명하는 하위헌스의 원리

칠레 라스 캄파나스 천문대에 2026년 완공 예정인 거대 마젤란 망원경. 지름 8.4m의 거울을 7장이나 사용하여 우주의 모습을 매우 선명히 볼 수 있습니다.

는 빛의 속도를 측정할 기술이 없었습니다. 때문에 빛의 본질이 입자이냐, 파동이냐를 놓고 과학계가 뜨겁게 달궈집니다.

뉴턴의 명성이 높아지면서 하위헌스의 파동설은 점차 힘을 잃어갔고, 이후 100여 년 동안 뉴턴의 입자설이 빛의 본질에 대한 올바른 이론으로 받아들여집니다. 그리고 물리학자들은 무려 200년 이상이 더 지나서야 빛의 본질이 무엇인지를 정확히 이해하게 됩니다.

앞서 갈릴레이의 굴절망원경과 뉴턴의 반사망원경에 대해 이야기했는데, 그럼 오늘날 천문대에서 사용하는 망원경은 어떤 종류일까요? 각 망원경의 특징을 기억한다면 쉽게 대답할 수 있겠지요? 바로 반사망원경입니다. 천문대의 반사망원경은 일반인이 사용하는 반사망원경에 비해 거울이 엄청나게 큽니다.

 빛의 기초 법칙들을 알아내다

우리나라의 여러 천문대에서도 이러한 반사망원경을 이용해 아름다운 우주를 바라보고, 별을 관찰할 수 있습니다. 그중에서도 보현산 천문대의 반사망원경에는 지름 1.8m의 거울이 달려 있어, 먼 은하의 모습도 선명하게 관찰할 수 있습니다. 기회가 된다면 가족과 함께 꼭 방문해보십시오. 밤하늘을 수놓은 별을 보며 드넓은 우주를 상상해보는 것도 좋은 추억이 될 것입니다.

2026년에는 칠레에 세계 최대 규모의 거대 마젤란 망원경이 건설될 예정인데, 이 거대 망원경은 지름 8.4m의 거울을 7장 사용하여 지름이 무려 25m인 반사망원경처럼 작동하게 됩니다. 이를 사용하면, 지상에서도 우주의 모습을 매우 선명하게 볼 수 있답니다.

빛은 최단 시간 경로를 택한다

페르마의 최소 시간의 원리

    누구나 "수준이 다르다"라는 말을 하거나 들어 본 경험이 있을 것입니다. 오랜 시간 축구를 연습한 선수와 이제 갓 배우기 시작한 선수의 수준은 차이가 날 수밖에 없겠지요. 믿기 어렵겠지만 물리학 법칙들 사이에도 이런 수준 차이가 존재합니다.

    이번 장에서는 물리학 법칙의 수준에 대해 이야기하려고 합니다. 시간과 노력을 들여 꾸준히 연습하고 경험을 쌓아야 축구 실력이 늘어나는 것처럼, 물리학 역시 오랜 시간 연구를 거듭하면서 점차 높은 수준으로 발전해왔다고 할 수 있습니다. 이제 물리학이 어떤 단계를 거쳐 발전해왔는지 살펴볼까요?

물리학 발전의 첫 번째 단계: 관찰과 실험

    빛의 굴절을 가지고 물리학의 발전, 다시 말해 물리학의 수준이 높아지는 과정에 대해 알아봅시다. 예전이나 지금이나 물리학 발전의 첫 단계는 **관찰과 실험**입니다.

비커에 물을 준비하고, 레이저 포인터로 수면에 레이저 빔을 쏩니다. 그러면 입사한 레이저 빔의 일부가 수면에 반사되고, 일부는 물속으로 굴절하는 것을 볼 수 있습니다. 이제 입사각을 바꾸어가며 실험해보고, 그 과정을 카메라로 담습니다.

물리학 발전의 두 번째 단계: 낮은 수준의 법칙 발견

두 번째 단계에서는 실험을 통해 얻은 사진들을 모아 놓고 반사 빔과 굴절 빔이 입사 빔과 **어떤 관계를 갖는지** 조사합니다. 사진마다 입사각(수면에 수직한 선으로부터 입사 빔까지의 각도)이 다르기 때문에, 처음에는 관계를 발견하기가 쉽지 않지요. 이럴 때는 표를 만드는 게 도움이 됩니다.

표1을 보면 입사각과 반사각(수면에 수직한 선으로부터 반사 빔까지의 각도)이 같다는 사실을 즉시 알 수 있습니다. 따라서 빛이 입사각과 같은 각도로 반사한다는 법칙을 쉽게 발견할 수 있습니다. 이 **반사법칙**은 물리학 법칙이라고는 하지만, 누구나 조금만 노력하면 발견할 수 있는 낮은 수준의 법칙에 지나지 않습니다. 이 때문에 발견자의 이름이 붙어 있지 않은가 봅니다.

반면 입사각과 굴절각(수면에 수직한 선으로부터 물속에서 직진하는 굴절 빔까지의 각도)의 관계를 아는 일은 만만치 않습니다. 즉시 알 수 있다면 당신은 천재입니다. 꼭 물리학자가 되기 바랍니다. 관계가 잘 보이지 않을 때는, 입사각 대 굴절각의 그래프를 그려 보는 것

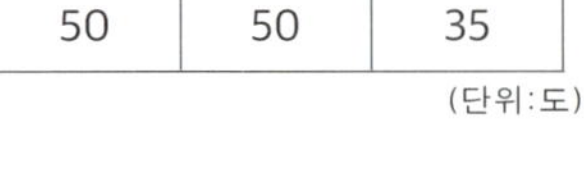

입사각	반사각	굴절각
10	10	7.5
20	20	15
30	30	22
40	40	29
50	50	35

(단위:도)

표1 빛의 반사와 굴절에 대한 실험 결과

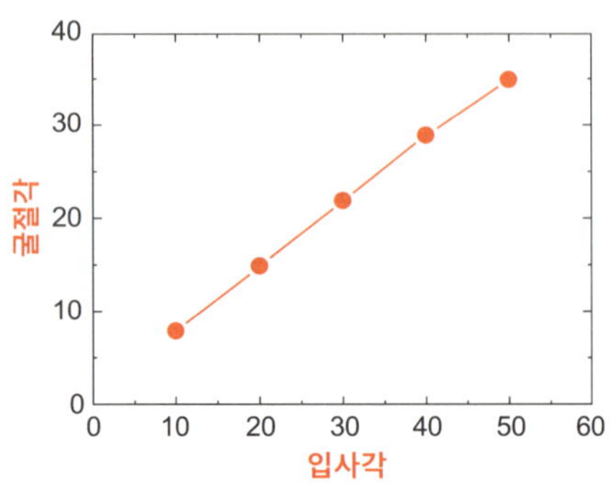

그래프1 입사각과 굴절각의 그래프

이 좋습니다. 그래프1을 보면, 언뜻 결과가 직선처럼 보이지만, 정확히는 직선이 아닙니다. 그렇다면 이 둘의 관계는 무엇일까요? 관계를 알기 위해서는 창의성 및 끈기와 노력이 필요합니다. 이 모든 능력을 지녔던 스넬은 관계를 찾는 데 성공했습니다. 그래서 빛의 굴절법칙을 '스넬의 법칙'이라고 부르는 것이지요.

스넬은 표1에 다음과 같은 작업을 추가한 표2를 만들어 보았습니다. 표2는 입사각과 굴절각의 사인 값을 구한 다음, 두 사인 값을 나눈 값을 계산한 것입니다. 표2의 맨 오른쪽 항을 보면 왜 이런 계산을 했는지 이해가 되지요? 두 사인 값을 나누어 보니 놀랍게도 거의 비슷한 값이 나옵니다. 각도를 정확하게 측정하면 할수록 오른쪽 값이 더욱 동일해집니다. 사인 값 계산을 할 줄 모른다고요? 특정한 각도의 사인 값은 삼각형을 그려서 쉽게 구할 수 있습니다.

예를 들어 $30°$의 사인 값을 구한다고 합시다. 밑변과 빗변이 $30°$의 각도를 이루고, 빗변의 길이가 1인 직각 삼각형을 그리면, 사인$(30°)$은 삼각형의 높이에 해당합니다. 이러한 삼각형을 그리고 자로 재보면, 사인$(30°)$이 0.5, 즉 빗변 길이의 절반이 된다는 사실을 확인

   빛은 최단 시간 경로를 택한다

입사각	사인(입사각)	굴절각	사인(굴절각)	사인(입사각)/ 사인(굴절각)
10	0.17	7.5	0.13	1.31
20	0.34	15	0.26	1.31
30	0.5	22	0.37	1.33
40	0.64	29	0.49	1.31
50	0.77	35	0.59	1.31

(단위:도)

표2 입사각과 굴절각의 사인 값

할 수 있습니다. 요즘은 전자계산기(스마트폰 애플리케이션도 있습니다)를 사용해 일일이 삼각형을 그리지 않더라도 쉽게 사인 값을 구할 수 있습니다.

스넬은 이와 같은 표2를 만들고 나서 굴절하는 빛이 따르는 자연의 법칙을 발견했습니다. 수학식으로 표시하면 아래와 같습니다.

$$\frac{\text{입사각의 사인 값}}{\text{굴절각의 사인 값}} = \text{일정}$$

이것이 **빛의 굴절법칙**입니다. 스넬은 빛이 어느 물질을 통과하느냐에 따라 식의 오른편에 있는 일정한 값이 달라진다는 사실을 확인했습니다. 빛이 공기 중에서 물로 굴절할 때는 이 값이 대략 1.3 정도이지만, 공기 중에서 유리로 굴절할 때는 1.5 정도가 됩니다. 스넬은 이 값을 물질의 **굴절률**이라고 불렀습니다. 하지만 발견자 스넬조차 왜 그런 현상이 나타나는지 그 이유를 알지 못했습니다. 물질의 어떤 성질이 굴절률을 결정하는지 이해하는 데는, 다시 100년 이상의 오랜 시간이 필요했습니다.

빛의 굴절법칙과 같은 낮은 수준의 법칙을 흔히 **경험법칙**이라고 부릅니다. 우리가 자연에서 경험을 통해 발견한 법칙을 뜻합니다. 하지만 경험법칙은 우리에게 이런 법칙에 해당하는 자연현상이 왜 일어나는지를 설명해주지 못합니다.

물리학 발전의 세 번째 단계: 높은 수준의 법칙 발견

세 번째 단계는 자연의 원리를 찾는 것으로, 더 깊은 생각과 창의성을 필요로 하는 가장 힘든 단계입니다. 우리는 두 번째 단계에서 빛이 두 물질의 경계, 즉 공기와 물의 경계인 수면에서 굴절한다는 사실을 발견했습니다. 또 이때 굴절법칙이 적용된다는 것도 알아냈습니다.

이제 우리가 세 번째 단계에서 할 일은 굴절법칙을 설명해줄 자연의 근본 원리를 찾아내는 것입니다. 이 단계는 두 번째 단계보다 훨씬 힘든 과정을 거쳐야 하며 성공 여부도 장담할 수 없습니다.

유명한 프랑스의 변호사이자 아마추어 수학자인 페르마(1601~1665)는 빛의 반사와 굴절을 설명하기 위해 **최소 시간의 원리(페르마의 원리)**를 발표하였습니다. 여기서 원리란 흔히 법칙보다 수준이 높은 발견을 부를 때 사용합니다.

페르마는 수학에서 395년간 미해

피에르 드 페르마

빛은 최단 시간 경로를 택한다

결 문제로 남아 있다가 최근에 풀린, '페르마의 정리'($x^n+y^n=z^n$을 만족하는 정수 쌍 'x, y, z'는 '$n=2$'일 때만 존재한다)를 발견한 대단한 사람입니다. 빛은 두 지점을 잇는 경로들 중에서 지나는 시간이 가장 짧은 경로를 선택한다는 것이 바로 페르마의 최소 시간의 원리입니다. 이처럼 간단한 원리로 빛의 반사와 굴절은 물론, 모든 빛의 이동을 설명할 수 있다는 사실이 무척 신비롭습니다.

빛의 반사와 최소 시간의 원리

이제 최소 시간의 원리를 사용해 빛의 반사와 굴절을 설명해봅시다. 우선 반사에 대해 알아보지요. 그림1의 A지점에서 출발한 빛이 수면에서 반사하여 B지점으로 이동하려 합니다. 생각할 수 있는 이동 경로는 무수히 많습니다. 그림에는 3가지 다른 경로가 그려져 있습니다. 수면의 어느 지점에서 반사하느냐에 따라 경로는 달라집니다. 과연 빛은 어느 경로를 따를까요?

3가지 경로에 어떤 차이가 있는지 알기 위해 B^1지점을 그립니다. 이곳은 공기 중의 B지점과 수면을 잇는 수직선의 거리만큼, 수면에서 물의 방향으로 떨어진 지점입니다. 이제 A와 B^1을 잇는 직선을 그립니다. 그러면 직선이 수면과 만나

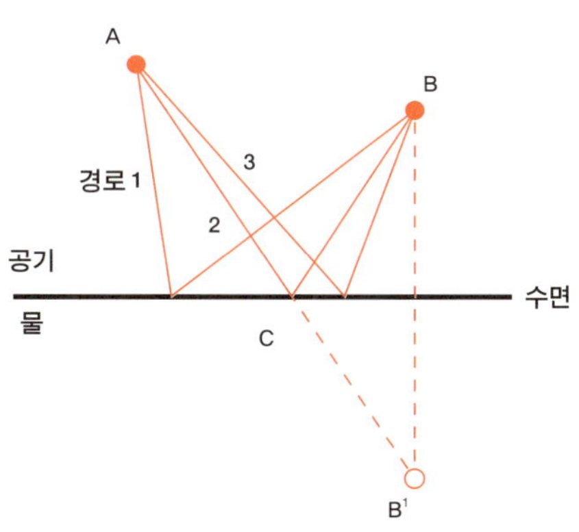

그림1 빛이 반사될 때, 경로 2가 최소 시간이 걸리는 이동거리입니다.

는 점 C가 생깁니다. 빛이 A에서 출발해 C에서 반사되어 B로 가는 경로2의 길이는, 빛이 A에서 출발해 C를 지나 B'으로 가는 경로의 길이와 같음을 삼각형의 대칭성을 이용해 쉽게 알 수 있습니다.

또 우리는 두 점 사이의 최단거리가 두 점을 잇는 직선임을 알고 있으므로, 경로2가 A에서 B로 가는 최단 경로라는 사실을 알 수 있습니다. 따라서 경로1, 경로3은 물론이고, 다른 어떤 경로도, 경로2보다는 길이가 깁니다.

그럼 빛이 A에서 나와 반사되어 B로 가는 데 걸리는 시간은 거리와 어떤 관계가 있을까요? 물체가 어떤 거리를 일정한 속도로 이동할 때 걸리는 시간은 거리/속도입니다. 즉 시속 100km(100km/h)인 차가 100km를 가는 데는 100km/(100km/h), 즉 1시간이 걸립니다.

빛이 이동하는 데 걸리는 시간은 빛의 이동거리/빛 속도이고, 빛 속도는 공기 중에서 일정하기 때문에 이동거리, 즉 경로의 길이가 짧을수록 시간이 적게 걸립니다. 최소 시간의 원리란 빛이 수면에서 반사될 때 최소 시간이 걸리는 경로2를 선택할 수밖에 없다는 것입니다. 여기서 더 나아가 기하학을 접목시키면, 경로2의 경우 입사각과 반사각이 같으며, 따라서 최소 시간의 원리로부터 빛의 반사법칙이 자연스럽게 유도된다는 사실까지 확인할 수 있습니다.

빛의 굴절과 최소 시간의 원리

다음으로 빛의 굴절을 최소 시간의 원리로 설명해봅시다. 굴절이 반사의 경우와 다른 점은, 빛이 공기와 물을 모두 지난다는 것입니다. 그런데 빛 속도는 공기 중과 물속에서 서로 다릅니다. 물속에서

                                    빛은 최단 시간 경로를 택한다

는 빛 속도가 느려지기 때
문에, 그림2에서 보다시피
빛이 굴절할 때 두 지점 A
와 B를 잇는 직선 경로(경
로2)가 가장 빠른 이동 경
로가 아닙니다. 잘 이해가
되지 않는다고요?

여러분이 그림2의 A에
서 B로 걸어서 이동한다
고 가정해봅시다. 공기

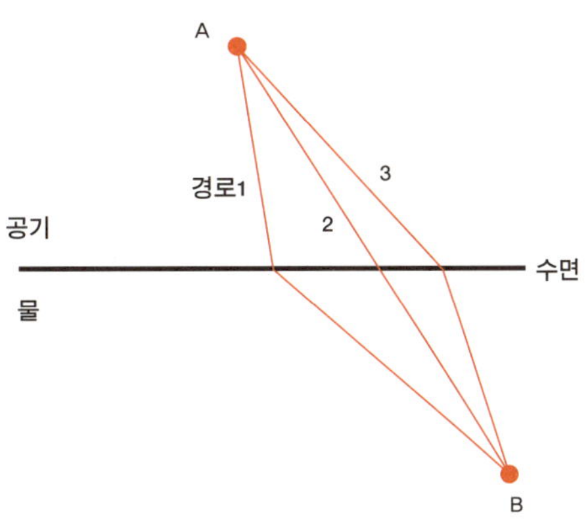

그림2 빛이 굴절할 때는 물속에서 적게 이동하는 경로3이 최소 시간이 걸리는 이동 경로입니다.

중에서는 걷기가 쉬우니 빨리 걸을 수 있지요. 반면 물속에서는 걷기가 어려워 걸음이 느려집니다. A에서 B로 가는데 시간이 덜 걸리려면, 빨리 걸을 수 있는 공기 중에서 많이 걷고, 걷기 힘든 물속에서는 되도록 적게 걷는 것이 유리합니다. 따라서 경로1이나 경로2보다 경로3이 가장 빠른 이동 경로일 가능성이 큽니다. 그렇다고 해서 직선 경로로부터 너무 멀리 벗어나도 걷는 시간이 길어져 이동 시간이 오래 걸리겠지요.

이처럼 최소 시간의 원리를 따르려면, 빛이 굴절할 때 물속에서보다 공기 중에서 더 많이 이동하고, 직선 경로에서 너무 많이 벗어나지 않은 경로3을 선택할 수밖에 없습니다. 물속에서의 빛 속도가 공기 중에서의 빛 속도/물의 굴절률이라는 사실을 이용하면, 쉽지는 않지만 굴절법칙의 식(입사각의 사인 값/굴절각의 사인 값=물의 굴절률)을 증명할 수 있습니다. 스스로 증명해보기 바랍니다.

최소 원리: 자연도 경제성을 따진다

우리는 지금까지 최소 시간의 원리를 가지고 빛의 반사와 굴절을 설명했습니다. '시간이 금이다'라는 격언을 따르듯, 자연도 사람처럼 시간을 중요시하고 시간의 경제성을 따진다는 것이 놀랍지 않습니까? 페르마가 최소 시간의 원리를 발견한 이후, 물리학에서는 자연이 특정한 물리량(최소 시간의 원리의 경우, 이는 시간이 됩니다)을 최소화하는 방향으로 행동한다는 주장이 나타났습니다. 이런 주장을 **최소 원리**라고 부릅니다. 최소 원리를 사용하면 빛, 물체의 운동과 같은 다양한 자연현상을 설명할 수 있습니다.

최소 원리는 빛의 반사법칙과 굴절법칙은 물론, 등가속도 운동에 관한 법칙과 같은 여러 법칙들에도 적용되는 매우 중요한 자연의 원리입니다. 이처럼 자연은 엄청난(하지만 매우 단순한 형태의) 비밀을 가지고 있으며, 지금도 우리가 아직 발견하지 못한 수많은 비밀을 발견해주기를 기다리고 있습니다.

자연이 복잡해 보이는 까닭은 우리의 이해가 부족하여 이러한 자연의 원리를 모두 발견하지 못했기 때문입니다. 따라서 과학이 발전하면 할수록 자연은 더욱 단순한 모습으로 우리 앞에 나타날 것입니다. 최소 원리는 앞에서 설명한 **보존 원리**와 함께 자연이 매우 단순한 원리를 따른다는 사실을 알려주었으며, 1800년대 이후 물리학이 급속도로 발전하는 데 큰 기여를 합니다.

갈릴레이가 중력가속도를 발견하고, 뉴턴이 이를 중력법칙으로 설명할 수 있었던 것처럼, 반사든 굴절이든 상관없이 모든 빛의 경로는 최소 시간의 원리 하나로 설명할 수 있습니다. 따라서 최소 시간의 원리는 반사법칙이나 굴절법칙보다 높은 수준의 법칙이라 할

    빛은 최단 시간 경로를 택한다

수 있습니다.

이처럼 자연은 우리의 상상을 뛰어넘는 단순한 방식으로 작동하고 있지만, 신이 아닌 인간이 높은 수준의 자연의 법칙, 또는 원리를 발견하기란 결코 쉽지 않습니다. 그러니 이런 원리를 발견했을 때의 기쁨은 세상의 어떤 즐거움에도 비할 수 없을 것입니다. 그래서 과학자들은 남들이 어려워하는 과학을 하면서도 누구보다 자신의 일을 즐깁니다.

미국에서는 대통령이 매년 미국 최고의 과학자들에게 상장과 상금을 수여합니다. 어느 날은 대통령이 수상식장에 모인 과학자들에게 "오늘 수상할 과학자들은 이미 발견의 큰 기쁨을 누렸을 테니 상금은 드리지 않겠습니다"라고 농담을 건네 모두를 크게 웃겼습니다.

사실 그 자리에 모인 과학자들은 실제로 상금을 주지 않았어도 모두 기쁜 마음으로 돌아갔을 것입니다. 과학자에게 과학의 발견보다 더 큰 보상은 없기 때문입니다.

간섭무늬로
빛이 파동임을 증명하다

영의 이중슬릿 실험

영화 〈스타워즈〉를 보면 제국의 군대에 붙잡힌 레아 공주가 3차원 홀로그램을 통해 도움을 청하는 장면과, 행성을 파괴하는 무시무시한 죽음의 별 설계도가 공중에 3차원 영상으로 나타나는 장면이 나옵니다. 또 CD의 뒷면을 보면 영롱한 무지개 색이 나타나지요. 이것은 모두 '간섭과 회절'이라는 빛의 성질 덕분에 가능한 현상입니다. 빛에는 반사나 굴절 이외에 훨씬 놀라운 성질들이 숨겨져 있습니다. 이제부터는 빛에 대한 궁금증을 풀어보겠습니다.

갈릴레이의 엉뚱한 실험

'빛은 어떻게 태양에서 출발해 먼 우주 공간을 지나 지구로 오는 것일까? 빛의 속도는 과연 얼마일까?' 누구나 어렸을 때 한 번쯤 생각해봤을 질문들입니다.

갈릴레이 역시 빛이 얼마나 빠른지 궁금해서 스스로 실험을 해보았습니다. 그는 깜깜한 밤에 하인에게 등을 준비시켜 산을 오르게 했습니다. 그러고는 하인이 산 위에서 촛불을 밝힌 등을 열었다가 닫으면, 산 아래에서 그걸 보고 재빨리 자신의 등을 열었다 닫았습니다. 갈릴레이는 이 일을 수백 번 반복하면서 걸린 시간을 재었습니다. 갈릴레이와 하인 사이의 거리를 안다고 하면, 다음과 같은 식을 얻을 수 있습니다.

빛 속도 = 둘 사이의 거리의 2배 × 등을 여닫은 횟수 / 걸린 시간

거리에 2배를 하는 까닭은 갈릴레이가 한 번 등을 여닫을 때마다 빛이 두 사람 사이를 왕복하기 때문입니다. 결과는 어땠을까요? 물론 실패였습니다. 왜 그랬을까요? 실험을 할 때마다 빛 속도가 계속 달라졌는데, 이는 빛 속도가 너무 빨라서 등을 여닫는 시간이 빛이 거리를 왕복하는 시간보다 훨씬 오래 걸렸고, 당시에 정확한 시계가 없어 시간 측정에서 오차가 생겼기 때문입니다. 이처럼 1600년대의 기술로는 빛의 속도를 측정하는 일이 불가능해 보였는데, 엉뚱하게도 답은 천문학에서 나왔습니다. 어떻게 된 일이었을까요?

인류 최초로 빛 속도를 알아내다!

덴마크의 천문학자 올레 뢰머(1644~1710)는 목성 주위를 도는 위

목성의 위성들 중 갈릴레이 위성이라고 불리는 네 개의 위성(목성에서 가까운 순으로 왼쪽부터 이오, 유로파, 가니메데, 칼리스토)

성인 이오를 수년간 관측하고 있었습니다. 갈릴레이가 망원경으로 관측한 위성 중 하나인 이오는 목성 주위를 한 번 도는 데 42시간이 걸립니다(이 시간을 **공전주기**라고 부릅니다). 그런데 뢰머는 이오의 공전주기가 계절에 따라서 무려 22분이나 차이가 나는 것을 발견했습니다. 지구가 목성과 가까워질 때는 공전주기가 짧아졌고, 목성에서 멀어질 때는 공전주기가 길어졌습니다.

이러한 차이가 발생하는 원인을 알기 위해 고민하던 뢰머는 1676년에 드디어 답을 생각해냅니다. 빛 속도가 무한대가 아니라면, 빛이 지구까지 도달하는 데 시간이 걸립니다. 이오의 공전주기가 바뀌는 것도 이 때문이라고 생각한 그는, 목성에서 지구까지의 거리가 가장 가까울 때와 가장 멀 때의 차이와 이오의 공전주기의 변화를 통해 아래와 같은 식을 발견합니다.

$$\text{빛 속도} = \frac{\text{지구와 목성이 가장 가까울 때와 가장 멀 때의 거리 차이}}{\text{이오의 공전주기의 차이}}$$

뢰머는 이 계산을 통해 빛 속도가 대략 초속 212,000km임을 알아냈습니다. 이 값은 현재 우리가 알고 있는 빛 속도의 값인 초속 299,792.5km(보통 초속 300,000km라고 이야기합니다)와는 상당한 차이가 있지만, 인류 최초로 빛 속도를 구했다는 데 중요한 의미가 있습니다.

뢰머가 빛 속도를 발견한 후 50년가량이 지난 1727년, 영국의 천문학자 브래들리(1693~1762)가 광행차 현상을 발견하고, 이로부터 초속 304,000km라는 빛 속도 값을 얻습니다. 이 값은 지금 우리가 알고 있는 빛 속도와 비교할 때, 1% 정도밖에 차이가 나지 않습니다. 광행차란 붙박이별의 위치가 지구의 공전과 자전에 의해 계절에 따라 달라지는 현상을 말합니다.

지상 최초의 빛 속도 측정 실험

천문학자들이 먼저 빛 속도를 발견하자 자존심이 상한 물리학자들은 지상에서 빛 속도를 측정하려 합니다. 하지만 실험이 어려워서 계속 실패하다가 뢰머의 발견이 있은 지 무려 200년이 지난 1849년에, 마침내 프랑스의 물리학자 피조(1819~1896)가 최초로 지상에서 빛 속도 측정에 성공합니다. 과연 어떤 방법을 썼을까요?

피조의 방법은 고속으로 회전하는 톱니바퀴를 사용했다는 점을 빼고는 갈릴레이의 방식과 동일합니다. 우

이폴리트 루이 피조

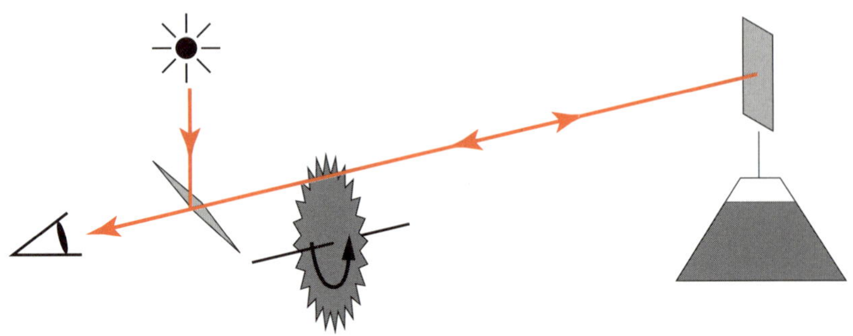

그림1 고속 회전 톱니바퀴를 사용한 피조의 빛 속도 측정 장치

선 짧은 시간 동안 빛을 9km 떨어진 거울로 보냅니다. 이 빛이 거울에 반사되어 원래의 장소로 돌아올 때까지의 시간을 측정하면, 빛 속도는 18km의 거리를 빛이 돌아오는 데 걸린 시간으로 나눈 값이 됩니다.

이 실험을 위해서는 빛을 짧은 시간 동안만 보내야 하고, 또 빛이 돌아오는 데 걸리는 찰나의 시간을 정확히 잴 수 있어야 합니다. 피조는 이 문제를 고속 회전 톱니바퀴라는 독창적인 아이디어로 해결합니다.

그림1은 피조가 사용한 실험 장치를 간략히 표현한 것입니다. 1초에 13번 고속으로 회전하는 바퀴 가장자리에 720개의 톱니가 일정한 간격으로 파여 있습니다. 빛을 바퀴 가장자리에 비추면 톱니가 이를 짧게 잘라주기 때문에, 매우 짧은 시간 동안만 빛이 나옵니다. 그리고 이렇게 나온 빛은 멀리 떨어진 거울로 향합니다.

톱니 사이를 빠져나간 빛은 거울에 반사되어 톱니로 되돌아옵니다. 이때 빛이 톱니 사이를 통과하면 반짝이는 빛을 볼 수 있지만, 톱니에 걸리면 보이지 않습니다. 바퀴가 얼마나 빨리 회전하느냐에 따라 반사된 빛이 톱니를 빠져나오는지, 아니면 톱니에 걸리는

     간섭무늬로 빛이 파동임을 증명하다

지가 결정됩니다. 피조는 빛이 톱니에 걸리지 않고 빠져나올 때의 바퀴의 회전수를 측정하여 빛이 돌아오는 데 걸리는 아주 짧은 시간을 알 수 있었습니다. 그리고 다음 식을 사용하여 빛 속도를 계산하였습니다.

$$빛\ 속도 = 2 \times 9km / 빛이\ 돌아오는\ 데\ 걸린\ 시간$$

피조는 이로써 초속 313,000km라는 빛 속도 값을 얻습니다. 이 값은 브래들리가 얻은 빛 속도 값 초속 304,000km보다 부정확한데, 이유는 피조의 실험 장치가 정교하지 않고, 거울까지의 거리 측정이 정확하지 못한 탓이었습니다. 하지만 이 실험은 사람이 만든 장치를 이용해 지상에서 처음으로 빛 속도를 측정했다는 데 의의가 있습니다.

끝없는 빛 속도 측정 경쟁

빛 속도를 좀 더 정확히 측정하려는 노력은 피조의 실험 이후 현재까지도 끊임없이 계속되고 있습니다. 그만큼 빛 속도를 정확히 아는 것이 중요하기 때문이지요.

1862년에는 또 다른 프랑스의 물리학자 푸코(1819~1868)가 회전 톱니바퀴 대신 회전 거울을 사용하여 빛 속도를 측정하였습니다. 그 결과 초속 298,000km라는 값을 얻었지요. 이 값은 우리가 알고 있는 초속 299,792.5km와 비교할 때 겨우 0.5%밖에 차이가 나지 않을 정도로 정확합니다.

프랑스 팡테옹에 있는 푸코의 진자

　푸코는 빛 속도 측정보다 **푸코의 진자**로 더 유명합니다. 1851년에 그는 프랑스 파리의 건물 팡테옹의 돔에 28kg의 납으로 만든 무거운 공(물리학에서는 진자라고 부릅니다)을 길이 67m의 줄에 매달아 잡아당겼다가 놓았습니다. 얼핏 보면 진자가 앞뒤로만 움직이는 것 같지만, 실제로는 지구 자전 때문에 진자가 움직이는 수직의 진동면이 매시간 11°씩 회전해 32.7시간(이 시간은 프랑스 파리의 위도와 관련이 있습니다. 우리나라 서울에서 실험을 하면, 시간이 달라집니다)이 지나야 원래 위치로 돌아옵니다. 이로써 푸코의 진자 실험은 지구가 자전한다는 사실을 보여주는 가장 강력한 증거가 되었습니다.

　1900년대 초 미국의 마이컬슨은 푸코의 회전 거울 장치를 개량하여 초속 299,796km라는, 당시로서는 가장 정확한 빛 속도 값을 얻었습니다. 그리고 1950년에 스웨덴의 베리스트란드가 피조의 기계식 회전 톱니바퀴 대신 전자식 톱니바퀴라 할 수 있는 특수 장치를 사용해 빛 속도를 더 정확히 측정합니다. 이후 레이저를 광원

　　　　　　　　　　간섭무늬로 빛이 파동임을 증명하다

으로 사용한 정밀 측정을 통하여 지금 우리가 사용하고 있는 초속 299,792.458km가 빛 속도의 값으로 결정되었습니다.

많은 사람들이 빛 속도를 정확히 측정하기 위해 노력하는 이유는, 빛 속도가 길이나 시간의 표준이 되기 때문입니다. 예를 들어, 전에는 길이의 표준으로 1m 원기(측정의 기준으로서 도량형의 표준이 되는 기구를 말합니다)가 사용되었지만, 현재는 빛이 1/299,792,458초 동안 이동한 거리를 1m로 정하고 있습니다.

빛은 파동이다: 영의 이중슬릿 실험

푸코는 빛 속도 실험 장치를 사용해 물속에서의 빛 속도를 측정하여, 빛이 공기 중에서보다 물속에서 더 느리게 진행한다는 사실을 발견합니다. 이로써 그는 뉴턴이 주장했던 빛의 입자설이 틀렸음을 확인합니다. 뉴턴은 빛을 입자라고 주장하면서, 빛과 물 사이의 중력이 빛과 공기 사이의 중력보다 크기 때문에 빛 속도가 물속에서 더 빨라진다고 했습니다.

반면 빛의 파동설을 주장한 하위헌스는 빛이 물속에서 진행할 때는 저항이 커져서 공기 중에서보다 속도가 더 느려진다고 주장했습니다. 한때는 뉴턴의 이론이 정설로 받아들여졌지만, 결국은 하위헌스의 주장이 맞았던 것이지요.

푸코의 실험이 있기 전인 1801년, 영국의 영(1773~1829)은 빛이 파동이라는 사실을 부정할 수 없게 하는, 유명한 이중슬릿 실험 결과를 논문으로 발표합니다. 영은 굉장히 독특한 사람이었습니다. 그는 의학을 공부하여 의사가 되었지만, 물리학에 더 큰 흥미를 느껴 물

토머스 영

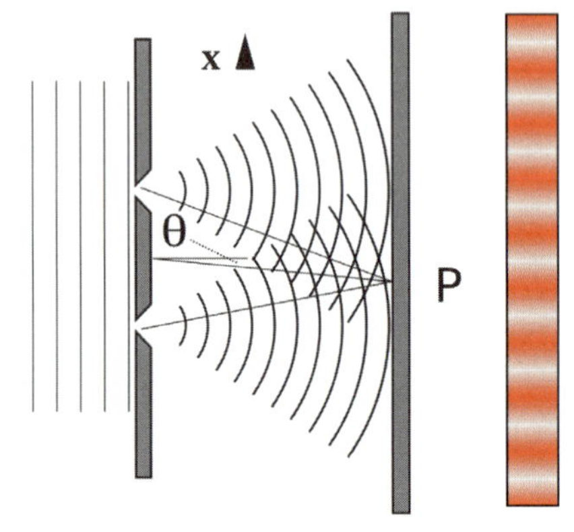

그림2 이중슬릿 실험 장치. 스크린에 밝고 어두운
띠 모양의 간섭무늬가 생긴 것을 볼 수 있습니다.

리학을 연구하였습니다. 그러나 물리학 연구가 의사의 명성에 흠이
될까 두려워 자기의 이름을 숨긴 채 연구 결과를 발표했습니다. 그
는 빛, 눈과 시각, 고체, 에너지, 심지어는 언어학과 이집트 상형문자
해독에까지 관심을 가진 재능 많은 사람이었습니다.

이중슬릿 실험에서 슬릿은 우리말로 실틈이라고 부르는데, 검은
종이에 만든 아주 가는 틈을 말합니다. 이 실틈은 아주 날카로운 커
터 칼로 종이에 금을 그었을 때 생기는 틈 정도로 가늘어서 눈으로
는 잘 볼 수 없습니다. 실험 과정은 다음과 같습니다.

실틈이 하나인 종이 바로 뒤에 평행한 두 개의 실틈(이중슬릿)이
있는 종이를 놓습니다. 두 개의 실틈은 종이에 둘로 겹친 커터 칼날
로 금을 그어 만듭니다. 이제 앞쪽 종이의 실틈에 빛을 비추면, 빛이
실틈을 통해 퍼져 나가 뒤쪽 종이의 두 실틈에 닿으며 두 개로 갈라
집니다. 이 빛은 1m 이상 떨어진 뒤쪽 스크린에서 다시 만나 밝고
어두운 띠가 교대로 나타나는 **간섭무늬**를 만듭니다.

 간섭무늬로 빛이 파동임을 증명하다

영은 빛이 입자가 아닌 파동이기 때문에 이러한 간섭무늬가 생긴다고 설명했습니다. 이것을 이해하려면 우선 파동이 무엇인지를 알아야 합니다. 파동이라는 말이 어렵다면, 파도를 한번 떠올려 보십시오. 파도를 보면 물결이 일정하게 반

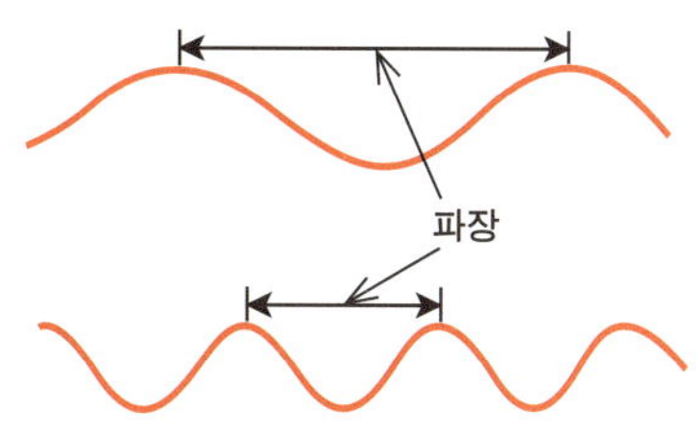

그림3 파동의 모습. 이웃한 최고 높이의 지점까지의 거리를 파장이라 부릅니다.

복되는 것을 알 수 있습니다. 파동 역시 파도처럼 높낮이(파도의 물결에 해당합니다)가 일정하게 반복되는데, 이때 같은 높이의 이웃한 두 지점 사이의 거리를 파장이라고 부릅니다. 이중슬릿 실험에서 실틈을 통과한 빛은 그림3과 같이 반복되는 높낮이를 가지고 빛 속도로 진행합니다.

이제 이중슬릿 실험에서 두 번째 종이의 실틈에서 나온 두 빛이 스크린에서 한데 합쳐지는 것을 생각해봅시다. 이 경우 각 실틈에서부터 스크린까지의 거리가 두 빛이 스크린에서 만날 때의 밝기에 영향을 미칩니다. 그림4의 왼쪽을 보면 두 실틈에서 나온 같은 박자의 파동(한 파동의 높이가 올라갈 때 다른 파동의 높이도 올라가고, 내려갈 때 같이 내려갑니다)이 서로 다른 거리를 이동하여 스크린에서는 엇박자(한 파동은 내려가는데, 다른 파동은 올라갑니다)로 만납니다. 이 경우 두 파동은 도움을 주기는커녕 방해가 되어 파동의 높이가 줄어듭니다. 그런데 파동의 높이의 제곱이 빛의 밝기이므로, 파동의 높이가 줄어들면 밝기가 어두워집니다. 따라서 파동이 엇박자로 만나는 지점에서는 어두운 무늬가 나타납니다.

반면 그림4의 오른쪽에서는 두 빛이 스크린에서 같은 박자로 만

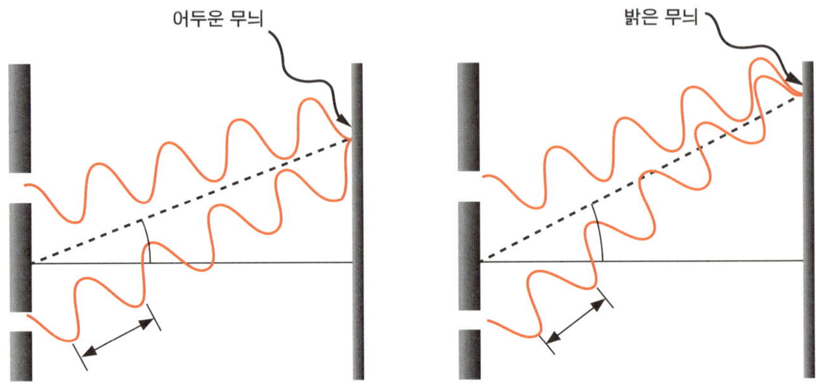

그림4 파동이 엇박자(왼쪽)인 경우 스크린에 어두운 무늬가, 파동이 같은 박자(오른쪽) 인 경우 스크린에 밝은 무늬가 생깁니다. 이것이 교대로 일어나 밝고 어두운 간섭무늬가 나타납니다.

나므로, 두 파동이 서로 도움을 주어 파동의 높이가 커지고 밝은 무 늬가 나타납니다. 스크린 위에서 위치를 바꿔가며 두 빛(파동)이 어 떻게 만나는지를 조사해보면, 같은 박자와 엇박자로 만나는 일이 교 대로 일어나 앞서 그림2에서 본 것처럼 밝고 어두운 간섭무늬가 나 타납니다.

 영은 빛이 일정한 파장을 가진 파동이라고 가정하여, 간섭무늬가 나타나는 현상을 설명하였습니다. 그리고 간섭무늬 띠 사이의 간격 을 측정하여 빛의 파장이 대략 5×10^{-7}m(대략 머리카락 두께의 1/200) 정도로 매우 짧다는 사실을 알아냈습니다. 빛의 파장이 이처럼 매우 짧기 때문에 간섭무늬를 확인하기 위해서는 실틈이 매우 가늘어야 하고, 두 실틈 사이의 간격도 짧아야 하며, 실틈에서 스크린까지의 거리가 충분히 멀어야 합니다. 스크린이 너무 가깝거나, 실틈이 너 무 넓거나, 실틈 사이의 간격이 너무 크면 간섭무늬가 생기지 않습 니다.

간섭무늬로 빛이 파동임을 증명하다

빛의 회절: 빛의 파동설의 또 다른 증거

빛이 파동이라는 영의 주장이 있은 후 얼마 지나지 않은 1815년에 프랑스의 물리학자 프레넬(1788~1827)이 작은 구멍을 통과한 빛이 만드는 **회절 현상**을 발견합니다. 회절 현상 역시 간섭 현상처럼 밝고 어두운 띠가 규칙적으로 배열된 무늬(회절무늬)를 만들어 빛이 파동이라는 주장(빛의 파동설)이 사실임을 증명해주었습니다.

오귀스탱 장 프레넬

사실 회절무늬를 처음 발견한 사람은 놀랍게도 빛의 입자설을 주장한 뉴턴이었습니다. 뉴턴은 빛이 파동이어야만 회절무늬를 설명할 수 있음을 깨달았으면서도, 빛은 입자라는 자신의 생각에 고립되어 의도적으로 회절 현상이 파동에 의한 것임을 무시하려 한 것이 아닌가 생각합니다. 천재도 때로는 자기가 원하는 것만 믿으려 하는 인간적인 실수를 범하나 봅니다.

일상에서 회절무늬(간섭무늬라고 생각해도 좋습니다)를 볼 수 있는 방법 두 가지를 소개합니다. 첫 번째는 손가락을 꼭 붙인 상태에서 손을 들어 손가락 사이의 가는 틈(이것이 실틈 구실을 합니다)으로 밝은 곳을 바라보는 것입니다. 그러면 틈 사이로 밝고 어두운 무늬가 보이는데, 이것이 바로 한 개의 실틈이 만드는 회절무늬입니다. 이때 손가락 사이의 틈이 넓으면 무늬가 사라지고 바깥 경치가 보이니 주의해야 합니다.

　두 번째는 첫 번째 방법보다 더 쉽습니다. 우선 음악을 듣는 CD를 준비합니다. CD 뒷면에 빛을 비추면 무지개 색이 나타나는데 이것이 바로 디스크가 만드는 회절무늬입니다. 실틈이 없는데 어떻게 회절무늬가 생기냐고요? 디스크에 있는 무수한 작은 돌기들이 실틈 구실을 하기 때문입니다. 색(파장)이 다른 빛은 CD 표면에서 반사되어 조금 다른 위치에 밝고 어두운 회절무늬를 만들기 때문에 무지개 색이 나타납니다.

　　　　　　　　　　　　간섭무늬로 빛이 파동임을 증명하다

비행기 날개 모양이
비행기를 뜨게 하다

9회 말 투아웃 상황. 이제 한 선수만 아웃시키면, 대망의 한국시리즈 우승을 하게 됩니다. 투수가 포수의 사인을 따라 커브볼을 던집니다. 공이 엄청난 곡선을 그리며 포수의 글러브 안으로 빨려 들어가고, 타자를 삼진 아웃시키며 경기가 끝납니다.

경기장이 바뀌어 이번에는 한국 축구 대표 팀이 독일 대표 팀과 월드컵 결승전을 치르고 있습니다. 점수는 1 대 1, 경기 종료가 얼마 남지 않은 상황에서 한국 선수가 독일 팀의 골대 앞에서 프리킥을 얻어 프리킥을 찰 준비를 합니다. 이 킥만 성공시키면 한국이 그토록 고대하던 월드컵 우승을 차지하게 됩니다. 선수가 발로 공을 휘감아 강력한 회전 슛을 합니다. 공은 엄청난 커브를 그리며, 독일 선수들이 쌓은 벽을 넘습니다. 그리고 골키퍼가 손쓸 틈도 없이 골대 오른쪽 구석에 정확히 꽂힙니다. 심판의 휘슬이 울리고, 한국의 승리로 경기가 끝납니다.

이 두 상황에는 한 가지 공통점이 있습니다. 야구의 커브볼이나 축구의 감아차기 모두 유체인 공기가 공에 일으키는 요술이라는 점입니다. 도대체 유체는 무엇이며, 어떻게 이런 일을 해내는 것일까요?

유체란 무엇인가?

유체流體란 한자어로 흐를 수 있는 물체라는 뜻입니다. 흐를 수 있는 물체라고 하면 흔히 물이나 우유와 같은 액체를 떠올리게 되는데, 공기, 수증기와 같은 기체 역시 유체입니다. 따라서 유체는 흐르는 물체라기보다, 담긴 그릇에 따라 모양이 달라지는 물체라고 정의하는 편이 이해하기가 더 쉬울 것입니다. 딱딱한 고체는 유체(액체와 기체를 포함)와 달리 그릇에 따라 모양이 달라지지 않습니다. 부피가 큰 고체를 그릇에 억지로 밀어 넣으려 들면 그릇이 깨지고 말 것입니다.

유체와 고체는 겉모습은 물론이고, 성질 역시 전혀 다릅니다. 따라서 유체에 관한 물리학은 우리가 이미 알고 있는 고체에 관한 물리학(예를 들면, 고체인 물체의 운동을 다루는 뉴턴의 운동에 관한 법칙)과 다릅니다. 일찍이 고대 그리스의 과학자 아르키메데스는 유체의 부력에 관한 원리를 발견했습니다. 목욕탕이나 수영장에 들어갔을 때 몸이 가벼워지는 느낌이 드는 것은 바로 부력 때문입니다. 부력은 대상이 유체 안에 있을 때만 나타나는, 유체 고유의 현상입니다.

     비행기 날개 모양이 비행기를 뜨게 하다

유체는 밀도와 압력으로만 이야기한다

고체는 보통 특정한 공간에 몰려 있어 질량과 부피를 정확하게 측정할 수 있고, 그 값도 유한합니다. 반면 유체는 바닷물이나 대기처럼 공간 안에 넓게 퍼져 있어 질량과 부피를 측정할 수 없습니다. 따라서 유체의 질량과 부피를 묻는 것은 아무 의미가 없습니다.

대신 유체를 말할 때는 질량 대신 **밀도**라는 좋은 수단을 사용합니다. 물체의 질량을 물체의 부피로 나누면 물체의 밀도를 구할 수 있습니다.

물체의 밀도 = 물체의 질량 / 물체의 부피

고체의 경우 힘을 주면 뉴턴의 운동에 관한 법칙에 따라 움직입니다. 하지만 공간에 퍼져 있는 유체라면 어떨까요? 유체의 어디에 힘을 주어야 할지도 애매모호하고, 유체의 한 부분에 힘을 가했을 때 힘이 유체 전체에 전달될지도 미지수입니다. 따라서 유체의 운동을 설명할 때는 힘 대신에 **압력**을 사용합니다.

가장 흔한 유체인 물의 경우, 부피 $1cm^3$에 담긴 물의 질량은 1g입니다. 또한 부피 $1m^3$에 담긴 물의 질량은 1,000kg입니다. 따라서 물의 밀도는 $1g/cm^3$ 또는 $1,000kg/m^3$입니다.

한 변의 길이가 1m인 정육면체 수조(부피 $1m^3$, $1m^3$은 1,000L)에 물을 채운다고 하면, 수조 안의 물의 질량은 물의 밀도 $1,000kg/m^3$ ×부피 $1m^3$=1,000kg, 즉 1톤이나 됩니다. 단지 $1m^3$의 수조 안에 1톤이라는 어마어마한 무게의 물이 담겨 있다는 사실이 놀랍지 않습니까?

이제 올림픽 규격의 수영장(50m×25m×2m=2,500m^3)에는 얼마나 엄청난 무게의 물이 담겨 있을지 한번 계산해보세요. 무려 2,500톤이나 됩니다. 때문에 수영장은 건물 지하에 만드는 것이 안전합니다. 이런 크기의 수영장을 건물 옥상에 만들면, 건물이 물의 무게를 견디지 못하고 무너지고 말 겁니다.

유체인 공기에 힘을 가하는 좋은 방법은 막힌 실린더(원통 모양의 용기) 안에 공기를 채우고, 마개에 해당하는 피스톤을 힘주어 미는 것입니다. 실린더와 피스톤 대신, 주사기를 사용할 수도 있습니다. 주사기의 바늘 꽂는 부분을 막고 피스톤(검은 밀폐용 고무가 달린 부분)을 힘주어 누르면, 주사기 안에 든 공기가 힘을 받아 압축됩니다. 당연히 손으로 준 힘은 피스톤을 통해 주사기 속 공기 전체에 전달됩니다. 이때 피스톤에 준 힘과 공기가 받은 압력을 다음과 같은 식으로 표시할 수 있습니다.

공기가 받은 압력 = 피스톤에 준 힘 / 피스톤의 면적

유체에 힘을 가하면, 유체의 압력을 변화시킬 수 있습니다. 우리가 숨쉬는 공기는 원래 1기압의 압력을 가지고 있습니다. 그런데 주사기를 센 힘으로 누르면, 주사기 안에 든 공기가 압축되면서 압력이 1기압보다 높아집니다. 반대로 주사기를 위로 당기면, 공기의 부피가 팽창하면서 압력이 1기압보다 낮아집니다.

이처럼 유체에 힘을 주면 힘을 준 부분만이 아니라 유체 전체에 영향을 미치는데, 압력을 이용해 이를 설명할 수 있습니다. 따라서 유체의 운동을 이해하기 위해서는 질량이나 힘이 아닌 밀도와 압력을 알아야 합니다.

   비행기 날개 모양이 비행기를 뜨게 하다

바닷속의 압력

압력에 대해 좀 더 자세히 알아봅시다. 압력은 흥미롭게도 유체 속에 있는 물체의 모든 방향에서 작용합니다. 따라서 지면 위의 사람은 유체인 공기에 의해 온몸에 1기압의 압력을 받습니다. 하지만 우리는 태어날 때부터 1기압의 압력에 적응되어 있기 때문에 이를 거의 느끼지 못합니다.

그런데 물속으로 들어가면 사정이 달라집니다. 수직으로 대략 10m 잠수할 때마다 압력이 1기압씩 증가합니다. 100m를 잠수하면 지상에서보다 압력이 10배 커지는 셈입니다. 이처럼 물속으로 깊이 들어갈수록 압력이 늘어나는 까닭은, 몸이 무거운 물기둥을 이고 있기 때문입니다. 물의 무게가 몸을 눌러 압력을 증가시키기 때문에 물의 깊이에 비례하여 압력이 커지는 것입니다.

100m 깊이에서 압력이 10기압 더 커지는 게 뭐 대수냐고 물을 수 있겠지만, 이는 잠수한 사람의 머리를 대략 4톤의 무게로 짓누르는 것과 같습니다. 단지 머리만이 아니라 온몸을 같은 크기로 누르기 때문에 맨몸이라면 엄청난 압박감을 느끼고 위험할 수 있습니다. 그래서 깊은 바닷속을 잠수할 때는, 안전을 생각해서 꼭 심해잠수복을 입어야 합니다. 심해잠수복은 단단한 강철로 만들어져 있어 큰 압력으로부터 몸을 안전하게 보호할 수 있습니다.

지상에서 가장 높은 곳은 에베레스트산으로 높이가 8,848m나 됩니다. 한편 바다에서 제일 깊은 곳은 태평양의 마리아나 해구로 깊이가 무려 11,034m나 됩니다. 에베레스트산을 해구에 거꾸로 세워도 그 끝이 밑바닥에 닿지 않을 정도로 깊지요. 이런 심해는 압력이 1,000기압이 넘기 때문에 들어가는 순간 모든 물체가 납작해집니다.

최근에는 심해로 들어가 광물이나 생물을 연구하는 일이 많아지면서 무인 심해잠수정이 등장하였습니다. 사람 대신 로봇이 잠수정을 조정할 수 있게 만든 것으로, 바닷속의 엄청난 압력을 견딜 수 있도록 고도의 기술로 제작한 것입니다.

우리나라에서도 6,000m까지 잠수할 수 있는 무인 심해잠수정을 만들어 심해를 탐사하고 있습니다. 미국, 일본과 같은 나라는 이보다 더 깊이 들어갈 수 있는 잠수정 기술을 가지고 있습니다.

부력이 생기는 까닭

고대 그리스의 과학자인 아르키메데스는 부력을 발견하고 "유레카!"를 외치며 알몸으로 거리를 달렸다고 합니다. 그렇다면 부력은 도대체 왜 생기는 것일까요? 물체가 액체 속에서 받는 압력이 깊이에 따라 달라지기 때문입니다. 물체가 액체에 잠겼을 때를 상상해봅시다. 물체 위쪽과 아래쪽의 깊이가 다르므로, 위쪽과 아래쪽이 받는 압력 역시 다릅니다. 당연히 아래쪽 압력이 위쪽 압력보다 크겠지요.

그림1에서 보듯이 물체의 아래쪽 압력은 물체를 위로 밀어 올리려 하고, 위쪽 압력은 아래로 끌어내리려고 하는데, 아래쪽의 압력이 더 크기 때문에 결과적으로 물의 압력은 물체를 위로 올려 보내는 방향으로 작

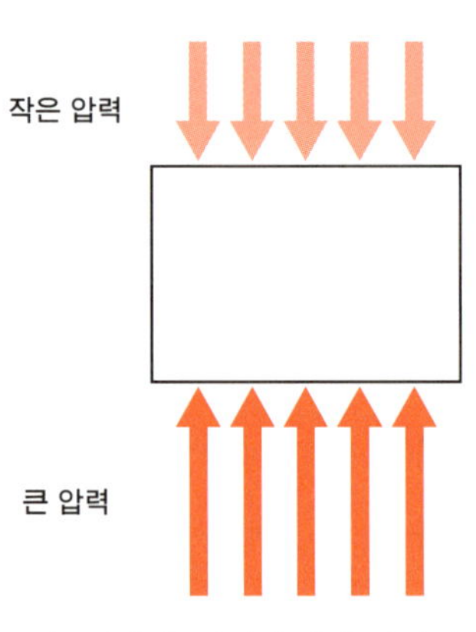

그림1 액체 속 깊이에 따라 압력이 다르기 때문에 생기는 부력

 비행기 날개 모양이 비행기를 뜨게 하다

용합니다. 이런 상승 압력이 곧 부력(압력에 면적을 곱하면 힘이 됩니다)으로 나타납니다.

남극이나 북극에 가면 거대한 빙산이 바다에 떠 있는 모습을 볼 수 있습니다. 빙산이 엄청난 무게에도 불구하고 바다에 뜰 수 있는 것은 바로 부력 때문입니다. 즉 빙산을 위로 뜨게 하는 부력이 아래로 가라앉게 하는 무게보다 크기 때문입니다.

빙산은 물에 잠겨 있는 부분이 드러난 부분보다 훨씬 큽니다. 빙산과 바닷물의 밀도 차이가 크지 않기 때문입니다. 따라서 배가 빙산 옆을 지날 때는 빙산에 충돌하지 않도록 멀리 돌아서 가야 합니다.

토리첼리의 실험

이번에는 하늘로 올라가 봅시다. 위로 올라갈수록 공기의 압력은 낮아집니다. 산 위에서 밥을 지으면 밥이 설익는데, 그릇의 뚜껑을 누르는 공기의 압력이 낮아 밥이 채 익기 전에 뜨거운 수증기가 밖으로 빠져나가기 때문입니다. 높은 곳에서 과자 봉지가 팽팽해지는 것도 같은 원리입니다.

공기의 압력인 대기압은 보통 높이가 5,000m 증가할 때마다 절반으로 감소합니다. 따라서 지상에서 가장 높은 에베레스트산 정상에 오르면, 대기압이 1/4기압 정도로 낮아집니다. 공기 중의 산소 역시 지상에서의 1/4로 줄어들기 때문에, 몹시 숨이 차게 됩니다. 이것이 바로 고산증입니다. 보통 사람은 3,000m만 올라도 고산증을 느끼게 됩니다.

이렇게 높은 곳에서 대기압이 낮아지는 이유는 위에 있는 공기기

에반젤리스타 토리첼리

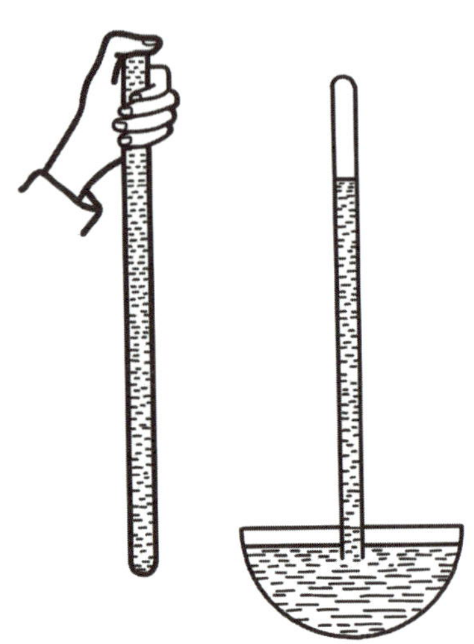

그림2 토리첼리가 사용한 실험장치

등의 무게가 줄어들기 때문입니다. 공기가 희박하니 숨도 더 찰 수밖에 없지요. 다만, 공기는 물보다 밀도가 1,000배나 작기 때문에, 높이에 따른 압력의 변화가 물속에서처럼 급격하지 않습니다.

이탈리아의 수학자이자 물리학자인 토리첼리(1608~1647)는 대기압을 처음으로 측정한 사람입니다. 그는 갈릴레이에게 물리학을 배우면서, 물체의 낙하 실험을 돕기도 했습니다. 그 뒤 그는 대학교수가 되었고, 1643년 액체인 수은을 가지고 대기압을 측정하는 데 처음으로 성공합니다. 이 실험은 워낙 유명하여 **토리첼리의 실험**, 또는 **토리첼리의 진공 실험**이라고 부릅니다.

실험 방법은 다음과 같습니다. 끝이 막힌, 길이 1m 정도의 가늘고 긴 유리관을 준비하고, 여기에 수은을 가득 채웁니다. 이때 수은이 피부에 닿거나 수은증기를 마시면 몸에 매우 해롭기 때문에 조심해야 합니다. 또 유리관의 막힌 부분에 공기가 들어가지 않도록 조심스럽게 채웁니다.

비행기 날개 모양이 비행기를 뜨게 하다

이제 유리관의 뚫린 부분을 두꺼운 종이로 막아 수은이 빠져나가지 못하게 하면서, 유리관을 빈 접시에 수직으로 세웁니다. 그런 다음 종이를 빼내어 수은이 유리관에서 접시로 흘러나오게 합니다. 이렇게 하면 유리관의 수은이 모두 흘러나올 것 같지만, 실제 유리관 속에는 그림2처럼 76cm 높이의 수은기둥이 남습니다. 좀 더 넓은 유리관을 사용해도 수은기둥의 높이는 달라지지 않습니다.

토리첼리는 이처럼 유리관 속에서 수은이 모두 흘러나오지 않고 일부가 남는 이유를, 공기가 수은을 유리관 안으로 밀어 올리는 압력 때문이라고 주장했습니다. 아울러 그는 유리관을 수직으로 세울 때 관 안에 생기는 빈 공간은 공기가 없고, 압력이 0인 진공상태라는 주장도 했습니다. 그리고 수은이 76cm에서 멈추는 이유는 대기압이 수은을 밀어 올리는 압력(유리관의 단면적을 대기압과 곱하면 공기가 수은을 밀어 올리는 힘이 됩니다)과 수은기둥의 무게(수은을 아래로 내려가게 하는 힘)에 의한 압력이 동일하기 때문이라고 생각했습니다. 토리첼리의 실험은 다음과 같은 식으로 정리할 수 있습니다.

1기압의 대기압 = 수은기둥을 76cm 밀어 올리는 압력

토리첼리는 왜 물보다 비싸고 다루기 힘든 수은을 실험에 사용했을까요? 물을 사용해도 대기압에 의한 힘과 물의 무게가 같아지는 높이까지 물기둥이 만들어질 텐데 말이지요. 답은 물과 수은의 밀도 차이에 있습니다. 물의 밀도는 수은의 밀도의 1/13.6에 지나지 않습니다. 무게는 '질량×중력가속도'이고, 질량은 '밀도×부피'이므로, 76cm 물기둥의 무게는 76cm 수은기둥의 무게의 1/13.6밖에 되지 않지요. 따라서 물을 사용하면 공기가 물기둥을 높이 10.3m(76cm×

13.6=1,033.6cm=10.3m)까지 밀어 올리게 됩니다. 실험 결과를 확인하기 위해서는 10m가 넘는 가늘고 긴 유리관이 필요한 셈입니다. 토리첼리가 왜 위험을 무릅쓰고 실험에 수은을 사용했는지 이제 알겠지요?

마그데부르크의 반구 실험

대기압을 실험으로 증명한 토리첼리 실험은 무엇보다 진공의 이해를 도왔다는 점에서 큰 의미를 갖습니다. 막힌 그릇에서 공기를 뽑아내면 진공이 생긴다는 사실을 알고 나서부터, 진공의 위력을 보여주는 재미있는 실험들이 잇따릅니다. 그중에서 가장 유명한 것이 1654년 독일 마그데부르크에서 있었던 게리케의 반구 실험입니다.

마그데부르크의 시장이자 물리학자였던 게리케는 황제와 시민들을 모아 놓고 진공의 힘을 보여주는 실험을 했습니다. 그의 실험 방식은 이러했습니다. 우선 지름이 35cm인 구리 반구 두 개를 준비합니다. 두 반구를 살짝 갖다 대고 구 안의 공기를 서서히 밖으로 빼내면, 반구가 서로 들러붙습니다. 이렇게 공기를 거의 다 빼낸 후에 말이 양쪽에서 반구를 반대 방향으로 끌게 합니다. 실험 결과 무려 16마리의 말이 끌고 나서야 구리 반구가 엄청난 소리를 내며 떨어졌고, 이 소리를 들은 사람들은 환호성을 질렀습니다.

이것은 진공의 힘을 보여주었다기보다, 반구를 바깥에서 미는 대기압의 위력이 얼마나 대단한지를 보여준 실험이었습니다. 구 안의 진공은 압력이 0이어서 구를 바깥쪽으로 밀지 못하는 반면, 바깥쪽 공기의 대기압은 반구가 서로 붙도록 밀어주기 때문입니다.

     비행기 날개 모양이 비행기를 뜨게 하다

마그데부르크의 반구 실험

공기를 밖으로 어떻게 빼내는지, 그 방법이 궁금하다고요? 어렵지 않습니다. 공기를 빨아들여 밖으로 내보내는 장치(진공펌프라고도 부릅니다)를 사용하면 됩니다. 진공청소기와 빨대도 이런 장치의 일종입니다. 진공청소기에는 청소기 내부의 공기를 빨아들여 밖으로 내보내는 펌프가 붙어 있는데, 이 펌프에 의해 청소기 내부의 압력이 낮아지면서, 밖에 있던 먼지가 대기압에 밀려 청소기 안으로 빨려 들어옵니다.

빨대의 원리도 이와 같습니다. 빨대를 음료에 꽂은 후 입으로 빨면(이 경우 입이 진공펌프 구실을 합니다) 빨대 속 공기가 입안으로 들어오며 빨대 안의 압력이 낮아집니다. 동시에 대기압이 음료를 빨대 안으로 밀어서 음료가 입안으로 들어오게 됩니다.

파스칼의 원리

세상에는 놀라운 일을 가능하게 만든 수많은 기구들이 있습니다. 일례로 자동차 정비소의 유압기는 1톤이 넘는 자동차를 쉽게 들어 올립니다. 또 자동차의 브레이크 페달은 시속 100km로 달리던 무거운 차를 곧 멈추게 합니다. 어떻게 이런 일이 가능할까요? 모두 유체의 압력이 가진 중요한 성질인, **파스칼의 원리**를 안 덕분입니다.

프랑스의 수학자이자 물리학자인 파스칼(1623~1662)은 세금을 걷는 공무원이었던 아버지를 위해 어린 나이에 최초로 계산기를 발명한 천재였습니다. 물리학보다는 수학 연구로 더 유명하여 파스칼의 삼각형, 파스칼 정리 등 수학 분야에서 많은 업적을 쌓았지요. 실은 그가 이렇게 열심히 수학과 과학 연구에 몰두한 데는 다른 이유가 있었습니다. 그는 본래 몸이 약해 항상 병의 고통에 시달렸는데, 연구를 통해 이를 잊고자 했던 것이지요.

파스칼은 토리첼리의 실험 소식을 듣고 유체에 관심을 갖게 되었고, 연구 끝에 파스칼의 원리를 발견합니다. 파스칼의 원리는 밀폐된 용기 속 유체(액체나 기체)의 한 부분에 가해진 압력이 유체 내 모든 부분에 동일한 크기로 전달된다는 원리로, 유압기처럼 밀폐된 그릇 안에 든 유체에만 적용됩니다. 그림3을 보면 유압기의 양쪽에 유체(보통 기름을 사용합니다)가 담긴 두 개의 실린더가 연결되어 있습니다. 그런데 두 실린더를 막고 있는 피스톤의 면적이 크

블레즈 파스칼

비행기 날개 모양이 비행기를 뜨게 하다

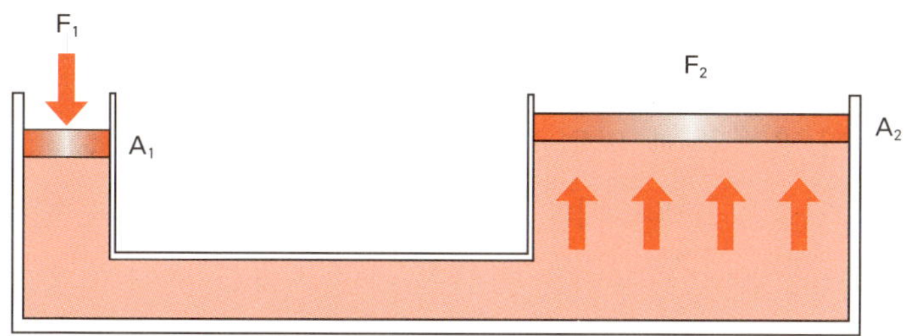

그림3 파스칼의 원리

게 다릅니다. 면적이 작은 왼쪽 피스톤(면적 A_1)을 F_1의 힘으로 누르면, 유체의 압력이 F_1/A_1만큼 증가합니다. 이렇게 증가된 압력은 면적이 큰 오른쪽 피스톤(면적 A_2)에 그대로 전달되어 피스톤을 위로 밀어 올리게 됩니다.

오른쪽 피스톤을 밀어 올리는 힘 F_2를 계산하면, 다음과 같은 식이 나옵니다.

$$\text{힘 } F_2 = \text{압력}(F_1/A_1) \times A_2\text{면적} = (A_2/A_1)F_1$$

오른쪽 피스톤의 면적이 왼쪽 피스톤의 면적보다 더 크면, 그만큼 오른쪽 피스톤에 나타나는 힘이 왼쪽 피스톤에 준 힘보다 커집니다. 따라서 왼쪽 피스톤을 손가락으로 살짝 누르기만 해도, 오른쪽 피스톤에 놓인 무거운 자동차를 위로 들어 올릴 수 있는데, 이것이 바로 자동차 정비소에서 흔히 볼 수 있는 유압기의 원리입니다.

몸이 약했던 파스칼은 안타깝게도 39세의 젊은 나이로 생을 마칩니다. 하지만 그의 이름은 물리학에 고스란히 남아 있습니다. 사람들은 파스칼을 기리기 위해 압력의 단위로 파스칼(기호로 Pa)을 사용하고 있습니다. 1기압은 101,325파스칼에 해당합니다.

커브볼의 신비를 파헤치다

유체가 움직일 때 어떤 일이 일어나는지를 본격적으로 연구한 최초의 인물은 1700년대에 활동했던 스위스의 물리학자 베르누이 (1700~1782)입니다. 우리는 스위스 하면 시계를 먼저 떠올리는데, 사실 스위스는 여러 명의 노벨상 수상자를 배출한 과학 강국입니다. 그리고 스위스의 대표적인 과학 명가가 바로 베르누이 가문입니다. 베르누이 가문은 1600년대 중반부터 100년이 넘도록 8명의 저명한 수학자와 물리학자를 배출하였는데, 그중 가장 유명한 사람이 지금 소개하는 물리학자 베르누이입니다.

1738년 베르누이는 《유체역학》을 통해 베르누이의 정리라는 중요한 원리를 발표합니다. 베르누이의 정리란, 유체의 운동이 압력에 미치는 효과를 알려주는 물리법칙으로, 쉽게 말해 '유체가 빨리 흐르는 곳에서는 압력이 낮아지고, 유체가 느리게 흐르는 곳에서는 압력이 높아진다'라고 이야기할 수 있습니다.

다니엘 베르누이

날아가는 야구공에 베르누이의 정리를 적용해보겠습니다. 투수가 야구공을 던지면, 공이 공기를 가르며 날아갑니다. 이때 공이 회전하지 않는다면, 야구공의 위쪽과 아래쪽 공기의 흐름의 속도가 같아 압력도 서로 같습니다. 다시 말해 공기가 같은 속도로 야구공 주위로 이동하므로, 공이 그림4처럼 똑바로 날아갑니다. 이제 지면에 수평한 회전축에 대

   비행기 날개 모양이 비행기를 뜨게 하다

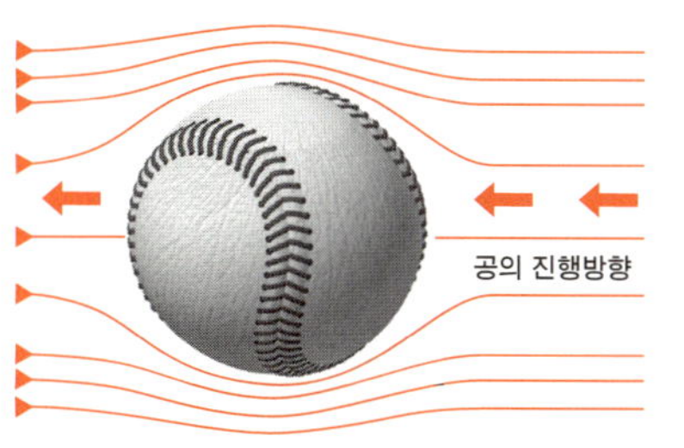

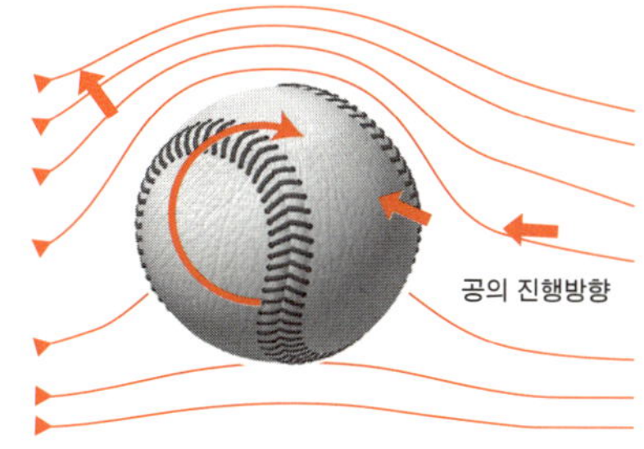

그림4 회전이 없는 야구공은 곧게 나간다.　**그림5** 야구공의 회전 때문에 공이 위로 뜬다.

해 시계 방향으로 회전을 주어 야구공을 던지면, 그림5처럼 공의 위쪽을 지나는 공기는 야구공의 이동속도에 회전에 의한 속도가 더해져 속도가 빨라집니다. 반대로 공의 아래쪽을 지나는 공기는 야구공의 이동속도에서 회전에 의한 속도가 빠지므로 속도가 느려집니다.

이 경우 베르누이의 정리에 의해 공기속도가 빠른 공의 위쪽 공기압력은 작아지고, 공기속도가 느린 공의 아래쪽 공기압력은 커집니다. 공을 누르는 위쪽 공기압력보다 공을 밀어 올리는 아래쪽 공기압력이 더 크기 때문에, 그리고 여기에 관성이 더해져서, 야구공은 결국 앞으로 나가면서 위로 뜨게 됩니다.

회전 방향을 반대로 하면, 이번에는 공이 앞으로 나가면서 아래로 떨어집니다. 이런 공을 야구에서는 **커브볼**이라고 부릅니다. 또 야구공을 지면과 수직인 회전축에서 회전하도록 던지면, 공이 오른쪽 또는 왼쪽으로 크게 휘는 **싱커볼**이 됩니다. 좋은 야구 투수는 공의 회전 방향과 회전속도를 조절하여 타자가 치기 어려운 커브볼이나 싱커볼을 던질 수 있습니다. 축구에서도 좋은 선수는 공을 찰 때 공에 적당한 회전을 걸어 옆으로 크게 휘거나 아래로 뚝 떨어지는 슛을 찰 수 있습니다.

실제로 야구공이나 축구공이 날아갈 때의 공기 흐름은 앞서 설명

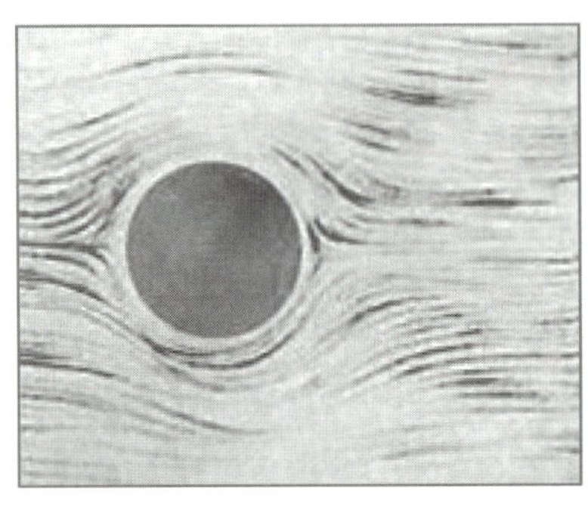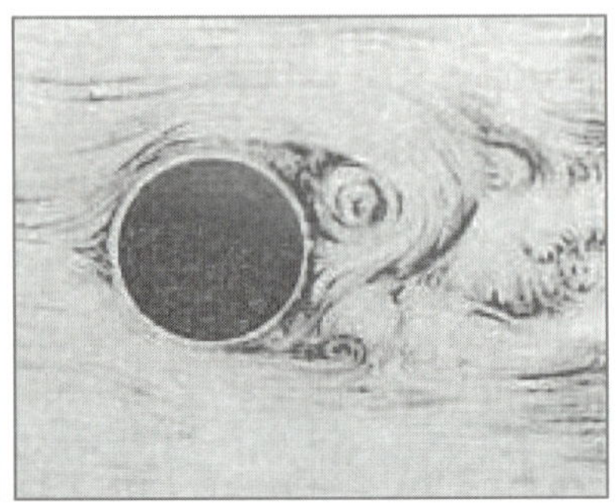

한 것보다 더 복잡합니다. 공의 속도가 느리면 공기의 흐름이 단순하지만(층류), 속도가 빠르면 공 주위에 작은 소용돌이들이 무질서하게 생기는 난류가 나타납니다. 난류의 작은 소용돌이들은 공을 뒤로 잡아당겨 공의 운동을 방해할 뿐 아니라, 공의 궤적을 예측하기 어렵게 합니다. 따라서 이러한 난류를 이용해 공을 던지거나 공을 차면, 공이 언제 어떤 식으로 날아올지 모르기 때문에, 야구 타자나 축구 골키퍼가 공을 때리거나 막기가 힘들지요. 하지만 그 덕분에 야구나 축구 경기가 더욱 재미있고 흥미진진해집니다. 이처럼 유체 내의 물체 운동은 물리학 가운데서도 가장 설명하기 힘든 것 가운데 하나로 꼽힙니다.

커브볼 외에 비행기의 날개, 자동차의 휘발유 기화장치, 모기 퇴치용 스프레이, 향수 분무기에도 역시 베르누이의 정리가 응용되고 있습니다. 어떤 식으로 응용되는지 스스로 조사해보면 더 재미있는 사실을 많이 알 수 있을 것입니다.

　　　　　　　　　　　　　　비행기 날개 모양이 비행기를 뜨게 하다

전하가 전기를 만든다

쿨롱의 법칙과 옴의 법칙

옛날 사람들은 번개를 신의 분노로 여겨 두려워했습니다. 하지만 오늘날 우리는 번개가 전기 현상의 하나라는 걸 잘 알고 있지요. 이 외에도 주변에서 볼 수 있는 전기 현상에는 어떤 것들이 있을까요?

어릴 적에 플라스틱 책받침을 옷에 대고 비볐다가 친구의 머리에 가까이 대어 머리카락이 사방으로 뻗치게 했던 장난을 기억하나요? 이 역시 책받침의 정전기가 일으키는 전기 현상입니다.

합성섬유로 만든 옷을 벗으면 빠지직 소리와 함께 작은 불꽃이 생기는 것이나 카메라의 플래시가 터져 빛을 내는 것, 배터리를 연결해 스마트폰의 전원을 켜는 것 등도 모두 전기 현상과 관련이 있습니다. 우리는 전기 없는 삶을 상상할 수 없는 세상에서 살고 있는 셈이지요. 그렇다면 이 모든 일들은 어떤 원리로 일어나는 걸까요?

전기 현상의 주범은 '전하'

다양한 전기 현상을 일으키는 범인은 바로 **전하**입니다. 우리 눈으로 볼 수 없어 많은 이들이 깨닫지 못하지만, 전하는 전기 현상을 일으키는 아주 신비한 존재입니다. 사람들이 전하가 무엇인지를 어렴풋이 깨닫기 시작한 것은 1700년대 중반부터입니다. 하지만 이때까지도 그 정체를 명확히 알지는 못했지요. 사람들은 1800년대 말에 와서야 비로소 전하가 무엇인지 알게 되었습니다.

고대 그리스인들도 서로 다른 물체를 비벼 대면 전하가 생긴다는 것 정도는 알고 있었습니다. 이들은 호박(소나무의 송진이 땅속에서 굳어 만들어진 보석)을 고양이 털가죽으로 비벼 대면 정전기가 발생한다는 사실에 주목했습니다(실제로 전기는 호박의 그리스어에서 나온 용어입니다). 이처럼 물체를 마찰하여 얻은 전하를 **마찰전기**라고 부릅니다.

하지만 두 물체를 마찰시켜 마찰전기를 얻는 일은 꽤 번거로웠습니다. 따라서 이를 쉽게 얻기 위해 기계(정전기 발생기)가 만들어집니다. 아래 그림의 기계가 바로 그것이지요. 과연 어떤 원리로 마찰전기를 만들었을까요? 그림을 보면 왼편의 바퀴에 손잡이가 달려 있습니다. 이 손잡이를 돌리면, 오른쪽의 큰 원판이 회전합니다. 그러면 큰 원판에 붙어 있는 금속이 빙빙 돌면

1800년대에 사용된 정전기 발생기

전하가 전기를 만든다

서 고정된 작은 솔과 마찰을 일으켜 금속에 전하가 쌓입니다. 이렇게 생성된 전하는 구리선을 통해 앞에 있는 두 작은 금속 공으로 이동합니다. 그리고 금속 공에 전하가 충분히 쌓이면, 공 사이에서 스파크(작은 번개)가 만들어집니다.

그런데 마찰전기는 1700년대 중반까지도 물리학자들의 관심을 끌지 못했습니다. 흥미로운 현상임에는 분명했지만, 현상이 일어나는 원인이나 용도를 알 수 없었기에 대중들의 호기심을 불러일으키는 일 외에는 쓸모가 없다고 생각한 것이지요.

프랭클린의 연 실험

흥미롭게도, 전기에 대한 연구에 불을 붙인 사람은 물리학자가 아닌 미국의 정치가 프랭클린(1706~1790)이었습니다. 그는 미국 건국의 아버지 가운데 한 명으로, 미국의 독립선언문 작성에도 참여하였습니다. 프랭클린은 정치가, 외교관으로 활동하면서도 생활에 도움이 되는 물품을 많이 발명해냈습니다. 그는 틈나는 대로 과학 실험을 즐겼는데, 그중에서 번개가 치는 날 위험을 무릅쓰고 시도한 연 실험이 가장 유명합니다.

1752년 6월 비가 내리고 번개가 치는 어느 날, 프랭클린은 아들을 야외로 데리고 나가 연을 띄웠습니다.

벤저민 프랭클린

연줄 끝에는 비단 손수건과 연결된 열쇠가 매달려 있었습니다. 그들은 손수건을 잡고 번개가 치길 기다렸습니다. 번개가 치자 열쇠에서 작은 불꽃이 튀었고, 손수건을 잡은 손에 짜릿함이 느껴졌습니다. 이 실험을 통해 프랭클린은 번개가 다름 아닌 전기 현상임을 깨닫게 되었습니다. 왜냐하면 얼마 전 정전기 발생기에 손을 대었다가 비슷한 짜릿함을 느꼈기 때문입니다.

프랭클린의 연 실험이 알려지자 일반인들까지 전기에 강한 호기심을 보이며 이곳저곳에서 이를 따라 하기 시작했습니다. 심지어는 입장료를 받고 실험을 보여주기도 했습니다. 그러던 어느 날 러시아의 한 과학자가 황태자와 귀족들을 초청하여 연 실험을 하다가 잘못되어 황태자가 다치고 자신은 번개에 감전되어 죽는 사고가 발생합니다. 곧이어 연 실험 금지 명령도 내려졌지요. 이처럼 프랭클린의 연 실험은 매우 위험하기 때문에 여러분도 절대로 따라 해서는 안 됩니다.

프랭클린은 연 실험을 끝낸 후 번개의 피해를 막는 수단인 피뢰침을 생각해냅니다. 건물의 지붕에 뾰족한 금속 막대를 높이 세우고 전선으로 지면과 연결하면, 번개로부터 나온 전하가 금속 막대와 전선을 통해 땅으로 이동하여 번개의 피해를 막을 수 있습니다. 이것이 바로 피뢰침의 원리입니다. 피뢰침의 발명으로 사람들은 더 이상 번개를 두려워하지 않게 되었습니다.

연 실험을 비롯한, 전기에 관한 여러 실험을 통해 프랭클린은 우리 주위의 물체 속에 전기 현상을 일으키는, 우리가 느낄 수 없을 정도로 가볍고 눈에 보이지 않는 유체(다시 말해서 전하)가 있다고 생각하게 됩니다.

그는 이 유체가 한 물체에서 다른 물체로 흐를 수 있으며, 유체의

　　　　　전하가 전기를 만든다

양이 많으면 양(+)전하를, 유체의 양이 적으면 음(-)전하를 띤다고 주장했습니다. 다시 말해, 양전하와 음전하는 유체의 이동에 의해 생기는 현상이라는 것입니다. 프랭클린의 주장은 이후 100년 정도까지 전하에 관한 올바른 해석으로 받아들여졌습니다.

하지만 오늘날 우리는 이 주장에 옳은 부분과 그른 부분이 있음을 알고 있습니다. 전하를 물이나 공기와 같은 유체라고 생각한 것은 잘못입니다. 하지만 양전하와 음전하, 두 종류의 전하가 있다는 주장은 맞습니다.

전기는 전자가 일으키는 마술

1800년대 말에 들어와 원자에 대한 연구가 활발히 진행되면서 사람들은 **원자**의 모습을 알게 됩니다. 원자에 대해서는 뒤에서 더 자세히 다룰 예정이므로, 여기서는 우선 원자가 **전자**와 **원자핵**으로 구성되어 있고, 원자핵은 **양성자**와 **중성자**로 구성되어 있다는 것 정도만 이야기하겠습니다. 전자는 음전하를, 양성자는 양전하를, 중성자는 전하를 가지지 않은 매우 작은 구슬(입자라고도 부릅니다)이라고 생각하면 됩니다.

전자의 전하와 양성자의 전하는 크기가 같으나, 부호가 반대입니다. 그리고 양성자와 중성자는 전자에 비해 2,000배 정도 무겁습니다. 원자 내의 전자 수와 양성자 수가 같기 때문에 정상적인 원자는 양전하와 음전하가 상쇄되어 전기적으로 중성입니다.

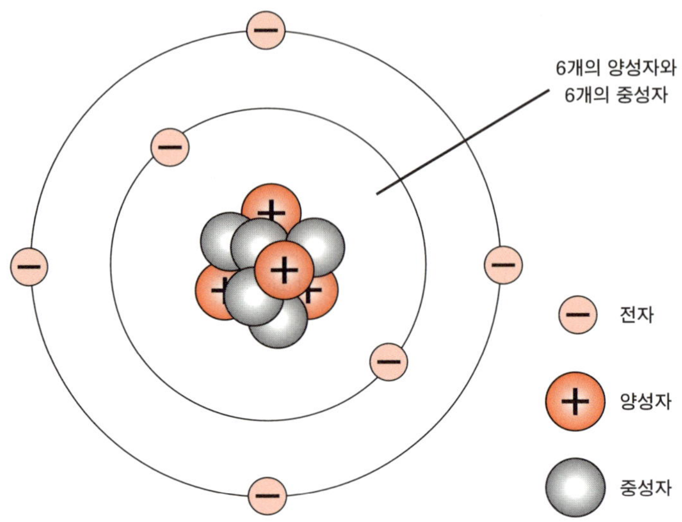

그림1 탄소 원자의 모습. 원자핵 주위를 전자가 돌고 있습니다. 원자핵은 양성자와 중성자로 구성되어 있습니다. 원자핵의 크기가 매우 과장되어 있습니다.

물체를 마찰하면, 물체를 구성하고 있는 원자들로부터 전자가 쉽게 떨어져 나옵니다. 단, 얼마나 쉽게 전자가 떨어지느냐는 원자의 종류에 따라 다릅니다.

예를 들어 유리 막대를 비단 천에 마찰한다고 합시다. 유리를 구성하는 원자(보통 실리콘 원자)의 전자는 비단을 구성하는 원자(탄소 또는 수소 원자)의 전자보다 더 쉽게 떨어져 나옵니다. 따라서 비단 천과 유리 막대를 마찰하면 음전하인 전자가 떨어져 나간 유리 막대는 양전하를, 떨어져 나온 전자를 받은 비단 천은 음전하를 띱니다. 반면 유리 막대와 털가죽을 문지르면, 유리보다 털가죽이 전자를 더 쉽게 빼앗기기 때문에 털가죽이 양전하를, 유리 막대가 음전하를 띱니다.

원자핵은 전자에 비해 엄청나게 무겁기 때문에 움직이기가 어렵

전하가 전기를 만든다

습니다. 반면 전자는 한 물체에서 다른 물체로 쉽게 이동할 수 있습니다. 전자가 이동할 수 있기 때문에 프랭클린은 전하(전자)가 유체일 거라고 생각했습니다. 하지만 정확히 말하면, 전자는 원자를 구성하는 입자라는 점에서 유체와는 다릅니다.

이동이 자유로운 전자에 의해 물체는 양전하나 음전하를 띠게 됩니다. 따라서 전기 현상을 일으키는 주범은 전자라고 생각해도 무방합니다. 화학에서는 전자를 잃은 원자나 전자를 받은 원자를 이온이라고 부릅니다. 때때로 이온에 의해 전기 현상이 나타나기도 하지만, 이는 극히 드문 일입니다. 이온은 전자보다 훨씬 더 무거워 이동이 어렵기 때문입니다. 이제부터는 전하가 바로 전자임을 꼭 기억하기 바랍니다. 전기 현상은 곧 전자가 일으키는 마술이랍니다.

쿨롱의 법칙

전하가 곧 전자라는 사실을 몰랐음에도 불구하고, 1785년 프랑스의 쿨롱(1736~1806)이 전하를 가진 물체 사이에 작용하는 힘, 즉 전기력의 성질을 실험으로 밝혀냅니다. 전기력의 측정은 '뒤틀림 천칭'이라는, 당시로서는 획기적인 초정밀 힘 측정 장치를 사용해 이루어졌습니다. 쿨롱의 실험을 알게 된 영국의 캐번디시(1731~1810)는 1795년에 뒤틀림 천칭을 사용해 뉴턴의 중력법칙을 실험적으로 확인합니다. 쿨롱이 발견한 전하를 띤 물체(대전체) 사이에 작용하는 전기력의 수학식은 뉴턴의 중력에 대한 수학식(중력=중력 상수×(물체1의 질량×물체2의 질량)/(물체1과 물체2 사이의 거리)^2)과 상당히 비슷합니다.

$$\text{전기력} = (\text{쿨롱 상수}) \times \frac{\text{대전체1의 전하량} \times \text{대전체2의 전하량}}{(\text{대전체1과 대전체2 사이의 거리})^2}$$

중력과 전기력은 두 물체나 대전체 사이의 거리의 제곱에 반비례한다는 공통점을 가지고 있습니다. 또 두 힘 모두 물체가 매우 멀리 떨어져 있어도 작용(장거리 힘)합니다. 겉으로 보기에는 전혀 다른 현상들이 비슷한 수학식으로 정리된다는 사실이 매우 놀랍지 않나요? 물리학을 공부하다 보면 겉보기엔 전혀 다른 현상들을 설명할 때에도 유사한 원리가 반복해서 등장한다는 사실을 발견하게 됩니다. 최소한의 원리를 사용하여 다양한 현상을 만들어내는 자연의 경제성과 효율성을 보는 것 같습니다. 쿨롱의 이 발견을 기념하기 위해 학자들은 현재 전하의 단위로 쿨롱(기호로 C)을 쓰고 있습니다. 이는 m, kg, 초와 함께 물리학에서 중요하게 쓰이는 기본 단위입니다.

물론 중력과 전기력에는 차이점도 있습니다. 첫째, 중력은 항상 서로를 끌어당기지만, 전기력은 서로를 끌어당기기도 하고 밀쳐내기도 합니다. 두 전하의 부호가 같은 경우(양전하와 양전하, 음전하와

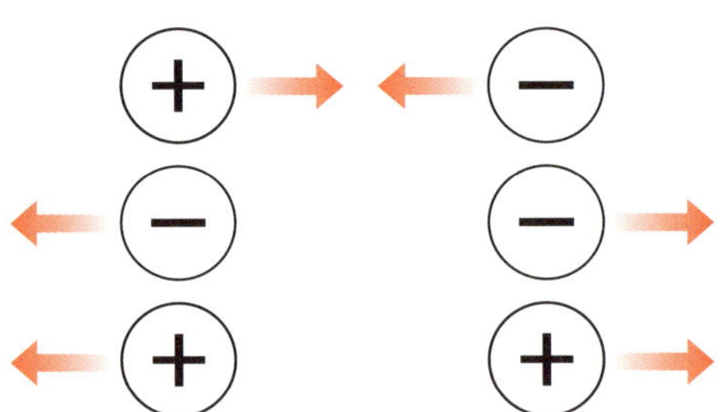

그림2 전기력의 방향은 전하의 부호에 따라 다릅니다. 같은 부호의 전하끼리는 밀쳐내고, 반대 부호의 전하끼리는 끌어당깁니다.

　　　　　　　　　　　　전하가 전기를 만든다

음전하), 두 전하 사이에는 서로를 밀치는 전기력이 작용합니다. 반대로 두 전하의 부호가 다를 경우(양전하와 음전하), 두 전하 사이에는 서로를 끌어당기는 전기력이 작용합니다.

둘째, 쿨롱 상수는 중력 상수보다 10^{20}배 정도 큽니다. 이 말은 전하를 가진 두 물체(물론 질량을 가지고 있습니다) 사이에 작용하는 전기력이 중력에 비해 아주 크다는 것을 의미합니다. 따라서 천체를 제외한, 일상적인 물체 사이의 상호작용은 거의 전기력에 의해 결정되며, 중력은 무시해도 될 정도로 영향이 미미합니다. 중력은 우주를 지배하지만, 우리 주위의 세상은 전기력이 지배하고 있습니다. 앞서 이야기한 장력(줄에 걸리는 힘), 마찰력, 수직항력(바닥이 미는 힘)의 근원 또한 전기력입니다.

축전기와 전지의 발명

전기 실험을 하려면, 정전기 발생기로 만든 전하를 보관할 수 있어야 합니다. 그런데 마찰로 얻은 전하를 공기 중에 방치하면 얼마 지나지 않아 사라져 버리고 맙니다. 공기 중에 떠도는, 전하를 가진 먼지가 반대 부호의 전하를 가진 대전체에 끌려 대전체의 전하를 상쇄하기 때문입니다.

네덜란드의 도시 라이덴(네덜란드어 발음은 '레이던')에 살던 한 과학자는 이 문제로 고민하던 끝에 1745년에 드디어 전하를 오래 보관할 수 있는 장치인 **라이덴병**을 발명합니다. 유리병의 안쪽과 바깥쪽을 얇은 금속 막(가정에서 자주 사용하는 알루미늄 포일 같은 것)으로 감싼 뒤, 병 입구를 고무마개로 막고, 마개 중앙에 수직으로 가는 구

라이덴 병

멍을 뚫은 다음, 금속 막대를 꽂은 것이 바로 라이덴병입니다. 전하가 보관되는 원리는 다음과 같습니다.

우선 병 안을 물로 채우고, 전선을 사용해 수직으로 세운 금속 막대를 안쪽 금속 막과 닿게 합니다. 정전기 발생기에서 만들어진 전하를 금속 막대에 닿게 하면, 전선을 통해 전하가 병의 안쪽 금속 막으로 이동합니다. 그러면 병의 바깥쪽 금속 막에 병 안쪽 전하와 반대 부호를 가진 전하가 유도되고, 두 전하가 서로를 끌어당겨 전하가 사라지지 않게 합니다. 이때 병 안에 든 물은 더 많은 전하를 보관할 수 있게 해줍니다.

라이덴병이 발명된 후 전기 실험은 이전보다 훨씬 편리해졌습니다. 지금은 부피가 큰 라이덴병 대신, 더 발전된 형태인 **축전기**를 사용합니다. 축전기는 얇은 금속판 두 장 사이에 역시 얇은 절연체(종이와 같은 것으로, 정확히는 **유전체**)를 끼운 것입니다. 보통 원통 모양의 케이스에 금속판과 절연체를 돌돌 말아 넣어 만들며, 저항기와 함께 전자기기에서 가장 많이 사용되는 부품입니다. 금속판에 연결된 두 도선을 건전지의 양극과 음극에 연결하였다가 떼면, 내부의 금속판에서 양전하와 음전하가 대전됩니다(이것을 **충전**이라고 부릅니다).

카메라의 플래시도 알고 보면 축전기입니다. 건전지를 통해 전하를 대전한 다음, 일시에 양전하와 음전하를 만나게 하면 전기 스파

 전하가 전기를 만든다

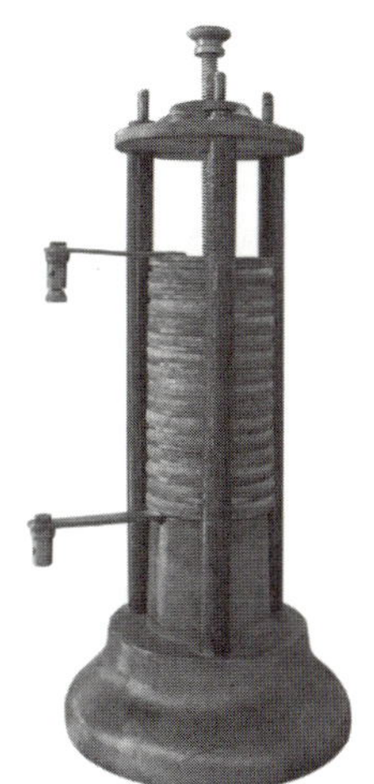

알레산드로 볼타와 그가 발명한 볼타전지

크가 생기는데, 이를 이용해 밝은 빛을 내는 것입니다. 물론 빛을 더욱 밝게 하기 위해서 화학물질의 도움을 받습니다.

정전기 발생기와 라이덴병의 발명에도 불구하고, 전기 실험은 여전히 어려움이 많았습니다. 라이덴 병에 보관할 수 있는 전하의 양이 많지 않아 실험에 필요한 전하를 계속해서 공급할 수 없었기 때문입니다. 따라서 계속해서 전하를 공급할 수 있는 전지의 발명은 전기 실험을 하는 과학자들에게 큰 변화를 가져다주었습니다.

전지란 쉽게 말해, **전하**(정확히는 전자)의 공급원이라고 생각하면 됩니다. 전지는 화학반응을 통해 음극에서 전자를 내어놓고 양극에서 전자를 받아들이므로, 계속해서 전하를 공급할 수 있습니다. 또 부피가 작아서 이동과 보관도 쉽습니다.

이런 전지를 최초로 발명한 사람은 이탈리아의 물리학자 볼타(1745~1827)였습니다. 볼타는 파도바 대학(갈릴레이도 이 대학의 교수였습니다)의 교수였는데, 동료인 갈바니가 동물전기를 발견한 것을 보고 마찰 없이도 전하를 만들 수 있을 거라고 생각합니다. 그리고 연구 끝에 1800년 드디어 전지를 발명합니다.

볼타는 은판과 아연판을 교대로 겹겹이 쌓고 판 사이에 소금물(또는 알칼리 용액)로 적신 천을 끼웠습니다. 그런 다음 장치 양쪽에 도선을 수직으로 세우고 은판은 은판끼리, 아연판은 아연판끼리 각각 다른 쪽의 도선에 연결하였습니다. 두 도선을 서로 접촉시키자 정전기 발생기처럼 스파크가 튀었고, 마침내 최초의 전지가 발명되었습니다.

볼타는 또 묽은 황산 용액에 구리판과 아연판을 담근, 개량된 전지도 발명하였습니다. 오늘날에는 단점이 많다는 이유로 볼타전지를 거의 사용하지 않고 있지만, 볼타전지는 최초의 전지로서 전기에 관한 물리학의 발전에 크게 공헌한 발명품입니다.

잘못 알려진 전류의 방향

전지를 전기기기(또는 전기회로)에 연결하면 **전류**가 흐릅니다. 여기서 전류는 전자가 전기기기를 따라 이동하는 것을 말하며, 단위는 암페어(A)입니다. 암페어라는 이름은 자기 연구에 큰 기여를 한 프랑스의 물리학자 앙페르(1775~1836)를 기념하기 위해 붙여졌습니다.

전지의 음극에서 공급된 전자는 전기기기의 회로를 따라 이동해 전지의 양극으로 들어갑니다. 하지만 물리학에서는 전류가 전지의 양극에서 음극으로 흐른다고 규정하고 있습니다. 왜 이런 잘못된 규정이 만들어졌을까요? 그 까닭은 1800년대 초 전류의 방향이 정해지고 나서 한참 후인 1897년에 영국의 톰슨이 전자를 발견하였기

     전하가 전기를 만든다

때문입니다.

이처럼 전류의 방향이 잘못 정해진 데는 프랭클린의 영향이 컸습니다. 전하를 유체로 보고 이것이 이동하며 생긴 게 전류라고 믿은 프랭클린은 당연히 유체가 많은 곳(양전하)에서 적은 곳(음전하)으로 흐른다고 생각했습니다. 이 생각은 양전하가 이동하는 방향이 전류의 방향으로 굳어지는 데 결정적인 역할을 했습니다. 전자가 발견된 1800년대 말에 와서야 비로소 전류의 방향을 바로잡을 수 있었지만, 한번 정해진 규정을 바꾸기가 쉽지 않아서 지금까지도 그대로 사용해오고 있습니다.

전기회로에 전류가 흐를 때 전자가 얼마나 빨리 이동하는지 궁금하지 않나요? 벽에 붙은 스위치를 누르면, 그 즉시 멀리 떨어진 전등에 불이 들어옵니다. 이것을 보면 전자의 이동속도가 매우 빠를 것 같지요? 그런데 놀랍게도 전자의 이동속도는 초속 1mm 정도밖에 되지 않습니다. 이 속도라면 전자가 1m의 도선을 따라 이동하는 데 무려 15분 이상이 걸립니다. 그렇다면 스위치를 누르고 수십 분이 지나서 전등에 불이 들어와야 할 텐데, 실제로는 그렇지 않지요. 어떻게 된 일일까요?

사실 전등에 불이 즉시 켜지는 것은 전자의 이동속도와는 상관이 없습니다. 이해하기 쉽도록 수도꼭지에 연결된 긴 호스를 떠올려 보세요. 호스에 물이 차 있지 않다면, 수도꼭지를 틀고 얼마간이 지나야 비로소 호스 끝에서 물이 나옵니다. 수도꼭지에서 나온 물이 빈 호스를 지나야 하기 때문입니다. 반면 호스에 물이 가득 차 있다면, 수도꼭지를 틀자마자 호스 끝에서 물이 나옵니다. 이때 나온 물은 수도꼭지에서 나온 물이 아니라, 호스 끝에 있다가 수압에 의해 밀려 나온 물입니다.

전자 역시 이와 비슷합니다. 스위치를 누르면 전등에 있던 전자가 곧바로 밀려 나오기 때문에, 즉시 전류가 흘러 불이 들어오게 됩니다.

옴의 법칙

전지는 전지 안에 든 화학물질의 화학반응을 통해 전자를 음극에서 양극으로 이동시킵니다. 이렇게 전자를 이동시키기 위해서는 에너지가 필요합니다. 전지는 화학물질의 화학에너지를 전자의 전기에너지로 바꿔 전자 이동에 필요한 에너지를 공급합니다. 전지의 전압은 전자에 얼마만큼의 에너지를 공급하는지를 말해주는 것으로, 단위는 최초의 전지를 만든 볼타를 기념하여 볼트(V)를 사용하고 있습니다.

가정에서 가장 많이 사용하는 알칼리 건전지의 전압은 1.5V이고, 충전이 가능한 리튬이온 건전지의 전압은 3.7V입니다. 전지의 양극으로 들어온 전자는 전지 전압에 비례하는 전기에너지를 얻어 음극을 떠납니다. 이러한 이유로 전지를 낮은 곳의 물을 높은 곳으로 이동시키는 펌프에, 전류를 물의 흐름에, 도선이나 전기회로를 물이 흐르는 파이프에 비유하기도 합니다.

1826년 독일의 물리학자 옴(1789~

게오르크 지몬 옴

전하가 전기를 만든다

1854)이 전지를 연결한 물체에 흐르는 전류를 측정하다가 전지의 전
압과 전류가 비례한다는 사실을 발견하였습니다. 하지만 같은 전압
을 걸더라도 물체마다 전류의 값이 달랐습니다. 옴은 물체에 걸어
준 전압을 전류로 나눈 것을 그 물체의 **전기저항**(줄여서 **저항**)이라고
정의했습니다. 전류가 걸어준 전압에 비례한다는 의미를 가진 아래
의 수학식을 우리는 **옴의 법칙**이라고 부릅니다. 저항의 단위는 옴을
기념해 **옴**(기호는 그리스 문자 Ω)을 사용합니다.

$$\text{물체의 저항} = \frac{\text{걸어준 전압}}{\text{전류}}$$

옴의 법칙에 의하면 저항이 큰 물체에는 작은 전류가 흐르고, 저
항이 작은 물체에는 큰 전류가 흐릅니다. 나무나 플라스틱같이 저항
이 큰 물체를 **절연체** 또는 부도체라고 부르고, 반대로 저항이 작은
금속과 같은 물체를 **도체**라고 부릅니다. 또 절연체와 도체의 중간쯤
되는 저항을 가진 물체를 **반도체**라고 합니다. 컴퓨터의 주요 부품인
CPU와 메모리를 만드는 데 사용하는 실리콘이 대표적인 반도체입
니다.

물질과 모양을 잘 선택하면 일정한 저항을 가진 부품을 만들 수
있는데, 이런 부품을 **저항기**라고 부릅니다. 전기기기의 회로에서 가
장 많이 쓰는 부품이지요. 저항기의 가격은 일반적으로 저렴한 편이
며, 수천만 옴부터 수 옴까지 다양한 저항 값을 가진 저항기들이 있
습니다.

한참 틀어 놓은 TV를 손으로 만져보면 뜨뜻합니다. 모든 전기기
기는 저항을 가지고 있는데, 전류가 흐르면서 저항에 열이 발생하기

때문이지요. 이처럼 전기기기는 전기에너지를 소비하여 열을 발생시킵니다. 따라서 전기기기가 작동하려면 열로 소비되는 양만큼의 전기에너지가 추가로 공급되어야 합니다. 여기서 전기기기가 매초마다 소비하는 에너지를 **소비전력**이라고 부릅니다. 소비전력은 전기기기의 전압에 전기기기에 흐르는 전류를 곱한 것입니다.

전기기기의 소비전력 = 전기기기의 전압 × 전기기기에 흐르는 전류

전력의 단위는 증기기관을 발명한 와트를 기념하여 **와트**(기호로 W)를 사용합니다. 1W는 1초에 1N·m의 에너지를 소비하는 것을 말합니다. 우리나라에서 판매되는 모든 전기기기에는 소비전력이 표시되어 있습니다. 에어컨은 보통 2,000W 이상의 전력을 소비하는 반면, 노트북 컴퓨터는 50W 정도, 형광등은 20W 정도를 사용합니다. 모두 220V를 사용하기 때문에 위의 소비전력의 식을 사용해 전류를 계산해보면, 대략 에어컨은 10A, 노트북 컴퓨터는 0.2A, 형광등은 0.1A 정도의 전류가 흘러 전기기기에 따라 전류 차이가 꽤 나는 것을 알 수 있습니다.

가정에서 사용한 전기요금 고지서를 보면 전기에너지 사용량 단위가 킬로와트시(kWh)로 적혀 있습니다. 1kWh는 1,000W의 전력을 1시간 동안 사용했을 때의 전기에너지양을 말합니다.

따라서 소비전력이 2,000W인 에어컨을 1시간 동안 틀면 전기에너지를 2kWh 사용하는 셈입니다. 1kWh는 에너지로 따지면 10kg의 물체를 1m 높이까지 3만 7,000번 정도 들어 올렸다 내리는 데 필요한 에너지입니다. 정말 어마어마하지요?

일반 가정의 전기 사용량이 보통 300kWh인 점을 생각하면, 가정에서 얼마나 많은 전기에너지를 소비하는지 알 수 있을 것입니다. 그러니 가정의 경제와 지구를 위해서라도 전기에너지 소비를 줄이는 습관을 길러야 합니다.

전류가 자기를 만든다

나침반의 붉은색 N극이 항상 북쪽을 가리키는 것이나 철 조각이 자석에 들러붙는 것은 잘 알려진 자기 현상입니다. 버튼을 누르면 '띵동' 하고 소리를 내어 방문객이 왔음을 알려주는 초인종과 오디오 스피커 또한 자기를 이용한 장치입니다. 주위를 둘러보면, 전기 못지않게 자기도 유용하게 사용되고 있음을 알게 됩니다. 이번 장에서는 이처럼 신통방통한 자기에 대해 알아보겠습니다.

모든 자기 현상의 원인, 전류

다양한 자기 현상을 일으키는 원인은 바로 '전류'입니다. 앞서 전류란 전자가 회로를 따라 이동하는 것이라 했습니다. 전자석의 경우, 전류가 흐를 때에만 철 조각을 끌어당기는 것을 보아 전류가 자기 현상의 원인임을 쉽게 알 수 있습니다. 반면 영구자석의 경우, 전류가 흐르든 안 흐르든 상관없이 자석이 자기 현상을 일으키는 것처럼 보입니다. 하지만 영구자석 역시 전류와 밀접한 관련이 있으며, 전자석과 마찬가지로 전류에 의해 자기 현상을 일으킵니다.

고대인들도 자기 현상에 대해 알고 있었습니다. 고대 그리스의 철학자 탈레스는 2,500년 전에 자철석이란 광석이 철을 끌어당기는 모습을 보고 기록으로 남겼습니다. '자기'란 단어도 실은 자철석을 뜻하는 그리스어에서 나온 것이지요.

고대 중국에도 같은 기록이 남아 있는데, 중국인들은 여기서 더 나아가 자기 현상을 활용한 발명품까지 고안해냅니다. 바로 나침반이지요. 영구자석인 가는 바늘을 받침대 위에 올려놓았을 뿐인 이 간단한 기구는 후에 항해에 널리 사용됩니다.

영구자석은 보통 붉은색을 칠한 N극(영어의 북쪽을 뜻하는 'North'의 첫 글자를 딴 것)과 파란색을 칠한 S극(영어의 남쪽을 뜻하는 'South'의 첫 글자를 딴 것)을 가지고 있습니다. 자석의 N극과 S극은 각각 북쪽과 남쪽을 가리킵니다.

두 영구자석을 가까이 하면 자극 사이에 **자기력**이 작용합니다. N극과 S극은 서로 끌어당기고, N극과 N극 또는 S극과 S극은 서로 밀칩니다. 자기력은 같은 부호의 전하끼리는 밀치고, 반대 부호의 전하끼리는 끌어당기는 전기력과 비슷한 성질을 가졌지요.

자석 위에 투명한 책받침을 놓고 그 위에 고운 철가루를 뿌린 뒤 책받침을 약간 흔들어 주면, 다음 사진처럼 자석 주위로 철가루가 독특한 무늬를 만듭니다. 이제 자석 주위에 철가루 대신 작은 나침반을 여러 개 놓습니다. 자석의 자기에 의해 나침반의 방향이 정해지는데, 철가루의 무늬와 배열된 나침반의 바늘 방향이 같다는 사실을 확인할 수 있습니다. 철가루가 작은 나침반처럼 행동하기 때문이

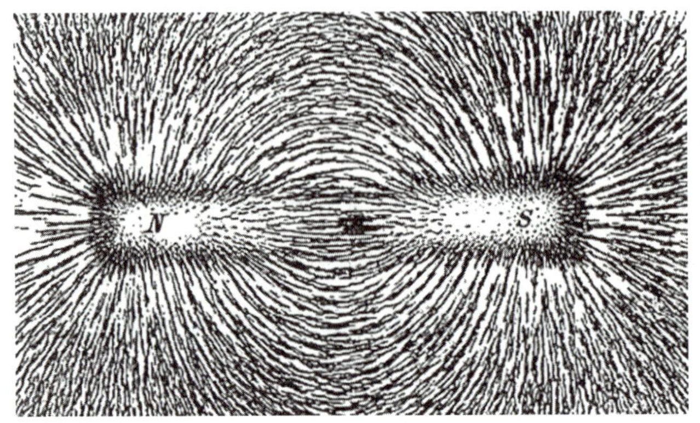

막대자석 주위에 철가루를 뿌리면 무늬가 나타납니다.

지요. 이처럼 영구자석은 주위에 자기를 만듭니다.

또한 영구자석은 신기한 성질을 가지고 있습니다. 예를 들어, N극 또는 S극으로만 이루어진 영구자석을 얻기 위해 영구자석을 반으로 나눈다고 합시다. 그럼 한 극만 가진 영구자석이 생길까요? 아닙니다. 잘린 부분에 다시 N극과 S극이 생깁니다. 이처럼 영구자석은 항상 N극과 S극을 모두 가집니다. 이 점이 바로 양전하와 음전하가 분리되는 전기와 자극이 분리되지 않는 자기의 큰 차이입니다. 이처럼 자연은 비슷한 것 같으면서도 조금씩 달라 우리를 지루하지 않게 합니다. 영구자석의 자극이 분리되지 않는다는 사실은 자석이 무엇인지를 이해하는 데 중요한 단서가 됩니다.

지구는 하나의 거대한 영구자석입니다. 지구 내부에 있는 뜨거운 액체인 용암에는 철 성분이 들어 있는데, 이것이 회전하면서 자기를 만듭니다. 지구뿐만 아니라 목성, 토성과 같은 대부분의 태양계 행성들도 내부에서 끓는 용암이 회전하면서 자기를 만들어냅니다.

지구를 자석이라 하면 어느 쪽이 N극이고, 어느 쪽이 S극일까요? 나침반의 N극은 북쪽을 향한다고 배웠으므로, 지구의 북쪽이 S극이

　　　　　　　전류가 자기를 만든다

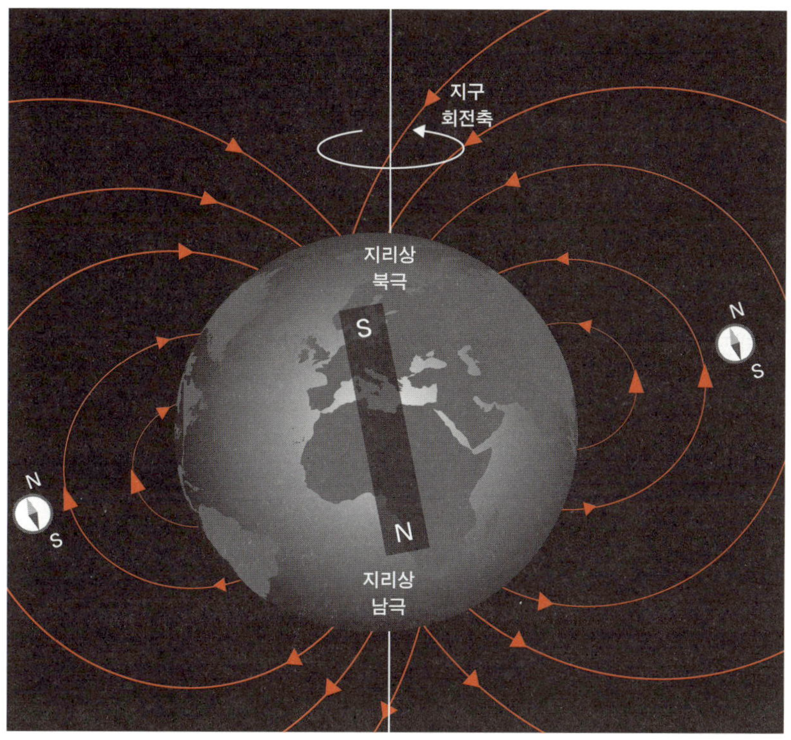

지구는 거대한 영구자석이며, 놀랍게도 북쪽이 S극, 남쪽이 N극입니다.

되어야 합니다. 반대로 나침반의 S극은 남쪽을 향하므로, 지구의 남쪽이 N극이 되겠지요. 북쪽과 남쪽을 가리키는 영어 단어 'North, South'와는 반대로 생각해야 하니 참 헷갈리지요?

실제로 자석의 N극과 S극 방향은 앞서 이야기한 전류의 방향처럼 우리의 이해가 짧은 탓에 잘못 정해진 것입니다. 전류의 경우처럼 자석의 극도 한번 규칙으로 정해지면, 나중에 잘못을 깨닫더라도 이어져 온 관습 때문에 다시 바로잡기가 어렵습니다.

전류가 만드는 자기를 발견하다

사람들은 아주 오랫동안 영구자석만이 자기 현상을 일으키는 줄로 알고 있었습니다. 하지만 1820년 덴마크의 물리학자 외르스테드(1777~1851)에 의해 전류도 자석처럼 자기 현상을 일으킬 수 있다는 사실이 최초로 밝혀집니다. 코펜하겐 대학의 물리학 교수였던 외르스테드는 학생들에게 전류에 관해 강의하던 중 우연히 전류가 일으킨 자기 현상을 발견합니다.

이때 외르스테드는 그림1의 실험 장치를 사용해 전류에 대해 설명하고 있었습니다. 지금도 그렇지만, 당시 유럽의 대학에서는 물리학 강의 도중에 내용과 관련된 실험을 하고, 학생들이 결과를 직접 눈으로 확인하도록 했습니다.

그림1에서 보다시피 왼쪽과 오른쪽 도선을 전지와 연결하면, 가운데의 직선 도선에 전류가 흐릅니다. 이렇게 장치에 전류가 흐르고 있을 때, 그는 우연히 다른 실험을 위해 준비한 나침반의 바늘이 움직이는 것을 발견합니다. 이후 실험을 멈추자 신기하게도 나침반 바늘은 다시 이전처럼 지구자기의 남북 방향을 가리켰습니다. 방학이

한스 크리스티안 외르스테드

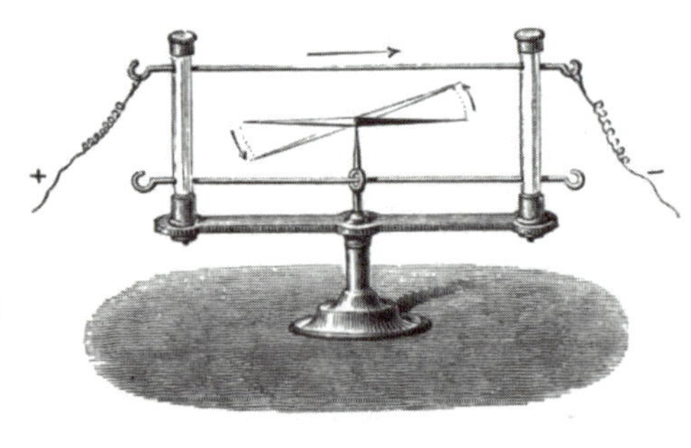

그림1 외르스테드의 실험 장치

전류가 자기를 만든다

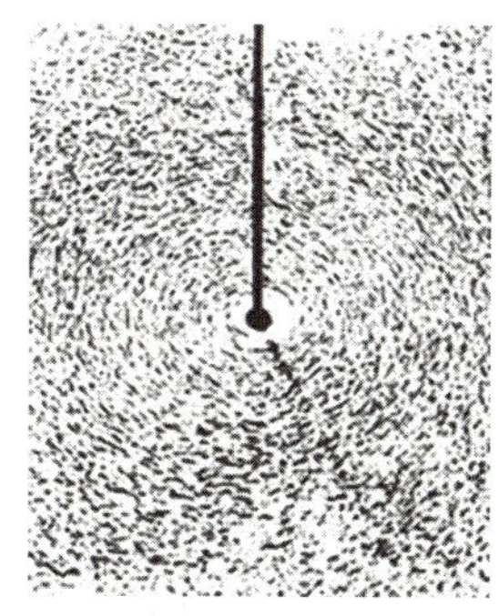

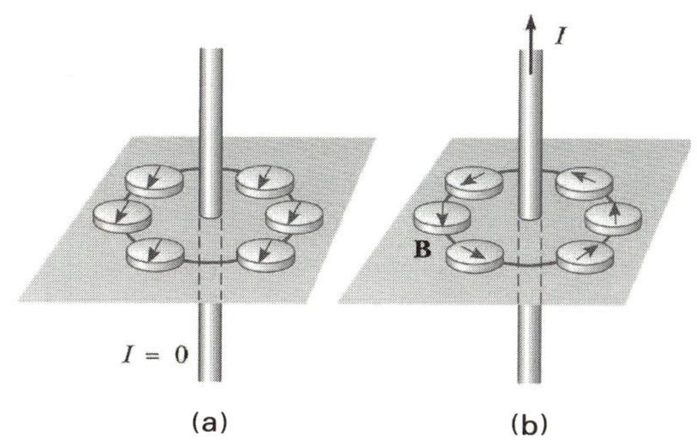

직선 전류가 만드는 자기. 전류가 흐르는 도선 주위에 철가루를 뿌리면 원형 무늬가 나타납니다.

그림2 (a) 전류가 흐르지 않을 때는 나침반이 지구자기 방향을 가리킵니다. (b) 전류가 흐르면 나침반의 N극이 원형으로 배열됩니다.

시작되자마자 외르스테드는 본격적으로 전류가 만드는 자기를 연구합니다. 그리고 전류가 자석처럼 자기를 만든다는 사실을 알게 됩니다.

직선 전류가 만드는 자기는 앞서 본 막대자석의 자기와는 달리 위의 사진처럼 도선 주위에 원형의 철가루 무늬를 만듭니다. 또 전류가 흐르는 도선 주위에 여러 개의 나침반을 배열하면, 바늘의 방향이 철가루 무늬처럼 원형을 그립니다(그림2). 이때 오른손 엄지손가락을 세워 전류 방향으로 향하게 하면, 나머지 네 손가락이 감아쥐는 방향이 나침반 바늘의 N극 방향을 가리킵니다.

전기와 자기에 관한 수수께끼

외르스테드의 전류 실험이 알려지고 나서 1주일 뒤, 프랑스의 물리학자 앙페르(1775~1836)도 실험을 통해 같은 결과를 얻습니다. 앙

앙드레 마리 앙페르

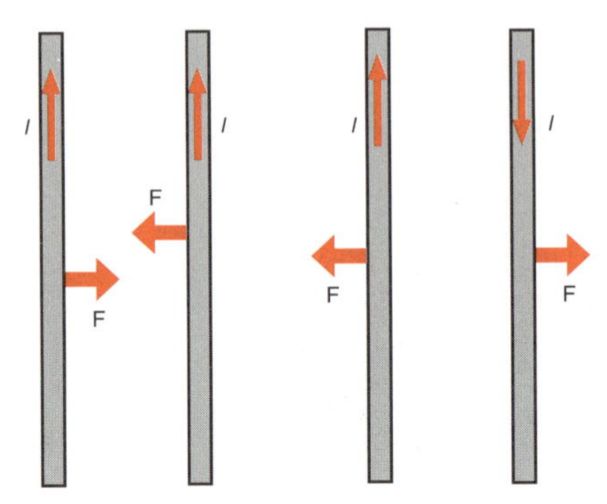

그림3 직선 전류 사이에 작용하는 자기력. 전류 방향에 따라 자기력의 방향도 달라집니다.

페르는 프랑스혁명 당시 판사였던 아버지가 처형당하면서 불우한 어린 시절을 보냈습니다. 하지만 꾸준한 노력으로 어려움을 극복하고, 대학 교수가 되어 물리학 분야에서 많은 업적을 남겼지요. 전류 실험도 그중 하나였습니다.

1822년에 그는 전류가 흐르는 두 직선 도선 사이에 **자기력**이 작용한다는 사실을 발견합니다. 그리고 전하 사이에 두 대전체 사이의 거리의 제곱에 반비례하는 전기력이 작용하듯이, 전류 사이에도 두 도선 사이의 거리의 제곱에 반비례하는 자기력이 작용한다는 사실을 깨닫습니다.

또한 직선 전류 도선 사이에 작용하는 자기력은 전류의 방향이 같을 때는 서로 끌어당기고, 전류의 방향이 반대일 때는 서로 밀친다는 사실을 발견합니다. 그리고 전류가 흐르는 도선에 자석을 가까이 하면, 도선이 자기력을 받는다는 사실도 알게 됩니다. 이로써 그는 무엇이 자기를 만드는가에 상관없이, 자기가 전류나 자석에 자기력을 미친다는 사실을 깨닫게 됩니다.

앙페르는 자기에 대한 실험을 계속하던 중 도선을 원형 코일 모양

전류가 자기를 만든다

으로 감아(지금의 전자석과 같은 것으로, **솔레노이드**라고 부릅니다) 전류를 흘리면, 직선 전류일 때보다 강한 자기가 만들어지는 것을 발견합니다. 그리고 원형 코일 모양의 전류가 만드는 자기의 성질이 막대자석이 만드는 자기의 성질과 비슷하다는 사실을 깨닫습니다. 이 발견을 통해 앙페르는 자석과 솔레노이드가 본질적으로는 같다고 생각하고, 자기를 만드는 원인이 자석과 전류 두 가지가 아니라, 전류 한 가지뿐이라고 주장합니다.

원형 코일 모양의
솔레노이드

그렇다면 자석에는 어떤 전류가 흐르고 있는 것일까요? 이는 자석을 구성하는 원자 안에 들어 있는 전자들의 공전운동과 관련이 있습니다. 원자 안의 전자(가벼운 음전하)를 원자핵(무거운 양전하)이 전기력으로 끌어당기기 때문에, 전자가 원자핵 주위에서 원을 그리며 공전합니다. 흡사 태양의 중력에 의해 지구가 태양 주위를 공전하는 것과 같습니다.

원자핵을 가운데에 놓고 봤을 때, 전자가 원을 따라 움직이므로 마치 원형 전류처럼 보입니다. 이렇게 공전하는 전자의 전류가 만드는 자기가 곧 자석의 자기라는 것이 앙페르의 주장입니다.

이제 그동안 해결하지 못했던 자석에 대한 의문, 즉 '자석을 반으로 자르면, 자른 두 면에서 왜 다시 N극과 S극이 생겨날까?'에 대한 궁금증이 풀렸습니다.

자석을 원형 전류라고 보면 N극과 S극은 단지 원형 전류의 앞면과 뒷면에 지나지 않습니다. 100원짜리 동전을 원형 전류라 가정하면, 이순신 장군의 얼굴이 있는 쪽이 N극, 숫자 100이 적힌 쪽이 S극이 되는 셈입니다. 따라서 자석을 반으로 자르더라도 두 조각에 남아 있는 원형 전류 때문에 각 조각에 다시 N극과 S극이 나타나게 됩니다. 앙페르의 발견 덕분에 자석에 대한 의문이 말끔히 해결되었지요?

더불어 솔레노이드에 전류를 흘리고, 원형 전류의 방향으로 오른손의(엄지를 제외한) 네 손가락을 감아쥐면 엄지손가락이 자석의 N극을 가리킵니다.

물질마다 자기적 성질이 다르다?

아무 물질이나 영구자석이 되는 것은 아닙니다. 영구자석을 만들 수 있는 특별한 물질을 **강자성 물질**이라고 부르는데, 대표적인 것이 바로 철입니다. 자기를 띠는 자철석의 주요 성분 역시 철입니다. 자철석은 용암에 들어 있던 철 성분이 밖으로 흘러나와 식어 굳으면서 자연스럽게 영구자석이 된 것인데, 이런 자석을 천연자석이라고 부릅니다.

철 외에 크롬이나 텅스텐 같은 물질로도 영구자석을 만들 수 있습니다. 보통 녹은 쇳물에 크롬과 텅스텐을 소량 섞은 후 온도를 낮추면, 강한 자기를 만드는 영구자석이 만들어집니다. 하지만 이렇게 만든 영구자석도 온도를 높이면 자기가 사라져 버립니다.

영구자석은 스피커, 마이크, 나침반 등에 사용됩니다. 특히 솔레노이드 안에 강자성 물질을 넣고 전류를 흘리면, 속이 빈 솔레노이드에 전류를 흘렸을 때 생기는 자기보다 세기가 수천 배 큰 자기를 얻을 수 있습니다. 학교 과학시간에 전자석을 만들 때 도선을 쇠못에 원형으로 감는 까닭도 전자석의 자기를 세게 하기 위해서입니다.

자석을 가루로 만들어 고무와 섞으면, 우리가 흔히 광고지 뒷면에

                                    전류가 자기를 만든다

서 발견하는 고무자석이 됩니다. 지금은 거의 사용하지 않는 비디오 테이프나 오디오테이프 역시 자석 가루를 얇은 플라스틱 필름에 바른 것으로, 자석의 자기를 사용하여 녹화나 녹음을 할 수 있습니다.

강자성 물질에 자석을 가까이 하면 착 달라붙습니다. 반면 자석을 가까이 해도 달라붙지 않는 물질이 있습니다. 백금, 은, 구리, 알루미늄과 같은 금속이나, 물, 액체산소와 같은 액체, 그리고 나무, 돌과 같은 절연체가 여기에 속합니다.

사실 백금이나 알루미늄도 자석을 갖다 대면 자기력을 받아 끌리는데, 그 정도가 너무 약해 거의 느낄 수 없습니다. 이런 물질을 **상자성 물질**이라고 합니다. 반면 물, 구리, 은과 같은 물질은 자석을 가까이 했을 때 끌리기는커녕, 오히려 아주 미약하게나마 자석으로부터 멀어지려 합니다. 이런 물질을 **반자성 물질**이라고 부릅니다. 어떤 물질이 자석에 어떻게 반응하는지를 알려면, 물질을 구성하고 있는 원자의 성질을 먼저 이해해야 합니다.

지구자기가 사라진다면, 어떤 일이 벌어질까?

사람들은 자석이나 전류의 자기가 우리 삶에서 얼마나 큰 역할을 하는지 잘 모릅니다. 이를 알고 싶다면 영화 〈코어〉를 한번 보십시오. 2003년에 개봉한 이 영화는 지구자기가 사라지면서 일어나는 갖가지 재앙을 다루고 있습니다.

어느 날 미국 정부에서 인공지진을 일으키는 무기를 연구하다가 실수를 저질러 지구 내부의 용암이 회전을 멈춥니다. 그 결과 지구자기가 사라지면서, 갑자기 철새들이 방향을 잃어 떼죽음을 당하고,

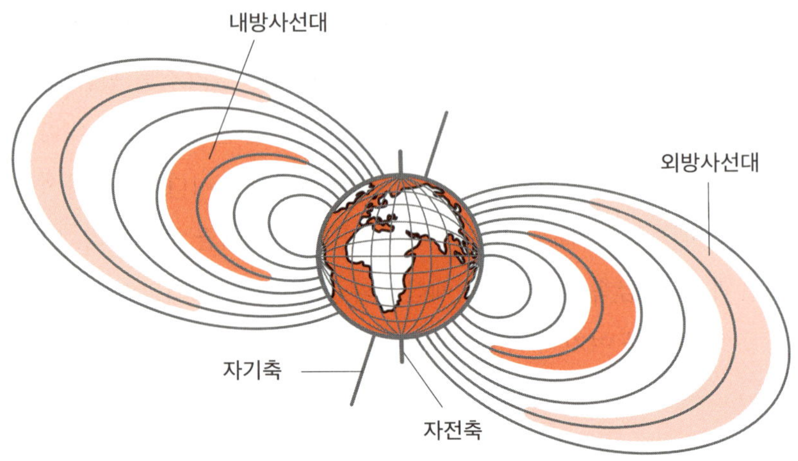

밴앨런대. 우주에서 날아온 전하 입자들이 지구자기에 의한 자기력을 받아 나선운동을 하다가 이내 띠에 갇히게 됩니다.

갖가지 기상이변과 재난이 일어나 인류가 위험에 빠집니다.

철새나 비둘기의 뇌 안에는 생체 자석이 들어 있어서, 이것으로 지구자기를 읽고 방향을 찾아갑니다. 따라서 지구자기가 갑자기 사라지면, 철새들은 길을 잃고 헤매게 됩니다.

하지만 이보다 더 위험한 일은, 우주에서 오는 높은 에너지의 입자(우주선)로부터 지구를 보호하는 **전리층**이 사라지는 것입니다. 전리층이란, 우주로부터 날아오는 전하를 가진 입자들이 지구자기에 의해 자기력을 받아 지구 주위에 갇혀 있는 것입니다.

1958년에 미국의 밴 앨런이 탐사 위성 익스플로러호를 이용하여 지상 200~1,000km에 있는 전하 입자들의 띠를 발견한 후, 이를 **밴앨런대**라고 부릅니다. 전리층은 인류를 우주의 강력한 입자들로부터 보호해줄 뿐만 아니라, 무선통신을 가능하게 해주는 고마운 존재입니다. 지구가 이처럼 거대한 자석이 아니었다면, 인류는 아마 살아남지 못했을 것입니다.

   전류가 자기를 만든다

자기장의 변화가
전기장을 만들어낸다

패러데이의 법칙

동아시아(한국, 중국, 일본)에서 최초로 전기를 사용한 나라는 어디일까요? 바로 우리나라입니다. 나라의 이름을 조선에서 대한제국으로 바꾸고 강한 나라로 만들고자 노력했던 고종 황제는 이를 위해 과감한 시도를 합니다. 일본, 중국보다 앞선 1887년에 에디슨 전기회사를 통해 경복궁에 직류발전기를 설치하여 전등을 밝힌 것이지요.

또 1899년에는 최초로 서울에서 전차를 운행시킵니다. 하지만 당시 우리나라에는 전기를 다루는 과학자와 기술자가 없어 발전기와 전차의 운영을 모두 미국인과 일본인들이 담당하였습니다. 때문에 이런 노력이 우리나라의 산업 발전으로 이어지지 못했고, 대한제국은 결국 일본제국의 지배를 받게 됩니다. 만약 당시 우리나라에 전기를 자유자재로 다룰 수 있는 기술자나 과학자가 있었다면 역사가 어떻게 달라졌을까요? 역사에는 가정이 있을 수 없겠지만, 지금과는 많은 부분이 달랐으리라는 것만은 확신할 수 있습니다.

지금은 전기가 없으면 제대로 일상생활을 할 수 없을 정도로, 전기의 사용이 아주 당연해졌습니다. 우리가 지금처럼 편리한 생활을 누릴 수 있는 것은, 어느 한 사람의 노력 덕분이랍니다. 이제 그를 만나러 가봅시다.

패러데이, 과학으로 가난을 극복하다

영국의 물리학자 패러데이(1791~1867)는 인류에게 전기 문명을 가져다준, 전기 문명의 아버지라 불리는 사람입니다. 그의 삶은 여러 물리학자들 가운데서도 유독 남달랐습니다. 당시 많은 유럽의 과학자들이 귀족 가문이나 부유한 가정에서 태어나 좋은 교육을 받았지만, 패러데이는 가난한 대장장이의 아들로 태어나 겨우 읽고 쓰기, 숫자 계산 정도만 익혔습니다. 그리고 13살 때부터 책 제본 일을 하면서 어려운 집안 살림을 도왔습니다.

어느 날 그는 제본을 맡게 된 브리태니커 백과사전에서 우연히 전기에 관한 글을 읽고 큰 흥미를 느낍니다. 그리고 과학자가 되고 싶은 마음에 24살 때 영국 왕립연구소

마이클 패러데이

   자기장의 변화가 전기장을 만들어낸다

의 실험실 조수로 취직합니다. 이때부터 그는 화학자 데이비의 실험을 도우면서 차츰 스스로 새로운 실험을 생각해냅니다. 30살이 되던 해에는 외르스테드의 자기에 관한 실험 소식을 듣고, 직접 전기와 자기에 대한 실험을 시작합니다.

패러데이는 35살이 되던 해에 왕립연구소의 실험실장으로 승진하고, '아이들을 위한 왕립연구소의 크리스마스 강연'을 시작합니다. 이 강연은 지금까지도 이어지고 있는데, 자신과 같이 어려운 환경에 처한 아이들을 돕고자 한 패러데이의 마음을 엿볼 수 있습니다(우리나라에서도 몇 해 전부터 패러데이가 했던 것처럼 크리스마스 강연회가 열려 청소년들에게 흥미진진한 과학 이야기를 들려주고 있습니다). 40살이 넘어서 패러데이는 왕립연구소의 화학교수가 되었고, 영국 과학자 최고의 명예인 왕립학회 회장(과거 뉴턴도 회장직을 맡았습니다)에 두 번이나 추천을 받습니다. 하지만 자신은 평범한 과학자로 남겠다며, 이를 모두 거절하여 많은 사람들의 존경을 한 몸에 받습니다.

패러데이는 자신의 연구로 큰돈을 벌거나, 명예를 얻으려 하지 않았습니다. 그는 영국인들에게 최고의 명예인 웨스트민스터 사원(뉴턴, 다윈 등 영국을 빛낸 사람들이 묻혀 있는 곳으로 유명합니다)에 묻히는 것도 거절했습니다. 오늘날 그가 영국인들에게 가장 사랑받는 과학자로 평가받는 것은 그의 이러한 겸손과 인성 덕분이 아닌가 합니다.

전기 문명의 출발점이 된 전자기유도

1831년에 패러데이는 현대 전기 문명의 출발점이 된 중요한 발견을 합니다. 전자기유도 현상이라고 알려진 이 발견은 수년간의 생각

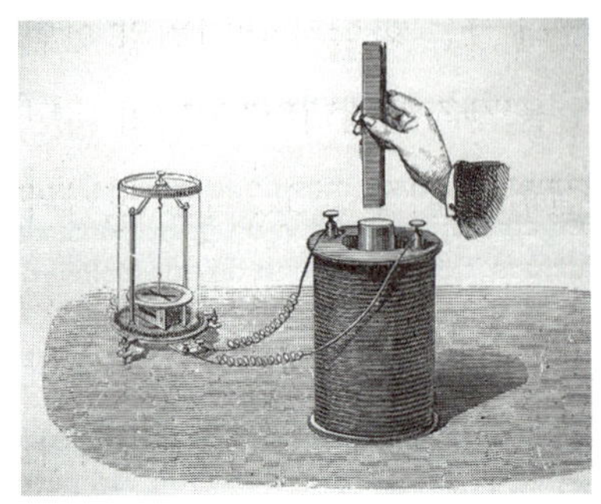

그림1 패러데이의 전자기유도 실험. 솔레노이드에 자석을 넣었다 뺐다 하면 전류가 유도됩니다. 연결된 계기의 바늘이 움직이면 전류가 생긴 것입니다.

이 무르익어 나온 결과였습니다. '전류가 주위에 자기를 유도한다'라는 외르스테드와 앙페르의 발견 이후, 많은 과학자들이 거꾸로 자석 주위에 전류가 유도되는 일도 가능할 거라 생각하고 이를 증명하기 위해 여러 실험을 했습니다. 하지만 결과는 모두 실패였습니다.

패러데이 역시 이와 관련된 실험을 하던 중 솔레노이드에 자석을 넣었다가 빼자 순간적으로 전류가 발생하는 현상을 발견합니다. 이는 자기를 이용해 처음으로 전류를 발생시킨 것으로서, 전기(여기서는 전류)와 자기(여기서는 자석)가 서로 긴밀하게 연관되어 있음을 확인한 중요한 사건이었습니다. 이를 통해 패러데이는 전기를 가지고 자기를, 또는 자기를 가지고 전기를 유도할 수 있음을 보여주었습니다. 오늘날 이 발견은 **전자기유도**라고 불립니다.

그동안에는 전기 현상와 자기 현상이 분리되어 있었으나, 패러데이의 발견 덕분에 사람들이 전기와 자기를 **전자기**라는 하나의 통합된 대상으로 보게 되었습니다.

그렇다면 이 전자기는 앞서 설명한 전기, 자기와 어떻게 다를까요? 앞서 이야기한 전기와 자기는 시간이 흘러도 변하지 않지만(이것을 **정전기, 정자기**라고 부릅니다. 정靜은 한자로 변하지 않는다는 것을 의미합니다), 전자기의 전기와 자기는 시간에 따라 달라지는 특성(**교류전기, 교류자기**라고 부릅니다)을 가지고 있습니다. 구체적으로 설명

   자기장의 변화가 전기장을 만들어낸다

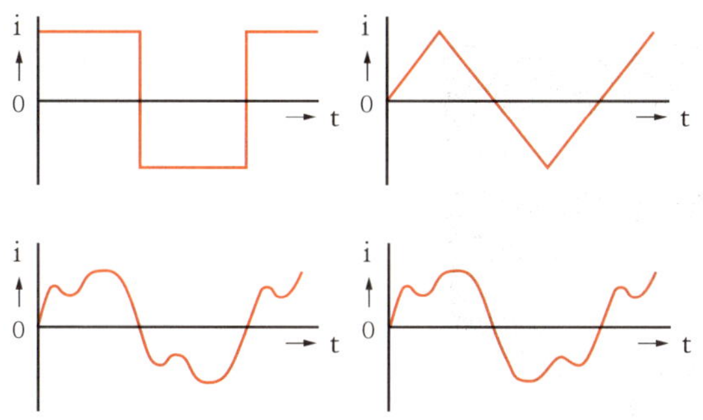

여러 가지 형태의 교류전류. 수평축은 시간을, 수직축은 전류의 세기를 나타냅니다.

해보겠습니다.

두 전하 사이의 전기력은 시간이 지나도 동일합니다. 두 전류 도선 사이의 자기력 역시 마찬가지입니다. 이런 경우 전기는 자기를 유도할 수 없으며, 자기 역시 전기를 유도하지 못합니다. 반면 패러데이의 실험을 보면, 자석을 코일 안에 넣었다 뺐다 하기 때문에 코일이 느끼는 자석의 자기가 시간에 따라 커졌다 작아졌다 합니다. 즉 자기가 시간에 따라 변하고, 이로 인해 전기(코일에 흐르는 전류)가 발생합니다. 또 자기의 시간 변화에 맞춰 발생한 전류 역시 시간에 따라 변합니다. 이처럼 전기를 유도하려면 자기가 변해야 합니다. 반대로 전기가 시간에 따라 변하면 자기가 유도됩니다.

발전기의 탄생

본래 솔레노이드에 전류를 흘리려면 전지를 연결해야 하는데, 전자기유도 현상의 경우 신기하게도 단지 자석을 솔레노이드 안에 넣었다 뺐다 하는 동작만으로도 솔레노이드에 전류를 흐르게 할

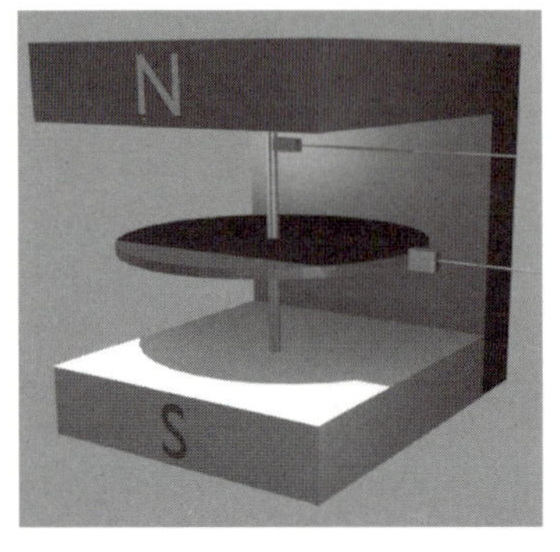

패러데이가 발명한 발전기의 구조와 패러데이 발전기의 실제 모습

수 있습니다. 자석의 운동을 통해 솔레노이드에 눈에 보이지 않는 전지가 생기고, 이 투명 전지가 전자를 이동시키는 데 필요한 에너지를 공급해 전류가 흐르는 것입니다. 이런 식으로 전자기유도 현상을 활용해 전기를 발생시킬 수 있게 되면서 전기 문명이 싹을 틔우게 됩니다.

전기를 얻기 위해 자석을 솔레노이드 안에 빠르게 넣었다 빼는 일은 상당히 어렵습니다. 때문에 패러데이는 좀 더 쉽게 전기를 얻을 수 있는 장치인 발전기를 발명합니다. 그중 하나가 말굽자석의 N극과 S극 사이에 금속원판을 넣고, 원판을 회전시키는 패러데이 발전기입니다. 말굽자석 안에 놓인 손잡이를 돌려 원판을 회전시키면, 원판의 중심과 가장자리에 전압이 발생합니다. 이때 패러데이 발전기에서 나오는 전압은 원판의 회전속도와 관계가 있습니다. 빨리 회전할수록 더 큰 전압이 얻어집니다. 이렇게 전압이 생겼을 때 원판 중심과 가장자리의 한 부분을 전기기기에 연결하면, 원판이 전지 구실을 하여 전기기기가 작동합니다.

패러데이가 발견한 전자기유도 현상에 얽힌 재미있는 이야기가

　　　　　자기장의 변화가 전기장을 만들어낸다

있습니다. 지금도 물론 그렇지만, 그가 살던 1800년대 중반에도 과학 연구와 실험을 하려면 돈이 많이 필요했습니다. 정부에서 과학자들에게 돈을 지원해주기는 했지만, 세금만 낭비하는 거라고 생각하는 공무원들이 많았습니다.

패러데이가 전자기유도를 발견한 후 얼마쯤 지나서 영국의 총리 디즈레일리가 왕립연구소를 방문하게 되었습니다. 그는 패러데이와 실험에 대해 이야기를 나누다가 이런 질문을 했습니다. "패러데이 씨, 당신의 발견이 영국 정부에 어떤 이익을 줄 수 있습니까?" 패러데이가 잠시 생각하고 나서 말했습니다. "아마 제가 발견한 전기로 요금을 걷으실 날이 올 것입니다." 디즈레일리는 못 믿겠다는 표정을 하고 떠났지만, 정말로 영국 정부는 이 발견으로 인해 전기요금을 많이 걷을 수 있었습니다. 지금도 대부분의 국가들이 발전을 직접 관리하고, 그 대가로 국민에게 전기요금을 거둬들이고 있습니다. 우리나라도 그중 하나입니다.

패러데이의 최대 업적: 전기장과 자기장의 도입

뛰어난 실험가인 패러데이에게도 약점이 있었습니다. 어릴 때 제대로 된 수학교육을 받지 못했기에, 자신의 발견을 수학식으로 표현할 수 없었던 것이지요. 수학식을 사용해 자신의 발견을 설명하는 것은 물리학의 오랜 전통입니다. 1849년에 패러데이는 전기와 자기에 관한 자신의 생각을 수학적 표현 없이 그림으로 설명하는 데 성공합니다. **역선**(힘의 방향을 나타내는 선) 또는 **역장**(힘의 작용이 미치는 범위)이라 부르는 이 방법은 대단히 효과적이어서, 지금도 대부분의

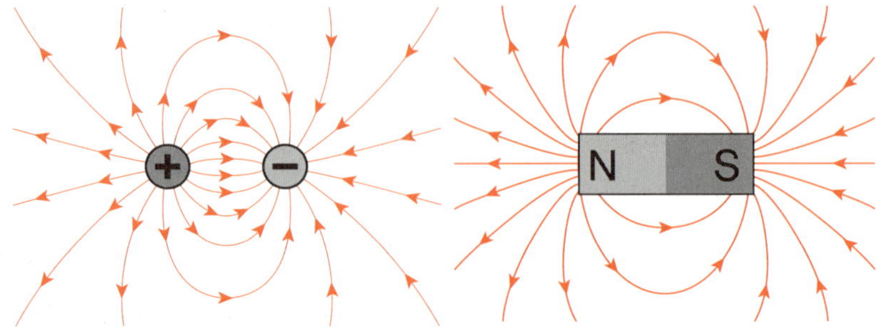

그림2 양전하와 음전하 쌍이 만드는 전기력선　　**그림3** 자석이 만드는 자기력선

물리학 교과서에서 전기와 자기를 다룰 때 이용하고 있습니다.

패러데이는 자석 주위에 뿌린 철가루가 만드는 거미줄과 같은 무늬를 보고 역선을 떠올립니다. 그는 자기와 관련된 역장인 자기장이 공간으로 퍼져 나가기 때문에 이런 무늬가 생기며, 철가루는 **자기장**(역장)이 퍼져 나가는 모양인 **자기력선**(역선)을 따라 정렬한다고 생각했습니다. 그리고 자석의 자기력선은 그림3에서처럼 N극에서 나와 S극으로 들어간다고 주장했습니다.

전기 현상 역시 **전기장**과 **전기력선**을 사용해 설명할 수 있었습니다. 전하가 있으면 이 전하의 전기장이 공간에 퍼집니다. 그리고 전기력선은 양전하에서 나와 음전하로 들어갑니다. 패러데이가 역장에 대해 발표한 이후

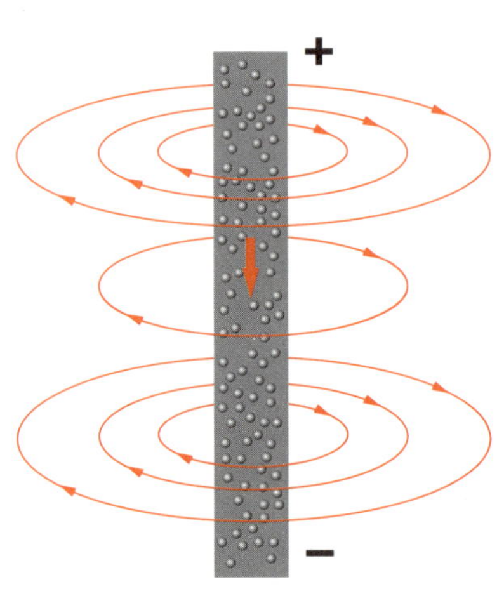

그림4 직선 전류가 만드는 자기력선. 전류가 위에서 아래로 흐르도록 위쪽에 전지의 +전극이, 아래쪽에 전지의 −전극이 연결되어 있습니다.

자기장의 변화가 전기장을 만들어낸다

전기 현상과 자기 현상은 전기장과 자기장으로 설명하는 것이 당연해졌습니다. 전하는 전기장을 만들고, 전류(자석)는 자기장을 만듭니다. 또 전기장 속에 놓인 전하는 전기력을 받고, 자기장 속에 놓인 전류(자석)는 자기력을 받습니다.

이제 우리는 공간이 텅 비어 있지 않고 역장으로 가득 차 있기에, 아주 멀리 떨어진 물체에도 힘을 미칠 수 있음을 알게 되었습니다. 전기장, 자기장 외에 또 다른 역장들도 많습니다. 한 가지 예를 들자면, 질량을 가진 물체는 공간에 자신의 **중력장**을 퍼뜨립니다. 이때 공간에 질량을 가진 또 다른 물체가 나타나면, 이 물체는 아무리 멀리 떨어져 있더라도 이미 공간에 퍼져 있는 중력장 때문에 곧바로 중력을 받습니다. 이런 중력장이야말로 유럽 학자들이 뉴턴에게 던졌던, 장거리 힘이 어떻게 가능한지 설명하라는 질문에 대한 답이라 할 수 있습니다. 1916년에 발표한 아인슈타인의 일반상대성이론 또한 바로 이 중력장에 관한 이론입니다.

직류발전 대 교류발전

패러데이 발전기는 직류발전기입니다. 원판의 중심과 가장자리 사이의 전압의 부호가 변하지 않기 때문이지요. 하지만 현재 우리가 사용하는 전기는 직류전기가 아닌 교류전기입니다. 따라서 벽에 붙은 콘센트에서 두 극의 전압을 측정해보면, 일정한 시간 간격마다 전압의 부호가 반대로 바뀝니다. 우리나라의 경우, 가정에 들어오는 전압의 부호가 1초에 60번이나 바뀝니다. 이와 같은 교류전기를 만드는 장치를 **교류발전기**라고 부릅니다.

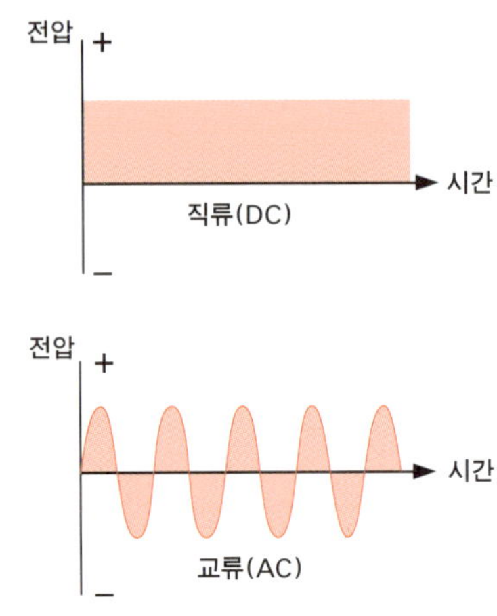

에른스트 베르너 폰 지멘스

직류전기와 교류전기

1874년 독일의 물리학자 지멘스(1816~1892)가 처음으로 상업용 교류발전기를 발명합니다. 그리고 이때부터 전기가 세계적으로 사용되기 시작합니다. 지멘스와 그의 동생은 자신들의 이름을 딴 지멘스 전기회사를 설립하여 발전기, 전선, 전신 장비 등을 만들었습니다. 오늘날 지멘스 전기회사는 세계 최고의 전기 기술을 가진 기업으로 평가받고 있습니다.

교류발전기 역시 직류발전기인 패러데이 발전기처럼 자석의 자기장 안에서 금속을 회전시켜 전기를 얻습니다. 다만 교류발전기는 금속 원판 대신 여러 번 감은 도선 코일(회전자)을 회전시킵니다. 손잡이를 사용해 교류발전기의 코일을 회전시키기도 하지만, 발

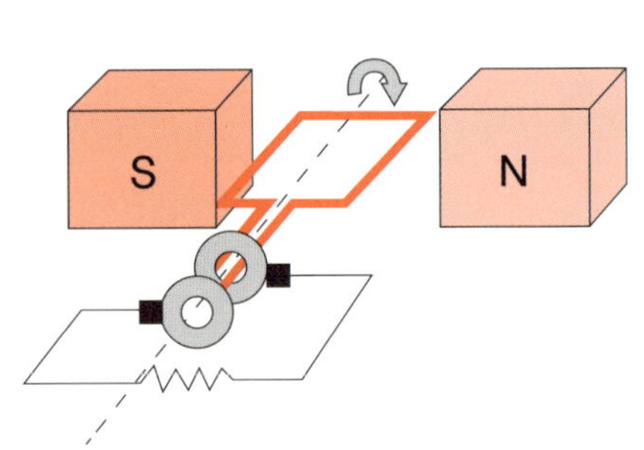

그림5 교류발전기의 구조. 코일을 자기장 속에서 회전시키면, 코일에 교류전류가 생깁니다.

자기장의 변화가 전기장을 만들어낸다

전소에서는 주로 고온, 고압의 수증기(원자력발전소, 화력발전소, 지열발전소)나 물의 낙차(수력발전소), 조류(조력발전소)를 이용해 코일을 회전시킵니다.

코일이 자기장 안에서 회전하면, 한 번 회전할 때마다 전압의 부호가 양(+)에서 음(-)으로 한 번씩 바뀝니다. 따라서 1초에 전압 부호가 60번 바뀌는 교류전기를 얻으려면, 코일을 1초에 60번 회전시켜야 합니다.

코일을 회전시켜 교류전기를 얻는 교류발전기와는 반대로, 코일에 교류전기를 걸어 주어 코일이 회전하게 만든 장치도 있습니다. 바로 전기모터(전동기)입니다. 전기모터에 교류전기를 연결하여 코일에 전류를 흘리면, 코일이 자석의 자기장에 의해 자기력을 받아 회전합니다. 이를 이용해 연결된 물체를 회전시키는 것이 전기모터의 원리입니다.

에디슨과 테슬라의 전류전쟁

1800년대 말 미국에서는 직류발전이 좋은가, 교류발전이 좋은가를 놓고 과학자들 사이에서 치열한 경쟁이 벌어집니다. 이러한 중에 1,000개 이상의 특허를 받은 발명왕 에디슨(1847~1931)이 패러데이가 쓴 전기에 관한 책을 읽고, 발전에 흥미를 느낍니다. 에디슨은 영사기, 축음기, 전구를 발명하여 번 돈으로 1882년에 에디슨 전기회사(지금의 제너럴 일렉트릭 사)를 만들고, 뉴욕시에 세계 최초의 발전소를 세웁니다. 하지만 직류발전기를 사용하여 발전하는 바람에 여러 문제가 발생합니다.

에디슨 밑에서 일하던 헝가리 출신 물리학자 테슬라(1856~1943)는 에디슨으로부터 발전기를 수리하고 개선한 일에 대한 보수를 받지 못하자 화가 나 회사를 그만둡니다. 그리고 1887년 테슬라 전기 회사를 세우고 직접 교류발전기를 만듭니다. 당시 최대 전기회사였던 웨스팅하우스 사는 에디슨의 직류발전기를 사용하고 있었는데, 테슬라의 교류발전기가 이보다 더 뛰어나다는 것을 알고, 교류발전기를 사용하기로 결정합니다. 에디슨은 이 소식을 듣고 화가 난 나머지 교류발전이 위험하다는 광고를 하는 한편, 특허 소송을 걸어 테슬라를 괴롭힙니다.

그럼에도 불구하고 1893년 나이아가라 폭포에 건설한 발전소에 테슬라 전기회사가 만든 교류발전기가 설치됨으로써, 이 싸움은 교류발전의 승리로 막을 내립니다. 지금도 나이아가라 폭포에 가면 테슬라의 동상을 볼 수 있습니다. 오늘날 학자들은 테슬라를 기념하여 자기장의 단위로 테슬라(기호로 T)를 사용하고 있습니다.

교류의 승리는 변압기 덕분

교류발전이 직류발전과의 전쟁에서 승리하게 된 가장 큰 요인은 변압기에 있었습니다. 변압기란 교류전압의 크기를 마음대로 바꿔주는 장치입니다. 도선에 전류를 흘리면 도선의 전기저항 때문에 열이 발생하여 전기에너지가 줄어듭니다. 때문에 발전소에서는 처음부터 전기를 10만 V 이상의 초고압으로 송전합니다. 전기를 받은 변전소는 변압기를 사용하여 전압을 2만 3,000V로 낮춰 다시 전봇대로 보냅니다. 그러면 전봇대에서 다시 변압기를 사용하여 전기의 전

    자기장의 변화가 전기장을 만들어낸다

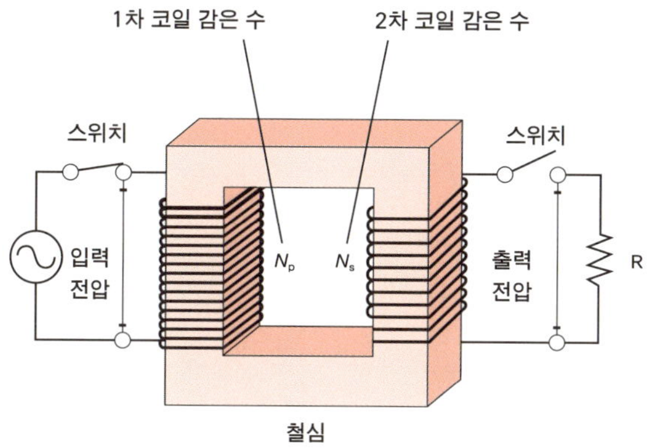

그림6 변압기의 구조

압을 220V로 낮춰 가정에 공급합니다. 이처럼 교류전기는 변압기를 사용하여 전압을 쉽게 높이거나 낮출 수 있지만, 직류전기는 전압을 변화시키기가 대단히 어렵습니다.

그렇다면 변압기는 어떻게 그렇게 쉽게 전압을 바꾸는 걸까요? 패러데이가 발견한 전자기유도 현상을 이용하기 때문입니다. 변압기의 내부 구조를 나타낸 그림6을 보면, 중앙에 사각형 모양의 철심이 있고, 철심의 양쪽에 코일(솔레노이드)이 감겨져 있습니다. 왼쪽 코일(**1차 코일**)에 교류전기(**입력전압**)를 걸어 주면 1차 코일에 교류전류가 흐르고, 이 전류는 철심에 교류 자기장을 만듭니다. 만들어진 교류 자기장이 철심을 따라 오른쪽 코일(**2차 코일**)에 도달하면, 전자기유도 현상을 일으켜 2차 코일에 교류전류가 유도되면서 교류전기(**출력전압**)가 나타납니다. 이것이 바로 변압기의 원리입니다. 이때 출력전압의 크기는 1차 코일과 2차 코일의 감은 수에 의해 결정됩니다.

$$출력전압 = \frac{2차\ 코일의\ 감은\ 수}{1차\ 코일의\ 감은\ 수} \times 입력전압$$

즉, 1차 코일과 2차 코일의 감은 수를 각각 500회와 100회라 하고, 입력전압이 1,000V라 하면 출력전압은 (100회/500회)×(1,000V)=200V가 됩니다. 이처럼 교류전기는 변압기의 1차 코일과 2차 코일의 감은 수를 조절하여, 얼마든지 출력전압을 입력전압보다 높거나 낮게 만들 수 있습니다.

다시 각광을 받는 직류 발전

사람이 살다 보면 반전이 있게 마련입니다. 잘 살던 사람이 사업이 망하면서 가난해지기도 하고 반대로 가난하던 사람이 성실히 노력한 결과 잘되기도 합니다. 교류 발전에 밀려 거의 사라질 뻔했던 직류 발전이 반도체와 전자 기술의 발전으로 인해 최근 각광을 받고 있습니다.

직류의 가장 큰 장점은 대부분의 전자 기기들이 직류 전기를 사용한다는 것입니다. 여러분도 잘 알고 있듯이 TV를 켜려면 먼저 전원 플러그를 교류 전기를 공급하는 집안 콘센트에 연결해야 합니다. 하지만 TV는 이 교류 전기를 내부에서 직류 전기로 바꾸어 내부 부품에 공급해 TV가 작동하도록 합니다. 따라서 교류 전기를 직류 전기로 바꾸는 과정에서 전기 에너지 손실이 발생합니다. 만약 TV에 직접 직류 전기를 공급한다면 이런 에너지 손실을 막을 수 있겠지요. 스마트폰, 컴퓨터와 같은 대부분의 스마트 기기들도 직류를 사용합

　　　　자기장의 변화가 전기장을 만들어낸다

니다. 이외에도 초고압 직류 송전 기술을 사용하게 되면 교류 송전 때에 비해 전력 손실을 크게 줄일 수 있고 태양광 발전, 배터리 저장 장치, 연료전지 등의 신재생 에너지가 직류를 생산한다는 장점을 가지고 있습니다.

에디슨이 지금 다시 나타난다면 교류에 밀렸던 직류가 기술의 발전으로 다시 중요한 전력 기술로 자리를 잡는 것을 보고 매우 흐뭇했으리라 상상해 봅니다.

자이로드롭을 멈춰라!

수십 명을 태운 거대한 자이로드롭이 100m 상공에서 아래로 떨어집니다. 자이로드롭이 지면에 도달할 때의 속도는 그야말로 엄청납니다. 이런 엄청난 속도의 자이로드롭을 과연 어떻게 안전하게 멈출까요? 건물의 승강기처럼 전기모터를 이용해 멈추게 할 수도 있지만, 이 경우 혹시라도 전기가 끊기면 전기모터가 작동하지 않아 사고가 날 위험이 있습니다. 전기를 사용하지 않고도 안전하게 멈출 수 있는 방법은 없을까요? 답은 전자기 유도 현상을 이용하는 것입니다.

자이로드롭의 좌석 뒤

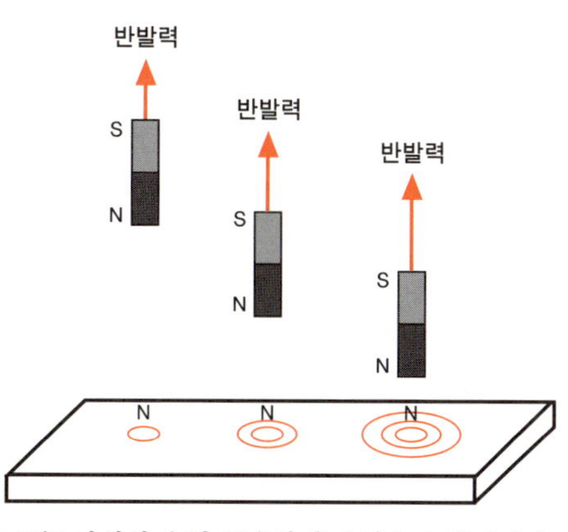

그림7 자석이 수평 금속판에 수직으로 떨어지면, 금속판에 원형의 맴돌이 전류가 발생합니다.

편에는 자석이 붙어 있습니다. 좌석이 지면 가까이에 오면 전자기유
도에 의해서 이 자석이 자이로드롭 아래쪽 기둥의 금속에 전류를 유
도합니다. 이런 유도전류를 **맴돌이 전류**라고 부르는데, 그림7처럼 전
류 방향이 맴돌이(소용돌이처럼 여러 겹의 원) 모양을 하고 있기 때문
입니다. 곧이어 맴돌이 전류가 좌석에 붙은 자석에 자기력을 발생시
키고, 자기력이 중력의 방향과 반대로 작용하여 브레이크 역할을 합
니다. 이로써 좌석의 속도가 급격히 줄어들면서 결국 자이로드롭이
멈춥니다. 빨리 떨어지면 떨어질수록 유도 전류 역시 증가해 운동을
방해하는 자기력이 더 커지므로, 어떤 속도에서든 기계를 멈출 수
있습니다. 맴돌이 전류에 의해 자동적으로 감속이 되기 때문에, 설
사 전기가 끊어지더라도 자이로드롭을 멈출 수 있습니다.

    자기장의 변화가 전기장을 만들어낸다

빛은 전자기 파동이다

맥스웰의 전자기학 방정식

오늘날 누구나 하나쯤 휴대하고 있는 스마트폰은 이제 우리의 일상에서 떼놓을 수 없는 존재가 되었습니다. 멀리 있는 사람들과 통화하고 메시지를 주고받는 것은 물론이고, 그날의 날씨와 뉴스를 확인하거나, 음악을 듣는 등 그 활용도가 점차 다양해지고 있습니다.

스마트폰 이전에는 휴대전화가 있었고, 그 이전에는 무전기가 있었습니다. 무전기로 먼 곳에 모스부호를 보내고, 또 이를 확인하던 단순한 무선통신 기술이 눈부신 발전을 거듭하여 오늘의 스마트폰에 이른 것입니다.

수많은 물리학자들이 연구와 실험으로 전자기파를 발견하지 못했다면, 불가능한 일이었겠지요. 그 드라마틱한 과정을 한번 따라가 봅시다.

맥스웰이 꼽은 4가지 방정식

1785년 프랑스의 쿨롱이 전하 사이의 전기력을 발견한 것을 시작으로, 1820년엔 덴마크의 외르스테드가 전류의 자기 현상을 발견하고, 1831년엔 패러데이가 전자기유도 현상을 발견하여 전기장과 자기장 개념을 제안합니다. 이로써 근 50년 사이에 전기와 자기에 관한 비밀이 연이어 풀리게 되었습니다.

전기와 자기에 관한 물리학의 눈부신 발전에도 불구하고, 여전히 문제가 남아 있었습니다. 전기와 자기 현상을 설명하기 위해 너무나 많은 법칙들이 생겨났고, 그 법칙들조차 서로 맞지 않아 새로이 전기나 자기 연구를 시작한 물리학자들에게 혼란을 준 것입니다. 1850년대에 이미 30개나 되는 전기와 자기법칙들이 있었다고 합니다. 물론 쿨롱, 외르스테드, 앙페르, 패러데이가 발견한 것들도 그중 하나입니다. 이런 혼란을 마무리하고 전기와 자기 연구에 새 길을 연 사람이 바로 스코틀랜드의 물리학자 맥스웰(1831~1879)입니다.

16살에 대학에 입학할 정도로 어릴 적부터 수학과 물리학에 뛰어났던 맥스웰은, 당시 최첨단 물리학 분야였던 전기와 자기의 연구에 몰두합니다. 우선 그는 전기와 자기에 관련된 실험과 이론들에 문제점은 없는지 세심하게 살펴보았습니다. 그 결과 여러 개의 법칙들 가운데 오직 **4개의 법칙**(전기에 관한 2개 법칙과 자기에 관한 2개 법칙)만이 올바르며, 나머지는 이들과 중복되거나 잘못된

제임스 클러크 맥스웰

빛은 전자기 파동이다

것이라는 확신을 갖습니다.

여러 개의 법칙 가운데서 옳은 것만을 골라낸 것이 무슨 대단한 일이냐고 하겠지만, 사실 매우 의미 있는 일입니다. 아주 복잡한 미로에서 헤맨 경험이 있는 사람이라면, 맥스웰이 해낸 일이 얼마나 대단한지 이해할 수 있을 것입니다.

맥스웰이 골라낸 4개의 법칙은 오늘날 **맥스웰 방정식**이라고 불립니다. 첫 번째 방정식은 쿨롱이 발견한 전하와 전기력(사실은 전기장) 사이의 관계에 대한 수학식입니다. 두 번째 방정식은 패러데이가 발견한 전자기유도 현상에 관한 수학식으로, 자기장의 시간 변화와 코일에 유도되는 전류 사이의 관계를 설명합니다. 세 번째 방정식은 자석(또는 원형 코일)이 만드는 자기장에 관한 수학식으로 N극과 S극이 항상 함께 존재한다는 것과 관련이 있습니다. 마지막 네 번째 방정식은 외르스테드와 앙페르가 발견한 전류와 자기장 사이의 관계에 대한 수학식입니다. 이 식을 점검하면서 맥스웰은 이전의 물리학자들이 깨닫지 못한 중요한 사실을 발견합니다. 즉 전기장의 시간 변화가 공간에 자기장을 유도한다는 것입니다. 이는 패러데이의 발견과 반대되는 자연의 성질로, 이를 통해서 이제 전기장으로 자기장을 유도할 수 있게 되었습니다.

맥스웰 방정식을 보면 **전기와 자기가 대칭적인 성질을 가지고 있음**을 알 수 있습니다. 관련 식도 각각 2개씩이고, 수학적 표현도 흡사합니다. 우주를 주관하는 신이 있다고 생각하면, 앞서 최소 원리나 보존 원리에서 보았듯이 전기와 자기 역시 최소의 법칙을 사용하여 경제적으로 관리하고 있음을 알 수 있습니다. 맥스웰 방정식의 발견 이후, 언뜻 보기에 달라 보이는 대상들을 하나의 통일 이론으로 설명하려는 것이 물리학 전통이 되었습니다.

천재 물리학자 아인슈타인은 연구실 벽에 뉴턴, 패러데이의 초상화와 함께 맥스웰의 초상화를 걸어 둘 정도로 그를 존경했다고 합니다. 현대의 물리학자들도 맥스웰을 따라서 자연의 네 가지 기본 힘인 중력, 전자기력, 약한 핵력과 강한 핵력을 설명해줄 **모든 것의 이론**(TOE, 만물 이론이라고도 부릅니다)을 찾고자 노력했으며, 1967년에 마침내 전자기력과 약한 핵력을 통합한 이론을 발견하였습니다(소설《무궁화 꽃이 피었습니다》에 등장하는 한국계 물리학자 이휘소 박사가 이 이론의 발견에 큰 도움을 주었습니다). 이것만 봐도 물리학 역사에서 맥스웰이 얼마나 중요한 인물이었는지 충분히 알 수 있을 것입니다.

전자기파의 예언

맥스웰의 여러 업적 가운데 맥스웰 방정식 못지않게 중요한 것이 있습니다. 바로 전기장과 자기장이 결합된 파동인 **전자기파**의 존재를 수학적으로 증명한 일입니다. 이제부터 전자기파가 무엇이며 어떻게 만들어지는지 알아봅시다.

패러데이가 주장한 것처럼 전하가 있으면, 주위에 전기장이 만들어집니다. 전하가 정지해 있다면, 공간에 만들어진 전기장 역시 시간이 지나도 변하지 않습니다. 반면 전하가 시계추처럼 공간에서 진동한다면, 특정한 장소에서의 전기장 역시 시간에 따라 변하게 됩니다. 그런데 이렇게 '시간에 따라 변하는 전기장'은 전자기유도 현상에 의하여 '시간에 따라 변하는 자기장'을 유도합니다(맥스웰은 패러데이가 찾은 '시간에 따라 변하는 자기장이 시간에 따라 변하는 전기장을

     빛은 전자기 파동이다

유도하는 현상'과 반대되는 현상을 발견했습니다). 그리고 이 유도 자기
장이 다시 전기장을 유도하고, 유도된 전기장이 또다시 자기장을 유
도하는 일이 반복해서 일어납니다(유도 자기장→ 유도 전기장 → 유
도 자기장 → 유도 전기장 → 유도 자기장 → …).

맥스웰은 전하가 진동할 때, 시간에 따라 변하는 전기장과 자기
장이 한 몸이 되어 (흡사 파동이 이동하는 것처럼) 일정한 속도를 가
지고 공간에 퍼져 나간다는 사실을 수학적으로 증명합니다. 자신
의 맥스웰 방정식을 사용하여 말이지요. 나아가 전기장과 자기장
이 결합된 파동이 공간에서 이동하는 속도가 빛 속도와 같다는 놀
라운 사실을 발견합니다. 맥스웰은 이런 전기장과 자기장이 결합
된 파동을 **전자기파**라고 불렀으며, 전자기파의 진행 속도가 빛 속
도와 같으므로, **빛도 전자기파의 일종**이라는 놀라운 주장을 폅니다.
맥스웰이 발견한 전자기파는 빛이 파동이라는 이전의 믿음을 더욱
굳건히 해주었습니다.

그림1은 전자기파를 볼 수 있는 사진기(실제로 이런 사진기는 없습
니다)로 전자기파를 찍었을 때 나올 결과를 가정한 것입니다. 이 그
림은 빛 속도로 진행하는 전자기파의 전기장과 자기장의 관계를 잘
보여주고 있습니다. 그림1을 보면, 전자기파가 오른쪽 수평 방향으
로 빛 속도로 이동합니다. 이 전자기파는 특정 장소에서 전기장과
자기장을 동시에 가지며, 이때 진행방향은 전기장 및 자기장의 방향
과 수직합니다. 또한 전기장과 자기장의 세기는 커졌다 작아졌다 하
며 진동합니다.

1873년 맥스웰은 전자기에 대한 그간의 연구 결과를 정리하여《전
자기학》이라는 책으로 발표합니다. 이 책은 뉴턴의《프린키피아》와
함께 물리학 역사상 가장 큰 영향을 준 도서라는 평가를 받습니다.

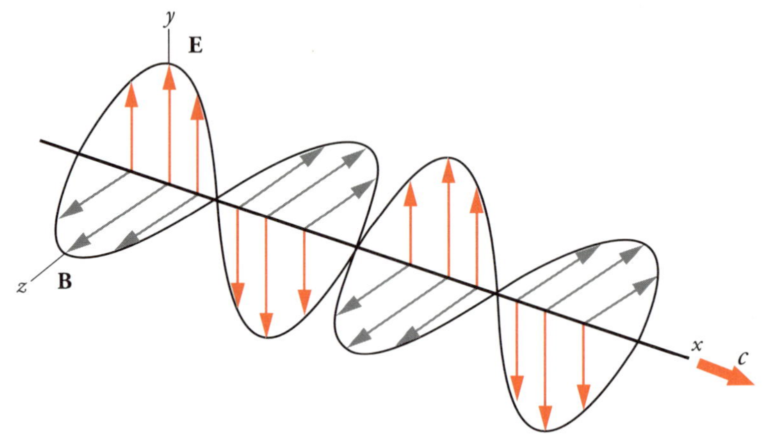

그림1 전자기파의 전기장(E)과 자기장(B)은 항상 서로 수직하며, 이 전자기파는 오른쪽 수평 방향(x축 방향)으로 빛 속도(c)로 진행합니다.

그러나 맥스웰의 명성이 날로 높아지는 것과 비례하여, 그의 건강은 과로로 인해 점차 나빠집니다. 안타깝게도 맥스웰은 책을 내고 6년 뒤인 1879년, 위암에 걸려 48세의 나이로 세상을 떠납니다.

헤르츠의 첫 증명

전자기파에 대한 맥스웰의 예언이 있은 후, 많은 이들이 실험으로 전자기파의 존재를 증명하려고 노력하였지만 모두 실패로 끝났습니다. 그래서 맥스웰은 끝내 전자기파가 인공적으로 만들어지는 장면을 보지 못하고 세상을 떠납니다. 그러나 맥스웰이 사망한 지 9년이 지난 1888년, 드디어 독일의 물리학자 헤르츠(1857~1894)가 인공적으로 전자기파를 발생시키고, 조금 떨어진 곳에서 감지하는 데 성공합니다. 맥스웰이 살아서 헤르츠의 실험을 보았다면, 대단히 기뻐

   빛은 전자기 파동이다

했을 것입니다.

헤르츠는 그림2의 장치를 사용하여 전자기파를 만들었습니다. 그는 가까이 있는 두 작은 금속 구에 순간적으로 고전압을 걸어 금속 구 사이에 스파크(작은 번개)를 일으켰습니다. 그러자 금속 구에 있던 전하들이 진동하면서 전자기파가 발생하였습니다. 이렇게 발생된 전자기파는(물론 우리 눈에 보이지는 않지만) 빛 속도로 빠르게 퍼져 나갔습니다.

하인리히 루돌프 헤르츠

헤르츠는 스파크 발생기(전자기파 발생기)로부터 조금 떨어진 곳에 전자기파를 감지하기 위한 금속 도선을 놓았습니다. 금속 도선의 모양은 반지 형태이나 완전히 연결되어 있지 않고 조금 갈라져 있었으며, 갈라진 틈에 두 개의 작은 금속 구가 붙어 있었습니다. 이것은 오늘날 전파 수신안테나의 역할을 하는 것으로, 전자기파가 금속 도선에 도달하면 전자기파의 전기장에 의해 금속 구 사이에서 약한 스

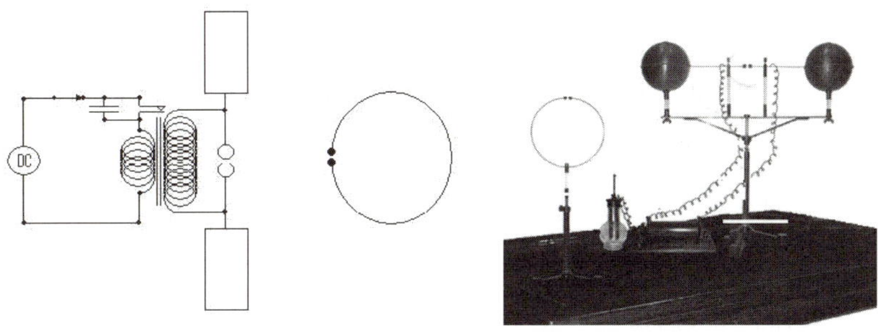

그림2 헤르츠 실험 장치의 구조와 실제 모습. 두 개의 큰 금속 구는 방출하는 전기장과 자기장의 진동을 조절하기 위한 것입니다.

파크가 발생합니다.

헤르츠는 스파크 발생 장치로부터 금속 도선까지의 위치를 달리하자, 스파크가 생겼다 안 생겼다 하는 것을 보고, 맥스웰이 생각한 대로 '전자기파는 곧 전기장의 세기가 커졌다 작아졌다 하며 진동하는 파동'이라는 사실을 깨닫습니다.

헤르츠의 실험을 통해 전자기파를 인공적으로 만들 수 있고, 이를 멀리서 감지할 수 있다는 사실이 알려지면서 전선 없이 통신할 수 있는 무선통신 기술에 대한 관심이 커집니다. 헤르츠 역시 무선통신에 관한 연구를 하려 했으나, 갑작스럽게 병에 걸려 37살의 젊은 나이에 세상을 뜨고 말았습니다.

무선통신의 길이 열리다

이탈리아의 물리학자 마르코니(1874~1937)는 신문에 난 헤르츠의 사망 기사를 보고, 무선통신을 연구하기로 결심합니다. 그는 전자기파를 공중으로 지속적으로 보낼 수 있는 전자기파 발생기와 수십, 수백 km 밖에서도 이를 감지할 수 있는 아주 예민한 전자기파 수신안테나를 발명하여 세상을 놀라게 합니다.

1895년에는 마침내 자신이 발명한 장치를 사용하여 세계 최초로 모스 부호로 된 전자기파 신호를 보내고,

굴리엘모 마르코니

 빛은 전자기 파동이다

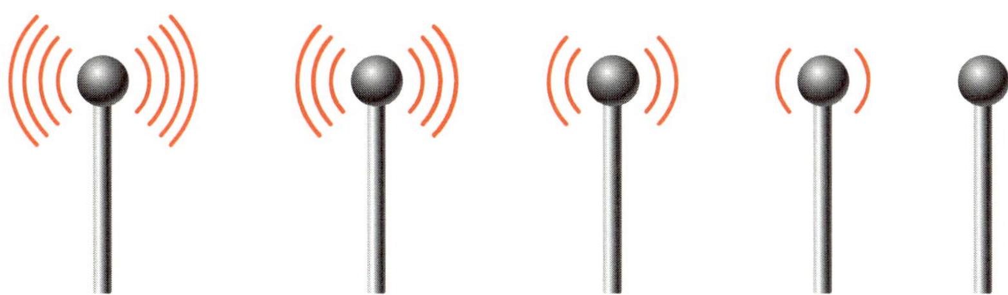

그림3 안테나의 전자가 진동하면 전자기파가 발생하여 공간으로 퍼져 나갑니다(오른쪽에서 왼쪽으로).

3km 떨어진 곳에서 이 신호를 읽어냅니다. 성공의 기쁨에 도취된 마르코니는 1897년 세계 최초로 무선전신회사를 설립하고, 1899년에 영국 도버에서 35km 떨어진 프랑스 칼레와, 1901년에는 영국에서 무려 3,000km 떨어진 미국과의 무선통신에 성공합니다. 이로써 무선통신이 상용화되는 길이 열렸지요. 1909년에 그는 무선통신을 실용화한 공로로 영예스러운 노벨 물리학상까지 수상하여 생애 최고의 해를 보냅니다.

이후 무선통신은 놀라울 정도로 발전을 거듭하여 지금의 스마트폰 시대에까지 이르렀습니다. 손에 쥘 수 있는 작은 크기의 스마트폰 하나로 전 세계 사람들과 통화하고 정보를 교환하는 이 시대야말로, 진정 마르코니가 꿈꾸던 세상이 아니었을까요?

그림3은 안테나에 있는, 진동하는 전자가 만든 전자기파(흔히 **전파**라고 부릅니다)가 공간으로 퍼져 나가는 모습입니다.

스마트폰으로 전화를 걸면 스마트폰 안테나에서 발생한 전자기파가 공간으로 퍼져 나가고, 전화 기지국 안테나에서 이 전자기파를 감지하여 전화를 받는 사람과 통화할 수 있게 해줍니다. 반대로 다른 사람이 전화를 걸어올 때는 전화 기지국 안테나에서 전자기파를 만들어 내보내고, 이 전자기파를 내 스마트폰 안테나에서 감지하여 통화가 이루어집니다.

이렇게 통화가 이루어질 때는 여러 사람이 같은 전화 기지국 안테나를 사용하기 때문에 각 사람의 통화를 구별할 수 있는 신호를 음성 통화 신호와 함께 전자기파에 실어 보내게 됩니다.

전자기파의 파장과 주파수

앞서 파동을 이야기하면서 파동의 높이가 반복되는 거리를 **파장**이라 한다고 했습니다. 전자기파 역시 파동이므로, 파장을 가지고 있습니다. 파동의 파장이 이웃한 최대 높이 사이의 거리라면, 파동의 주파수(진동수)는 한 장소에서 파동이 최대 높이였던 순간에서부터 다시 최대 높이가 되는 데까지 걸리는 시간의 역수입니다. 파장의 단위는 m이고, 주파수의 단위는 **헤르츠**(기호로 Hz, 1Hz는 '1초에 한 번' 진동한다는 뜻입니다)를 사용합니다. 물리학자 헤르츠의 업적을 기리기 위해서이지요.

우리에게 잘 알려진 파동의 성질은 '파동의 파장에 주파수를 곱한 값이 파동의 **전파속도**(1초 동안 파동이 이동하는 거리)와 같다'는 것입니다.

$$\text{파동의 전파속도} = \text{파동의 파장} \times \text{파동의 주파수}$$

전자기파의 경우 맥스웰이 발견한 것처럼 전파속도가 곧 빛 속도입니다. 따라서 전자기파의 식을 다음과 같이 적을 수 있습니다.

빛은 전자기 파동이다

$$빛\ 속도 = 전자기파의\ 파장 \times 전자기파의\ 주파수$$

빛 속도는 이미 알고 있는 값(초속 30만km)이므로, 전자기파의 파장만 알면 전자기파의 주파수도 자동으로 정해집니다. 따라서 전자기파를 이야기할 때는 파장 또는 주파수 어느 하나만 이야기하면 됩니다.

일상 속 다양한 전자기파

전자기파는 하나뿐일 것 같지만, 실은 파장(또는 주파수)이 다른 많은 종류의 전자기파가 존재합니다. 이것을 **전자기파 스펙트럼**이라고 부르지요. 모든 전자기파는 항상 빛 속도로 이동하고, 서로 수직한 전기장과 자기장이 진동하면서 공간을 이동한다는 공통점을 가지고 있습니다.

그림4를 보면 오른쪽부터 파장이 짧은 전자기파에서 긴 전자기파 순으로 이름이 나열되어 있습니다. 맨 오른쪽의 파장이 가장 짧은 전자기파는 **감마선**으로, 파장이 10^{-11}m(수소 원자 크기의 1/10)보다 짧습니다. 감마선보다 파장이 조금 더 긴 전자기파를 **X선**이라고 부르는데, 파장이 원자의 크기 정도입니다. 다음은 **자외선, 빛**(가시광선), **적외선, 마이크로파, 라디오파**(전파) 순으로 나열됩니다.

우리에게 가장 중요한 빛은 파장이 4×10^{-7}m(보라색)와 7×10^{-7}m(빨간색) 사이에 있으며, 파장의 길이가 대략 박테리아 크기 정도입니다. TV, FM 방송에 사용되는 라디오파, 즉 전파의 파장은 수 m에서 수 km나 됩니다. 빛의 파장과 비교하면 엄청나게 길지요.

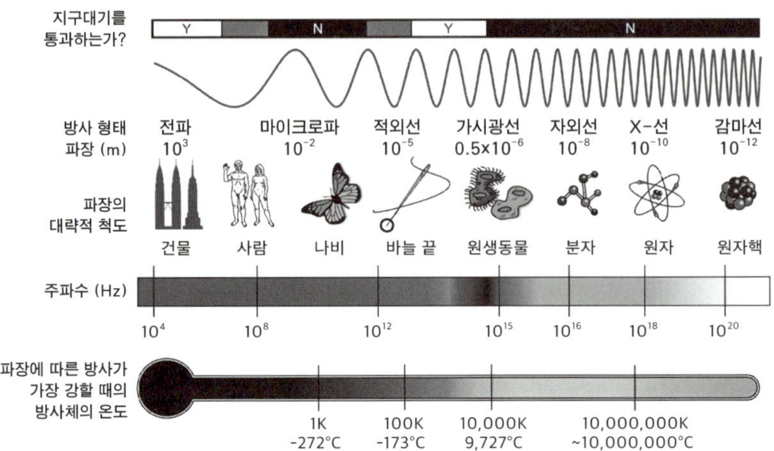

그림4 전자기파 스펙트럼. 가운데에 전자기파의 파장과 크기가 비슷한 물체들이 그려져 있습니다.

동일한 성질을 가진 전자기파에 여러 이름이 붙어 있는 까닭은 파장에 따라 전자기파의 물리적인 성질이 다르기 때문입니다. 예를 들어 감마선은 파장이 짧아 투과력이 높고 직진성이 강합니다. 따라서 인체가 강한 감마선에 노출되면 생명을 잃을 수 있습니다. X선은 감마선보다는 덜하지만, X선 촬영에 사용할 만큼 직진성이 강하고 투과력이 높습니다. X선 역시 많이 쪼이면 건강에 문제를 일으킬 수 있으니 조심해야 합니다.

자외선('넘보라살'이라는 예쁜 우리말 이름이 있습니다)이나 적외선(우리말로는 '넘빨강살'입니다) 모두 우리 눈에는 보이지 않지만, 태양빛 속에 포함되어 있습니다. 빛보다 파장이 짧은 자외선은 인체의 피부를 태우고, 비타민 D를 합성하는 역할을 합니다. 세균을 죽이는 기능도 있어 살균에도 이용됩니다. 빛보다 파장이 긴 적외선에는 물체의 온도를 높이는 기능이 있습니다.

반면 파장이 가장 긴 라디오파는 투과력이 낮아 인체를 투과하지

빛은 전자기 파동이다

못하고, 직진성도 나쁩니다. 대신 산과 같은 큰 물체를 만나도, 방해 받지 않고 진행할 수 있습니다. 마이크로파는 물 분자를 잘 진동시 키기 때문에 수분이 들어 있는 음식물을 손쉽게 데울 수 있습니다. 마이크로웨이브 오븐(전자레인지)이 바로 이 원리를 사용한 전기기 기입니다. 마이크로파는 오늘날 장거리 위성통신에도 유용하게 사 용되고 있습니다.

뜨거워진 기체가 만드는 힘의 규칙

영국의 산업혁명은 인류의 역사를 말할 때 빼놓을 수 없는 사건이지요. 지금은 거대한 기계가 돌아가는 공장의 풍경이 익숙하지만, 지금으로부터 200여 년 전까지만 해도 대부분의 일을 기계가 아닌 사람이 했습니다.

게다가 산업혁명 초기에는 기계를 사용하고 수리하는 비용이 공장 노동자들에게 지급하는 보수보다 더 컸습니다. 당시에는 증기기관을 사용했기 때문에 나무나 석탄을 태워 기계에 에너지를 공급했습니다. 그런데 기계가 소모하는 에너지가 너무 크고, 또 자주 고장이 나서 애를 먹었던 것이지요. 당시에는 기계를 수리할 기술자도 부족했답니다.

이런 이유로 기계를 만들어 파는 사람이나 기계를 사는 사람 모두, 주어진 에너지로 기계가 최대 얼마만큼 일할 수 있는지, 즉 기계의 효율이 얼마인지 궁금해했습니다. 사람을 쓰는 것보다 기계를 쓰는 것이 비싸다면, 굳이 기계를 쓸 필요가 없다고 생각했기 때문입니다.

기계의 효율을 높이려는 이러한 노력은 자연스럽게 새로운 물리학의 탄생으로 이어집니다. 그 과정을 이해하기 위해 이번에는 산업혁명이 발생하기 전 영국의 상황을 살펴봅시다.

열역학으로 기계의 효율을 높여라

1500년대 중반 영국은 급속한 인구 증가로 인해 연료로 쓰는 목재의 양이 급격히 부족해집니다. 이때 등장한 새 연료가 바로 석탄입니다. 석탄을 연료로 쓰기 시작하면서 광부들은 땅속에서 더 많은 석탄을 캐내야 했고, 이 때문에 폭발 사고를 비롯한 많은 문제들이 발생합니다.

탄광 안에 고인 지하수를 빼내는 일도 그중 하나였는데, 이를 해결하기 위해 **증기기관**이 발명됩니다. 증기기관은 물이 든 보일러에 열을 가해서 높은 압력의 수증기를 만들고, 그 힘으로 기계를 돌리는 장치입니다. 1712년 영국의 뉴커먼이 원시적인 증기기관을 발명했는데, 1769년 글래스고 대학의 수리공이었던 와트(1736~1819)가 훨씬 성능이 좋은 증기기관을 발명하여 특허

제임스 와트

를 얻습니다.

증기기관이 발명되자 영국은 석탄을 운반하는 기관차, 천을 짜는 방적기, 밀가루를 만드는 제분기 등에 이를 사용합니다. 그 결과 생산량이 급격히 늘어나고, 산업이 급속도로 발전합니다. 영국은 여기서 더 나아가 이렇게 생산된 물건들을 세계에 널리 퍼져 있는 자신들의 식민지에 수출하여, 1800년대에 세계에서 가장 부유한 국가로 성장합니다. 우리는 이를 **산업혁명**이라고 부릅니다.

산업현장 곳곳에서는 사람 대신 기계를 사용함에 따라, 기계의 효율을 높이려는 노력이 이어집니다. 열역학은 바로 이러한 필요에 의해 탄생한 것으로, 열(에너지의 한 종류)의 성질, 열과 다른 에너지(빛에너지, 전기에너지, 화학에너지, 역학적 에너지 등) 사이의 변환, 그리고 열의 이용을 연구하는 물리학 분야입니다.

열역학을 이해하려면 우선 열이 무엇인지부터 알아야 합니다. 열은 빛, 전기, 자기처럼 인류와 오랫동안 함께한 친숙한 대상이었습니다. 하지만 인류가 열이 무엇인지를 깨닫기까지는 꽤 오랜 시간이 걸렸습니다. 고대 그리스의 아리스토텔레스는 열, 또는 불을 '공기와 같은 4대 원소 가운데 하나'로 보았습니다. 반면 뉴턴, 하위헌스, 훅과 같은 1600년대 과학자들은 열이 물질이 아니라 '특수한 형태의 입자들의 운동'이라고 주장했습니다.

또 1700년대 화학자들은 열이 '플로지스톤이라는, 눈에 보이지 않는 물질'이라고 주장했습니다. 불이 잘 붙는 물체에는 플로지스톤이 많이 들어 있는데, 이런 물체에 불을 붙이면 플로지스톤이 밖으로 빠져나와 잘 타게 된다는 것이 플로지스톤 이론입니다. 이들은 물체에서 플로지스톤이 모두 빠져나가면, 그 물체는 더 이상 타지 않는다고 주장했습니다. 상당히 그럴듯해 보이는 이론이고, 또 전기 현

상의 원인인 전하 역시 물질
이라고 생각한 당시의 풍조와
도 맞았기 때문에, 당대에는
자연스럽게 플로지스톤 이론
이 열에 대한 올바른 설명으
로 여겨졌습니다.

이어서 1783년 프랑스의 유
명한 화학자 라부아지에(1743
~1794)가 플로지스톤 이론
대신 **열소**(칼로릭이라고도 부르
며, 열량의 단위인 **칼로리**가 여기
에서 나왔습니다) 이론을 주장
하였습니다. 플로지스톤 이론

라부아지에와 그가 사용했던 유리로 만든 실험 도구들

이나 열소 이론이나 모두 공통적으로 열을 물질로 설명했으나, 열소 이론은 플로지스톤 이론과 달리 '물체에 불이 붙었을 때 열소는 사라지지 않고, 한 물체에서 다른 물체로 이동한다'라고 보았습니다.

변호사이자 세금 징수원이었던 라부아지에는 취미로 화학을 연구하여 산소와 수소 기체의 발견과 같은 중요한 업적을 남겼습니다. 하지만 프랑스혁명 때 사람들의 미움을 사서 단두대에서 삶을 마감하였습니다.

열의 비밀이 밝혀지다

물론 당시에 플로지스톤 이론이나 열소 이론에 의문을 가진 사람들이 없었던 것은 아닙니다. 대표적인 인물이 아마추어 과학자인 럼퍼드(1753~1814) 백작이었습니다. 미국에서 태어나 영국의 귀족이 된 럼퍼드는 1797년, 마찰을 통해 일을 열로 바꿀 수 있다고 주장합니다.

당시 대포를 만들던 그는 드릴로 대포 포신을 뚫을 때 끊임없이 열이 생기는 것을 봅니다. 만일 열이 플로지스톤이나 열소와 같은 물질을 소모하여 발생한다면, 포신을 만들 때 나오는 열이 시간이 지날수록 점차 줄어들어야 할 텐데 실제로는 그렇지 않았습니다. 럼퍼드는 포신을 뚫을 때 쇠와 드릴 사이에 나타나는 마찰력이 한 일이 열을 발생시켰다는 올바른 결론에 도달합니다. 하지만 당시 럼퍼드는 아마추어 과학자였기에, 그의 발견은 다른 과학자들에게 제대로 알려지지 못하고 묻히고 맙니다.

그러나 곧 또 다른 아마추어 과학자가 등장하여 감추어졌던 열의 비밀을 세상에 알립니다. 바로 영국의 줄(1818~1889)입니다. 어린 시절 줄은 양조장 주인이었던 아버지를 따라 양조장에서 일을 하곤 했습니다. 그러나 줄의 아버지는 아들들이 양조업 기술 대신 과학을 배우기를 원했습니다. 그래서 줄과 그의 형을 원자설을 발견한 화학자 돌턴에게 보내 과학 수업을 받게 했습니다.

당시 영국은 세계 최초로 산업혁명이 일어나면서, 과학과 기술이 급속히 발전하고 있었습니다. 그래서 직업 과학자는 물론이고, 일반인들도 과학에 대단한 흥미를 갖고 있었습니다. 많은 이들이 자신의 돈으로 실험실을 꾸미고 연구를 했으며, 발견한 결과를 직업 과학자들의 모임인 왕립학회에서 공개적으로 발표했습니다.

20살이 된 줄은 열에 관한 럼퍼드의 주장에 대해 알게 됩니다. 그리고 아버지의 양조장에서 보았던, 맥주를 만들 때 쓰는 나무통에

  뜨거워진 기체가 만드는 힘의 규칙

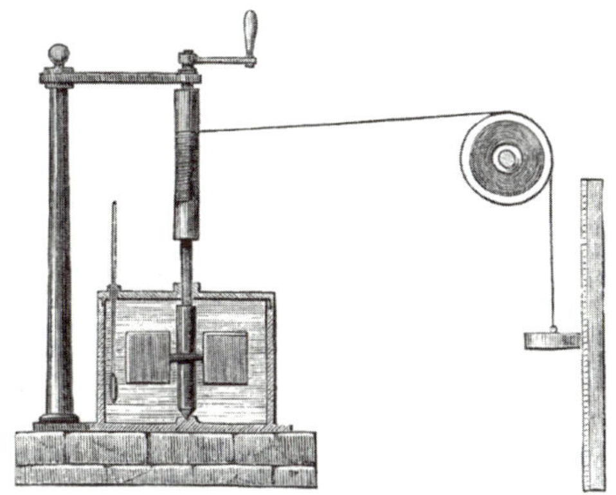

제임스 프레스콧 줄과 그의 수차 실험 장치

물을 채우고 그것을 수차(물을 휘젓는 프로펠러 같은 것)로 돌리는 실험을 합니다. 다만 사람의 손으로 수차를 돌리는 대신, 도르래에 연결된 무거운 물체를 떨어뜨려 수차가 회전하도록 만듭니다.

줄은 물체가 아래로 더 많이 내려갈수록 물의 온도가 더 많이 올라간다는 사실을 발견합니다. 그리고 그 이유가 물체가 아래로 내려가면서 물체의 퍼텐셜에너지가 감소하고, 이렇게 감소한 에너지가 다시 수차의 회전운동에너지로 바뀌고, 이 회전운동에너지가 물의 온도를 올리는 열로 바뀌었기 때문이라고 생각합니다. 이 생각은 '열은 결국 에너지의 한 종류가 아닐까?'라는 궁금증으로 이어집니다. 줄은 물체의 퍼텐셜에너지가 감소한 만큼 물이 열을 받아 온도가 높아진다는 사실(이를 열에너지가 증가했다고 이야기합니다)을 근거로, 1845년에 **열은 에너지의 또 다른 종류**라고 발표합니다. 자신의 직업을 물리학 연구에 매우 효과적으로 이용한 셈이지요.

칼로리와 에너지

당시에는 열의 단위로 **칼로리**(기호로 cal)를 사용했습니다. 1칼로리는 물 1g의 온도를 섭씨 1° 올리는 데 필요한 열을 말합니다. 또 에너지(또는 일)의 단위는 힘에 거리를 곱한 단위인 N·m를 사용했습니다. 줄은 열이 에너지의 한 종류라는 것을 알리기 위해 칼로리와 에너지의 단위인 N·m 사이의 관계를 정확히 측정하고자 합니다.

줄은 수차를 돌려 물의 온도를 올리는 것보다 전기히터로 물을 가열하는 게 더 효율적이라는 사실을 깨닫고 실험 방법을 바꿉니다. 그는 아버지로부터 물려받은 양조장을 현대식으로 개조하기 위해 사람 대신 전기모터로 수차를 돌리려 했을 만큼 전기에 대해 잘 알고 있었습니다. 반복된 실험을 통해 줄은 1칼로리=4.186N·m이라는 사실을 알게 됩니다.

$$1칼로리 = 4.186N \cdot m$$

열과 에너지 사이의 관계를 알려주는 이 값을 **열의 일당량**이라고 부릅니다. 이후에도 줄은 열정적으로 열에 대해 연구했습니다. 오늘날 물리학자들은 그를 기념하여 에너지의 단위로 N·m 대신 **줄**(기호로 J)을 사용하고 있습니다. 1줄은 1N·m와 같습니다.

줄은 수차 실험 외에 열기관에 관한 연구도 하였습니다. 우리가 사용하는 에어컨과 냉장고에서 가장 중요한 부분인 냉각장치의 원리도 줄이 발견하였지요. 그는 고압의 기체를 가는 관에 통과시키면 기체가 가는 관을 통과한 후 팽창하면서 냉각되어 액체가 되는 현상(**줄·톰슨 효과**라고 부릅니다)을 발견하였고, 이 원리를 이용하여

뜨거워진 기체가 만드는 힘의 규칙

소형 냉각장치를 발명하는 데도 기여했습니다.

열과 온도

열이 플로지스톤이나 열소를 소모하기 때문에 발생한다는 생각은 온도(뜨겁다)가 곧 열이라는 착각에서 비롯되었습니다. 물체가 뜨거운 이유를 물체에 들어 있던 물질이 밖으로 빠져나왔기 때문이라 생각한 것입니다. 지금도 그러한 착각을 하는 사람들이 여전히 많습니다. 하지만 이제 줄의 발견을 통해 '열이란 뜨거운 물체로부터 차가운 물체로 에너지가 이동하는 것'임을 알게 되었습니다.

물체가 뜨겁다는 것과 물체에 열이 많다는 것은 아무 관련이 없습니다. 단지 물체 사이에서 온도 차이가 크면 더 많은 열(정확히는 열에너지)이 전달되고, 온도 차이가 작으면 열이 덜 전달될 뿐입니다. 물체에서 눈에 보이지 않는 물질이 소모되는 것이 아니지요.

물체의 온도가 무엇인지를 이해하는 데에는 시간이 좀 더 걸리는데, 우선 물체의 구성원인 원자의 개념을 받아들여야 하기 때문입니다. 신기한 사실은, 당시 사람들은 온도가 무엇인지 정확히 몰랐지만, 온도를 측정하는 온도계는 상당히 오래전부터 사용해왔습니다.

1600년대 초 갈릴레이는 온도에 따라 기체의 부피가 팽창한다는 사실을 이용해 처음으로 온도계(기체온도계라고 부릅니다)를 만들었습니다. 그러나 불편해서 널리 사용되지는 못했습니다. 이어 1714년 독일의 파렌하이트(1686~1736)가 액체인 알코올을 이용한 알코올온도계를, 1720년에는 액체 수은을 이용한 수은온도계를 발명하면서 여러 사람들이 온도계를 사용하게 되었습니다.

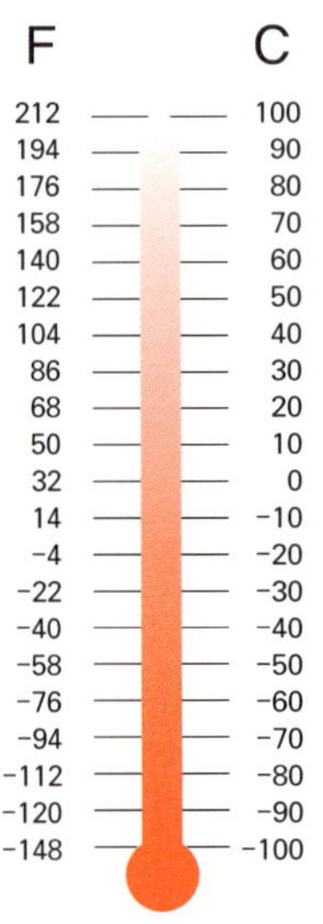

그림1 섭씨온도(C)와 화씨온도(F)의 비교

액체온도계 역시 온도에 따라 액체의 부피가 팽창하는 성질을 이용한 것입니다. 파렌하이트는 물이 얼 때를 32°, 물이 끓을 때를 212°로 정하고, 이 사이를 균일하게 180등분한 **화씨온도**(°F)를 온도의 단위로 제안합니다. 화씨온도에서 물이 어는 온도(즉 물과 얼음의 혼합 용액의 온도)를 0°로 하지 않은 이유는 온도가 더 낮은 물, 얼음, 소금의 혼합 용액의 온도를 0°로 삼았기 때문입니다.

한편 1742년에는 스웨덴의 셀시우스(1701~1744)가 물이 얼 때를 0°, 물이 끓을 때를 100°로 하고, 이 사이를 균일하게 100등분한 **섭씨온도**(°C)를 온도의 단위로 제안합니다. 현재 미국을 제외한 대부분의 국가에서는 섭씨온도를 온도의 단위로 사용하고 있습니다.

넓은 의미의 에너지 보존 원리

1800년대 중반이 되자 열이 에너지의 한 종류이고, 뜨거운 물체로부터 차가운 물체로 이동하며, 역학적 에너지가 열에너지로, 또 전기에너지가 열에너지로 바뀔 수 있음이 분명해졌습니다. 역학적 에너지가 열에너지로 바뀌는 예로는 손을 비비면 따뜻해지는 것을, 전기에너지가 열에너지로 바뀌는 예로는 전기히터로 방을 덥히는 것을 들 수 있습니다.

뜨거워진 기체가 만드는 힘의 규칙

이제 물리학자들은 넓은 의미의 에너지 보존 원리, 즉 '모든 에너지는 동등하며, 한 에너지가 다른 에너지로 변환될 수 있고, 이들 에너지를 모두 더한 값은 항상 일정하다'라는 사실을 확실히 믿게 되었습니다. 이 보존 원리는 앞서 말한 좁은 의미의 에너지 보존 원리, 다시 말해 '물체의 퍼텐셜에너지와 운동에너지를 더한 역학적 에너지는 항상 보존된다'라는 주장을 확장한 것이라 할 수 있습니다.

산업혁명의 주역이라 할 증기기관이 수증기의 열에너지를 역학적 에너지로 바꿔주는 장치라는 사실을 분명히 알게 된 학자들은 줄의 발견과 넓은 의미의 에너지 보존 원리를 이용해 증기기관의 효율에 관해 연구하기 시작합니다. 이 연구를 위해서는 우선 증기기관을 움직이는 원인인 수증기, 즉 기체에 관한 물리학을 이해해야 했습니다.

보일의 법칙과 샤를의 법칙

기체의 성질은 우리의 일상생활에서도 쉽게 확인할 수 있습니다. 공기가 빠져 쭈그러진 공을 가열하면, 온도가 오르면서 공기가 팽창해 공이 다시 빵빵해집니다. 반대로 공기가 든 실린더의 피스톤을 힘주어 누르면, 실린더 안의 공기의 부피가 줄어듭니다. 또 자동차나 자전거 타이어의 공기를 갑자기 빼내면, 공기를 넣는 구멍 주위의 온도가 낮아져 구멍에 이슬이 맺힙니다.

이러한 기체의 성질을 좀 더 수학적으로 다루기 위해서 우리는 기체의 압력, 부피, 온도를 사용합니다. 압력은 압력계, 온도는 온도계를 사용해 측정할 수 있고, 부피는 기체가 든 용기의 크기를 측정하

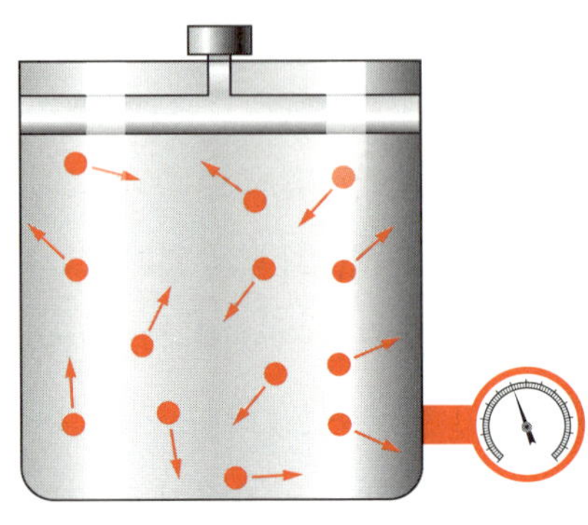

그림2 기체의 압력과 부피와 온도 사이의 관계를 측정하기 위한 장치. 기체의 압력을 재기 위한 압력계가 붙어 있습니다.

여 알아낼 수 있습니다.

그림2는 기체의 압력과 부피와 온도 사이의 관계를 측정할 때 사용하는 장치입니다. 그림을 보면 기체가 담긴 실린더(원통)가 피스톤(손잡이가 붙은 원판)으로 막혀 있습니다. 실린더 안의 작은 구슬은 기체 원자 또는 분자입니다. 이 구슬은 눈에 보이지 않을 정도로 매우 작으며, 개수가 아주 많습니다.

실린더에 갇힌 기체의 온도와 압력은 온도계와 압력계로 재고, 기체의 부피는 피스톤의 면적에 실린더 바닥에서 피스톤까지의 높이를 곱하여 얻습니다. 기체의 압력을 증가시키려면, 피스톤 손잡이를 아래로 누르거나 피스톤 위에 물체를 올려놓으면 됩니다. 기체의 온도를 높이려면, 실린더 바닥을 전기히터로 가열하면 됩니다.

과학자들은 1600년대 중반부터 그림2의 실험 장치를 사용해 기체의 압력과 부피와 온도 사이의 관계를 측정하였습니다.

1662년 영국의 과학자인 보일(1627~1691)은 실린더를 스티로폼 같은 단열재로 감싸 온도가 변하지 않게 한 다음, 피스톤에 올려 놓은 추의 수에 따라 피스톤의 높이가 어떻게 변하는지를 조사하였습니다. 다시 말해 기체의 압력을 달리하면, 기체의 부피가 어떻게 달라지는지를 측정하였습니다.

그랬더니 기체 압력이 커질 때 기체 부피는 반대로 줄어들었습니다. 또 기체 압력과 기체 부피를 곱한 값이 압력이나 부피에 관계없

　　　　뜨거워진 기체가 만드는 힘의 규칙

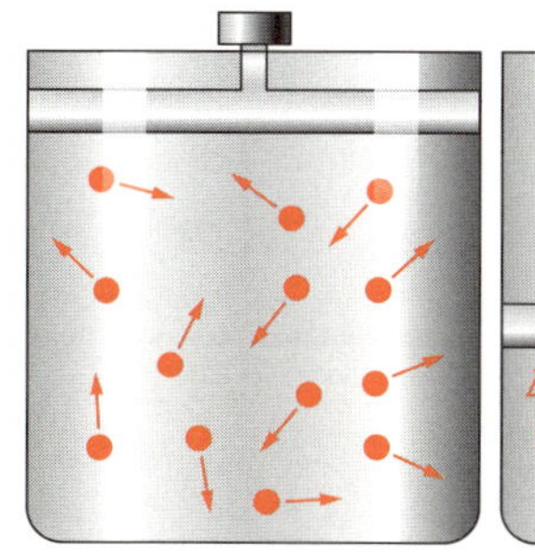
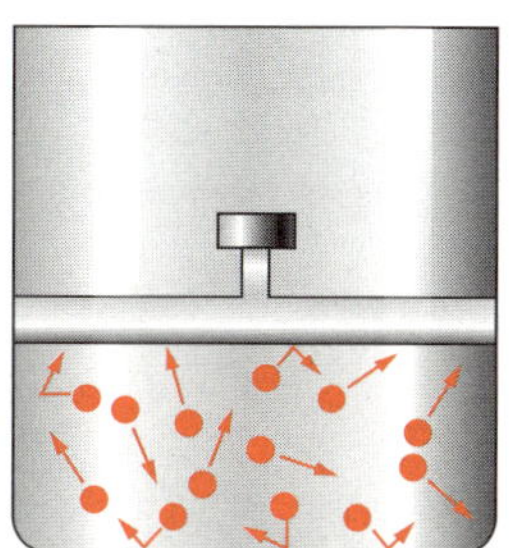

로버트 보일   **그림3** 보일의 법칙 실험

이 같다는 사실도 알게 되었습니다. 우리는 이 관계를 기체에 대한 **보일의 법칙**이라고 부릅니다.

보일의 법칙: 온도가 일정할 때 기체의 압력 × 기체의 부피 = 일정

귀족의 아들로 태어난 보일은 화려한 사교 생활보다 과학에 더 흥미를 느꼈습니다. 그는 유명한 보일의 법칙과 공기가 없으면 소리가 전달되지 않는다는 사실 등을 발견하였고, 화학을 독립된 과학 분야로 발전시키는 데 큰 공헌을 했습니다.

프랑스의 과학자 샤를(1746~1823)은 몽골피에 형제가 뜨거운 공기를 이용하여 만든 열기구로 하늘을 날자, 자신은 수소를 가득 채운 열기구를 만들어 하늘을 난, 매우 호기심이 강한 사람이었습니다. 1787년에 샤를은 피스톤에 놓은 추의 수를 바꾸지 않고, 실린더를 가열하면서 피스톤 높이가 어떻게 달라지는지를 측정합니다. 즉 기체 압력이 일정할 때의 기체 온도와 기체 부피 사이의 관계를 조사한 것인데, 그 결과 기체 온도가 높아질수록 기체의 부피가 커진다는 사실을 발견합니다. 이를 **샤를의 법칙**이라고 부릅니다. 샤를은

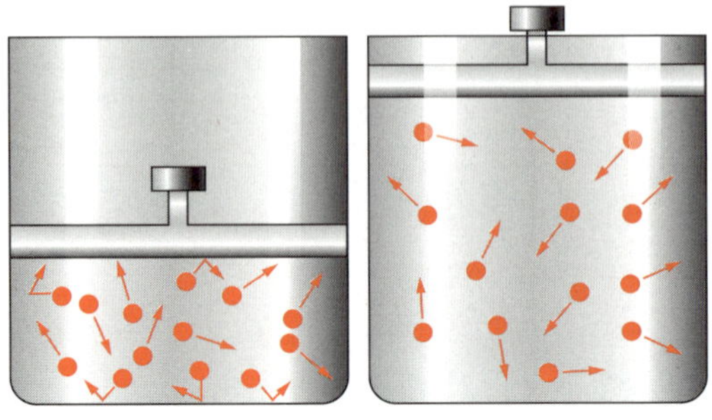

자크 알렉상드르 세사르 샤를　　**그림4** 샤를의 법칙 실험

보일의 법칙에서처럼 기체 부피를 기체 온도로 나눈 값이 부피나 온도에 관계없이 같다는 사실을 발견합니다.

샤를의 법칙: 압력이 일정할 때 기체의 부피 / 기체의 온도 = 일정

만약 기체의 압력과 온도와 부피를 모두 달리할 수 있다면, 기체는 보일의 법칙과 샤를의 법칙을 동시에 만족해야 하므로, 다음과 같은 수학적 관계를 유도할 수 있습니다.

$$\frac{\text{기체의 압력} \times \text{기체의 부피}}{\text{기체의 온도}} = \text{일정}$$

위 수학식은 기체의 온도가 일정하면 보일의 법칙과 같아지고, 기체의 압력이 일정하면 샤를의 법칙과 같아집니다. 우리는 이 식을 **보일-샤를의 법칙**이라고 부릅니다. 이 법칙은 우리가 생활 속에서 흔히 접하는 기체 현상들이 왜 일어나는지 그 원인을 잘 설명해줍니다. 찌그러진 공(기체의 부피가 작습니다)을 팽팽하게 하려면, 가열(온

　　　　　　　　　뜨거워진 기체가 만드는 힘의 규칙

도를 높입니다)하면 됩니다. 또 콜라 캔을 따면(압력이 줄어듭니다) 간혀 있던 탄산가스의 부피가 팽창하여 '칙' 하는 소리를 내며 탄산가스가 빠져나옵니다.

더 이상 낮출 수 없는 온도가 있다?

세상에서 가장 낮은 온도는 얼마일까요? 물체의 온도를 계속해서 낮출 수 있을까요? 계속해서 낮추더라도 더 이상 낮아지지 않는 온도가 있지 않을까요? 1600년대 중반, 보일은 세계 최초로 최저 온도가 있을 것이라 생각했습니다. 하지만 이를 증명하지는 못했습니다.

그러다 1700년에 프랑스에서 공기온도계가 발명되면서 공기의 압력을 이용하여 온도를 측정할 수 있게 되었습니다. 공기온도계는 보일-샤를의 법칙을 이용한 장치로 공기가 들어 있는 플라스크와 공기의 압력을 알려주는 수은압력계로 구성되어 있습니다. 그림5를 보면 그 원리를 쉽게 이해할 수 있습니다. 유리 플라스크 안에 든 공기의 온도를 높이면, 공기의 압력이 증가하여 수은압력계의 수은을 밀어냅니다. 그러면 오른쪽의 가는 관에 든 수은의 높이가 높아지고, 이렇게 높아진 수은의 높이를 재어 공기의 온도를 측정할 수 있습니다.

1700년대 중반, 학자들은 공기온도계를 개량하여 공기의 압력을 좀 더 정밀하게 측정합니다. 그 결과, 공기의 온도를 낮출수록 압력이 줄어들고, 온도가 대략 −273°C가 되면 압력이 완전히 사라진다는 사실을 발견합니다. 더욱 중요한 것은 플라스크 안에 어떤 기체

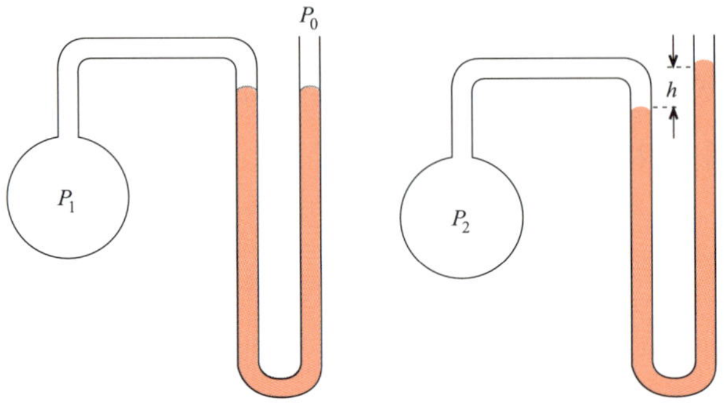

그림5 공기온도계. 둥근 플라스크 안의 공기의 온도가 높아지면(오른쪽) 공기의 압력이 증가하여 수은기둥의 높이가 증가합니다.(p는 압력, h는 높이 차이)

(수소, 헬륨, 산소 등)를 채우든 상관없이 모두 온도가 −273°C 정도에 이르면 압력이 0이 된다는 사실입니다. 압력이 음(−)일 수는 없기 때문에, 과학자들은 −273°C가 더 이상 내려갈 수 없는 가장 낮은 온도라는 사실을 깨닫습니다. 정확히는 −273.15°C이며, 과학자들은 이를 **절대영도**라고 부릅니다.

하지만 실험으로는 기체를 절대영도까지 낮출 수 없습니다. 기체의 온도를 계속해서 낮추다 보면 어느 순간 기체가 액체로 바뀌는 **상변화**가 일어나기 때문입니다. 수증기의 온도를 낮추면 100°C에서 수증기(기체)가 물(액체)이 되고, 여기서 온도를 더 낮추면 0°C에서 물(액체)이 얼음(고체)으로 변하는 것도 상변화입니다. 이처럼 기체의 온도를 절대영도까지 낮추기 전에 액체나 고체로 변하는 상변화가 일어나기 때문에, 기체만으로는 절대영도를 발견할 수 없습니다. 그래서 그래프1에서처럼 기체의 압력−온도 관계를 아주 낮은 온도까지 연장(점선으로 표시되어 있는 부분)하여 절대영도를 알아냅니다.

1848년 영국의 물리학자 켈빈(1824~1907)이 물질에 관계없이 순수하게 열역학에 근거한 **절대온도**를 온도 단위로 제안합니다. 그는

     뜨거워진 기체가 만드는 힘의 규칙

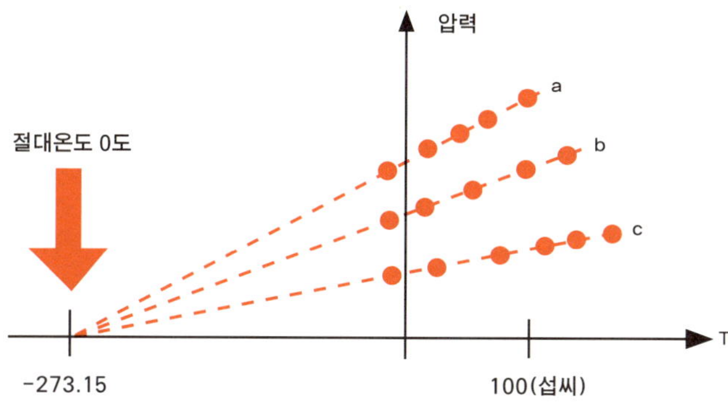

그래프1 기체의 부피를 동일하게 하고 온도를 낮추면, 기체의 압력이 계속해서 일정하게 줄어듭니다. 결국 절대영도인 $-273.15°C$가 되면, 압력이 0이 됩니다.

줄의 연구에 감명을 받아 열역학을 연구합니다. 공기온도계의 실험 결과를 알게 된 켈빈은 최저 온도인 $-273.15°C$를 $0°C$로 잡고, $1°$ 간격을 섭씨온도 단위의 $1°$ 간격과 동일하게 잡는 새로운 온도 단위, 즉 절대온도 단위를 생각해냅니다. 절대온도는 켈빈을 기념하여 K로 표시하는데, **켈빈온도**라고도 부릅니다. 단, 절대온도를 적을 때는 온도 뒤에 도($°$) 표시를 안 붙이니 주의해야 합니다. 절대온도와 섭씨온도의 관계는 다음과 같습니다.

$$절대온도(K) = 섭씨온도(C) + 273.15$$

물의 어는점은 섭씨온도로 $0°C$, 화씨온도로 $32°F$, 절대온도로 273.15K입니다. 또한 물의 끓는점은 섭씨온도로 $100°C$, 화씨온도로 $212°F$, 절대온도로 373.15K입니다.

물체를 냉각하는 기술이 급속히 발전하면서 오늘날에는 거의 절대영도에 가깝게 물체를 냉각할 수 있습니다. 2021년에 독일 연구팀

이 루비듐 원자의 온도를 38×10^{-12}K까지 냉각한 것이 세계 신기록
이며, 지금도 더 낮은 온도에 도달하기 위해 전 세계 물리학자들이
노력하고 있습니다.

 뜨거워진 기체가 만드는 힘의 규칙

영구기관은 왜 불가능한가?

어느 무더운 여름날, 갑자기 소나기가 쏟아집니다. 소나기가 그치자 지면을 적신 빗물이 마르면서 잠시 공기가 차가워졌다가 이내 다시 더워집니다. 이처럼 비가 내리거나 마당이나 베란다에 물을 뿌렸을 때, 잠시나마 시원해지는 것은 왜일까요? 또 높은 산 정상에 항상 구름이 걸려 있는 것은 왜일까요? 콜라 캔 뚜껑을 따면 일시적으로 안개처럼 수증기가 생기는 것은 왜일까요? 이런 현상들은 모두 열역학 법칙과 관련이 있습니다.

카르노기관: 최대 효율의 열기관

열역학은 산업혁명의 주역인 증기기관의 효율과 출력을 높이기 위해 시작되었다고 했습니다. 와트와 같은 기술자들이 끊임없이 노력한 덕분에 증기기관의 효율은 계속 개선되었습니다. 하지만

니콜라 카르노

이 효율을 어느 정도까지 높일 수 있는지에 대한 답은 여전히 미궁 속에 있었습니다. 그런데 1824년, 열역학에 관심이 많았던 프랑스의 물리학자 카르노(1796~1832)가 28세의 젊은 나이에 열기관의 효율에 관한 중요한 책을 출판하면서 그 답을 밝혀냅니다.

여기서 **열기관**이란 증기기관이나 자동차엔진처럼 열을 일(기계적 에너지, 예를 들면 피스톤을 움직이는 것을 말합니다)로 바꿔주는 모든 기관(영어로는 엔진)을 말합니다. 카르노는 열기관에서 열이 고온에서 저온으로 흐르면서 일을 한다는 사실을 알아내고, 가장 효율이 높은 동작 방법(**카르노기관** 또는 **카르노사이클**이라고 부릅니다)을 찾아냅니다. 카르노기관은 이후 효율이 높은 열기관의 설계 기준을 제시했다는 점에서 매우 중요하게 여겨집니다.

카르노는 나폴레옹 황제 밑에서 프랑스 육군의 기술 장교로 근무하면서 증기기관의 개량에 관심을 갖고 열역학을 연구하기 시작합니다. 하지만 안타깝게도 군에서 갓 제대한 36살의 나이에 콜레라에 걸려 사망하고 맙니다. 이로써 그의 위대한 발견 또한 그와 함께 역사 속에 묻힐 위기에 처합니다. 그러나 이후 열에 관한 연구가 활발해지면서 카르노의 연구가 세상에 알려지게 되었고, 그는 열역학의 아버지라고 불리게 됩니다.

이제 카르노기관에 대해 알아봅시다. 카르노기관은 앞서 등장했던, 기체가 들어 있는 실린더라고 생각하면 쉽습니다. 열이 들락날

락하면서 기체는 팽창과 압축을 하고, 이에 따라 실린더를 막고 있는 뚜껑인 피스톤이 움직여 일(예를 들면, 자동차 바퀴의 회전)을 합니다. 카르노의 연구는 언제 기체에 열을 가하거나 빼앗아야 일을 최대로 많이 할 수 있는지를 알려주었습니다.

카르노기관의 작동은 우선 실린더에 열을 가해 그 안에 든 기체를 팽창(그래프1의 1→2 과정)

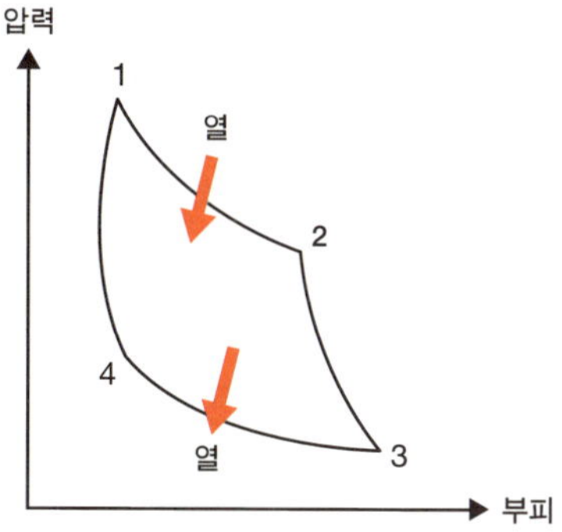

그래프1 카르노기관은 팽창(1→2→3)과 압축(3→4→1)을 반복합니다. 1→2 과정에서 열이 들어오고, 3→4 과정에서 열이 빠져 나가는데 두 열의 차이만큼 열기관이 일을 합니다.

시키는 것으로부터 시작합니다. 기체가 2 상태에 도달하면, 더 급격히 팽창(2→3 과정)시켜 기체의 온도를 낮춥니다. 3 상태에 도달하면, 실린더 밖으로 열을 빼내 기체를 압축(3→4 과정)시킵니다. 기체가 4 상태에 이르면, 기체를 더 급격히 압축(4→1 과정)시켜 출발점인 1 상태로 되돌립니다.

카르노기관은 이런 네 가지 과정을 계속해서 동일하게 반복합니다. 이처럼 열기관이 일련의 과정을 반복하는 것을 **사이클**이라고 합니다. 자동차엔진, 오토바이엔진, 선박엔진 등도 카르노기관과 작동 방식은 조금 다르지만 사이클을 반복하기 때문에 모두 열기관이라고 할 수 있습니다.

열기관의 효율

카르노는 열기관의 **효율**을 '흡입한 열을 쓸모 있는 일(흡입한 열과 방출한 열의 차이와 같습니다)로 바꾸는 비율'로 정의합니다.

$$\text{열기관의 효율} = \frac{\text{열기관이 한 일}}{\text{흡입한 열}} = \frac{\text{흡입한 열}-\text{방출한 열}}{\text{흡입한 열}}$$

그리고 그래프1에 나타나는 1→2 과정(고온)과 3→4 과정(저온)의 온도 차이가 크면 클수록 열기관의 효율도 더 커진다는 사실을 알아냅니다.

카르노의 가르침에 따라 증기기관 제작자들은 카르노기관과 유사한 사이클로 작동하는 증기기관을 만들고자 노력하였습니다. 흡입한 열이 많아지도록 증기기관의 화력을 높이는 한편, 온도 차이를 키우기 위해 증기기관을 냉각하고, 팽창·압축하는 시기를 조절하

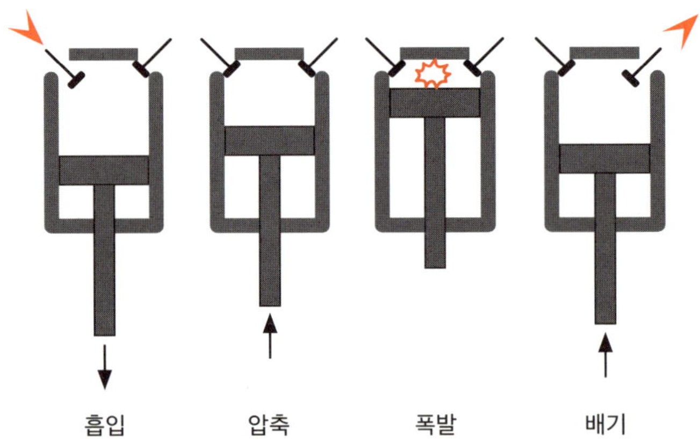

자동차 내연기관의 사이클

여 어느 정도 효율을 높일 수 있었습니다. 하지만 피스톤의 마찰과 실린더를 통해 열이 외부로 전달되는 현상 등에 의해 카르노기관의 효율을 지속적으로 높이는 데는 여전히 한계가 있었습니다.

자동차의 내연기관 역시 카르노기관처럼 4개의 과정으로 이루어진 사이클을 따릅니다. 우선 피스톤을 당겨 기화된 휘발유를 공기와 함께 실린더에 넣습니다(흡입). 그리고 피스톤을 밀어 휘발유와 공기 혼합물을 압축하면 온도가 올라갑니다(압축). 이때 전기 스파크로 혼합물에 불을 붙여 급격히 팽창시키면, 온도가 급격히 떨어집니다(폭발). 다시 피스톤을 밀어 실린더 안의 기체를 외부로 밀어냅니다(배기).

내연기관은 이 과정을 반복하여 자동차 바퀴를 회전시키는 기계적 에너지를 얻습니다. 카르노의 예측처럼 압축할 때의 고온과 폭발한 후의 저온의 온도 차이가 자동차 내연기관의 효율에 큰 영향을 미칩니다. 하지만 다른 여러 가지 요소들도 효율에 큰 영향을 주기 때문에 효율(자동차의 연비라고 할 수도 있습니다)이 높은 엔진을 개발하는 일은 지금도 쉽지 않습니다.

열역학 법칙을 발견하다

1850년대에 들어와 카르노기관이 알려지면서 이를 물리학적으로 설명하기 위한 많은 노력이 있었습니다. 그중 독일(당시는 프로이센)의 클라우지우스(1822~1888), 영국의 켈빈(1824~1907, 절대온도 단위를 제안한 것으로 유명합니다)과 랭킨(1820~1872, 퍼텐셜에너지를 제안한 것으로 유명합니다)이 거의 비슷한 시기에 열에 관한 물리법칙을

열역학 법칙을 발견한 클라우지우스(왼쪽)와 켈빈 경(오른쪽)

발표합니다. 이때 켈빈이 **열역학**이라는 이름을 처음으로 사용합니다. 역학은 힘이 물체에 미치는 작용을 연구하는 물리학입니다. 이것처럼 열역학 또한 열이 물체와 열기관에 미치는 작용을 연구한다는 뜻에서 이런 이름을 붙였습니다.

독일의 클라우지우스는 22살에 베를린 대학을 졸업한 조숙한 천재였습니다. 그는 물리학과 수학에 능통했으며, 1850년에 열역학 법칙에 관한 논문을 발표하고, 열이 일로 바뀔 수 있는 에너지의 한 종류임을 증명하여 '열은 물질'이라는 주장을 반박합니다. 또 4년 뒤에는 **열역학 법칙**을 발표하면서, 열과 관련된 현상에는 반대로 되돌릴 수 없는 현상(비가역 현상)들이 존재한다는 것과 **엔트로피**라는 새로운 개념을 도입하면 그 이유를 설명할 수 있다고 밝힙니다.

켈빈 역시 줄과 카르노의 연구에 자극을 받아 열에 관한 법칙을 연구하여 열역학 법칙을 발표합니다. 그리고 클라우지우스처럼 카르노기관을 설명하려면 엔트로피라는 개념이 필요하다는 결론에 이릅니다.

　　　　　　　　　　　　　　　영구기관은 왜 불가능한가?

물리학자라기보다 공학자의 성격이 강했던 랭킨은 열기관에 더 큰 관심을 가집니다. 그는 카르노의 연구가 부족하다고 생각하고 열기관에 관한 이론을 궁리하다가 클라우지우스, 켈빈과 거의 비슷한 시기에 열역학 법칙을 발견합니다. 1859년에는 절대영도를 $0°$로 잡고, 화씨온도의 $1°$와 같은 크기의 눈금을 갖는 랭킨 절대온도 단위도 제안했으나, 지금은 사용되고 있지 않습니다.

열역학 법칙의 종류는 보통 제1법칙과 제2법칙, 두 가지라고 생각하는 사람들이 많지만, 정확히는 제0법칙부터 제3법칙까지 총 4가지 법칙이 있습니다. **열역학 제0법칙**은 온도가 다른 두 물체를 접촉시키면, 시간이 지남에 따라 두 물체의 온도가 같아진다는 법칙입니다. 너무나도 당연한 사실을 법칙이라고 부르는 것이 이상해 보이겠지만, 이 또한 열과 관련된 자연의 성질 가운데 하나이므로 법칙으로 삼은 것입니다. 이제 나머지 열역학 법칙들에 대해 설명해보겠습니다.

열역학 제1법칙: 에너지의 보존 원리

열역학 제1법칙은 열에너지와 기계적 에너지(일)를 포함한 넓은 의미의 에너지의 보존 원리입니다. 기체가 들어 있는 용기를 떠올려봅시다. 용기에 열을 가하면, 기체의 온도가 올라가고 부피가 팽창하면서 피스톤을 밀어내는 일을 합니다. 이때 기체의 내부에너지 변화는 기체에 가한 열에서 기체가 피스톤을 밀어 올리면서 한 일을 뺀 것과 같다는 것이 바로 열역학 제1법칙입니다.

기체의 내부에너지 변화 = 기체에 가한 열 − 기체가 팽창하면서 한 일

　열역학 제1법칙에서 가장 애매한 것이 내부에너지입니다. 내부에너지는 기체의 온도와 관련이 있는데, 온도가 높으면 내부에너지도 큽니다. 그런데 이 내부에너지는 온도와 관련된 에너지 외에도, 물체 내부에 축적된 여러 에너지를 모두 포함합니다. 예를 들어 물에 열을 가하여 물을 수증기로 바꾼다고 상상해보세요. 온도는 같지만 수증기와 물의 내부에너지는 다릅니다. 열역학 제1법칙에 의해 물에 열을 가한 수증기의 내부에너지는 물의 내부에너지보다 훨씬 큽니다. 너무 어렵지요? 이에 대해서는 다음 장에서 더 자세히 설명하겠습니다.

　물에서 수증기로, 물에서 얼음으로 변하는 상변화에서 나타나는 내부에너지 차이를 **숨은열**이라고 부릅니다. 같은 온도에서라도 수

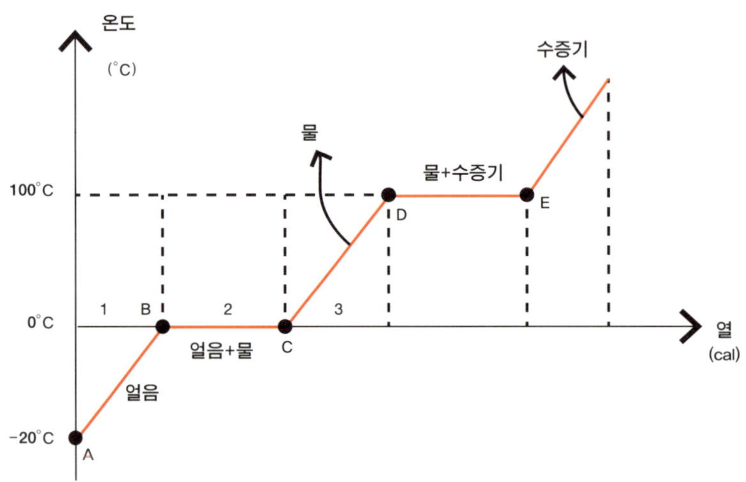

그래프2 물−얼음이 섞여 있는 지역과 물−수증기가 섞여 있는 지역에서는 숨은열 때문에 열을 가해도 온도가 변하지 않습니다.

　　　　　　　　　　　　　　　　　　　　영구기관은 왜 불가능한가?

증기 1g의 내부에너지는 물 1g의 내부에너지보다 무려 2,260J이나 큽니다. 또 0°C에서 물 1g의 내부에너지는 얼음 1g의 내부에너지보다 333J 더 큽니다.

더운 여름날 마당에 물을 뿌려 수증기로 기화시키면 시원해지는 이유도 물 1g을 모두 수증기로 바꾸기 위해 주위로부터 2,260J의 열에너지를 빼앗기 때문입니다. 물과 수증기의 내부에너지가 차이 나는 만큼, 물의 내부에너지를 증가시켜야 같은 온도의 수증기가 되기 때문입니다. 얼음을 먹으면 입이 시원한 이유 역시, 얼음이 물로 녹을 때 주위로부터 1g당 333J의 열을 빼앗기 때문입니다.

그래프2는 금속 통에 -20°C의 얼음을 넣고 히터로 계속해서 열을 가해 녹이면서 통 안의 온도를 측정한 것입니다. -20°C의 얼음이 있다는 말을 처음 들어본 사람도 있겠지요? 냉장고의 냉동실 속 얼음을 생각하면 됩니다. 냉동실 온도가 -20°C에 맞춰져 있다면, 냉동실에서 갓 꺼낸 얼음의 온도도 당연히 -20°C이겠지요?

이제 얼음은 열을 받으면서 계속 온도가 올라갑니다. 그러다 0°C에 이르면 얼음이 점차 녹아 물과 섞인 상태가 되는데, 이때 얼음이 모두 녹기 전까지는 온도가 변하지 않고 0°C에 머물다가, 모두 물이 되었을 때부터 다시 올라갑니다. 물의 온도가 100°C가 되면 조금씩 수증기가 생기기 시작하면서 물과 수증기가 섞인 상태가 되는데, 이때에도 온도는 계속 100°C에 머무릅니다. 그러다 물이 모두 기화하여 수증기가 되면, 온도가 다시 상승합니다.

따라서 얼음-물-수증기로 변하는 과정의 온도를 측정해보면, 그래프2처럼 온도가 변하지 않는 두 부분(그림에서 수평인 부분)이 나타나며, 이것이 숨은열, 다시 말해 내부에너지의 변화를 나타내는 증거가 됩니다.

열역학 제2법칙과 엔트로피

열역학 제2법칙은 열이 항상 고온의 물체에서 저온의 물체로 흐르고, 반대로는 흐르지 않는 까닭을 설명해주는 법칙입니다. 이 설명을 위해 클라우지우스, 켈빈, 랭킨 모두 '엔트로피'라는 새로운 개념을 사용합니다. 엔트로피는 온도, 압력처럼 물체의 열적 상태를 표시하기 위해 만들어진 것입니다. 엔트로피를 표현하는 방식은 세 과학자가 각기 달랐지만, 이후 이들이 모두 같은 뜻을 전달하고자 했음이 밝혀집니다. 이 법칙을 이해하려면, 우선 엔트로피에 대해 알아야 합니다.

어떤 물체에 열을 가한다고 상상해봅시다. 이때 엔트로피의 변화는 물체가 받은 열의 크기를 물체의 온도로 나눈 값입니다.

$$\text{엔트로피의 변화} = \frac{\text{물체가 받은 열}}{\text{물체의 온도}}$$

물체가 열을 받으면 엔트로피 변화가 양(+)이 되고, 열이 빠져나가면 엔트로피 변화가 음(−)이 됩니다. 아래에 있는 그림1을 보면, 고온의 물체와 저온의 물체가 금속 막대를 통해 연결되어 있습니다.

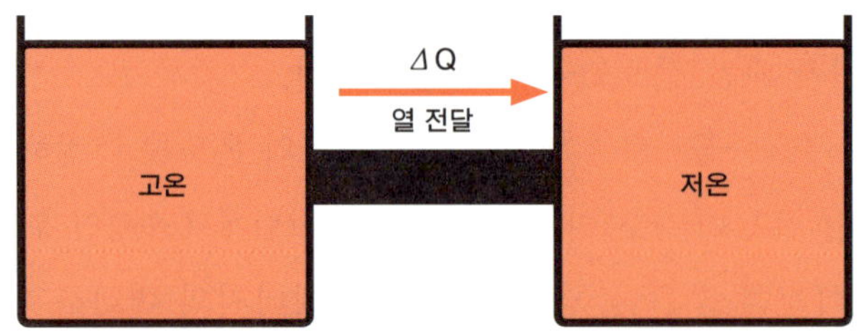

그림1 고온의 물체로부터 저온의 물체로 열이 흐를 때 엔트로피는 증가합니다.

이 경우 고온의 물체에서 열이 빠져나와 금속을 통해 같은 크기의 열을 저온의 물체로 전달합니다.

왼쪽에 있는 고온의 물체는 열을 빼앗기기 때문에 열/고온만큼 엔트로피가 감소합니다. 반대로 오른쪽에 있는 저온의 물체는 열을 얻기 때문에 열/저온만큼 엔트로피가 증가합니다. 이때 온도 차이로 인해서 증가한 엔트로피는 감소한 엔트로피보다 크기가 큽니다. 따라서 우리는 고온의 물체로부터 저온의 물체로 열이 흐를 때 엔트로피는 증가한다는 사실을 알 수 있습니다.

$$\text{엔트로피의 변화} = -\frac{\text{열}}{\text{고온}} + \frac{\text{열}}{\text{저온}} > 0$$

만약 열이 저온에서 고온으로 흐른다면, 오히려 엔트로피가 감소합니다. 하지만 자연에서는 이런 일이 일어나지 않기에 자연스러운 열 현상에서는 항상 엔트로피가 증가하거나, 변하지 않으며(아주 특수한 경우), 이것을 **열역학 제2법칙**이라고 부릅니다. 이 때문에 열역학 제2법칙은 '엔트로피 증가의 법칙'이라고도 불립니다.

카르노기관의 경우 엔트로피에 변화가 없습니다. 고온에서 열을 받아(엔트로피 감소) 저온으로 주는데(엔트로피 증가), 이때 두 엔트로피는 크기가 같고 부호가 반대여서 상쇄됩니다. 따라서 엔트로피에 변화가 없습니다. 이는 카르노기관이 최대의 효율을 갖는 것과도 밀접한 관련이 있습니다. 이런 열기관은 과정을 반대로 하더라도 작동 시 동일한 효율을 가집니다. 이렇게 엔트로피에 변화가 생기지 않는 과정을 **가역과정**이라 부릅니다.

마지막으로 **열역학 제3법칙**은 물체의 온도가 절대영도에 가까워

지면, 엔트로피가 일정한 값(0일 수 있습니다)을 갖는다는 것으로, 1906년 독일의 네른스트(1864~1941)가 주장합니다. 네른스트는 물체의 온도가 절대영도에 얼마든지 가까워질 수는 있지만, 절대영도는 결코 될 수 없다고 말합니다.

에어컨은 어떻게 작동할까?

열기관이 고온에서 열을 받아 저온으로 보내며 그 차이에 해당하는 일을 하는 기관이라면, 냉동기관은 반대로 저온에서 열을 빼앗아 고온으로 내보내는 기관입니다. 열이 저절로 저온에서 고온으로 흐를 수는 없기 때문에, 냉동기관은 기계적인 일을 가해서 강제적으로 열을 저온에서 고온으로 흐르게 합니다.

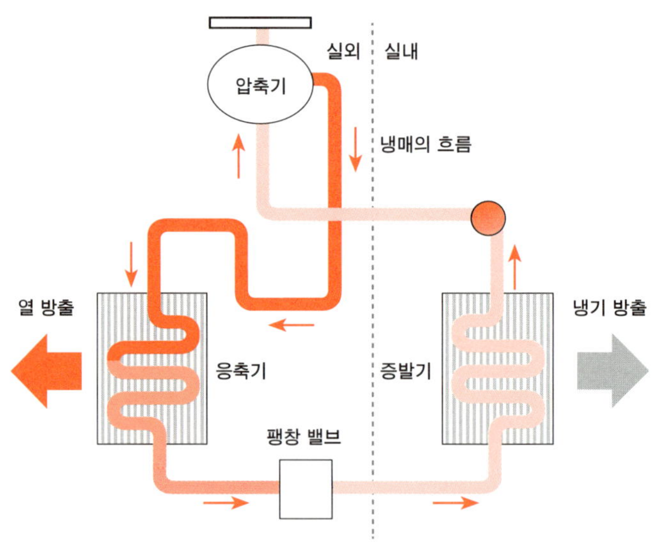

그림2 에어컨의 작동 원리

냉동기관의 대표적인 예로는 에어컨을 들 수 있습니다. 에어컨은 실내의 온도를 낮추는 전기기기로, 실내로부터 열을 빼앗아 그보다 더 많은 열을 실외로 보내는 일을 합니다.

에어컨은 '응축기, 압축기, 증발기, 팽창밸브'로 구성되어 있으며, 작동과정은 다음과 같습니다. 저온·저압의 기체 상태의 냉매를 압축기로 압축하여 고온·고압의 기체 상태의 냉매로 만들고, 응축기를 통과시켜 열을 실외로 방출하면서 고온·고압의 액체 상태의 냉매가 됩니다. 이 고온·고압의 액체 상태의 냉매는 팽창밸브를 통과하면서 다시 저온·저압의 액체 상태의 냉매가 되고, 증발기를 거치면서 실내의 열과 습기를 제거합니다. 그리고 다시 저온·저압의 기체 상태의 냉매가 되어 압축기로 들어가는 과정이 계속 반복됩니다.

고온(실외)에서 저온(실내)으로 열이 이동하는 것이 자연스런 현상임에도, 에어컨이 열을 거꾸로 이동시킬 수 있는 것은 외부에서 전기에너지가 공급되기 때문입니다. 냉방은 자연의 원리를 거스르기 때문에 외부 에너지의 공급 없이는 저절로 일어날 수 없습니다.

냉동기관을 잘 응용하면 실내 난방기로도 사용할 수 있습니다. 겨울에는 여름과 반대로 온도가 낮은 실외 공기로부터 열을 빼앗아 온도가 높은 실내로 열을 방출해 난방을 할 수 있습니다. 이처럼 냉동기관의 실내와 실외를 바꾼 장치를 **열펌프**라고 부릅니다.

영구기관 발명은 모두 거짓말?

요즘도 언론에 간간이 영구기관에 관한 기사가 등장합니다. 영구기관이란 한 번 에너지를 주어 작동시키면, 더 이상 에너지를 공급하지 않아도 영원히 작동하는 열기관을 말합니다. 한 번만 에너지를 공급하면 영원히 일할 수 있다니, 이 기관만 발명된다면 인류가 에너지 걱정 없이 살 수 있겠지요.

아주 오래전부터 여러 발명가들이 영구기관을 만들었다고 주장하였습니다. 이들 가운데는 〈모나리자〉를 그린 것으로 유명한 16세기 이탈리아의 화가이자 발명가인 레오나르도 다 빈치도 포함되어 있습니다. 그만큼 영구기관의 역사는 매우 오래되었습니다. 이들은 기계를 한 번 작동시키면 오랫동안 돌아간다는 이유로 그것이 영구기관이라고 주장했습니다. 그러나 오랫동안 돌아가는 것과 영원히 돌아가는 것은 전혀 다른 이야기입니다. 이런 발명가들은 주로 운동을 멈추게 하는 마찰을 없애 기계가 영원히 돈다고 주장하며 사람들에게 착각을 불러일으켰습니다. 심지어 어떤 발명가는 기계에 몰래 장치를 달고, 사람이 그것을 돌리게 하기도 했습니다.

누군가 나타나 영원히 빛을 내는 전등(이것이 영구기관인 셈입니다)을 만들었다고 주장합니다. 원리는 간단합니다. 전지를 연결해 전류를 흘립니다. 그러면 전구에 불이 들어오면서 동시에 열이 나옵니다. 이렇게 발생한 빛과 열을 모두 모아 전기에너지로 바꾸면, 전지를 제거하더라도 이 전기에너지로 다시 전구를 밝힐 수 있습니다. 이 과정이 계속 되풀이되어 결국 전지 없이 영원히 빛을 내는 전등(실제로는 전등의 빛과 열을 전기로 바꾸는 장치)이 만들어지는 것이지요. 발명가는 빛과 열을 모아 전기에너지로 바꿔주는 이 장치만 있으면, 전등이 영원히 꺼지지 않는다고 주장하며 돈을 투자하라고 조릅니다. 과연 돈을 투자해도 될까요? 답은 '절대 투자해서는 안 된다'입니다.

영원히 꺼지지 않는 전등이 불가능한 이유는 이 전등이 열역학 제2법칙을 위반하기 때문입니다. 전등이 열을 내면 이 열로 인해 엔트

          영구기관은 왜 불가능한가?

로피가 증가합니다. 엔트로피가 증가하면 빛과 열을 100% 모두 전기에너지로 바꿀 수 없습니다. 영구기관이 가능하려면 카르노기관처럼 엔트로피 변화가 없는 가역과정이 일어나야 합니다. 그러나 설사 가역과정이 일어나더라도 카르노기관처럼 효율이 100%가 되지 않습니다. 다시 말해 일-에너지 전환이 100% 그대로 일어나지 않습니다. 하물며 엔트로피가 증가하는 비가역과정을 이용한다면, 효율은 더 떨어지게 됩니다.

통계로 열의 정체를 밝히다

맥스웰-볼츠만 분포

스포츠 종목 가운데 키가 큰 선수들이 가장 많은 종목은 무엇일까요? 농구가 가장 먼저 떠오르지요? 그러나 정답은 배구입니다. 물론 키가 가장 큰 선수를 꼽는다면 농구 선수가 맞지만, 선수들의 평균 키는 배구 선수들이 농구 선수들보다 크다고 합니다.

교실 안에는 키가 큰 친구도 있고, 키가 작은 친구도 있습니다. 키가 다른 이유야 다양하겠지요. 한 반 친구들의 키가 얼마인지 조사해보면, 아주 작은 키와 아주 큰 키의 친구는 드물고, 중간 키(보통 이 반의 평균 키)의 친구들이 많은 것을 알 수 있습니다.

흥미로운 점은 국내 프로 농구 선수들이나 배구 선수들의 키를 조사해도, 반 친구들의 키를 젤 때와 비슷한 결과를 보인다는 것입니다. 개개인의 키는 매우 다양하지만, 무수히 많은 사람들의 키가 대략 어떤 모습으로 분포하는지를 알기란 어렵지 않습니다. 통계학은 이처럼 무수히 많은 대상들이 어떤 분포를 보이는지를 연구하는 과학입니다.

이러한 통계학은 기체의 성질을 이해하는 데에도 쓸모가 많습니다. 물리학자들은 경험법칙인 열역학에 통계학을 접목시켜 이론의 수준을 한 단계 끌어올린 통계역학을 만들어냈습니다. 이에 대해 알아보기 전에, 우선 '물질은 무엇으로 구성되어 있는가' 하는 질문부터 던져봅니다.

물질은 원자로 구성되어 있다?

2500년 전 고대 그리스의 데모크리토스는 모든 물질이 원자로 구성되어 있다는 **원자설**을 주장했습니다. 하지만 원자가 존재한다는 증거를 내놓지 못했기 때문에 그의 원자설은 단순한 주장으로 끝났습니다. 이렇게 잊혀진 원자설이 1803년 영국의 화학자이자 물리학자인 돌턴(1766~1844)에 의해 되살아납니다(돌턴은 열이 에너지의 한 종류임을 발견한 아마추어 물리학자 줄의 선생님이었습니다). 돌턴은 두 종류의 원자가 화학반응을 일으켜 새로운 물질을 만들 때, 원자의 비가 항상 간단한 정수비가 된다는 사실을 발견하고 원자설을 확신합니다.

예를 들어 수소와 산소가 반응하여 물이 될 때, 항상 수소 원자 2개가 산소 원자 1개와 반응하므로 2:1이라는 간단한 정수비가 얻어집니다. 돌턴은 원자를 공 모양의 매우 작은 입자라고 생각했으며, 원 모양의 원자기호(지금은 사용하지 않고 있습니다)를 제안하기도 했습니다. 하지만 돌턴의 원자설은 원자의 존재를 간접적으로 증명한 일에 지나지 않아서, 당시에는 여전히 원자를 가상의 입자로

 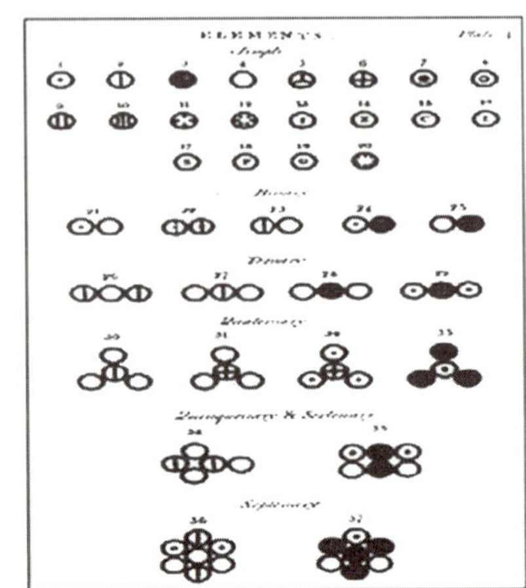

존 돌턴과 그가 사용한 원자기호

생각하고 그 존재를 믿지 않는 과학자들이 많았습니다.

물질은 분자로 구성되어 있다!

한편 이탈리아의 물리학자이자 화학자인 아보가드로(1776~1856)가 1811년 프랑스어로 쓴 논문을 통해 '기체의 종류가 다를지라도 온도와 압력이 같다면, 일정한 부피 안에 들어 있는 입자 수는 같다'라는 주장을 합니다. 이 주장을 아보가드로의 법칙이라고 부릅니다. 아보가드로는 특이하게도 아버지를 따라 법학을 공부하여 법률가가 되었다가, 뒤늦게 수학과 물리학을 독학하여 자연철학(과학의 옛 이름) 교수가 된 사람입니다.

그의 법칙은 생전에는 별로 주목을 받지 못했지만, 사망한 지 4년이 지난 1860년에 세상에 알려지면서 물리학과 화학의 가장 중요한

통계로 열의 정체를 밝히다

발견 가운데 하나라는 칭송을 받습니다. 아보가드로는 돌턴과 달리 기체를 구성하고 있는 입자가 원자가 아닌 분자라고 생각했습니다. 지금은 '수소, 산소와 같은 대부분의 기체가 분자로 구성되어 있으며, 단 네온 기체처럼 원자로 구성되어 있는 기체도 있다'라는 사실이 밝혀졌기 때문에, 아보가드로의 이 주장은 사실 맞기도 하고 틀리기도 합니다. 일

아메데오 아보가드로

반적으로 분자는 작은 수의 원자들이 모여 만들어지기 때문에 원자보다 크기가 조금 큰 정도이지만, 단백질과 같은 고분자들은 수천 개의 원자로 구성되어 있어 크기가 훨씬 큽니다.

아보가드로의 주장이 있은 지 무려 100여 년이 지난 1900년대 초, 실험을 통해 부피가 22.4L(1L는 $1,000cm^3$)인 용기에 담긴 압력 1기압, 온도 $0°C$의 기체가 가진 입자 수가 항상 6.022×10^{23}개(대략 1조 곱하기 1조 개 정도의 엄청난 개수)라는 것을 알게 됩니다. 아보가드로를 기념해 이 값을 **아보가드로수**라고 부르며, 기체가 아보가드로수의 입자를 가질 때를 **1몰**이라고 부릅니다.

아보가드로의 법칙은 공기에 대해서도 성립합니다. $1cm^3$ 부피의 공기 안에는 아보가드로수에 가까운 어마어마한 개수의 공기 분자들이 들어 있습니다. 공기 분자 가운데는 질소 분자가 80%, 산소 분자가 20% 정도를 차지합니다.

분자운동으로 기체의 성질을 설명하다

1738년 스위스의 베르누이는 일찍이 기체가 엄청난 개수의 분자들로 이루어져 있다는 주장을 했습니다. 그는 분자들이 무질서하게 움직이며, 기체 용기와 충돌하기 때문에 기체의 압력이 생긴다는 올바른 결론을 얻었습니다. 하지만 당시 과학자들은 원자나 분자의 존재를 의심했기 때문에, 베르누이의 주장을 받아들이지 않았습니다.

1800년대에 들어와 베르누이의 주장이 되살아납니다. 특히 영국의 물리학자 워터스턴(1811~1883)이 1845년에 기체의 성질(예를 들면 보일-샤를의 법칙)을 기체 분자의 운동으로 설명할 수 있다는 논문을 발표합니다. 여기서 그는 **기체의 절대온도**가 기체 분자 하나의 평균 운동에너지, 즉 기체 분자의 질량에 기체 분자의 속도 제곱을 곱한 값의 절반에 비례한다는 것을 보여줍니다. 이렇게 기체를 무질서하게 움직이는 분자들의 집단으로 보고, 기체의 성질을 연구하는 분야를 **기체운동론**이라고 부릅니다. 이는 물체의 온도가 무엇인지를 정확히 알려준 매우 중요한 결과였습니다.

재미있게도 워터스턴의 이 논문은 심사에서 탈락했습니다. 하지만 전자기파로 유명한 맥스웰과 다른 학자들의 간청으로, 무려 50여 년이 지난 1892년에 책으로 출판됩니다.

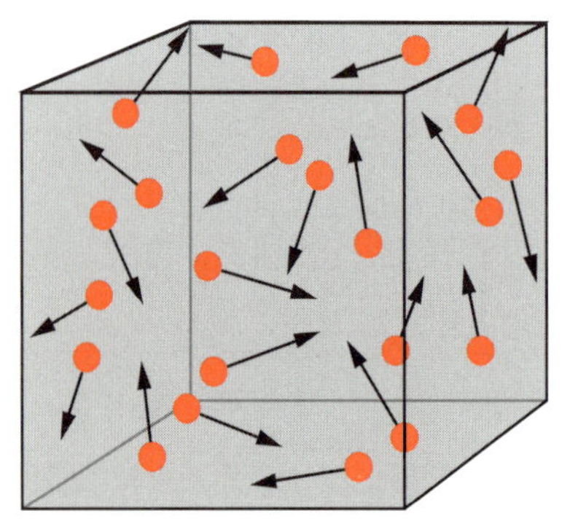

그림1 기체는 수많은 분자들로 이루어져 있고, 분자들은 용기 안에서 무질서하게 움직입니다.

 통계로 열의 정체를 밝히다

기체를 가열하면 왜 부피가 커질까?

기체의 절대온도가 기체 분자의 운동에너지, 따라서 기체 분자 속도의 제곱에 비례한다는 사실은, 기체를 가열했을 때 왜 기체가 팽창하는지를 설명해줍니다. 온도가 높아지면 분자가 더 빨리 움직이게 되어 용기와 더 자주 충돌합니다. 또 한 번 충돌할 때마다 더 큰 충격을 주기 때문에 두 효과가 상승작용을 일으킵니다. 이로 인해 분자들은 원통의 피스톤을 더 세게 위로 밀어 올리게 되고, 이것이 곧 압력의 증가로 나타나면서 동시에 기체가 팽창하게 됩니다.

기체운동론과 아보가드로의 법칙을 결합하면, 기체에 대한 보일-샤를의 법칙을 다음과 같이 적을 수 있습니다.

기체의 압력×기체의 부피=기체의 몰 수×기체상수×기체의 절대온도

여기서 기체상수는 8.31J/몰·K의 값을 가집니다. 위 수학식을 **이상기체의 상태방정식**이라고 부르는데, **이상기체**란 기체 분자 사이의 거리가 멀어 분자 사이에 힘이 작용하지 않는다고 가정한 기체를 말합니다. 압력이 충분히 낮고 부피가 상당히 큰 기체는, 이 조건을 만족하기 때문에 이상기체로 볼 수 있습니다. 상태방정식을 보면 온도가 같은 기체를 동일한 용기에 채우더라도, 기체 분자 수(즉 몰 수)가 크면 압력이 증가하는 것을 알 수 있습니다. 분자 수가 많으면 매초마다 더 많은 분자들이 용기 벽과 충돌하기 때문에 자연스럽게 압력이 커질 수밖에 없습니다.

내부에너지와 숨은열 다시 보기

기체가 들어 있는 실린더에 열을 가하면, 실린더 벽과 충돌하는 기체 분자들에게 열에너지가 전달되어 분자의 운동에너지가 커지면서 기체의 온도가 높아집니다. 동시에 기체의 부피가 팽창하여 피스톤을 밀어내는 일을 합니다. 앞서 열역학 제1법칙은 '실린더에 들어 있는 기체의 내부에너지 변화가 기체에 준 열에너지에서 기체가 한 일을 뺀 것과 같다'라고 이야기했습니다.

이상기체의 운동과 열역학 제1법칙을 비교해보면, 결국 이상기체의 내부에너지는 기체 분자들의 운동에너지를 모두 더한 값과 같다는 사실을 알 수 있습니다. 실제로 분자는 단순히 움직이고만 있는 게 아니라, 회전운동과 진동운동도 하기 때문에, 이런 운동과 관련된 운동에너지 역시 내부에너지에 포함됩니다. 초기 열역학이 만들어질 때는 분자라는 것이 있는 줄 몰랐기 때문에 내부에너지라는 애매한 표현을 사용한 것이지요.

기체의 경우 내부에너지는 운동과 관계된 역학적 에너지이지만, 액체나 고체의 경우 역학적 에너지 이외에 다른 에너지가 더 포함

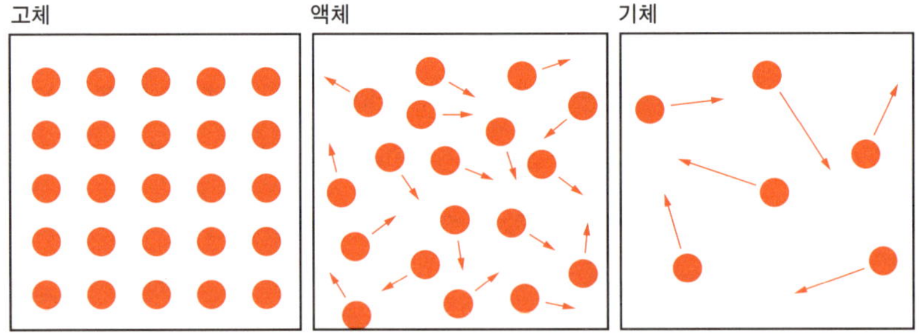

그림2 온도가 같더라도 분자들이 자유로이 움직일 수 있는 기체의 내부에너지가 가장 크고, 액체, 고체 순으로 작아집니다. 화살표는 분자의 속도를 가리킵니다.

통계로 열의 정체를 밝히다

되어 있습니다. 그림2처럼 기체는 분자들 사이에 작용하는 힘이 거의 없어 자유로이 움직일 수 있지만, 액체나 고체의 분자들은 서로 끌어당기는 힘이 커서 운동이 자유롭지 못합니다. 액체와 고체 중에서도 특히 고체 분자가 더 움직이기 어렵지요. 때문에 같은 온도에서라도 기체와 액체, 또는 액체와 고체는 내부에너지가 서로 다릅니다. 움직임이 가장 자유로운 기체의 내부에너지가 제일 크고, 액체, 고체 순으로 작아집니다. 이러한 내부에너지의 차이를 숨은열이라고 부릅니다. 액체인 $100^\circ C$ 물에 열을 가하면 온도가 변하지 않은 상태에서 서서히 기체인 $100^\circ C$ 수증기로 바뀝니다. 이는 기체인 수증기의 내부에너지가 액체인 물의 내부에너지보다 크기 때문입니다. 숨은열과 같은 크기의 열을 주어야만 물이 수증기로 바뀝니다.

열은 온도가 높은 곳에서 낮은 곳으로 흐른다

온도가 다른 기체를 서로 접촉시킨다고 상상해보세요. 온도가 높은 기체 분자는 큰 운동에너지를 가집니다. 반면 온도가 낮은 기체 분자는 작은 운동에너지를 가집니다. 두 분자들이 용기 안에서 움직이다가 서로 충돌하는 모습을 머릿속에 그려보세요. 분자를 작은 공이라 생각하면 더 이해하기 쉬울 것입니다. 빠르게 움직이는 공이 느리게 움직이는 공과 충돌하면, 빠른 공은 느려지고 느린 공은 빨라지는 운동에너지의 교환이 일어나면서 운동에너지의 차이가 줄어듭니다. 즉 분자들의 충돌을 통해 에너지의 교환이 이루어지는 것입니다.

이런 충돌이 기체 안에서 1초에도 수십억 번 이상 일어나기 때문

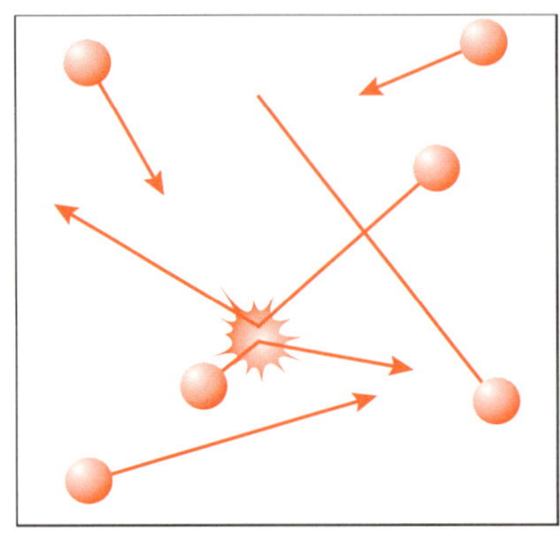

그림3 기체 분자들은 충돌에 의해 운동에너지를 교환하면서 온도가 같아집니다. 기체 안에서 이런 충돌은 1초에 수십억 번 이상 일어납니다.

에, 결국에는 온도가 다른 두 기체 분자들의 속도와 운동에너지(즉 온도)가 같아집니다. 이것이 온도가 서로 다른 물체끼리 접촉했을 때 최종적으로 두 물체의 온도가 점차 같아지는 원리이며, 또 온도가 높은 곳(큰 운동에너지)에서 낮은 곳(작은 운동에너지)으로 열에너지가 전달되는 이유이기도 합니다.

앞서 열역학 법칙에서는 엔트로피(들어오거나 나간 열을 온도로 나눈 값)라는 이해하기 힘든 개념을 끌어들여, 열이 고온에서 저온으로 흐르는 것을 엔트로피 증가의 법칙으로 설명했습니다. 하지만 기체운동론을 받아들이면, 엔트로피의 도움 없이 기체 분자의 운동에너지 교환만으로 쉽게 열이 고온에서 저온으로 흐르는 현상을 설명할 수 있습니다. 더 중요한 것은 기체운동론을 통해 분자의 운동과 엔트로피를 연관 지을 수 있다는 점입니다. 실제로 이런 생각을 최초로 한 인물이 있었는데, 바로 오스트리아의 물리학자 볼츠만(1844~1906)이었습니다.

통계역학에 목숨을 걸다

오스트리아의 물리학자 볼츠만은 25살에 물리학 교수가 되었습

통계로 열의 정체를 밝히다

니다. 강의를 듣기 위해 모인 학생
이 너무도 많아 일부는 계단에서
서서 들어야 했을 정도로 볼츠만
의 강의 실력은 아주 뛰어났습니
다. 그는 당시 큰 지지를 받지 못
했던 원자설을 철저히 믿고 있었
는데, 기체가 원자(혹은 분자)로 구
성되어 있다고 가정하고, 여기에
통계학을 적용해 물체의 열적 성

루트비히 볼츠만

질을 설명하는 **통계역학**을 발전시켰습니다. 때문에 그는 오늘날 통
계역학의 아버지라고 불립니다.

어느 날 볼츠만은 오스트리아의 물리학자이자 철학자였던 마흐
(음속과 비교하여 물체의 속도를 나타내는 단위인 마하를 제안한 것으로
유명합니다)와 원자설을 두고 심한 말다툼을 벌입니다. 마흐가 알 수
도 없는 존재인 원자를 가정해 물리학 이론을 만드는 것은 바보 같
은 짓이라고 비난하는 바람에, 볼츠만은 통계역학을 알리는 데 어려
움을 겪습니다. 이 때문에 우울증에 걸린 볼츠만은 62세의 나이에
스스로 목숨을 끊습니다. 그러나 볼츠만이 죽은 뒤 통계역학의 가치
가 알려지면서, 그는 뉴턴과 같은 위대한 물리학자로 인정을 받게
됩니다.

맥스웰-볼츠만 속도 분포

1866년에는 전자기학 이론으로 유명해진 맥스웰이 통계학을 사

용해 특정한 온도를 가진 기체 분자들의 속도 분포를 구합니다. 맥스웰은 기체가 분자들로 구성되어 있다면, 당연히 모든 분자들이 같은 속도로 움직이지는 않을 것이라 생각했습니다. 1만 개의 분자가 있다면 그 가운데 빠른 것도 있고 느린 것도 있을 것이므로, 특정한 속도를 가진 분자의 수가 몇 개나 되는지(속도 분포)를 구하고자 했습니다.

흡사 정원이 30명인 반에서 시험을 치렀을 때 나온 점수들 중에서, 100점 만점에 50점을 받은 학생 수는 몇 명이고 30점을 받은 학생 수는 몇 명인지를 구하는 것과 같습니다. 0점과 100점을 받은 사람은 드물고, 평균 점수나 그와 비슷한 점수를 받은 사람이 가장 많을 것이라 가정하면 점수 분포를 쉽게 예상할 수 있는데, 이런 분포를 구하는 학문이 바로 통계학입니다. 맥스웰도 이런 통계학을 이용하여 분자들의 속도 분포를 구할 수 있었습니다.

통계학에서는 예상 값과 그 값이 나올 확률이 중요합니다. 로또 복권이 좋은 예이지요. 로또 복권을 보면 뒷면에 등수(즉 당첨 금액)와 확률이 적혀 있습니다. 누구나 1등을 바라지만, 1등이 될 확률은 무지하게 낮습니다. 등수가 낮아질수록 당첨 확률 역시 커지고, 꼴찌 등수(한 푼도 못 받습니다)는 당첨될 확률이 가장 큽니다. 이 경우 평균 당첨 금액(기댓값)은 각 등수의 당첨 금액에 확률을 곱해 모든 등수를 다 더한 값이 되는데, 로또 복권의 당첨 금액은 복권을 사기 위해 내는 돈보다 항상 작습니다. 그래야 복권을 파는 사람에게도 이익이 돌아가겠지요.

그래프1에서 보다시피 맥스웰이 구한 분자의 속도 분포는, 복권과 달리 속도가 아주 빠르거나 아주 느릴 때의 확률이 매우 작고, 중간 속도일 때의 확률이 가장 큰 종 모양의 분포를 보입니다. 맥스웰

　　　　　　　　　　통계로 열의 정체를 밝히다

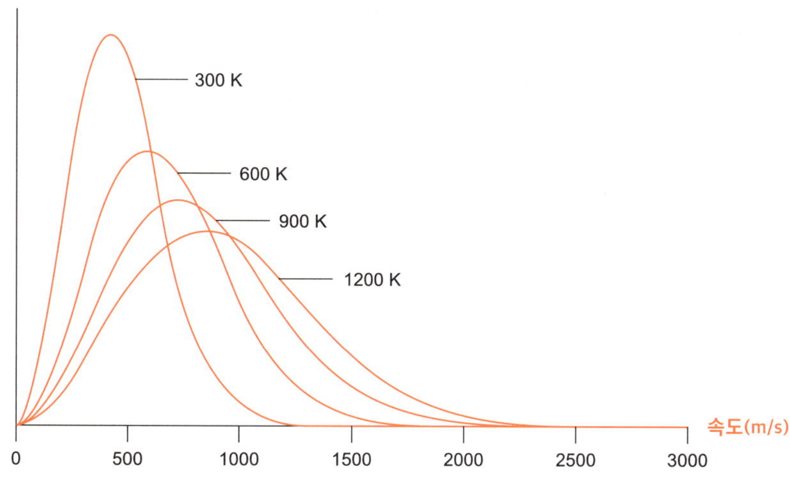

그래프1 온도가 다른 질소 기체 분자들의 속도 분포. 맥스웰-볼츠만 속도 분포를 따릅니다.

의 연구를 전해 들은 볼츠만도 자신만의 방법으로 분포를 알아냈는데, 결과는 맥스웰의 것과 같았습니다. 그래서 지금은 기체 분자의 속도 분포를 **맥스웰-볼츠만 속도 분포**라고 부릅니다.

그래프1은 온도가 다른 질소 기체 분자들의 맥스웰-볼츠만 속도 분포입니다. 그래프를 보면 온도(절대온도로 표시되어 있습니다. 절대온도에서 273을 빼면 섭씨온도가 됩니다. 예를 들어 300K는 대략 23°C, 600K는 대략 323°C입니다)가 높아질수록 속도가 커지고, 속도의 퍼짐(편차라고 부릅니다) 역시 커지는 것을 알 수 있습니다. 실온(23°C 또는 300K)에서 질소 분자의 속도 분포를 보면, 가장 많은 분자들이 대략 초속 475m, 시속으로는 1,700km의 속도(정확한 값은 아니며, 대략적인 평균속도로 보면 됩니다)를 가진 분자들이 가장 많은 것을 알 수 있습니다. 시속 1,700km는 음속을 뛰어넘는 엄청난 속도입니다. 눈에 보이지 않는 작은 분자들이 이렇게 빠르게 움직인다고는 아마 상상조차 하지 못했을 것입니다.

또한 속도가 거의 초속 0m인 것부터 초속 1,200m인 것까지 아주 다양하다는 사실도 확인할 수 있습니다. 같은 온도에서라도 기체의 종류에 따라 평균속도가 다릅니다. 기체 분자는 질량이 작을수록 더 빨리 움직입니다. 실제 공기 분자들을 보면, 질량이 큰 산소 분자가 질량이 작은 질소 분자보다 일반적으로 더 느리게 움직이고, 질량이 가장 작은 수소 분자들이 가장 빨리 움직입니다.

볼츠만, 엔트로피를 밝히다

볼츠만의 업적 가운데 가장 중요한 업적은 엔트로피를 기체 분자의 운동으로 새롭게 해석했다는 것입니다. 열역학에서는 엔트로피를 물체가 받거나 준 열을 물체의 온도로 나눈 것이라고 했습니다. 1872년 볼츠만은 기체 분자들을 연구하면서 역학법칙과 통계학의 확률을 사용하여 엔트로피를 새롭게 해석하고, 자연스러운 열적 현상에서 왜 엔트로피가 증가하는지(다시 말해서 열역학 제2법칙)를 증명합니다. 볼츠만의 해석에 따르면, 열이 고온에서 저온으로 흐르는 현상뿐만 아니라, 향수병의 뚜껑을 열었을 때 향수가 방 안에 퍼지는 현상(확산)도 엔트로피의 증가로 설명할 수 있습니다.

볼츠만은 엔트로피가 어떤 일이 일어날 확률에 비례한다고 말하며, 자연은 엔트로피를 최대로 하려는 방향으로 진행한다고 주장했습니다. 예를 들어봅시다. 주머니 안에 검은 공 50개와 흰 공 50개가 들어 있습니다. 공은 색깔만 빼고는 모두 같습니다. 이제 눈을 감고 주머니 안에서 한 번에 한 개씩 공 4개를 뽑습니다. 이 경우 다음과 같은 5 가지의 가능성이 있습니다. 4개 모두 검은 공, 3개는 검은 공

　　　　　　　통계로 열의 정체를 밝히다

잉크의 확산도 엔트로피의 증가로 설명할 수 있습니다.

이고 1개는 흰 공, 검은 공과 흰 공이 2개씩, 1개는 검은 공이고 3개는 흰 공, 4개 모두 흰 공을 뽑는 것입니다.

각각의 경우 얼마나 자주 그 일이 일어나는가, 즉 확률을 생각해보면, 경우마다 확률이 다름을 알 수 있습니다. 4개 모두 검은 공이 나오려면, 항상 검은 공을 뽑아야 하기 때문에 확률(정확한 확률은 1/16)이 낮습니다. 4개 모두 흰 공인 경우도 마찬가지입니다. 반면 2개의 흰 공과 2개의 검은 공을 뽑은 경우, 뽑는 순서가 흰 공-흰 공-검은 공-검은 공, 흰 공-검은 공-검은 공-흰 공, 흰 공-검은 공-흰 공-검은 공, 검은 공-검은 공-흰 공-흰 공, 검은 공-흰 공-흰 공-검은 공 가운데 어느 것이라도 같은 결과를 주기 때문에 확률이 가장 높습니다. 이처럼 어떤 일이 일어날 확률은 모두 다른 것이 보통입니다. 볼츠만은 각 경우의 확률이 엔트로피와 관련이 있다고 생각했고 확률이 크면 엔트로피 역시 커진다고 생각했습니다.

이제 향수가 공기 중으로 확산되는 현상에 볼츠만의 엔트로피를 적용해봅시다. 향수 분자(앞서의 예에서 흰 공에 해당)의 수와 공기 분자(검은 공에 해당)의 수가 같다고 가정하고, 어떤 일이 일어날 확률이 제일 클지 생각해보세요. 눈을 감고 향수 분자와 공기 분자를 여러 개 뽑는다고 할 때, 당연히 향수 분자의 수와 공기 분자의 수가 같게 나올 확률이 가장 큽니다.

다시 말해 향수 분자와 공기 분자가 같은 비율로 섞여 있을 확률이 가장 높고, 이때 엔트로피가 최대가 되므로 향수병을 열어 놓으면 향수 분자가 점차 방 안으로 퍼져 공기 분자와 균일하게 섞이는 것입니다. 반대로 향수병에는 향수 분자만 들어 있고, 방 안에는 공기 분자만 있을 확률이 가장 낮기 때문에 엔트로피도 이때 가장 낮아집니다.

열역학과 통계역학의 관계

열역학 제2법칙의 엔트로피(열과 관련)와 통계역학의 엔트로피(확률과 관련)는 같은 것일까요? 겉보기에는 두 엔트로피가 달라 보이지만, 속을 들여다보면 같습니다. 왜 그런지 알아보기 위해 열이 저온에서 고온으로 흐른다고 가정해봅시다. 이때 열역학의 엔트로피를 계산해보면 엔트로피가 감소합니다. 따라서 자연에서는 이런 일이 일어날 수 없지요. 그러나 통계역학을 적용하면 어떨까요?

열이 저온에서 고온으로 흐른다면, 저온의 느린 분자들은 에너지를 빼앗겨 속도가 더욱 느려지고, 고온의 빠른 분자들은 에너지를 얻어 속도가 더욱 빨라집니다. 이렇게 되면 분자들의 속도가 균일해지기는커녕 오히려 속도가 아주 빠른 것과 아주 느린 것만 남게 됩니다. 이제 이런 일이 일어날 확률을 생각해보면, 통계역학의 엔트로피가 어떻게 달라지는지 알 수 있습니다.

주머니 속에서 공을 뽑는 예를 이 문제에도 적용해봅시다. 주머니

   통계로 열의 정체를 밝히다

속에는 색깔이 모두 같고, 속도가 아주 느린 것부터 아주 빠른 것까지 다양한 공(분자에 해당합니다)들이 들어 있습니다. 이 가운데서 주머니 속을 들여다보지 않고, 여러 개의 공을 뽑습니다. 뽑은 공들이 우연히도 모두 아주 빠른 속도, 또는 아주 느린 속도만을 가질 확률은 매우 낮을 겁니다. 확률이 낮기 때문에 볼츠만의 엔트로피가 감소하고, 따라서 자연에서는 열이 저온에서 고온으로 이동할 수 없습니다.

반대로 고온에서 저온으로 열이 흐르면, 느린 분자는 빨라지고, 빠른 분자는 느려져 속도가 균일해집니다. 이 경우 주머니 안에서 중간 정도의 속도를 가진 분자를 가장 많이 뽑고, 아주 빠르거나 아주 느린 분자는 드물게 뽑을 가능성이 크기 때문에, 다시 말해 이런 일이 일어날 확률이 커져 볼츠만의 엔트로피가 증가합니다. 정확히 말하면 주어진 온도에서 기체 분자들의 속도 분포가 맥스웰-볼츠만 속도 분포와 같아질 때의 확률, 즉 엔트로피가 최대가 됩니다. 이때는 볼츠만의 엔트로피를 증가시키기 위해 열이 고온에서 저온으로 흐르는 동시에 기체 분자가 맥스웰-볼츠만 속도 분포를 따르게 됩니다. 이것이 바로 자연에서 일어나는 현상이지요. 이처럼 열역학의 엔트로피와 볼츠만의 엔트로피는 겉보기에는 다른 것 같지만, 내용을 자세히 들여다보면 동일한 것임을 알 수 있습니다.

엔트로피가 우주에 사망을 선고하다

향수가 공중으로 퍼져 나가는 것이나 잉크가 물에 퍼지는 것을 보면, 자연은 분자들이 공간에 몰려 있는 상태보다 널리 퍼져 있는 상태를 더 좋아한다는 것을 알 수 있습니다. 열역학 제2법칙, 즉 엔트로피 증가의 법칙은 이러한 자연의 선호도를 반영하는 것인지도 모르지요.

비유를 들자면 자연은 옷, 양말, 책 등이 방 안에 잘 정리되어 있는 것보다는, 무질서하게 어질러져 있는 것을 좋아합니다. 옷, 양말, 책이 잘 정돈된 상태보다 방 안에 흩어져 있는 상태일 때 엔트로피가 더 높기 때문에, 시간이 지나면 방 안이 어질러지는 것이 당연하다고 볼 수 있습니다. 다음에 누군가 어질러진 방을 보고 뭐라 한다면, 이러한 자연의 법칙에 대해 말해보면 어떨까요?

흥미롭게도 1852년 영국의 켈빈은 엔트로피 증가의 법칙 때문에 우주의 궁극적인 운명은 결국 모든 별, 은하 등은 물론이고, 인간과 같은 생명체마저 사라지는 **열적 사망** 상태가 될 것이라고 예언하였습니다. 별, 은하, 인간은 모두 질서를 갖춘 대상입니다. 하지만 시간이 흐르면 이러한 질서 있는 대상을 구성하고 있는 모든 원자와 분자들이 서로 무질서하게 뒤섞여, 은하나 생명체의 탄생과 같은 의미 있는 변화가 전혀 일어나지 않는, 아주 단조롭고 암울한 우주만 남는다고 켈빈은 주장했습니다. 열역학의 발전에 기여한 랭킨도 1865년에 켈빈처럼 우주는 열적 사망을 피할 수 없다고 이야기했습니다.

150년 이상이 지난 지금도 우주의 열적 사망 주장이 통할까요? 당시에도 물론 그랬지만, 오늘날에도 우주의 열적 사망을 믿지 않는 과학자들이 많이 있습니다. 열역학 제2법칙은 대상이 외부와 고립되어 있을 때만 성립합니다. 우리 몸은 음식물을 먹어 외부로부터 에너지를 받습니다. 다만 생명을 유지하는 데 일부만 사용하고 나머지를 다시 몸 밖으로 배출하기 때문에 외부 세계와 고립되어 있

    통계로 열의 정체를 밝히다

지 않습니다. 이때 우리 몸과 외부 세계의 것을 더한 엔트로피는 증가하지만, 우리 몸의 엔트로피는 감소시켜 우리가 생명을 유지할 수 있습니다. 대신 외부 세계에는 엔트로피가 감소한 우리 몸을 대신해 훨씬 큰 엔트로피의 증가가 나타나겠지요.

하지만 우리가 죽으면, 외부 세계와의 소통이 끊겨 고립되기 때문에 결국 우리 몸의 엔트로피가 증가하여 몸이 원자나 분자로 분해되고 우주로 되돌아갑니다. 열역학 제2법칙의 암울한 예언에도 불구하고, 자연은 놀랄 만큼 다양한 것들을 원자나 분자들로부터 만들어 내고, 열역학 제2법칙에 따라 엔트로피를 증가시키기 위해 원래대로 되돌려 보내는 일을 지금도 계속하고 있습니다.

미스터리한 빛의 언어를
해독하려 하다

흑체복사 법칙과 빛의 특성

세상에는 돈을 내지 않고도 사용 가능한 것들이 있습니다. 공기나 태양빛이 그렇지요. 우리는 이를 당연하게 여기고 소중함을 모른 채 살아갈 때가 많습니다. 하지만 만약 빛이 사라진다면 어떻게 될까요? 빛이 없는 세상은 상상만 해도 끔찍합니다.

문명이 발달할수록 빛은 더욱 쓸모가 많아졌습니다. 1700년대에는 빛을 반사시키거나 굴절시킬 수 있는 거울 혹은 렌즈로 망원경과 현미경을 만들어 사용했습니다. 또 1800년대에는 빛의 간섭이나 회절을 이용하여 태양빛이나 별빛의 스펙트럼을 관측할 수 있었습니다.

1900년대에 들어서는 빛을 이용해 아주 고온인 물체의 온도를 측정할 수 있게 되었으며, 지금은 빛을 활용하여 고속으로 통신을 하는 기술과 엄청나게 빨리 계산할 수 있는 컴퓨터를 개발하고 있습니

다. 더 먼 미래에는 상상도 하지 못한 기술들이 우리를 기다리고 있
겠지요. 이처럼 빛을 이용한 기술은 계속해서 발전을 거듭하고 있습
니다.

그리고 이러한 발전의 밑바탕에는 빛의 특이한 성질들을 알아내
고자 한 물리학자들의 많은 노력이 있었습니다. 이제부터 그 이야기
를 해보려고 합니다.

흑체복사: 태양빛의 비밀을 밝히다

용광로 속에서 끓는 쇳물과 화산의 분화구에서 나오는 용암을 본
적이 있나요? 물체의 온도가 쇳물이나 용암의 온도처럼 높아지면,
붉은빛을 발하게 됩니다. 그 이유는 무엇일까요? 물체의 온도와 빛
은 무슨 관계가 있을까요? 이런 것을 연구하는 게 과연 쓸모가 있을
까요?

높은 온도의 물체가 빛을 내는 현상을 물리학에서는 **흑체복사**라고
부릅니다. **복사**란 외부로 빛(을 포함한 전자기파)을 방출하는 것을 말
하지요. 쇳물이나 용암보다 온도가 낮은 물체는 빛을 내지 못하고,
대신 적외선(빛보다 파장이 긴 전자기파)을 방출합니다. 달궈진 물체
옆에 서면 따뜻함을 느끼는 것 역시 흑체복사로 인해 전자기파인 적
외선이 발생하기 때문이지요. 더 중요한 흑체복사의 예로는 태양을
들 수 있습니다. 태양은 용암처럼 뜨겁기 때문에, 밝은 빛을 내는 흑
체복사가 일어나지요.

모든 물체는 달구었을 때 빛을 내는데, 이렇게 달궈진 물체를 **흑체**
(검은 물체)라고 부릅니다. 그 이유는 무엇일까요? 흑체는 반사(전자

흑체복사를 측정한 빌헬름 빈

기파 또는 빛을 물체에 비추었을 때, 전자기파의 일부가 외부로 되튀어 나가는 것입니다)가 전혀 일어나지 않고, 주어진 에너지(빛이나 열 모두 포함)를 전부 흡수하는 이상적인 물체를 가리킵니다. 한 가지 예를 들어 봅시다. 나무를 태우면 검은색의 숯이 됩니다. 이 숯에 불을 붙여 가열하면 빨갛게 빛이 납니다. 반면 자갈이나 철 조각을 가열하면, 숯을 가열할 때에 비해 빛이 잘 나지 않습니다. 여기서 알 수 있듯이, 검은색 물체는 빛의 반사가 적고 흡수가 잘 되어 복사도 잘 일어납니다. 흑체복사는 어떤 물질로 흑체를 만들었는지에 관계없이 동일한 성질을 가진다는 특징이 있습니다.

1792년 프랑스와의 보불전쟁에서 승리한 프로이센(지금의 독일)은 프랑스로부터 막대한 전쟁 배상금과 함께 철광 자원이 풍부한 알자스와 로렌 지방을 빼앗습니다. 당시 독일은 프랑스보다 산업이 뒤처져 있었기에, 철광을 이용해 중공업을 일으키려 하였지요. 독일은 양질의 철을 얻기 위하여 베를린에 국립 물리공학연구소를 세웠는데, 제련소에 있는 용광로 속 쇳물의 온도를 정확히 측정하는 것이 연구소의 중요 과제 중 하나였습니다. 이곳에서 조수로 일하던 29살의 빌헬름 빈(1864~1928)이 바로 이 문제를 맡게 되었지요.

그는 1893년에 물체를 고온으로 가열하면 여러 파장의 빛(정확히는 전자기파)이 나오고, 이때 가장 강한 빛의 파장(색깔)이 온도에 반비례한다는 사실을 발견하였습니다. 즉 쇳물의 온도가 높아질수록 적색, 황색, 청색, 백색 순으로 색이 변하는데, 그에 따라 파장이 점

  미스터리한 빛의 언어를 해독하려 하다

차 감소하였습니다. 따
라서 쇳물의 색만 관찰
해도 쇳물의 온도를 짐
작할 수 있는 것입니다.

빈은 더 나아가 이 현
상이 철이 아닌 다른 물
체에도 적용되는지를
조사하였습니다. 작은
구멍이 뚫려 있고 속이
빈 작은 상자를 가열한

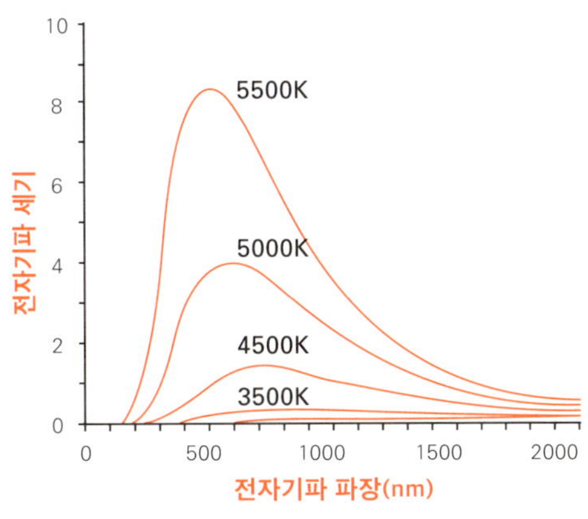

그림1 온도가 다르면 흑체복사 스펙트럼이 달라집니다.

다음 분광기(빛 속에 특정 파장의 빛이 얼마나 들이 있는지 알려주는 장치)로 관측한 결과, 온도가 같으면 상자의 재질과 관계없이 상자가 방출하는 빛(전자기파)의 스펙트럼이 같다는 사실을 알 수 있었습니다.

그림1은 온도가 다른 흑체가 방출하는 전자기파 스펙트럼을 그래프로 나타낸 것입니다. 수평축은 전자기파의 파장(단위는 나노미터. 1나노미터는 10억 분의 1미터), 수직축은 이 파장에서 나오는 전자기파 에너지의 세기를 나타냅니다. 태양의 표면 온도는 대략 절대온도 5,800도(5,800K) 또는 섭씨 5,500도 정도이고, 태양의 흑체복사 스펙트럼은 그림1의 맨 위 곡선에 해당합니다. 태양빛의 파장이 400~700나노미터(nm)이므로, 태양과 같은 온도의 흑체는 많은 에너지를 가시광선의 영역에서 방출한다는 것을 알 수 있습니다. 다만, 무지개 색이 저마다 강하게 나오기 때문에 태양은 우리 눈에 흰색(백열한다고 말합니다)으로 보입니다. 가시광선 외에도 이보다 파장이 긴 적외선과 파장이 짧은 자외선도 상당히 나온다는 것을 알 수 있습니다. 뒤에서 자세히 소개하겠지만, 태양은 핵융합을 통해 만든 에너

지로 이처럼 높은 온도를 유지할 수 있습니다.

흑체의 온도가 3,500K로 떨어지면 에너지를 최대로 방출하는 파장이 주로 적외선 영역(파장 700nm 이상)에서 나오고, 스펙트럼의 빨간색 부분에서도 에너지가 아주 조금 나옵니다. 이 때문에 3,500K의 흑체는 어두워 잘 보이지 않지만, 적외선 때문에 뜨겁게 느껴집니다.

흑체복사는 아주 높은 온도를 측정할 때 유용하게 쓰입니다. 요즘에는 아주 뜨거운 물체의 온도를 잴 때 **광고온계**라는 계기를 사용하는데, 이 역시 흑체복사의 원리를 이용한 것입니다. 물체가 방출하는 전자기파 스펙트럼을 관측하여 물체의 온도를 알아내는 것이지요.

또 흑체복사는 별의 온도를 알아내는 데도 유용하게 사용됩니다. 별이 내는 빛 역시 흑체복사로 볼 수 있기 때문이지요. 흰색 별의 온도가 가장 높고, 그다음이 청색, 노란색, 붉은색 순입니다.

누구도 풀지 못한 숙제

흑체복사 스펙트럼은 좋은 분광기만 가지고 있으면 누구나 측정할 수 있는데, 흑체의 온도에 관계없이 전자기파의 파장이 아주 작거나 아주 클 때 복사에너지가 거의 0이 됩니다. 이를 그래프로 나타내면, 그림1처럼 중간 파장에서 최대의 에너지를 방출하는 종 모양의 곡선으로 표현됩니다.

하지만 당시의 고전물리학(1900년 이전의 물리학. 뉴턴 역학, 전자기학, 열역학 등이 대표적인 고전물리학 분야입니다)으로는 흑체복사에너지가 왜 이런 곡선 모양으로 나타나는지 설명할 수 없었습니다. 흑

    미스터리한 빛의 언어를 해독하려 하다

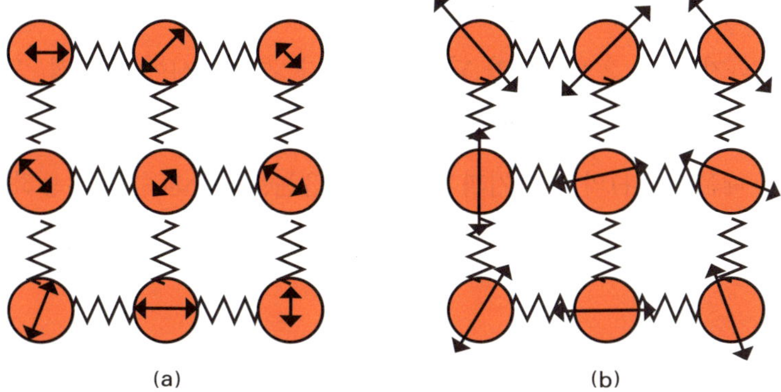

그림2 (a)물체 온도가 낮을 때, (b)물체 온도가 높을 때 입자가 진동하는 모습. 화살표는 진동의 크기를 나타냅니다.

체복사 스펙트럼, 즉 흑체복사를 설명하는 데는 고전물리학 가운데서도 맥스웰이 완성한 전자기학과 맥스웰과 볼츠만이 완성한 통계역학이 가장 적합해 보였습니다. 그래서 1800년대 말부터 쟁쟁한 이론 물리학자들이 흑체복사 스펙트럼을 전자기학과 통계역학으로 설명하는 일에 뛰어들었습니다.

고전물리학에서는 물체를 작은 용수철로 연결된 수많은 입자(원자나 분자가 정확한 표현입니다)의 모임이라고 생각했습니다. 물체가 열에너지를 받아 온도가 높아지면 이 열에너지가 입자에 전달되어 용수철을 진동시키지요. 아울러 에너지가 크면 입자의 진동의 크기가 커지고 주파수가 빨라지고, 작으면 진동의 크기가 줄고 주파수가 느려진다고 보았습니다. 이때 입자는 저마다의 주파수로 진동을 합니다.

정리하자면 가열한 물체를 구성하는 입자들이 여러 주파수로 진동을 하면서, 열에너지가 여러 주파수를 가진 진동에너지로 분산되는 셈입니다. 전자기학에 의하면 진동하는 입자들은 동일한 주파수를 가진 전자기파를 밖으로 방출하는데, 이때 물체 밖으로 빠져나온 전자기파가 바로 흑체복사가 되는 셈입니다. 흑체복사에서 특정 주파수(파장이라고 해도 무방합니다. 전자기파의 경우 '파장=빛 속도/주파수'이기 때문입니다)의 전자기파가 강한 이유는, 이 주파수로 진동하는 입자의 수가 다른 주파수로 진동하는 입자의 수보다 많기 때문입니다.

물리학자들은 고전물리학의 통계역학과 전자기학을 이용해 흑체복사를 설명하려 했지만, 이윽고 큰 어려움에 봉착했습니다. 흑체복사 스펙트럼에서 파장이 아주 긴, 다시 말해 주파수가 낮은 부분은 이론과 실험 결과가 잘 맞았지만, 파장이 짧은 경우는 크게 차이가 났습니다(그 이유는 뒤에 '플랑크의 양자 가설'에서 설명됩니다). 즉 고전물리학 이론에 문제가 있음이 드러난 것입니다. 이렇게 흑체복사의 문제는 답을 찾지 못한 채, 1900년대 물리학자들의 손에 넘어갑니다.

또 다른 빛의 문제

1800년대 말, 달궈진 물체가 방출하는 흑체복사의 문제만큼 고전물리학자들을 괴롭힌 또 다른 중요한 문제가 있었습니다. 바로 파동인 빛을 전달하는 물질이 무엇인지 알아내는 것이었지요.

내가 친구의 목소리, 즉 또 다른 파동인 음파(소리)를 들을 수 있는 것은 공기 덕분입니다. 친구가 내게 무언가 말을 건네고 있다고 합시다. 우선 친구의 성대와 혀가 떨리면서 그 주위의 공기가 함께 진동합니다. 이때 입안은 마치 악기의 울림통과 같은 역할을 하면

미스터리한 빛의 언어를 해독하려 하다

서, 공기 진동을 증폭하여 밖으로 내보냅니다. 그러면 이 공기 진동이 다시 옆에 있는 공기를 순차적으로 진동시켜 내 귀에까지 전달합니다. 이 공기는 다시 내 귀의 고막을 진동시키고, 내 뇌는 이 신호를 받아 해석하여 친구가 한 말을 알아듣게 됩니다.

이처럼 우리는 공기 덕분에 소리를 들을 수 있습니다. 만약 공기가 없는 우주로 나간다면 어떻게 될까요? 옆에서 아무리 크게 소리를 지르더라도 전혀 들을 수 없겠지요. 옆 사람의 말소리는 물론이고, 자신의 말소리조차 들을 수 없으니 기분이 참으로 이상할 것입니다.

영화 〈스타워즈〉처럼 우주가 배경인 영화를 보면, 우주선들이 포를 쏘거나 폭파될 때 굉장히 큰 소리가 납니다. 하지만 공기가 없는 우주에서는 실제로 이런 일이 일어날 수 없습니다. 소름 끼치는 정적 속에서 단지 엄청나게 밝은 빛이 번쩍일 뿐이지요. 영화감독들은 이런 과학적 사실을 알면서도, 보는 사람들의 재미를 위해 우주 전투 장면에 엄청난 빛과 함께 소리를 덧붙입니다.

빛은 소리와 다르다

소리와 빛은 모두 파동이기 때문에, 소리가 전달 물질인 공기를 필요로 한다면, 빛 또한 그럴 것이 당연해 보입니다. 그런데 이 가정에는 문제가 있습니다. 소리와 빛은 같은 파동이더라도 성질이 매우 다르기 때문입니다. 파동의 종류에는 **종파**와 **횡파**가 있는데, 소리는 종파이고 빛은 횡파입니다. 도대체 종파와 횡파는 무엇이 다른 걸까요?

문방구에 가면 슬링키라고 부르는 아주 잘 늘어나는 용수철을 살

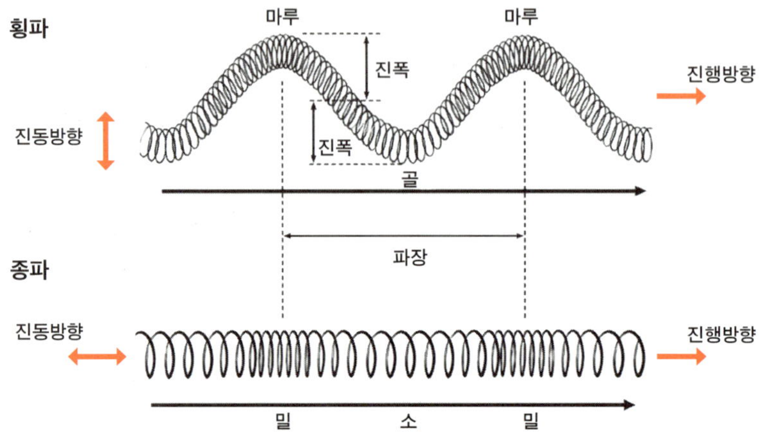

그림3 슬링키로 만들 수 있는 파동. 위는 횡파, 아래는 종파입니다.

수 있습니다. 이 슬링키를 가지고 종파와 횡파가 무엇인지 알아보도록 하지요.

슬링키를 방바닥에 놓고 한 끝을 손으로 잡은 뒤, 슬링키의 길이 방향과 수직하게 진동시킵니다. 그러면 진동 방향과 수직한 방향, 즉 슬링키 길이 방향으로 파동이 퍼져 나갑니다(그림3의 위쪽). 이처럼 진동 방향과 파동의 진행 방향이 수직한 파동을 **횡파**라고 부릅니다.

이번에는 손을 슬링키 길이 방향으로 진동시켜 봅시다(그림3의 아래쪽). 그러면 진동을 시켰던 방향, 즉 슬링키 길이 방향으로 파동이 생깁니다. 진동 방향과 파동의 진행 방향이 같은 이런 파동을 **종파**라고 부릅니다.

소리는 대표적인 종파입니다. 소리굽쇠의 소리가 공기를 통해 전파되는 모습을 떠올려보십시오. 소리굽쇠를 가볍게 두드리면, U자 모양의 위쪽 막대 부분이 좌우로 진동합니다. 그러면 막대의 진동이 주변 공기와 부딪쳐 공기를 압축·팽창시킵니다. 그 결과 공기 밀도가 변화하여 한 방향으로 퍼져 나가면서 소리가 나게 됩니다. 소리는

　　　　　미스터리한 빛의 언어를 해독하려 하다

파동의 진행 방향과 파동의 원인이 되는 요소(이 경우 소리굽쇠 막대)의 진동 방향이 같기 때문에 종파입니다.

반면 빛은 횡파입니다. 앞에서 살펴보았듯이, 1873년 영국의 물리학자 맥스웰은 빛이 전자기파 가운데 하나이며, 전자기파는 횡파라는 사실을 증명했습니다. 전기장 또는 자기장이 진동을 하면, 전자기파가 만들어져 공간으로 퍼져 나갑니다. 이때 전기장 또는 자기장의 진동 방향은 모두 전자기파의 진행 방향과 수직합니다(174쪽 그림1 참조).이처럼 빛은 파동의 원인이 되는 요소(전자기파의 경우 전자기장)의 진동 방향과 파동의 진행 방향이 수직하기 때문에 횡파로 볼 수 있습니다.

빛의 전달 매질은 정말 존재할까?

1900년대 초까지도 과학자들은 에테르라는 빛의 전달 매질이 우주 공간에 퍼져 있어 빛이 전달된다고 철석같이 믿고 있었습니다. 하지만 빛이 횡파라는 사실이 알려지면서 지금까지 에테르의 존재를 믿어 의심치 않았던 고전물리학자들은 큰 충격을 받습니다. 그들을 혼란에 빠뜨린 문제는 다음과 같았습니다.

첫째, 고전물리학에 의하면 횡파는 공기와 같은 희박한 물질 안에서는 전파될 수 없고, 고체처럼 단단한 물질 안에서만 전파될 수 있습니다. 그런데 태양빛은 횡파임에도 공기를 지나옵니다.

둘째, 파동의 전달 속도는 전달 물질의 밀도에 따라 달라지는데, 빛처럼 빠른 속도로 이동하려면 밀도가 아주 커야 합니다. 하지만 공기의 밀도는 아주 작습니다.

예를 들어 설명해보지요. 소리의 속도는 전달 물질에 따라 달라집니다. 밀도가 낮은 기체인 공기를 통해서는 초속 340m 정도의 속도로 전달되지만, 밀도가 높은 쇠막대를 통해서는 초속 6,000m 이상의 속도로 훨씬 빨리 전달됩니다. 간혹 영화를 보면 아메리카 인디언이나 남미 인디언들이 땅에 귀를 대고 소리를 듣는 장면이 나옵니다. 소리가 기체인 공기보다 고체인 땅을 통해서 훨씬 빨리 전파된다는 사실을 경험을 통해 알고 있었던 것이지요. 인디언들은 이를 이용해 적들이 눈에 보이지 않는 먼 곳에서 말을 타고 오고 있음을 알아냅니다.

그런데 빛의 속도(초속 30만km)는 소리의 속도(초속 340m)와 비교할 수 없을 정도로 훨씬 빠릅니다. 따라서 고전물리학의 이론대로 기체에서보다 고체에서 물질의 전파 속도가 더 빠르고, 횡파인 빛은 고체에서만 전달된다면, 빛의 전달 물질인 에테르는 금속과는 비교할 수 없을 정도로 단단한 고체여야 합니다. 그러면서도 천체나 우리의 몸이 에테르 속을 아무런 방해 없이 움직여야 합니다. 도대체 에테르가 어떤 물질이어야 이런 요구를 모두 만족시킬 수 있을까요? 물리학자들조차 도무지 상상할 수 없었습니다.

흑체가 방출하는 빛(전자기파)인 흑체복사와 빛의 전달 매질을 발견하려는 물리학자들의 노력은 1900년대에 들어와 현대물리학이라는 새로운 물리학을 발견하게 되는 중요한 계기가 됩니다.

　　　　　미스터리한 빛의 언어를 해독하려 하다

보이지 않는 광선 속에서
원자의 비밀을 캐다

저녁이 되면 거리의 가로등에 불이 들어옵니다. 이 가로등은 고대 그리스와 로마 시대에 이미 사용된 기록이 있을 정도로 오랜 역사를 지니고 있습니다. 다만 이때는 기름을 태워 불을 밝혔지요. 이후 가스등, 전기등이 개발되었고, 현재는 태양광을 이용한 LED 가로등까지 등장하여 다양한 종류의 가로등이 사용되고 있습니다.

우리나라에서는 1897년 1월 한양(지금의 서울특별시)에 최초의 가로등이 세워졌습니다. 얼마 전까지는 주로 푸르스름한 빛을 내는 수은등이나 노란빛을 내는 나트륨등이 가로등으로 사용되었는데, 이는 모두 1800년대 후반에 유행한 음극선 실험에서 아이디어를 얻어 만들어진 제품입니다. 이 음극선은 전기와 더불어 새로운 물리학 발견의 토대가 되었고, 이로 인해 우리의 생활도 크게 달라졌습니다.

음극선 실험이 유행을 타다

1800년대에 들어와 물리학에서는 전기에 관한 연구가 유행했습니다. 물리학에 무슨 유행이 있냐는 사람도 있겠지만, 물리학도 패션 못지않게 유행을 탑니다. 최근의 사례를 보자면, 1987년에 고온초전도체가 발견되자 근 10년간 고온초전도체 연구가 물리학 연구의 중심으로 자리를 잡았습니다. 초전도체를 사용하면 송전 시 소모되는 전기에너지를 없앨 수 있고, 자기부상열차 또한 만들 수 있을 거란 기대감 때문이었습니다. 그러나 어떤 물체를 초전도체로 만들려면 여전히 액체질소(-196℃)로 냉각해야 한다는 사실이 알려지면서, 그에 대한 관심도 금세 사그라들었습니다. 지금은 탄소나노튜브, 그래핀과 같은 나노기술NT 연구가 물리학을 주도하고 있습니다. 휘는 디스플레이나 전력 소모가 아주 작은 전자제품을 만들 수 있다는 기대감 때문입니다. 동시에 인공지능AI, 양자컴퓨터에 대한 연구도 활발히 진행되고 있습니다. 하지만 이들 역시도 기대를 만족시키지 못하는 순간, 인기가 사그라들 가능성이 큽니다. 이처럼 물리학도 유행을 많이 탑니다.

1800년대 후반에는 음극선 연구가 유행했는데, 여기에는 진공펌프의 발명과 유리 세공기술의 발전이 큰 몫을 했습니다. 유리관에 전극을 넣고 진공펌프(밀폐된 공간에 들어 있는 기체를 빨아들여 외부로 내보내는 장치)로 공기를 뽑아 기압을 낮춘 후, 유리관을 밀봉해 음극선관을 만들었지요. 이 음극선관의 전극에 높은 전압을 걸어 주면, 기체가 방전(작은 번개라고 생각하면 됩니다)을 일으켜 푸르스름한 선이 나타납니다. 이 선을 **음극선**이라 부르는데, 음극(-극)에서 어떤 입자가 나와 양극(+극)으로 들어간다고 생각하여 이런 이름을 붙였

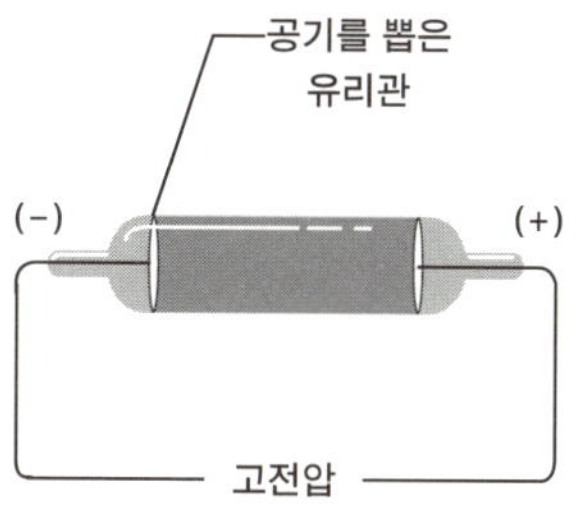

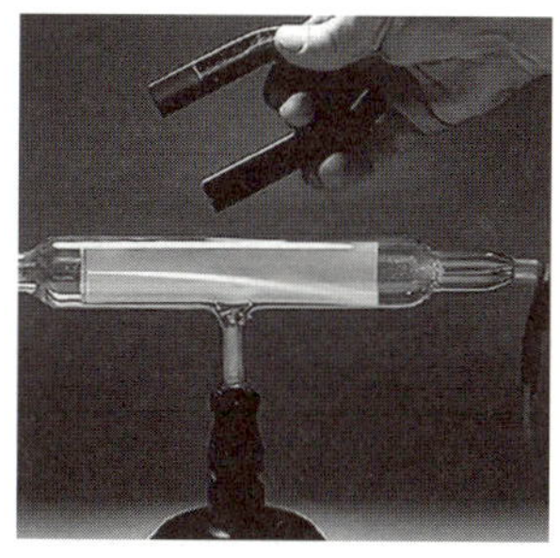

음극선관과 음극선. 음극선에 자석을 가까이 하면 음극선이 휩니다.

습니다. 이후 물리학자들은 음극선 주위에 자석을 대자 음극선이 휘는 것을 보고, 음극선이 전하를 가진 입자들의 흐름이라는 것을 알게 되었습니다.

음극선은 음극에서 나온 빠른 속도의 입자들이 유리관에 남아 있는 기체 분자들과 충돌하면서 빛을 내어 생깁니다. 이때 나오는 음극선의 색과 밝기는 유리관 속 기체 분자들의 종류와 압력에 따라 달라집니다. 만약 음극선관을 공기 대신 네온 기체로 채우면, 우리에게 친숙한 붉은색의 네온사인이 됩니다. 또 나트륨 기체로 채우고 전압을 걸면 노란빛을 내는 나트륨등이 되지요. 그리고 작은 수은 방울이 들어 있는 음극선관에 전압을 걸면 푸른빛을 내는 수은등이 됩니다. 수은이 증발하여 수은 기체가 만들어지고, 이것이 고속의 입자와 충돌하여 빛을 내는 것입니다.

이처럼 음극선관은 기체의 종류마다 다른 색깔의 빛을 내는데, 고전물리학으로는 이런 현상을 설명할 수 없었습니다. 그래서 물리학자들은 이 현상을 설명하기 위해 많은 고심을 했습니다.

1895년에는 음극선 실험과 관련된 더 극적인 사건이 일어났습니다. 바로 X선이 발견된 것입니다. 당시 독일의 뢴트겐(1845~1923)은 음극선관을 가지고 실험하다가 놀라운 결과를 얻습니다. 음극선을 금속에 쪼이자 엄청난 투과력을 가진, 눈에 보이지 않는 강하고 새로운 빛이 발생한 것입니다. 뢴트겐은 이를 발견하고도, 이것이 무엇인지 몰랐습니다. 그래서 수학에서 모르는 값에 x라는 기호를 붙인다는 것을 떠올려, 새로 발견한 빛에 X선이라는 이름을 붙였습니다.

이윽고 사람들 사이에서 X선이 위험하다는 소문이 퍼지면서, 많은 이들이 X선을 두려워하게 되었습니다. 한편에서는 X선 안경을 쓰면 사람의 알몸이 보인다는 잘못된 지식이 알려져 여성들이 외출을 삼가기도 했지요. 상황이 어쨌든, 뢴트겐은 X선을 발명한 공로로 1901년에 제1회 노벨 물리학상을 수상하였습니다. 물리학자들은

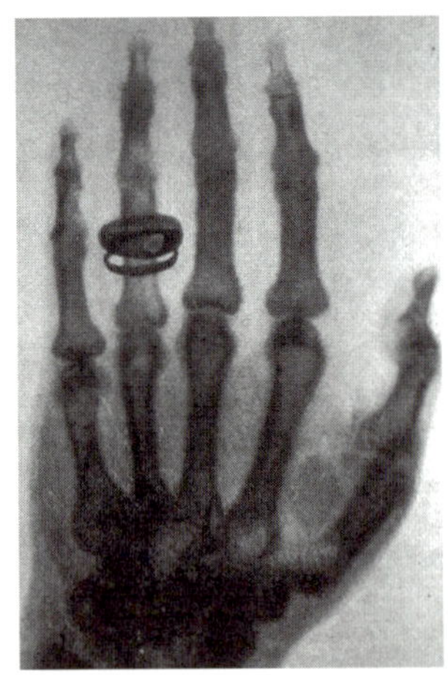

빌헬름 콘라트 뢴트겐과 그가 찍은 최초의 X선 사진인 자신의 부인의 손 모습

　　　　보이지 않는 광선 속에서 원자의 비밀을 캐다

이후 수십 년이 더 지나서야 X선이 맥스웰이 예언한 전자기파의 한 종류라는 사실을 알게 되었지요.

노벨상을 만든 노벨은 자기의 재산을 모두 내놓으며 "중요한 발견을 통해 인류에게 크게 공헌한 사람에게 상장과 상금을 주라"라는 유언을 남깁니다. 뢴트겐의 발견은 그 유언에 꼭 들어맞는 것이었지요.

잘 알고 있듯이, 우리는 X선을 이용해 눈으로는 볼 수 없었던 신체 내부를 보게 되었습니다. 그리고 이는 의학기술을 획기적으로 발전시키는 계기가 되었지요. 오늘날 우리는 X선 컴퓨터 단층촬영 장치인 CT를 사용해 인체의 단층 영상 및 3차원 영상을 얻을 수 있습니다. 만약 이런 X선 장비가 없었다면, 수많은 사람들이 정확한 치료를 받지 못해 고통받고, 의사들 또한 진단을 내리는 데 큰 어려움을 겪었겠지요.

원자보다 작은 전자의 발견

또한 물리학자들은 음극선 실험을 통해 물질을 구성하는 기본 입자(소립자라고도 부릅니다) 중 하나인 전자를 발견합니다. 전자는 음극선관의 음극에서 튀어나오는 입자로, 크기가 워낙 작기 때문에 눈으로는 볼 수 없지요. 다만 수많은 전자들이 음극에서 튀어나올 때 음극선관 안의 기체와 충돌하여 약한 빛이 발생하는 것을 보고, 전자의 존재를 간접적으로나마 알 수 있습니다.

전자기 현상을 일으키는 주범이자, 자연의 중요 구성원인 이 전자를 우리에게 알려준 과학자는 영국의 조지프 존 톰슨(1856~1940)이

조지프 존 톰슨

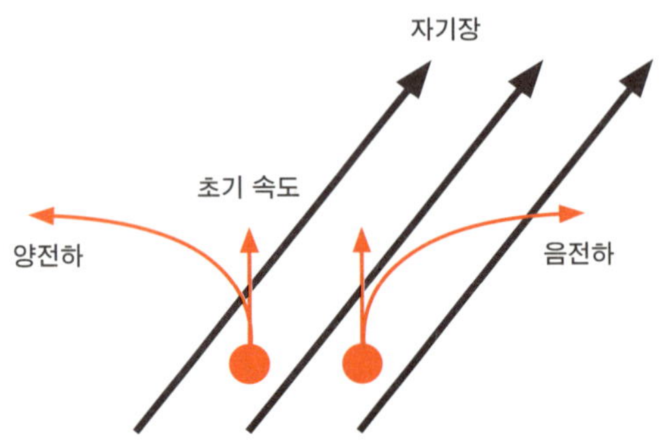

그림1 음극선에 자기장을 걸어주면 전하에 자기력이 작용해 전하가 똑바로 나가지 못하고 휩니다.

었습니다.

톰슨은 영국 케임브리지 대학 캐번디시 연구소의 실험물리학 교수였는데, 1897년에 실험을 하다가 음극선에 자기장을 걸면 음극선이 원형으로 휜다는 사실을 발견했습니다. 그림1에서 보는 것처럼, 전하가 자기장 속을 통과하면 자기력을 받아서 직진하지 못하고 휘게 되는 것이지요. 이때 어느 쪽으로 휘는지를 살펴보면, 전하의 부호가 양(+)인지 음(−)인지를 알 수 있습니다.

또 얼마나 휘는지를 측정하면, 전하의 전하량 대 질량의 비(즉 전자 전하량을 전자 질량으로 나눈 값)를 알 수 있습니다. 이런 방법으로 톰슨은 음극선(우리 눈에는 보이지 않는 매우 작고 가벼운 전자들의 집단)이 음전하를 가지고 있으며, 전자 하나의 전하량 대 질량의 비가 대략 1.759×10^{11}C/kg인 것을 발견하고, 이를 영국 왕립학회에서 발표했습니다. 톰슨이 발견한 전자는 음극을 구성하는 금속 원자로부터 나온 것이므로, 인류가 발견한 최초의 원자보다 작은 입자라는 점에서 중요한 의미를 가집니다. 이러한 전자가 발견됨으로써 과학자들은 물질의 최소 구성단위라 생각했던 원자 안에 더 작은 입자가

보이지 않는 광선 속에서 원자의 비밀을 캐다

존재함을 알게 되었고, 이때부터 원자보다 작은 세계에 눈을 돌리기 시작했습니다.

톰슨의 원자모형

전자의 발견으로 톰슨은 1906년에 노벨 물리학상을 수상하였습니다. 더불어 영국 국왕으로부터 명예귀족 작위도 받게 되었지요. 톰슨의 이름에는 J. J.가 붙는데, 그의 아들 G. P. 톰슨(1892~1975)과 구별하기 위해서입니다. 그의 아들 역시 뛰어난 물리학자로, 아버지가 발견한 전자를 이용한 실험으로 1937년에 노벨 물리학상을 수상하였습니다. 이처럼 아버지와 아들이 각각 노벨상을 수상한 것은 역사적으로도 매우 이례적인 일입니다. 그야말로 가문의 영광인 셈이지요.

이후 J. J. 톰슨은 전자의 크기가 원자에 비해 매우 작다는 사실과 원자의 전하량이 0(즉 원자는 전기적으로 중성)이라는 사실에 근거해 새로운 원자모형을 제안하였습니다. 이전의 원자모형은 돌턴이 제안한 것으로 단순한 구슬 형태였는데, J. J. 톰슨은 이와 다르게 둥근 푸딩(부드러운 서양의 디저트) 모양의 양전

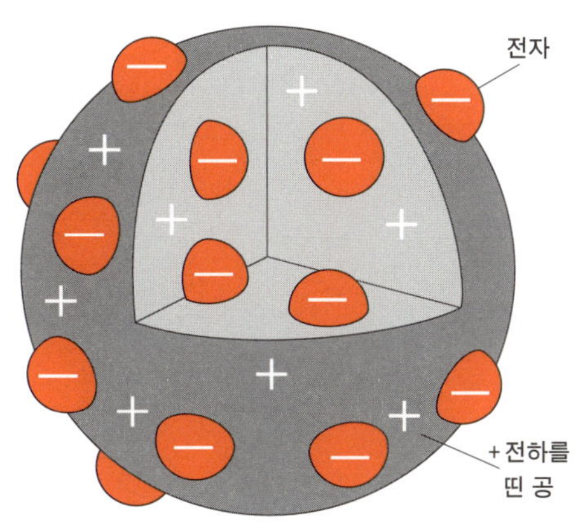

그림2 J. J. 톰슨이 제안한 건포도-푸딩 원자모형

하 덩어리에 음전하인 전자가 건포도처럼 박혀 있는 건포도-푸딩 원자모형을 제안했습니다.

이후 톰슨은 전자기학을 완성한 맥스웰의 뒤를 이어 영국 케임브리지 대학에 있는 캐번디시 연구소의 소장이 되었습니다. 톰슨이 소장으로 있던 1800년대 말부터 1900년대 초까지, 캐번디시 연구소는 많은 노벨상 수상자를 배출하여 세계 물리학의 중심 역할을 하였습니다.

케임브리지시는 지금도 중세 유럽의 모습을 고스란히 간직하고 있습니다. 영국을 여행하게 된다면 꼭 이곳을 방문해, 뉴턴이 공부하고 연구했던 트리니티 칼리지와 맥스웰, 톰슨이 연구했던 캐번디시 연구소를 둘러보기 바랍니다.

 보이지 않는 광선 속에서 원자의 비밀을 캐다

빛은 파동이 아닌 입자다

일반적으로 '닭이 먼저냐, 달걀이 먼저냐?'라는 물음은 답을 맞히기 어려운 난해한 질문으로 손꼽힙니다. 닭이 먼저라고 하면 달걀이 없는데 어떻게 닭이 태어날 수 있느냐는 반박을 받게 되고, 달걀이 먼저라고 하면 역시 닭이 없는데 어떻게 달걀이 만들어질 수 있느냐는 반박을 받게 되지요.

물리학에서도 이와 비슷한 난제가 있습니다. 바로 '빛이 입자냐, 파동이냐?' 하는 문제이지요. 1670년경 영국의 뉴턴은 프리즘을 이용해 태양빛을 무지개 색으로 나누었습니다. 그리고 이를 설명하기 위해 '빛이 여러 색깔의 입자로 이루어져 있다'라고 주장했지요. 하지만 네덜란드의 하위헌스로 대표되는 유럽의 과학자들이 곧바로 이 주장을 반박하고 나섰습니다. 그들은 '빛이 파동'이라고 주장했지요. 그 뒤 1800년경 영국의 영이 이중슬릿 실험을 통해 빛의 간섭 현상을 발견했고, 이로써 빛의 파동설이 의심할 수 없는 과학적 사실로 받아들여지게 되었습니다. 반면 빛의 입자설은 더 이상 학계에 발을 붙일 수 없게 되었지요.

입자와 파동은 매우 다릅니다. 입자를 대표하는 단단한 돌덩이와 파동을 대표하는 소리나 파도를 떠올려보면, 그 차이가 더욱 명확해지지요. 따라서 빛이 파동이라면, 입자가 아닌 게 당연합니다. 하지만 빛은 우리가 생각하듯, 그렇게 단순하지 않습니다. 이제부터 그 이야기를 해보겠습니다.

자외선을 비추니 전자가 튀어나오다

고전물리학이 완성되는 시기인 1800년대에는 과학자의 수가 크게 증가했습니다. 이들은 국가의 지원을 받으며 연구소나 대학에서 다양한 연구를 했지요. 과학자들은 편지나 발표를 통해 다른 이들의 흥미로운 연구 소식을 접하고, 자신은 조금 다른 방식으로 실험해보면서 새로운 발견을 이루어 나갔습니다.

당시 음극선 실험이 대유행을 한 데는 이와 같은 배경이 있었지요. J. J. 톰슨이 음극선관에 자기장을 걸어 전자를 발견한 것처럼, 이번에는 음극선관에 빛을 쪼이면서 변화를 관찰하는 과학자들이 생겨났습니다. 그 결과 1800년대 중반에 이르러, 음극선관의 음극에 쪼이는 빛의 세기에 따라 음극선에 변화가 생긴다는 사실이 알려졌습니다. 이어서 과학자들은 음극선관을 이용한 장치로 빛의 세기를 측정하고자 했고, 빛이 음극선(즉 전자)에 미치는 영향에 대해서도 관심을 갖기 시작했습니다.

그중에서도 독일의 헤르츠는 맥스웰이 예측한 전자기파(빛은 전자기파의 한 종류입니다)를 실험을 통해 최초로 관측한 것으로 유명

     빛은 파동이 아닌 입자다

한 사람입니다. 그는 전자기파 관측 실험을 하면서 전자기파 수신안테나 역할을 하는 금속 구에 자외선을 비추면 금속 구 사이에서 스파크가 더 잘 일어나는 것을 확인하였습니다. 자외선은 눈에 보이지 않고 빛보다 파장이 조금 짧은 전자기파로, 우리의 피부를 태우는 성질을 가지고 있고 세균을 죽이는 살균 효과도 지니고 있지요.

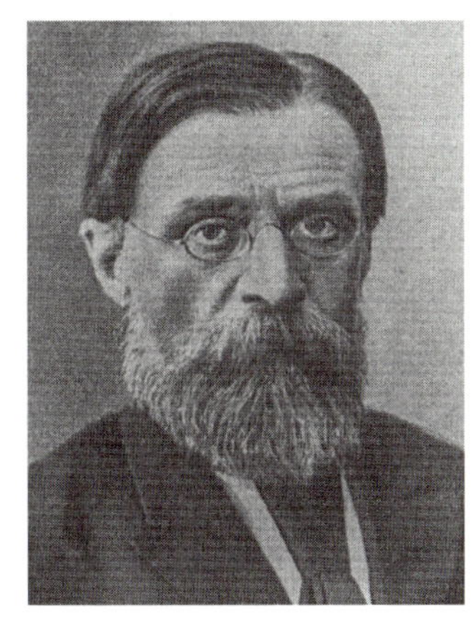

알렉산드르 스톨레토프

헤르츠 본인은 이 발견에 큰 흥미를 느끼지 못했지만, 러시아의 물리학자 스톨레토프(1839~1896)가 여기에 관심을 갖고 1888년부터 1891년까지 체계적으로 연구했습니다.

스톨레토프는 우선 음극선관의 디자인에 변화를 주었습니다. 전극의 면적을 크게 늘리고, 전극 표면에 자외선을 비추었지요. 그러자 흡사 음극선관에 전압을 건 것처럼 전류가 나타났습니다. 이것은 자외선에 의해 전극 표면에서 입자(앞서 톰슨이 발견한 전자)가 튀어나왔음을 의미합니다. 이 현상은 빛(광)에 의해 금속에서 전자(전)가 튀어나온다고 해서 **광전효과**라고 부르며, 이때 튀어나오는 전자를 **광전자**라고 부릅니다.

스톨레토프와 다른 과학자들은 계속해서 광전효과가 가진 여러 특성들을 밝혀냅니다. 가장 놀라운 특성은 바로 빛(눈으로 볼 수 있다고 해서 **가시광선**이라고도 부릅니다)과 같이 파장이 긴 전자기파를 금속 전극 표면에 비추면, 빛의 세기에 관계없이 금속에서 광전자가 튀어나오지 않는다는 것이지요.

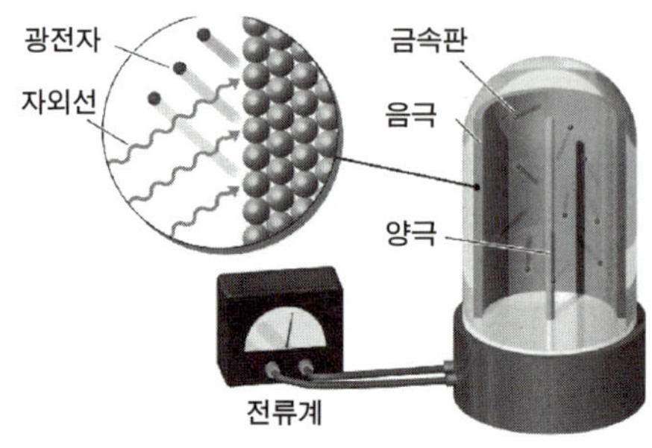

그림1 광전효과 실험 장치

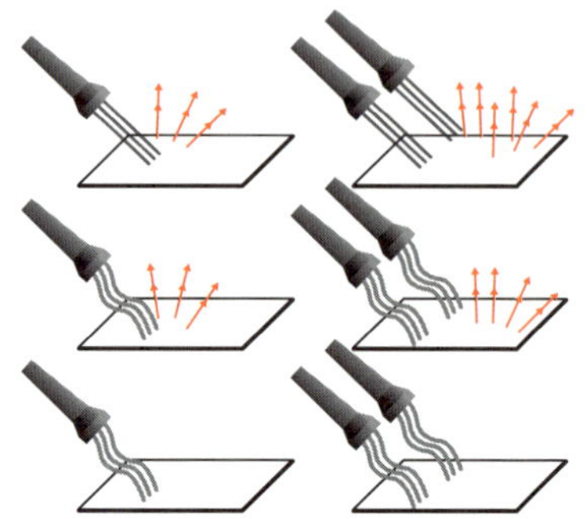

그림2 파장이 짧은 자외선을 비추면 (왼쪽 중간과 위) 금속 표면에서 광전자가 튀어나오지만, 파장이 긴 가시광선을 비추면(왼쪽 아래와 오른쪽 아래) 광전자가 튀어나오지 않습니다.

하지만 빛보다 파장이 짧은 자외선을 비추면, 자외선의 세기가 아무리 약하더라도 광전자가 튀어나옵니다. 그리고 이때 금속 표면에서 튀어나오는 광전자의 수는 자외선의 세기에 비례합니다. 자외선의 세기가 강할수록 더 많은 광전자가 튀어나오는 것이지요.

그러나 앞서 이야기하였듯이 파장이 긴 빛을 비추면, 아무리 빛의 세기를 강하게 하더라도 광전자가 튀어나오지 않습니다. 또한 전극의 금속 종류가 달라지면, 광전자가 튀어나오는 자외선의 파장도 달라집니다.

다시 고개를 드는 빛 입자설

광전효과 실험 결과가 물리학자들의 흥미를 끌면서, 자연스럽게 광전효과를 고전물리학으로 설명하려는 노력이 뒤따랐습니다. 학

빛은 파동이 아닌 입자다

자들은 우선 빛이나 자외선은 전자기파 즉 파동이므로 전자기파의 파동성을 이용해 광전효과를 설명하려 했지요. 그러나 이 시도는 곧바로 벽에 부닥치고 맙니다.

예를 들어 설명해보겠습니다. 잘 아는 것처럼, 파동인 파도는 조력에너지를 가집니다. 파동인 빛도 마찬가지로 에너지를 갖지요. 따라서 빛을 금속 표면에 비추면, 빛에너지의 일부가 금속 표면에 있는 원자에 전달되고, 나머지 에너지는 에너지 보존 원리에 의해서 반사되는 빛에 실려 밖으로 나갑니다.

좀 더 쉽게 설명해보지요. 원자는 원자핵과 그 주위를 도는 전자들로 구성되어 있습니다. 따라서 빛에너지가 원자핵과 전자에 전달되지요. 그런데 원자핵은 전자에 비해 엄청 무겁기 때문에 가속이 어려워 거의 움직이지 않습니다. 반면 금속 표면에 있는 전자들은 가볍기 때문에 에너지를 받아 속도가 빨라지면서 금속 밖으로 쉽게 빠져나옵니다. 이것이 광전자가 생기는 이유이지요. 고전물리학은 여기까지만 설명하고 있습니다.

따라서 고전물리학의 에너지 전달 개념으로는 광전효과의 가장 중요한 특징인, 파장이 짧은 자외선을 비출 때에만 광전자가 튀어나오는 현상을 설명할 수 없습니다. 자외선이나 빛 모두 파동이므로 에너지를 가지고 있습니다. 따라서 세기만 세게 하면 어느 전자기파를 비추든 광전자가 튀어나와야 합니다. 하지만 실제 결과는 달랐지요. 그러다 보니 지금껏 믿어왔던 '빛의 파동설'에 의심이 생기면서, 다시 '빛이 입자'라는 주장이 슬슬 고개를 들기 시작합니다.

갈릴레이에서 시작된 고전물리학은 뉴턴, 맥스웰 등 대략 200년의 세월을 거치면서 완성을 목전에 둔 듯했습니다. 하지만 1900년대를 앞둔 상황에서 프라운호퍼선(1814년 프라운호퍼가 분광기를 이용해 태양빛 스펙트럼에서 발견한 검은 선들을 말합니다), 흑체복사, X선, 광전효과 등 풀리지 않는 문제들이 속속 발견되면서 큰 위기를 맞게 되었지요. 하지만 '위기가 곧 기회'라는 격언처럼, 고전물리학을 고전하게 했던 이 현상들은 양자역학이라는 새로운 물리학을 탄생시키는 계기가 됩니다. 양자역학은 마이컬슨-몰리 실험(뒤에서 설명합니다)을 계기로 탄생한 상대성이론과 함께, 1900년 이후의 새로운 물리학인 현대물리학의 중심축이 되지요.

이 장에서 소개한 광전효과 또한 고전물리학으로는 설명할 수 없는 양자역학적인 현상입니다. 이를 새로운 이론으로 설명하고자 시도한 최초의 과학자가 바로 상대성이론을 발견한 아인슈타인이었지요. 그는 대학에서 직장을 구하려다 실패하고, 26살에 친구 아버지의 도움으로 스위스 취리히의 특허사무국에서 일을 시작하였습니다. 그리고 1905년에 특수상대성이론과 함께 광전효과를 설명하는 이론을 발표하였지요. 그의 주장의 핵심은 빛이 파동이 아닌 입자처럼 행동하기 때문에 광전자를 튀어나오게 한다는 것이었습니다. 뒤에서 더 자세히 설명하겠습니다.

미국의 물리학자 밀리컨(1868~1953)은 아인슈타인의 광전효과 이론 논문을 읽고 나서, 빛이 입자라는 그의 주장이 잘못되었다고 생각합니다. 그리고 이를 반박할 실험을 준비하였지요. 하지만 밀리컨의 기대와 달리, 실험 결과는 아인슈타인의 주장이 옳았음을 보여주었습니다. 오히려 이 실험으로 인해 아인슈타인은 더욱더 과학계의 주목을 받게 되었고, 1921년에는 광전효과를 설명한 공로로 노벨 물리학상까지 수상하였지요. 아인슈타인은 독일의 히틀러를 피해 미국으로 망명했을 때, 밀리컨을 만나 감사를 표시하기도 했습니다.

밀리컨 역시 1923년에 전자의 전하량을 측정한 공로로 노벨 물리

  빛은 파동이 아닌 입자다

광전효과를 빛의 입자성으로 설명한 알베르트 아인슈타인(왼쪽)과 실험을 통해 이를 증명한 로버트 앤드루스 밀리컨

학상을 받았습니다. 톰슨이 전자의 전하량 대 질량의 비를 측정한데 이어 밀리컨이 전자의 전하량을 밝히면서 우리는 비로소 전자의 질량을 알 수 있게 되었지요.

쓸모가 많은 광전효과

새로운 물리 현상의 발견은 곧 유용한 발명으로 이어집니다. 광전효과를 발견한 스톨레토프는 금속 표면에 빛을 비추면 전자가 튀어나와 전류가 흐르는 것을 이용해 세계 최초로 태양전지를 발명하였지요. 태양빛을 이용해 전기에너지를 얻은 것입니다. 하지만 스톨레토프의 태양전지는 반도체를 사용하는 현재의 태양전지에 비해, 공급 전력이 매우 적고 효율이 낮아 지금은 사용되지 않고 있습니다.

광전효과는 현재 광전 증폭관, 야간 투시경, CCD(전하결합소자)

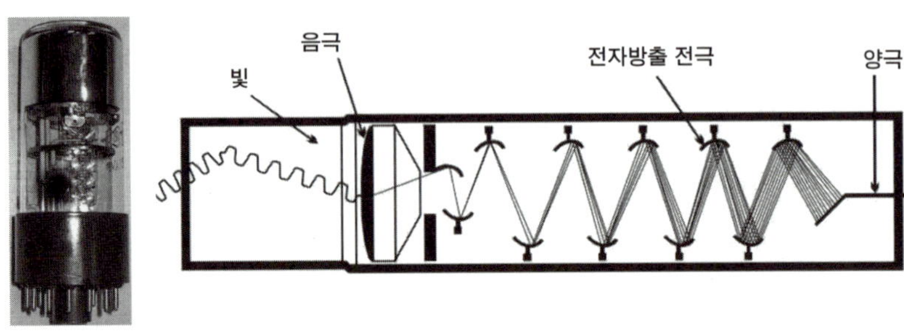

광전 증폭관과 그 작동 원리

등에 응용되고 있습니다. 그중 광전 증폭관은 광전자의 수를 획기적으로 늘려 매우 약한 빛까지 검출해주는 장치로, 안에 광전자를 잘 내놓는 금속 전극들이 서로 마주 보고 나열되어 있습니다. 그 원리를 살펴보면, 우선 매우 약한 빛이 유리관 안에 있는 첫 번째 금속 전극에 비치고, 여기서 몇 개의 광전자가 발생합니다. 이 광전자들이 옆에 있는 전극과 충돌하면서 더 많은 광전자가 만들어집니다. 이런 식으로 광전자가 여러 개의 전극을 거치면서 그 수가 기하급수적으로 증가하여, 빛을 측정이 가능한 전류로 바꾸게 됩니다. 이때 광전 증폭관에 흐르는 전류는 들어온 빛의 세기에 비례하므로, 이를 이용해 약한 빛의 세기를 정확히 측정할 수 있습니다.

어두운 밤, 군인들이 작전을 펼칠 때 사용하는 야간 투시경도 광전 증폭관과 같은 원리를 이용한 것입니다. 야간 투시경은 사물에 부딪쳐서 반사된 희미한 별빛을 수천, 수만 배로 증폭시켜 보여줍니다. 따라서 야간 투시경을 사용하면, 맨눈으로는 아무것도 보이지 않는 깜깜한 상황에서도 물체를 식별할 수 있습니다.

마지막으로 디지털카메라에서 가장 중요한 CCD에도 광전효과의 원리가 적용됩니다. CCD는 1969년에 스미스와 보일이 함께 개발한 것으로, 사각형 격자 형태의 수많은 소형 전자소자로 이루어져 있습

빛은 파동이 아닌 입자다

니다. 우선 카메라 렌즈를 통해 들어온 빛이 CCD에 비치면, 각각의 소자가 광전효과를 일으킵니다. 즉 빛의 세기에 비례해 전자(전하)를 발생시킵니다. 이렇게 각 소자에 발생한 전하 정보를 복잡한 전자회로를 통해 재구성하면, 카메라로 찍은 영상을 눈으로 볼 수 있습니다.

헤르츠의 우연한 발견이 스톨레토프, 아인슈타인, 밀리컨의 연구로 이어지면서, 광전효과는 결국 디지털카메라의 발명을 낳았습니다. 기초과학, 특히 물리학을 발명의 어머니라고 부르는 이유를 이제는 알겠지요?

실패해서 물리학 역사상 가장 유명해진 실험

──────────── 마이컬슨-몰리 실험

한국에서 중고등학교를 다녔다면, 아인슈타인을 모르는 사람이 거의 없을 것입니다. 아인슈타인은 상대성이론의 발견으로 당대와 현대에 세계 최고의 유명인이 되었지요. 물론, 미래에도 영원한 슈퍼스타로 남을 것입니다.

그러나 제아무리 똑똑한 천재라도 무에서 유를 창조해낼 수는 없습니다. 중력의 발견으로 세계를 놀라게 한 뉴턴도 "내가 다른 사람들보다 더 멀리 볼 수 있었던 것은, 거인의 어깨에 서 있었기 때문입니다"라고 말했지요. 아인슈타인 역시 다른 물리학자들의 발견과 도움이 없었다면, 상대성이론을 발견할 수 없었을 것입니다. 그 가운데서도 마이컬슨의 발견이 아인슈타인의 발견에 결정적인 영향을 끼쳤지요. 이제 마이컬슨과 그의 발견에 대해 알아봅시다.

중세의 유물—에테르

뉴턴이 활약한 1700년대 중반에는 중세의 아리스토텔레스가 주장한 자연철학이 무너지고, 근대물리학인 고전역학이 자리를 잡은 상태였습니다. 하지만 이때에도 아리스토텔레스의 영향력이 완전히 사라진 것은 아니었습니다. 에테르(제5원소라고도 부르며, 지상에는 없고 천상 세계에만 존재한다고 생각한 물질)와 절대라는 개념이 여전히 살아남아 사람들을 지배하고 있었지요.

아리스토텔레스의 자연철학에서는 지구가 우주의 중심으로서 절대적인 위치를 차지하고 있었습니다. 그리고 이 '절대'라는 개념은 놀랍게도 코페르니쿠스의 과학혁명과 뉴턴의 역학 시대를 거친 이후에도 여전히 존재감을 발휘하고 있었지요. 뉴턴은 우주의 절대적 지배자인 신이 세상의 모든 것을 주관한다고 굳게 믿었습니다. 그리고 우주에는 움직이지 않는 절대공간과 누구에게나 동일한 절대시간, 그리고 절대공간에 대해 측정한 절대속도가 존재한다는 사실 또한 믿어 의심치 않았습니다.

뉴턴과 같은 근대과학자들은 절대공간에 에테르라는 물질이 퍼져 있어 빛과 힘이 전달된다고 생각했습니다. 이러한 주장을 에테르설이라고 불렀는데, 이 주장의 한편에는 절대적인 우주와 절대적인 관찰자인 신이 존재한다는 생각이 깔려 있었습니다. 에테르설의 지지자들은 신이 우주의 모든 물체의 절대속도를 측정할 수 있으며, 우주의 사건들은 물리학 법칙에 따라 일어나기 때문에 절대속도만 알면 매 순간 우주에서 무슨 일이 일어날지 알 수 있다고 주장하였습니다. 다시 말해 신이 미래에 일어날 일들을 모두 알고 있다고 믿은 것이지요.

빛이 전자기파임을 알아낸 맥스웰도 전자기파의 전파를 위해서는 에테르가 반드시 필요하다고 생각했습니다. 그래서 에테르가 어떤 물질인지, 또 전자기파는 에테르 속에서 어떻게 전파되는지를 설명하고자 노력했으나 끝내 답을 찾지 못했습니다.

이처럼 에테르의 본질에 대한 이론 물리학자들의 연구가 지지부진해지자, 이번에는 실험 물리학자들이 에테르의 존재를 증명하기 위해 나섰습니다. 그중 대표가 바로 미국의 마이컬슨(1852~1931)이었습니다.

최초의 미국인 노벨상 수상자 마이컬슨

마이컬슨은 1852년 프로이센(지금의 독일)의 유대인 집안에서 태어나, 두 살이 되던 해에 부모와 함께 미국으로 이민을 갔습니다. 그는 캘리포니아주에서 고등학교를 졸업하고, 미국 그랜트 대통령의 특별 지시를 받아 아나폴리스에 있는 해군사관학교에 들어갔지요. 졸업 후에는 2년 동안 바다에서 해군으로 근무하다가, 25살 때 다시 해군사관학교로 돌아와 생도들에게 물리학을 가르쳤습니다. 바로 이때부터 마이컬슨은 빛 속도를 측정하는 실험을 시작하여, 평생 동안 빛을 연구하게 되었습니다.

31살이 되던 1883년에는 클리블

앨버트 마이컬슨

   실패해서 물리학 역사상 가장 유명해진 실험

랜드주에 있는 케이스 응용과학대학(현재 케이스 웨스턴 리저브 대학)의 물리학 교수가 되었습니다. 그는 이 대학에서 당시 최고의 성능을 지닌 간섭계를 만들었는데, 후에 그의 이름을 따 마이컬슨 간섭계라 불리게 되었습니다. 1887년에는 광학에 관심이 컸던 같은 대학의 화학교수 몰리(1838~1923)와 함께 에테르의 존재를 검증하기 위한 마이컬슨-몰리 실험을 시작했습니다. 이 실험은 이후 아인슈타인(1879~1955)이 특수상대성이론을 발견하는 데 중요한 단서가 되었습니다.

마이컬슨-몰리의 실험으로 유명해진 마이컬슨은 1892년에 시카고 대학의 물리학과 과장이 되어 은퇴할 때까지 그곳에서 연구를 계속했습니다. 그리고 30년에 걸친 빛 연구 공로를 인정받아 1907년에 미국인 최초로 노벨물리학상을 수상했습니다. 노벨 재단은 '정밀한 광학기구를 발명하여 분광학과 도량학(미터나 킬로그램처럼 과학에 사용되는 단위를 연구하는 분야) 발전에 기여한 점'을 그의 수상 이유로 꼽았습니다.

마이컬슨 간섭계

마이컬슨의 가장 큰 업적은 정밀한 간섭계의 발명이었습니다. 그에게 노벨상의 영광을 안겨준 마이컬슨 간섭계에 대해 좀 더 자세히 알아보겠습니다.

그림1은 마이컬슨 간섭계의 개략도입니다. 맨 왼쪽에 가는 빛살(빔이라고도 부르며, 가는 빛줄기를 말합니다)을 내는 광원이 있습니다. 광원 바로 오른쪽에는 필터가 있는데, 광원의 색을 걸러내어 단색

(한 가지 색)의 빛으로 만드는 역할을 합니다. 형광등 앞에 빨간색 필터를 놓으면 빨간색만 투과되는 것과 같은 원리입니다. 지금은 빨간색을 내는 레이저를 광원으로 사용하기 때문에, 광원 앞에 필터를 놓지 않아도 됩니다.

필터를 거친 단색의 빛살은 가운데의 빔가르개를 지나면서 서로 수직으로 진행하는 두 개의 빛살로 나누어집니다. 여기서 빔가르개는 광학현미경에서 사용하는 투명한 슬라이드글라스와 같은 반투명 거울로, 광원의 빛살과 45°각도로 놓여 있습니다. 왼쪽에서 온 빛살이 빔가르개에 닿으면, 일부는 반사되어 위쪽 거울로 향하고, 일부는 투과되어 오른쪽 거울로 향합니다.

두 개의 거울에서 반사된 빛살은 다시 빔가르개로 들어오는데, 앞서 빔가르개에서 반사된 빛살이 이번엔 빔가르개를 투과해 아래의 스크린(우윳빛 반투명 유리)에 도달하고, 반대로 빔가르개를 투과했던 빛살은 빔가르개에서 반사되어 스크린에 도달합니다. 그러면 서로 수직으로 이동한 두 개의 빛살이 스크린에서 만나 사진1에서 보는 것처럼 원형의 간섭무늬가 만들어집니다. 서로 수직하는 두 빛살

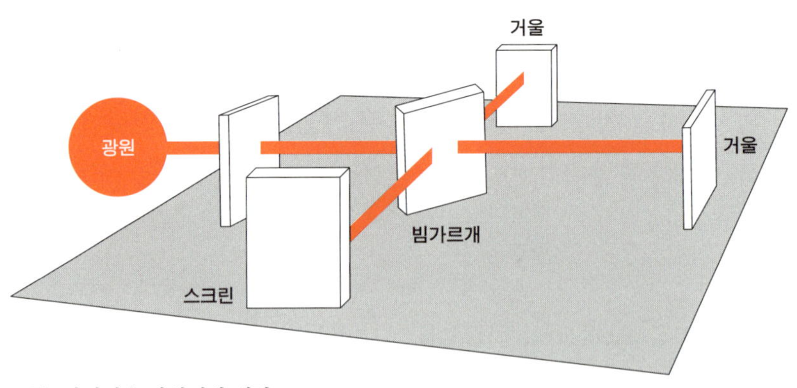

그림1 마이컬슨 간섭계의 개략도

  실패해서 물리학 역사상 가장 유명해진 실험

사진1 마이컬슨 간섭계에 의해 만들어진 간섭 무늬

의 거리 차이를 보정하기 위해 빔가르개와 오른쪽 거울 사이에 보정기(이 역시 투명한 슬라이드글라스)를 놓기도 합니다.

이야기가 너무 복잡해 보이지요? 지금까지의 설명을 정리해봅시다. 마이컬슨 간섭계의 광원에서 나온 빛살은 다음과 같은 두 가지 길을 따릅니다.

1)빔가르개에서 반사 → 위쪽 거울로 이동 → 위쪽 거울에서 반사 → 빔가르개를 투과 → 스크린에 도달

2)빔가르개를 투과 → 오른쪽 거울로 이동 → 오른쪽 거울에서 반사 → 빔가르개에서 반사 → 스크린에 도달

물리학에서 **간섭**은 두 파동이 한 장소에서 만날 때, 파동의 높낮이 차이에 의해 밝고 어두운 무늬가 생기는 현상을 말합니다. 그림1의 장치를 간섭계라고 부르는 이유는 이 장치가 한 광원에서 나온 빛살을 빔가르개를 사용해 두 빛살(즉 파동)로 나눴다가, 다시 스크린에서 만나게 해 밝고 어두운 간섭무늬를 만들기 때문입니다.

마이컬슨 간섭계는 한 거울의 위치를 1나노미터(10억 분의 1미터를 말하며, 머리카락 두께의 10만 분의 1 정도로 매우 짧은 거리입니다) 정도 변화시켜도 스크린의 간섭무늬가 바뀔 정도로 거리 변화에 아주 예민합니다. 또한 보정기의 위치에 기체를 채운 투명 유리관을 놓을 경우에도 간섭무늬에 변화가 생기며, 이 변화를 측정하면 기체의 밀

도나 기체 내에서의 빛 속도를 정밀하게 측정할 수 있습니다.

빛이 에테르 바람을 타다!?

마이컬슨과 몰리는 예민한 간섭계가 에테르의 존재를 증명해줄 수 있을 거라고 생각하여 이를 확인하는 실험을 시도했습니다. 두 사람은 간섭계를 가지고 어떻게 에테르가 존재하는지를 확인하려 했을까요?

잔잔한 호수에서 배를 타고 노를 젓는다고 상상해보세요. 배가 나아가면서 뱃머리에 물살이 부딪칩니다. 이 물살은 실제 물살이 아니라, 배가 물을 가르며 나아가기 때문에 생긴 가짜 물살입니다. 이제 호수의 물은 에테르이고, 배는 지구라고 가정해봅시다. 에테르는 정지해 있지만 지구가 에테르 속에서 빠른 속도로 운동(즉 공전)하기 때문에, 지구에서는 에테르의 물살(에테르는 눈에 보이지 않으니, **에테르 바람**이라고 하는 편이 나을 것입니다)을 느끼게 됩니다.

이제 지구에 마이컬슨 간섭계가 놓여 있다고 가정하고, 그림1의 간섭계 광원에서 나온 빛이 속도 v로 부는 에테르 바람과 같은 방향으로 움직인다고 생각해봅시다. 이때 에테르 바람의 속도는 곧 지구의 공전 속도라 할 수 있습니다. 빛이 에테르 바람 방향으로 움직이면, 빛 속도는 $c+v$가 됩니다. 여기서 c는 정지한 에테르 속에서의 빛 속도입니다. 왜 그럴까요?

이해를 돕기 위해 여러분이 지하철이나 공항의 무빙워크 위에 있다고 가정해봅시다. 그림3처럼 길이 움직이기 때문에 가만히 있어도 몸이 이동하지요. 만약 무빙워크 위에서 길의 이동 방향으로 걸

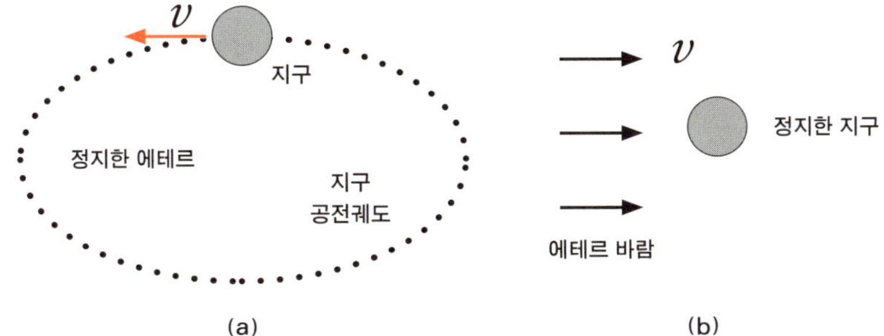

그림2 에테르 바람. (a)정지한 에테르 속에서 지구가 공전합니다. (b)지구에 에테르 바람이 불어옵니다.

으면, 길의 이동속도가 내가 걷는 속도와 더해져 더 빨리 이동하게 됩니다. 정확히는 내가 걷는 속도(앞선 예에서 빛 속도 c)에 길의 이동 속도(앞선 예에서 에테르 바람의 속도 v)를 더한 속도(빛의 경우 $c+v$)가 됩니다. 이와 같은 원리가 빛에도 적용됩니다.

반대로 빛이 거울에 반사되어 에테르 바람과 반대 방향으로 이동하게 되면, 빛 속도는 $c-v$로 줄어듭니다. 즉 무빙워크에서 길의 이동 방향과 반대 방향으로 걸으면, 내가 이동하는 속도가 느려지는 것과 같습니다. 무빙워크와 사람, 다시 말해 에테르와 빛처럼 두 대상이 모두 움직일 때, 사람 또는 빛의 속도가 $c+v$ 또는 $c-v$처럼 원래 속도 c와는 다른 속도를 갖는 것을 **상대속도**(더 정확히는 **갈릴레이**

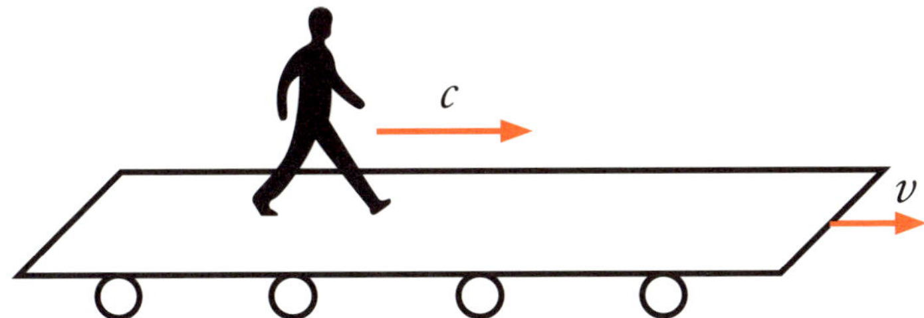

그림3 속도 v로 이동하는 무빙워크 위에서 길의 이동 방향으로 속도 c로 걷고 있는 사람은, 무빙워크 밖에 정지한 사람이 볼 때 속도 $c+v$로 움직입니다.

의 상대속도)라고 부릅니다.

그림1에서 간섭계가 에테르 바람 방향과 같은 방향으로 이동한다면 빔가르개를 통과해 오른쪽으로 이동하는 빛 속도는 $c+v$, 오른쪽 거울에 반사되어 빔가르개로 되돌아오는 빛 속도는 $c-v$가 됩니다. 빔가르개에서 반사되어 위쪽 거울로 이동하는 빛은 에테르 바람과 수직으로 이동하고, 이때 빛 속도는 $c+v$와 $c-v$의 중간값이 됩니다(재미 삼아 얼마인지 구해보세요. 정확히는 $\sqrt{c^2-v^2}$이 됩니다). 위쪽 거울에 반사되어 아래로 이동할 때의 빛 속도 역시 $\sqrt{c^2-v^2}$입니다.

이처럼 마이컬슨 간섭계에서는 빔가르개와 두 거울 사이의 거리가 같더라도, 빔가르개에서 수직으로 갈라진 두 빛살이 거울에 반사되어 다시 빔가르개에 도달하는 데 걸리는 시간이 미세하게 다른데 그 이유는 수평 방향으로 이동하는 빛 속도와 수직 방향으로 이동하는 빛 속도가 다르기 때문입니다. 따라서 빔가르개에서 만나는 두 빛살의 박자가 일치하지 않아 사진1처럼 스크린에 간섭무늬가 나타나게 됩니다. 다시 말해 에테르 바람에 의해 빛의 상대속도가 달라지기 때문에 간섭무늬가 생기는 것이지요. 따라서 이 간섭무늬를 측정할 수 있다면, 에테르가 실제로 우주에 존재한다는 것이 증명됩니다.

참담한 결과에 실망하다

마이컬슨은 회전대 위에 설치한 간섭계를 조금씩 회전시켜가며 실험하였습니다. 상식적으로 봤을 때, 간섭계를 회전시키면 에테르 바람과 두 빛살의 이동 방향이 달라지고, 두 경로에 대한 빛의 상대

   실패해서 물리학 역사상 가장 유명해진 실험

속도 역시 달라지므로 간섭무늬도 달라져야 합니다. 그런데 놀랍게 도 간섭무늬는 전혀 변화하지 않았습니다.

어리둥절해진 마이컬슨과 몰리는 혹시 간섭계에 문제가 있나 싶어 온도와 진동이 간섭계에 미치는 영향을 최소화하는 한편, 계절과 장소를 달리하면서 1904년까지 무려 17년간 실험을 반복하였습니다. 하지만 이러한 노력에도 불구하고 결과는 달라지지 않았지요. 다시 말해 우주를 채우고 있어야 할 에테르가 존재하지 않거나, 실험에 자신들이 알지 못하는 어떤 것이 관계하고 있다는 결과를 얻은 것입니다. 둘은 결국 실험 결과를 해석하는 것이 자신들의 능력 밖의 일임을 깨닫습니다. 누군가의 도움 없이는 실험에 숨겨진 비밀을 풀 수 없음을 알게 된 것이지요.

로런츠-피츠제럴드 수축 때문?

당시의 물리학자들은 당연히 빛이 정지한 에테르 속에서 진행할 때의 속도와 에테르 바람 속에서 진행할 때의 속도가 다르다고 믿고 있었습니다. 하지만 마이컬슨과 몰리의 실험 결과는 이 믿음을 무참히 깨버렸지요.

상식적으로 볼 때, 정지한 에테르 속에서는 빛이 어느 방향으로든 동일한 속도 c로 움직이기 때문에 간섭계를 회전하더라도 간섭무늬가 변화하지 않습니다. 하지만 지구에서는 문제가 달라집니다. 지구는 공전하기 때문에 당연히 에테르 바람이 생깁니다. 따라서 이 에테르 바람을 인정하면서 실험 결과를 설명할 이론을 찾아야 했습니다.

이를 위해 여러 이론들이 등장했는데, 그 가운데서도 1889년에 아일랜드의 물리학자 조지 피츠제럴드(1851~1901)가 주장한 것이 가장 유명합니다. 그는 물체가 움직일 때 움직이는 방향으로 공간의 거리가 줄어든다는 '길이 줄어듦 효과'를 주장합니다. 즉 물체가 빨리 움직이면 움직일수록 길이가 더 급격히 줄어들고, 물체가 빛 속도로 움직이면 길이가 0이 된다는 것이지요. 네덜란드의 물리학자 로런츠(1853~1928) 역시 피츠제럴드와 비슷한 시기에 길이 줄어듦 효과를 주장했기 때문에, 지금은 **피츠제럴드 - 로런츠의 길이 줄어듦 효과**라고 부릅니다. 이들의 주장에 의하면, 빛이 에테르 바람 방향으로 이동할 때 길이가 줄어들기 때문에 마이컬슨 - 몰리 실험에서 간섭무늬의 변화가 일어나지 않습니다. 다시 말해 길이 줄어듦 효과가 정확히 간섭무늬의 변화를 상쇄하기 때문에 간섭무늬에 변화가 생기지 않는다는 것입니다.

한편 마이컬슨 - 몰리 실험 결과가 알려지면서 중세의 유물인 에테르의 존재를 부정하는 과학자들도 나왔습니다. 그들은 에테르가 우주에 존재하지 않는다면 에테르 바람도 존재하지 않으니, 빛 속도 역시 달라질 이유가 없다고 주장했습니다. 이 경우 빛은 어느 방

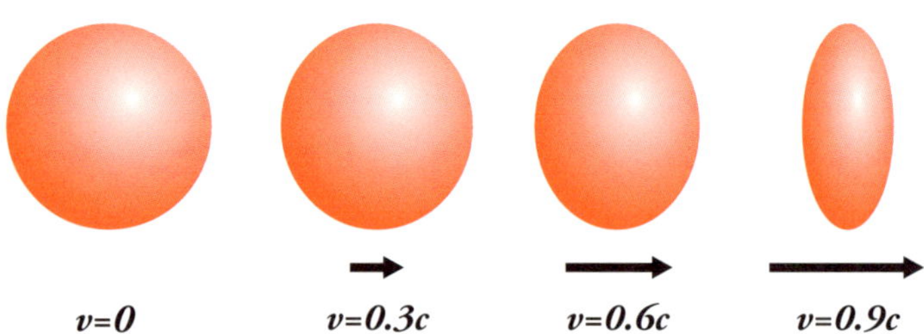

그림4 피츠제럴드-로런츠의 길이 줄어듦 효과. 물체의 속도 v가 빠를수록 에테르 바람 방향으로 물체의 길이가 더 많이 수축됩니다. c는 빛 속도입니다.

 실패해서 물리학 역사상 가장 유명해진 실험

향으로 이동하든 항상 속도가 같으므로, 간섭무늬 역시 변화하지 않게 되어 마이컬슨-몰리의 실험 결과가 설명이 됩니다. '과학이론은 간단할수록 진리일 가능성이 크다'라는 오컴의 면도날 법칙에 따라 생각해보더라도, 골치 아픈 에테르를 인정하는 것보다는 부정하는 쪽이 과학적으로 더 옳은 주장인 것 같습니다.

하지만 수백 년 동안 철석같이 믿어왔던 에테르를 부정한다는 것은, 똑똑한 물리학자들에게도 어려운 일이었습니다. 피츠제럴드와 로런츠의 길이 줄어듦 효과는 죽어가던 에테르의 생명을 연장시켜주었습니다. 에테르를 포기할 수 없었던 고전물리학자들은 이 이론을 적극적으로 지지했습니다. 그러나 한편으로는 그들 또한 이것이 마이컬슨-몰리 실험 결과를 설명하기 위한 억지스런 주장이라는 생각을 떨칠 수 없었습니다. 그들은 마이컬슨-몰리 실험 결과를 설명해줄 좀 더 근본적인 이론이나 원리를 찾아야 한다고 생각했습니다.

아인슈타인도 그런 물리학자들 가운데 한 명이었지요. 1905년, 그는 마침내 특수상대성이론을 발표하여 마이컬슨-몰리 실험이 왜 에테르의 존재를 밝히지 못했는지를 설명해주었습니다. 뿐만 아니라 그의 특수상대성이론은 그동안 잘못 알려졌던 고전역학을 바로잡는 자연의 기본 이론이 되었습니다. 아인슈타인의 깨달음이 무엇이었는지 자세히 알아봅시다.

빠르게 움직일수록
시간은 느려지고 길이는 줄어든다

학교에서 교장 선생님의 재미없는 훈화를 듣고 있을 때는 1분이 1시간처럼 길게 느껴지지만, 쉬는 시간은 10분도 1초처럼 짧게만 느껴집니다. 당연한 이야기 같지만, 왜 그런지 이유를 설명해보라고 하면 아무도 선뜻 대답하지 못하지요. 그런데 아인슈타인은 이를 과학적으로 설명하는 데 성공했습니다. 그는 상대성이론을 탄생시키면서, 이렇게 설명했습니다. "예쁜 소녀와 연애하고 있을 때는 1시간이 마치 1초처럼 흘러갑니다. 그러나 뜨거운 숯 위에 앉아 있을 때는 1초가 마치 1시간 같습니다. 이것이 시간의 상대성입니다."

1905년 아인슈타인(1879~1955)은 26살의 젊은 나이에 상대성이론을 발표하며, 시간과 공간에 대하여 인류 역사상 그 누구도 생각하지 못했던 새로운 해석을 내립니다. 당시 아인슈타인의 해석이 얼마나 충격적이었는지, 한 저명한 물리학자는 "세계에서 상대성이론을

이해하는 사람은 아마 3명밖에 없
을 것이다"라고까지 말했습니다.
그만큼 상대성이론은 사람들의 상
식에서 크게 벗어나 있었지요.

아인슈타인은 도대체 어떤 사람
이었기에, 남들과 다른 생각을 할
수 있었을까요? 그를 대표하는 상
대성이론은 또 어떤 연유로 탄생
했고, 어떻게 발전했을까요? 이제
부터 살펴보겠습니다.

스위스의 특허사무국에서 근무할 때
의 아인슈타인

"빛 속도로 달리면 세상이 어떻게 보일까?"

아인슈타인은 1879년 독일의 울름에서 태어났습니다. 아버지의
사업 실패로 가족과 떨어져 홀로 독일에서 학교를 다녔는데, 독일
고등학교의 군대식 교육에 적응하지 못하여 17살 때 자퇴를 하였지
요. 그리고 스위스로 건너가 다시 가족을 만났습니다. 1895년에는
아버지와 삼촌처럼 전기기사가 되기 위해 스위스의 취리히 연방 공
과대학에 응시했다가 떨어져, 2년 만에 합격하였습니다. 하지만 어
렵게 들어간 대학에서 그는 수업에 잘 들어가지 않고, 혼자 물리학
논문을 읽거나 친구들과 토론하며 시간을 보냈지요. 1902년에는 대
학을 졸업하고도 직업을 구하지 못하고 있다가, 친구 아버지의 도움
으로 스위스 특허사무국에 취직을 하였습니다.

하지만 곧 그의 인생을 뒤집는 전환기가 찾아옵니다. 1905년에 브

라운 운동, 상대성이론, 광전효과에 관한 논문을 잇달아 발표하면서 물리학계를 발칵 뒤집은 것이지요. 첫 번째 주제인 브라운 운동은 물 위에 떠 있는 꽃가루가 지그재그로 불규칙하게 움직이는 현상으로, 1827년에 스코틀랜드의 식물학자 브라운(1773~1858)이 발견하였습니다. 현미경만으로 쉽게 관찰할 수 있는 현상이었으나, 꽃가루가 왜 그런 움직임을 보이는지는 누구도 설명할 수 없었지요. 아인슈타인은 논문에서 '브라운 운동은 꽃가루가 물 분자들과 충돌하여 일어나는 것'이라 주장하였고, 이후 이것이 실험으로 확인되었습니다. 그리고 이 일을 계기로 과학자들은 우리 눈에 보이지 않을 정도로 작은 원자와 분자가 존재한다는 사실을 명확히 알게 되었지요.

또한 그는 광전효과 논문에서 빛이 작은 알갱이(입자)들로 구성되어 있다는 파격적인 주장을 하였습니다. 그리고 빛의 입자성을 가정하여 광전효과의 풀지 못한 숙제, 즉 왜 자외선만이 광전자를 튀어 나오게 하는지를 손쉽게 설명했지요.

마지막으로 상대성이론에 대한 논문에서는 일정한 속도로 움직이는 매우 빠른 우주선을 탔을 때, 우주인이 느끼는 시간과 공간이 평소와 어떻게 다른지를 설명했습니다. 이때 우주선이 직선을 따라 항상 같은 속력으로 이동하는 것은 아주 특수한 운동에 해당되므로, 이 상대성이론을 **특수상대성이론**이라고 부릅니다.

아인슈타인이 수학과 물리학에 관심을 갖게 된 것은, 그의 삼촌의 영향이 컸습니다. 어린 시절 아인슈타인은 삼촌에게 선물로 받은 자석이 쇠붙이를 끌어당기는 것을 보고, 자연에 대한 경이를 느꼈지요. 그의 상상력은 더욱 발전하여 17살 때 "만약 빛 속도로 달리면 세상이 어떻게 보일까?"라는 엉뚱한 생각을 하게 됐고, 26살에 마침내 그 답으로서 특수상대성이론을 발견하였습니다. "나는 남보다 똑똑한 것이 아니라, 단지 문제를 더 오래 연구했을 뿐이다"라는 그의 말처럼 어찌 보면 한 가지 문제를 10년이나 끈질기게 생각한 열정과 노력이 천재를 탄생시킨 게 아닌가 하는 생각이 듭니다.

"빛 속도로 달리면 세상이 어떻게 보일까?" 과연 그는 어떻게 이 답을 풀었을까요? 이제부터 그 과정을 따라가 보겠습니다.

상식을 깨는 자연의 두 성질

아인슈타인은 마이컬슨-몰리의 실험에 관한 논문을 읽고, 홀로 전자기학을 공부하면서 문제의 힌트가 될 **자연의 중요한 두 가지 성질**을 깨닫습니다.

첫째로, 빛 속도는 관찰자의 운동에 관계없이 항상 초속 30만km로 동일하다는 것입니다. 너무 당연한 것 아니냐고요? 하지만 조금만 생각해보면, 이는 말이 안 되는 주장입니다. 앞서 우리는 에테르 바람이 불면 빛 속도가 달라진다고 했고(갈릴레이의 상대속도), 상식적으로 봐도 그래야 옳습니다. 아직도 이해가 안 된다고요?

흐르는 강에서 보트를 타는 모습을 한번 상상해보세요. 보트가 강물을 따라가면 보트의 속력이 증가합니다. 반대로 강물을 거스르면 보트의 속력이 감소하지요. 얼핏 봐도 당연한 말이지요? 그런데 아인슈타인의 주장은 빛이 에테르 바람을 따르든 거스르든 관계없이, 빛 속도가 항상 같다는 것이니 우리의 상식과 어긋납니다. 바로 여기서 우리는 아인슈타인의 남다른 점, 즉 천재성, 과감성, 더 나아가 권위에 대한 무모할 정도의 도전 의식을 엿볼 수 있습니다.

빛 속도가 에테르 바람의 영향을 받지 않는다면, 마이컬슨-몰리의 실험 결과(간섭계를 회전시켜 에테르 바람 방향이 바뀌어도 간섭무늬가 변하지 않는 현상)가 당연히 성립합니다. 구차하게 피츠제럴드 - 로런츠의 '길이 줄어듦 효과'까지 들먹일 필요도 없지요. 덧붙여 아인슈타인은 에테르의 존재마저도 부정합니다. 그는 오히려 소리와 빛이 왜 같아야 하느냐고 반문하지요. 빛은 에테르라는 매질이 없어도 전자기유도에 의해 스스로 전파될 수 있다는 것입니다.

둘째로, 물리법칙은 일정한 속도로 움직이는 관찰자에게나, 정지하고 있는 관찰자에게나 동일해야 한다는 것입니다. 앞에서 소개한 뉴턴의 운동 제2법칙이 정지하고 있는 관찰자에게 $F=ma$(F는 힘, m은 이 힘을 받는 물체의 질량, a는 이 힘에 의해 생긴 물체의 가속도)로 적용된다면, 일정한 속도로 움직이는 관찰자에게도 동일하게 $F=ma$가 적용되어야 한다는 것입니다.

그런데 이 경우, 정지해 있는 관찰자나 일정한 속도로 움직이는 관찰자 모두 F, m, a(가속도는 0)가 같아, 누가 움직이고 있고 누가 정지해 있는지를 알 수 없습니다. 자연이 그러한 구별을 허용하지 않은 것입니다. 아인슈타인은 맥스웰의 전자기학 법칙으로부터 이를 깨닫습니다.

특수상대성이론의 기본 원리라 부르는 이 두 가지 성질을 아인슈타인이 어떻게 알아냈는지는 여전히 미스터리입니다. 다만 아인슈타인은 "저는 자연의 기본 원리를 발견할 때, 어떠한 논리적인 방법도 사용하지 않습니다. 제가 진리를 발견하는 방법은 오직 직관에 의해서입니다. 이 직관을 통해 사물의 겉모습 뒤에 숨겨져 있는 본질이 제게 전해주는 감각을 읽어내는 것입니다"라고 해 자신만의 독특한 사고방식을 보여주었습니다.

그가 말한 특수상대성이론의 기본 원리 속에는 자연의 어떤 놀라

    빠르게 움직일수록 시간은 느려지고 길이는 줄어든다

운 성질들이 숨어 있을까요? 이제부터 살펴보겠습니다.

빨리 움직이면, 시간은 느리게 간다

빛 속도와 관찰자의 운동이 관계가 없다는 사실은, 거꾸로 시간이 관찰자의 운동에 따라 달라진다는 것을 암시합니다. 이것을 시간의 상대성이라고 부릅니다. 왜 그런지는 **사고실험**(독일어로 gedanken experiment, 영어로는 thought experiment)을 통해 쉽게 이해할 수 있습니다. 사고실험이란 실제로는 불가능한 것을 머릿속에서 상상해 추론하는 실험입니다. 아인슈타인은 이런 사고실험의 대가였지요.

시간의 상대성을 보여주는 사고실험은 다음과 같습니다. 전기 스위치를 켜서 마당의 전구에 불이 들어오게 한다고 상상해보세요. 정지한 사람이 볼 때, 빛은 1초 동안 대략 30만km를 이동합니다. 이제 다시 빛 속도의 80%의 속도, 즉 초속 24만km로 날아가는 우주선이 있다고 상상해봅시다. 오늘날 우주선의 속력은 빨라야 초속 10km가 넘지 않습니다. 따라서 이런 우주선은 상상 속에서나 존재할 수 있기 때문에 이 실험을 사고실험이라고 합니다.

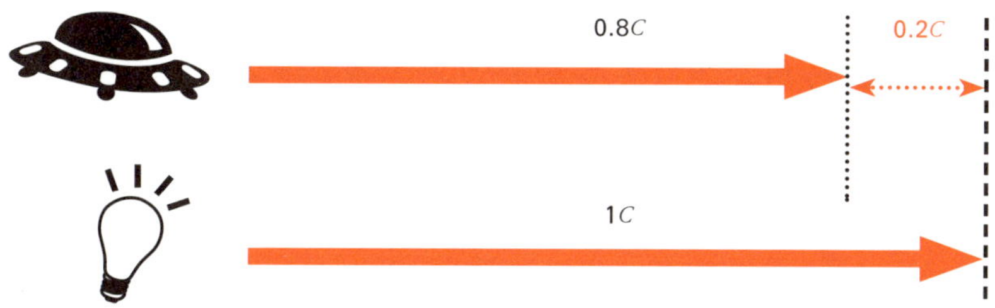

그림1 시간의 상대성을 보여주는 사고실험. c는 빛 속도를 의미합니다.

만약 스위치를 켜는 동시에 우주선이 출발했다면, 1초 뒤 우주선은 24만km(30만km의 80%)를 이동한 위치에, 빛은 30만km를 이동한 위치에 와 있게 됩니다. 즉 우주선에 탄 우주인이 봤을 때, 빛이 자신보다 6만km(30만km－24만km) 앞에 있는 셈이지요(그림1를 보세요). 따라서 상식적으로 생각하면, 우주인이 본 빛 속도는 초속 6만km가 되어야 마땅합니다. 이것이 갈릴레이로 대표되는 고전물리학자들이 생각하는 속도입니다.

그런데 아인슈타인은 정지한 사람에게나 우주선에 탄 우주인에게나 빛 속도가 같다고 했습니다. 그의 말대로라면 우주인이 볼 때도 빛 속도가 초속 6만km가 아닌 초속 30만km여야 하지요. 어떻게 그럴 수 있을까요?

아인슈타인은 속도(속력이라 해도 됩니다)가 가진 의미에 주목합니다.

$$속도 = 이동거리/시간$$

정지한 사람이 볼 때는 빛이 1초 동안 30만km를 이동했으므로, 빛 속도는 30만km/1초=초속 30만km입니다. 그러나 우주인이 볼 때는 빛이 1초 동안 6만km를 이동했으니, 이동거리가 6만km입니다. 우주인이 볼 때에도 빛 속도가 초속 30만km가 되려면, 과연 무엇이 달라져야 할까요? 속도 식을 보면, 분모의 자리에 시간이 있습니다. 따라서 만약 정지한 사람의 1초가 우주인에게는 1초보다 짧은 시간이라면, 줄어든 시간만큼 속도가 커질 수 있습니다. 즉 이동거리 6만km에 비례해 시간도 6/30초로 줄어든다면, 아래와 같이 우주인이 본 빛 속도도 초속 30만km가 됩니다.

　　　　　빠르게 움직일수록 시간은 느려지고 길이는 줄어든다

$$\text{우주인이 본 빛 속도} = 6\text{만 km}/(6/30\text{초}) = 30\text{만 km}/\text{초}$$

　정리해보면, 우주인처럼 빨리 움직이는 관찰자가 본 빛 속도가 초속 30만km가 되기 위해서는 우주인의 시간이 정지한 사람의 시간보다 짧아져야 합니다. 특히 관찰자의 속도가 빠르면 빠를수록, 시간은 더욱 짧아져야 합니다.

　아인슈타인은 관찰자의 속도에 따라 시간이 정확히 얼마나 짧아지는지 계산하기 위해 빛 시계를 이용한 사고실험을 생각해냅니다. 빛 시계에서는 빛이 위아래에 수직하게 놓인 거울 사이를 계속해서 왕복합니다. 이제 빠른 속도로 달리는 우주선 안에 빛 시계가 놓여 있다고 가정합시다. 우주선에 탄 우주인은 그림2의 왼쪽처럼 빛이 아래 거울에서 수직으로 나와 위 거울에서 반사된 후, 다시 아래 거울에 수직으로 닿는 것을 보게 됩니다. 이런 일이 계속해서 반복되지요. 이때 빛이 한 번 왕복하는 데 걸리는 시간은 거울 사이의 거리의 2배를 빛 속도로 나눈 시간입니다.

　반면 지구에 남은 사람이 볼 때는 우주선이 오른쪽으로 움직이므로, 그림2의 오른쪽처럼 빛이 아래 거울에서 나와 위 거울에 반사되

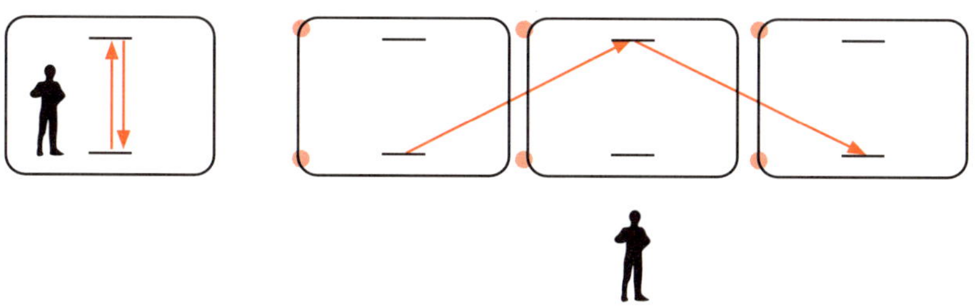

그림2 빛 시계를 이용한 사고실험. 우주선에 탄 우주인(왼쪽)은 빛이 수직으로 왔다 갔다 하는 것을 보게 됩니다. 지구에 남은 사람(오른쪽)은 우주선 안에서 빛이 지그재그로 움직이는 것을 보게 됩니다.

려면 비스듬하게 이동해야 합니다. 위 거울에서 반사된 뒤 아래 거울에 닿을 때도 역시 비스듬히 이동해야 하지요. 따라서 지구인이 볼 때는 빛이 지그재그로 이동하는 것처럼 보입니다. 따라서 빛이 거울 사이를 왕복하는 데 걸리는 시간도 길어지지요. 왜냐하면 빛속도는 같으나, 지구인이 보는 빛의 경로가 우주인이 볼 때보다 길기 때문이지요.

이처럼 빛이 거울 사이에서 왕복하는 시간이 우주인에게는 짧고, 지구인에게는 긴 이유는 우주인의 시계가 지구인의 시계보다 느리게 가기 때문입니다. 특히 우주선의 속도가 빠를수록 우주인의 시간은 더욱 느리게 가지요.

이 사고실험을 통해 아인슈타인은 다음과 같은 **시간 늘어남** 공식을 알아냅니다.

$$\text{일정한 속도 } v \text{로 움직이는 관찰자의 시간} = \sqrt{1-\left(\tfrac{v}{c}\right)^2} \times \text{정지한 관찰자의 시간}$$

여기서 c는 당연히 빛 속도를 가리킵니다. 이처럼 관찰자가 빠르게 움직이면 시간이 천천히 가는 것을 특수상대성이론의 **시간 늘어남** 효과라고 부릅니다.

예를 들면 이런 상황이지요. 한 우주인이 똑같은 시계 두 개를 사서 하나는 동생에게 주고, 다른 하나는 자기 손목에 찹니다. 그리고 빠른 우주선을 타고 1년 동안 우주여행을 마친 뒤, 지구로 돌아와 동생을 만납니다. 그런데 놀랍게도 동생의 시계를 보니, 1년이 아니라 1년 반이 지나 있는 겁니다. 아인슈타인의 특수상대성이론에 의하면, 이런 일이 충분히 일어날 수 있습니다. 단지 빠른 우주선만 있으면 되지요.

 빠르게 움직일수록 시간은 느려지고 길이는 줄어든다

시간 늘어남 효과를 실제로 확인하다

1971년 미국의 하펠과 키팅은 시간 늘어남 효과가 실제로 존재하는지 확인하기 위해 비행기에 4대의 세슘 원자시계를 싣고 비행을 했습니다. 이 세슘 원자시계는 10억 분의 1초(1나노초)까지도 정밀하게 측정할 수 있는 것이었지요. 두 사람은 한 번은 서쪽(지구 자전 방향과 반대. 따라서 지상보다 속도가 느림)으로, 그다음에는 동쪽(지구 자전 방향. 따라서 지상보다 속도가 빠름)으로 비행하여 세계를 일주한 후, 비행기 안의 원자시계와 지상에 있는 원자시계의 시간을 비교하였습니다. 굳이 원자시계를 사용한 이유는 다른 어떤 시계보다 동일하게 시간을 맞출 수 있기 때문입니다.

이들은 아인슈타인의 예측대로 동쪽으로 비행한 비행기에 실린 원자시계는 지상에 있던 원자시계보다 100나노초 정도 느리게 갔고 서쪽으로 비행한 비행기의 원자시계는 지상의 원자시계보다 빠르게 간 것을 확인했습니다. 아인슈타인의 특수상대성이론이 마침내 증명된 것입니다. 이론이 발표된 지 66년 만의 일이었지요. 확인까지 너무 오랜 시간이 걸려서였는지, 아니면 아인슈타인이 사망해서였는지(고인에게는 노벨상을 주지 않는 게 전통적인 관례입니다), 아인슈타인은 상대성이론의 발견에도 불구하고 노벨 물리학상을 타지 못했습니다. 이처럼 역사상 가장 위대한 과학적 발견으로 꼽히는 상대성이론에 노벨상이 주어지지 않은 것은 영원히 노벨상의 흠으로 남게 되었습니다.

빨리 움직일수록 물체의 길이는 짧아진다

앞서 우리는 피츠제럴드와 로런츠가 주장한 '길이 줄어듦 효과'에 대해 살펴본 바 있습니다. 빛이 에테르 바람 방향으로 이동할 때, 공간의 길이, 즉 거리가 줄어든다는 내용이었지요. 그런데 이 발견은 우연히 얻은 결과였을 뿐, 아인슈타인처럼 자연의 원리에 근거한 것은 아니었습니다. 에테르를 믿지 않은 아인슈타인은 두 가지 기본 원리에 근거하여, 물체가 운동하면 정지해 있을 때보다 거리, 심지어는 물체의 길이까지 짧아진다는 것을 밝혔습니다. 이것을 운동에 의한 길이 줄어듦 효과라고 부릅니다.

사실 길이 줄어듦 효과는 시간 늘어남 효과로부터 유도할 수 있습니다. 길이가 L_0인 막대가 정지해 있다고 가정해봅시다. 이때 시계를 찬 관찰자가 막대의 한쪽 끝에서 반대쪽 끝으로 속도 v로 움직입니다. 시계를 보니 T_0의 시간이 걸렸습니다. 그렇다면 시계를 차고 움직인 관찰자가 본 막대의 길이 L은 $L = T_0 \times v$가 되겠지요. 반면 정지한 관찰자가 본 막대의 길이 L_0는 $L_0 = T \times v$가 됩니다. 여기서 T는 정지한 관찰자가 느끼는 시간으로, 시간 늘어남 효과에 의해 $T = \dfrac{T_0}{\sqrt{1-\left(\frac{v}{c}\right)^2}}$ 이 됩니다. 따라서 물체의 길이에 대해 다음과 같은 식이 성립합니다.

$$L = T_0 \times v,\ L_0 = T \times v = \frac{T_0}{\sqrt{1-\left(\frac{v}{c}\right)^2}} \times v = \frac{L}{\sqrt{1-\left(\frac{v}{c}\right)^2}}$$

다시 말해 움직이는 관찰자가 본 막대의 길이 L은 $L = L_0 \sqrt{1-(v/c)^2}$가 되어 정지한 관찰자가 본 막대의 길이 L_0보다 짧습니다.

　　　　빠르게 움직일수록 시간은 느려지고 길이는 줄어든다

동시성의 상대성

시간 늘어남과 길이 줄어듦 효과만 해도 충분히 머리가 아프다고 요? 더 골치 아픈 동시성 문제가 아직 남아 있습니다. 우리가 상대 성이론을 이해하기 어려워하는 이유는, 그 효과들을 우리 일상에서 실제로 경험할 수 없기 때문입니다. 하지만 충분히 빠른 우주선이 개발되고, 누구나 우주여행을 하는 날이 온다면, 특수상대성이론을 이해하지 못하는 사람이 오히려 이상한 사람 취급을 받게 될 것입니다. 우주여행을 하면서 저절로 상대성이론의 효과들을 경험하게 될 테니까요.

빛 속도에 버금가는 속도로 달릴 때는, 어떤 사건이 동시에 일어났다는 말을 의심해봐야 합니다. 왜냐고요? 이를 쉽게 이해할 수 있도록 열차 사고실험을 소개합니다.

빛 속도에 가까운 굉장히 빠른 속도로 움직이는 열차가 있다고 상상해봅시다. 한 사람은 열차 중앙에 타고 있고, 다른 한 사람은 길가에 정지해 있습니다. 그때 갑자기 번개가 쳤는데, 길가에 정지해 있는 사람은 열차 앞쪽과 뒤쪽에서 동시에 번개가 쳤다고 말합니다. 반면 열차 안의 승객은 번개가 열차 앞쪽에 먼저 떨어졌다고 주장하지요. 상식적으로 본다면, 둘 중 누군가는 거짓말을 하고 있는 게 분명합니다. 과연 누구의 말이 옳을까요? 정답은 '두 사람 모두 옳다'입니다. 말이 안 된다고요?

번개가 떨어지는 순간 두 사람이 같은 위치에 있었다고 가정해보지요. 열차 앞쪽과 뒤쪽에 떨어진 번개 빛은 같은 거리를 이동하여 정지해 있는 사람에게 전달됩니다. 따라서 정지해 있는 사람에겐 번개가 열차 앞쪽과 뒤쪽에서 동시에 친 것으로 보이지요.

그림3 동시성의 상대성을 보여주는 열차 사고실험. 번개가 칠 때 두 사람이 같은 위치에 있습니다. 정지한 사람은 번개를 동시에 봅니다. 하지만 열차 안의 승객은 앞쪽의 번개를 먼저 보게 됩니다.

열차 안의 승객이 번개 빛을 볼 때는 어떨까요? 상대성이론의 기본 원리에 의하면, 빛 속도는 열차 어디에서든 변하지 않습니다. 하지만 앞쪽 빛이 이동한 거리와 뒤쪽 빛이 이동한 거리는 서로 다르지요. 열차 안의 승객은 열차가 달리는 방향, 즉 열차 앞쪽으로 이동하고 있으므로, 앞쪽의 번개 빛을 향해 다가갑니다. 반면 뒤쪽의 번개 빛으로부터는 멀어지지요. 따라서 앞쪽의 번개 빛을 먼저 보고, 뒤쪽의 번개 빛은 나중에 보게 됩니다. 결국 두 번개가 각각 다른 시간에 떨어졌다고 생각하게 되지요.

이처럼 정지한 사람이나 열차 안의 승객 모두 진실을 이야기하고 있습니다. 이런 비상식적인 현상은 '빛 속도는 항상 일정하다'라는 자연의 원리 때문에 발생하는데, 이를 **동시성의 상대성**이라고 부릅니다. 때문에 빛 속도처럼 빠른 우주여행이 가능한 세상에서는 함부로 사건을 판단하지 않도록 주의해야 합니다. 목격자가 어떤 상황이었느냐에 따라 전혀 다른 증언이 나올 수 있고, 그 증언들이 모두 옳을 수 있기 때문입니다.

다행스럽게도 우리가 사는 세상은 빛 속도보다 훨씬 느리게 움직이기 때문에 이런 일이 일어나지 않습니다. 어쩌면 우리는 이렇게 단순하게 살 수 있다는 것을 행복으로 여겨야 할지도 모르겠습니다.

 빠르게 움직일수록 시간은 느려지고 길이는 줄어든다

빨리 움직여야 오래 산다?

시간이 관찰자의 운동 속력에 따라 얼마나 달라지는지, 일정 시간 동안 움직인 사람과 정지해 있었던 사람의 시간을 비교해보겠습니다.

우선 쉬지 않고 시속 4km로 걷는 사람(보통 사람들이 걷는 속도)이 있다고 가정해보지요. 이 사람이 1년 동안 쉬지 않고 걸었다면, 정지한 사람의 시계는 어떻게 변해 있을지 계산해봅시다.

$$1\text{년}/\sqrt{1-\left(\frac{4/3{,}600\text{km/초}}{300{,}000\text{km/초}}\right)^2} \approx 1\text{년}$$

즉, 1년과 거의 차이가 나지 않습니다. 따라서 보통 사람들이 걷는 속도 정도로는 시간 늘어남 효과를 경험할 수 없습니다. 다만 걸어서 몸이 건강해진 것으로 위안을 삼을 수는 있겠지요.

그렇다면 만약 비행사가 비행기를 타고 마하 10(음속의 10배, 시속 11,200km)의 빠른 속도로 1년 동안 계속 비행한다면, 정지한 사람의 시계는 어떻게 변해 있을까요?

$$1\text{년}/\sqrt{1-\left(\frac{11{,}200/3{,}600\text{km/초}}{300{,}000\text{km/초}}\right)^2} = 1\text{년 } 2\text{밀리초}$$

비행사가 정지한 사람보다 1,000분의 2초 정도 오래 산 셈이니, 이때에도 시간 늘어남 효과는 아주 미미합니다.

마지막으로, 빛 속도의 80%로 날 수 있는 미래의 우주선을 타고 여행을 떠난다면 어떨까요? 이 우주인이 1년간 여행을 하고 돌아오면, 지구에 정지해 있는 사람의 시계는 이렇게 변해 있습니다.

$$1년 / \sqrt{1 - \left(\frac{0.8 \times 300,000 \text{km/초}}{300,000 \text{km/초}} \right)^2} = 1.7년 = 1년\, 255일$$

우주인의 시간이 255일이나 늘어나서 이 우주인은 시간 늘어남 효과를 충분히 경험할 수 있습니다. 그러나 만약 이때 우주선의 속도가 더 빨라져 빛 속도에 육박한다면, 지구에서 볼 때 우주인의 시간은 거의 변하지 않지만, 지구의 시간은 엄청나게 달라져 있게 됩니다.

    빠르게 움직일수록 시간은 느려지고 길이는 줄어든다

사라진 질량은 거대한 에너지가 된다

$E=mc^2$

SF 영화 〈스타트렉〉을 보면, 주인공 스팍이 악당 컴퓨터와 π의 소수점 계산 대결을 펼친 끝에 악당 컴퓨터를 물리치는 장면이 나옵니다. 이 π는 원의 둘레를 원의 지름으로 나눈 수, 즉 원주율로, 역사상 가장 유명한 수이지요. 대략적인 값 3.14는 유클리드 같은 고대 그리스 수학자들 때부터 알려져 왔으나, 정확한 값은 아직까지 밝혀지지 않았습니다. π가 무리수이자 초월수이기 때문입니다. 그래서 지금도 슈퍼컴퓨터를 가지고 π의 정확한 값을 찾고 있으며, 새로 밝혀진 소수점 자릿수가 늘어날 때마다 언론에 특집 기사가 실리곤 합니다.

그럼 역사상 가장 유명한 공식은 무엇일까요? 바로 아인슈타인의 특수상대성이론에 등장하는 $E=mc^2$입니다. 물론 아인슈타인이 발견한 또 다른 공식인 중력장 방정식도 유명하지만, 많은 사람들이 $E=mc^2$을 더 친숙한 공식으로 꼽고 있지요. 이 공식은 티셔츠의 장식이나 조각 작품에 사용될 정도로 잘 알려져 있는데, 그럼에도 그 의미를 제대로 이해하는 사람은 많지 않습니다. 이 장에서는 $E=mc^2$에 담긴 의미를 풀어보고, 특수상대성이론에 숨겨진 또 다른 자연의 성질에 대해서도 살펴보겠습니다.

빨리 움직일수록, 질량이 증가한다

아인슈타인은 물체가 운동할 때 시간과 공간이 상대적으로 달라진다는 사실을 발견한 뒤, 이것이 뉴턴의 운동법칙에 어떤 변화를 주는지를 연구하였습니다. 그 결과 물체의 질량 역시 시간과 공간처럼 물체의 운동에 따라 달라진다는 사실을 알아내었지요.

뉴턴의 운동법칙은 물체의 질량이 물체의 운동과 관계없이 일정하다고 가정합니다. 질량이 물체의 고유한 속성이기 때문입니다. 예를 들어 질량이 70kg인 사람은 지구에 있든, 달에 있든 상관없이 70kg입니다. 다만 지구와 달은 중력가속도가 다르기 때문에, 무게 (질량×중력가속도)도 서로 달라집니다.

그러나 상대성이론에 따르면, 시간과 공간이 물체의 운동에 따라 달라지기 때문에 물체의 질량 역시 변해야 합니다. 따라서 특수상대성이론에서 속도 v로 운동하는 물체의 질량 m은 다음의 관계를 따릅니다.

$$m = \frac{m_0}{\sqrt{1-\left(\frac{v}{c}\right)^2}}$$

사라진 질량은 거대한 에너지가 된다

이 식에서도 앞 장에서 본 것과 같은, 특수상대성이론의 단골 인자 $\sqrt{1-(v/c)^2}$이 등장합니다. 식에서 m_0는 물체가 정지해 있을 때의 질량으로, 우리가 상식적으로 이야기하는 물체의 질량을 뜻합니다. 위 관계식은 물체의 속도가 빠르면 빠를수록, 질량 또한 급격히 커진다는 것을 알려줍니다. 이런 논리에 따라 좀 더 극단적인 상황을 가정해보면, 물체의 속도가 빛 속도와 같아졌을 때 질량은 무한대가 되겠지요. 우리 일상에서는 물체의 속도가 빛 속도보다 훨씬 느리기 때문에, 질량 증가 효과를 거의 느낄 수 없습니다.

질량 증가 효과는 교묘한 자연의 운용 방식을 보여주는 좋은 예입니다. 도로에서의 과속은 사고로 이어질 수 있어 위험합니다. 때문에 도로마다 법적 최고 속도를 정해놓고, 경찰이 과속을 단속하고 있지요. 그러나 모든 도로를 다 단속할 수는 없기에, 과속은 사라지지 않습니다. 이것이 세상의 방식입니다.

실제로 자연의 과속 방지 대책은 참으로 교묘합니다. 물체가 속도를 높이면 물체의 질량이 증가합니다. 이렇게 질량이 증가하면 속도를 높이는 데, 즉 가속하는 데 드는 에너지(운동에너지, 질량에 속도 제곱을 곱한 값에 비례합니다)가 더 커지지요. 만약 이때 물체의 속도가 빛 속도가 된다면, 질량이 무한대가 되기 때문에 가속에 필요한 에너지 역시 무한대가 됩니다. 다시 말해 물체의 속도가 빛 속도에 도달하면, 에너지가 모자라 속도를 더 늘릴 수 없어집니다. 따라서 모든 물체의 최고 속도는 굳이 단속을 하지 않더라도 빛 속도를 넘을 수 없습니다. 이처럼 자연은 참으로 교묘하면서도 현명하게 물체의 속도를 제한하고 있습니다.

작은 돌멩이에 숨겨진 에너지

아인슈타인은 물체의 운동에너지를 구하는 과정에서 운동에너지가 이전에 알고 있던 $\frac{1}{2}mv^2$이 아니라 $(m-m_0)c^2$이라는 사실을 알게 됩니다. 이 공식에는 어마어마한 비밀이 숨어 있지요. 간단히 설명해보겠습니다. 물체는 정지해 있을 때에도 $E=m_0c^2$의 에너지를 갖는데, 만약 물체가 움직이면 운동에너지가 증가하여 에너지가 $E=mc^2$으로 늘어납니다. 이 관계를 **질량－에너지 등가원리**라고 부르는데, 물체의 질량 자체를 에너지로 볼 수 있다는 의미입니다.

예를 들어, 길가에 있는 0.1kg의 돌멩이(작은 조약돌)가 가진 에너지를 계산해봅시다.

$$E=(0.1\text{kg})\times(3.0\times10^8\text{m/s})^2=9.0\times10^{15}\text{J}$$

작은 돌멩이 하나가 9,000조 줄(기호로는 J, 영국의 아마추어 과학자 줄을 기념하여 붙인 에너지의 단위입니다)의 에너지를 가지고 있다는 결론이 나옵니다. 이렇게 큰 에너지가 나오는 이유는 빛 속도가 크기 때문입니다.

이 에너지가 어느 정도의 크기인지 잘 상상이 안 되지요? 2010년에 우리나라에서 사용한 에너지의 총 소비량은 모두 4.2×10^{18}J이었습니다. 이 에너지를 질량 0.1kg인 돌멩이에 들어 있는 에너지로 나누면, 4.2×10^{18}J/9.0×10^{15}J=467, 즉 0.1kg 돌멩이 467개에 담긴 에너지의 양과 같습니다. 약 500개의 조약돌 속에 우리나라가 1년 동안 쓸 에너지가 들어 있다는 사실이 믿어지나요?

이 논리에 따르면, 산이 많은 우리나라는 산유국인 아랍 국가보다

사라진 질량은 거대한 에너지가 된다

더 많은 에너지를 가진 에너지 부국일 겁니다. 그런데 왜 에너지 걱정을 해야 하느냐고요? 문제는 $E=mc^2$의 에너지를 원유처럼 쉽사리 산업용 에너지로 전환할 수 없다는 데 있습니다. 원유를 정제해 태우면 원유가 가진 화학에너지가 유용한 에너지로 바뀌지만, 돌멩이는 태워도 질량이 변하지 않으니 질량 에너지가 쓸모 있는 에너지로 바뀌지 않습니다. 질량 에너지를 사용하려면, 우리 눈앞에서 물체가 사라지는 요술을 일으켜야 합니다. 물체에서 전부 또는 일부의 질량이 사라지면, 사라진 질량만큼 에너지가 외부로 빠져나오게 되지요.

질량 속에 숨은 에너지를 캐는 방법

질량 속에 숨어 있는 엄청난 에너지를 외부로 끌어내는 방법은 지금까지 단 두 가지 외에는 알려진 바가 없습니다. 바로 **핵분열과 핵융합**입니다. 이 핵분열과 핵융합에 의해 나오는 에너지를 우리는 **원자력에너지**라고 부릅니다.

핵분열은 우라늄과 같이 무거운 원자의 원자핵이 중성자와 충돌해 가벼운 원자핵들로 깨지는 현상을 말합니다. 이렇게 핵분열이 일어나면 질량이 아주 조금 감소합니다. 핵분열 후 생긴 가벼운 원자핵들의 질량을 모두 합쳐도, 핵분열 전에 있던 무거운 원자핵의 질량보다 작지요. 그리고 이때 감소한 질량만큼 에너지가 외부로 방출됩니다.

핵융합은 핵분열과는 반대로 가벼운 원자핵들이 합쳐져 무거운 원자핵이 되면서 에너지를 방출하는 현상입니다. 예를 들어 고온 고압의 태양에서는 가벼운 수소 원자 두 개가 결합하여 무거운 헬륨 원자로 변하는 핵융합이 일어납니다. 이때 핵융합으로 만들어진 헬륨 원자의 질량은 융합하기 전 수소 원자들의 질량의 합보다 아주 조금 작습니다. 따라서 질량에너지가 외부로 방출됩니다. 이것이 바로 태양이 엄청나게 큰 에너지를 우주로 방출하는 비결입니다.

원자력에너지는 핵분열과 핵융합 과정에서 질량이 에너지로 바뀌면서 얻어집니다. 빛 속도가 매우 크기 때문에 아주 작은 질량으로도 큰 에너지가 발생하지요. 원자력에너지를 원자폭탄이나 수소폭탄처럼 문명을 파괴하는 데 사용하느냐, 원자력발전이나 핵융합발전처럼 인류에게 부족한 에너지를 공급하는 데 쓰느냐는 우리의 선택에 달려 있습니다. 핵분열과 핵융합에 대해서는 뒤에서 더 자세히 다루겠습니다.

4차원 시공간 세계

아인슈타인의 특수상대성이론을 통해 우리는 운동에 따라 시간과 공간이 바뀌는 세상에 살고 있음을 깨닫게 되었습니다. 이것은 시간과 공간이 서로에게 영향을 미친다는 것을 의미합니다.

취리히 공과대학에서 아인슈타인을 가르쳤던 수학과 교수 민코프스키(1864~1909)는 특수상대성이론에 관한 제자의 논문을 읽고 나서, 4차원의 수학을 이용하면 그것을 쉽게 설명할 수 있음을 깨닫습니다. 아인슈타인이 대학생이던 시절에 둘의 사이는 그리 좋지 않았습니다. 민코

헤르만 민코프스키

     사라진 질량은 거대한 에너지가 된다

프스키는 수업에 잘 안 들어오는 아인슈타인을 게으르고 실력 없는 학생이라고 말하고 다녔고, 아인슈타인 역시 민코프스키에게서는 배울 것이 없다며 그를 무시했지요. 하지만 민코프스키가 특수상대 성이론을 설명하는 데 필요한 수학 공식을 제공한 뒤로 둘은 서로를 인정하고 화해하게 됩니다.

특수상대성이론이 등장하기 전까지 우리는 3차원 세계(가로, 세로, 높이의 수직한 세 개의 축으로 이루어진 공간 세계)에 살고 있다고 생각 해왔습니다. 더불어 시간과 공간은 전혀 관계가 없다고 생각했지요. 다시 말해 공간에서의 물체의 움직임이 시간의 흐름을 좌우한다고 생각하지 않았습니다.

그런데 아인슈타인과 민코프스키 덕분에, 우리는 우리가 살고 있 는 이 세상이 4차원 세계라는 사실을 알게 되었습니다. 특히 민코프 스키는 특수상대성이론의 4차원 세계를 3차원 세계와 구별하기 위 해 **시공간**spacetime 세계라고 불렀습니다. 시간과 공간이 따로 떨어 져 있지 않고, 서로 결합되어 있음을 알리기 위해서였지요.

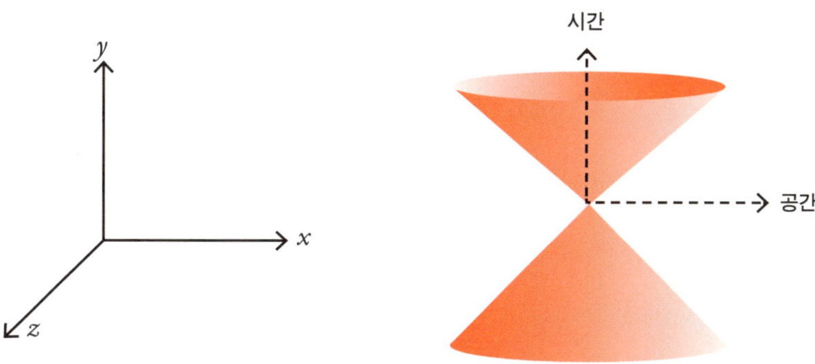

그림1 3차원 세계. 서로 수직한 3개의 축이 존재합니다.

그림2 4차원 시공간 세계. 4차원 세계는 그림으로 그 릴 수 없기에, 보통 공간의 두 축을 무시하고 시간 축 (수직 축)과 한 개의 공간 축(수평 축)만 그립니다.

$E=mc^2$

3차원 세계는 잘 알겠는데, 4차원 세계란 도대체 무엇일까요? 3개의 수직한 축에 또 다른 수직 축을 그린다는 것은 사실상 불가능한 일이 아닐까요? 민코프스키는 4차원 시공간 세계란 공간과 관련된 3개의 수직 축과 시간과 관련된 허수의 축으로 이루어진 세계라고 말합니다. 허수는 말 그대로, 실제로는 존재하지 않는 가상의 수이지요. 보통 우리가 이야기하는 수는 실수인데, 실수의 경우 제곱하면 양(+)수가 되지만, 허수는 제곱하면 음(-)수가 됩니다.

의식하지 못하지만, 우리는 이미 4차원의 시공간 세계에 살고 있습니다. 4차원 세계에 살고 있다는 것은 어떤 의미일까요? 이제부터 그 의미를 알아보겠습니다.

오래전 호주에서 〈부시맨〉이라는 영화가 만들어져 세계적인 인기를 누렸습니다. 첫 작품의 성공에 힘입어 2편, 3편이 제작되기도 했지요. 재미있는 영화이니 언제 한번 꼭 보기 바랍니다. 이야기는 단순합니다. 어느 날 남아프리카 공화국의 한 원시 부족 마을에 코카콜라 병이 떨어집니다. 경비행기를 몰던 조종사가 빈 병을 땅으로 던진 것이지요. 태어나서 단 한 번도 비행기를 본 적이 없었던 부시맨들은 하늘에서 떨어진 이 병을 신의 선물이라고 생각합니다. 그래서 한 부시맨을 마을의 대표로 뽑아 병을 자신들이 신성시 여기는 장소에 가져다 놓게 하지요. 결국 부시맨은 사막을 가로질러 긴 여행을 떠나고, 도중에 여러 사건 사고가 일어나 관객에게 큰 웃음을 줍니다. 그리고 영화는 마침내 부시맨이 병을 신성한 장소에 가져다 놓는 것으로 끝이 납니다.

부시맨은 3차원 세계에 살고 있지만, 생각은 완전히 2차원적입니다. 비행기를 상상할 수 없는 이들에게 수직축인 높이, 즉 하늘은 신만이 이용할 수 있는 공간이지요. 비행기를 타고 하늘에서 나타난 조

　　　　　사라진 질량은 거대한 에너지가 된다

종사는 부시맨들에게 그야말로 신과 같은 존재로 비쳤을 것입니다.

4차원 시공간 세계를 이용하지 못하는 우리도 생각은 3차원에 머물러 있습니다. 만약 지금 특수한 기구를 사용하여 시공간을 자유자재로 오가는 사람이 나타난다면, 그는 상식적으로 불가능해 보이는 일들, 즉 기적 같은 일들을 행할 수 있을 것입니다. 신처럼, 기적처럼 동에 번쩍, 서에 번쩍 빠르게 이동할 수도 있겠지요.

일례로 빛 속도에 근접한 빠른 우주선을 탄다면, 시간 늘어남 효과가 어마어마하게 커집니다. 따라서 이런 우주선을 몰고 다니면, 세계 이곳저곳에 거의 동시에 나타날 수 있지요. 지식의 힘이 얼마나 대단한지 이제 알겠지요?

빛 속도로 달리면 세상이 어떻게 보일까?

지금까지 소개한 특수상대성이론을 정리해봅시다. 특수상대성이론은 두 관찰자(정지한 관찰자와 일정한 속도로 운동하는 관찰자)가 느끼는 시간, 공간, 질량 등의 물리량을 비교하는 물리학 이론입니다. 정지한 관찰자와 비교할 때, 움직이는 관찰자의 시간은 더 느리게 가고, 공간적 거리는 짧아지며, 물체의 질량은 증가합니다. 이런 효과는 운동 속도가 빛 속도에 가까워야만 느낄 수 있기 때문에, 일상생활에서는 거의 경험할 수 없습니다.

이 장을 끝내기 전에 아인슈타인이 17살 때 했던 질문인 '빛 속도로 달리면 세상이 어떻게 보일까?'에 대해 살펴보겠습니다. 빛 속도로 달리는 우주선을 타더라도 주위를 볼 수는 있습니다. 우주선과 더불어 빛도 여전히 빛 속도로 전파되고 있기 때문입니다. 하지만

그림3 독일 튀빙겐 시가지의 평상시 모습(위)과 빛 속도의 90% 속도로 이동할 때 보이는 모습(아래)

이때 우주인은 우리가 일반적으로 보는 세상과는 다른, 뒤틀린 세상을 보게 됩니다. 그림3의 아래 모습처럼 말이지요.

빛 속도처럼 빨리 움직일 때 가장 눈에 띄는 현상은, 시가지의 모습이 흡사 카메라의 광각렌즈로 보는 것처럼 뒤틀려 보이는 것입니다. 길이 줄어듦 효과 때문이지요. 더 놀라운 점은 보이지 않던 건물의 뒷모습까지 보인다는 것입니다. 또한 그림4처럼 관찰자가 진행하는 방향의 시야가 좁아지고, 매우 밝게 보이며, 반대로 나머지 부분은 어두워서 볼 수 없게 됩니다. 이것을 서치라이트 효과라고 부릅니다. 이처럼 빠른 우주선을 타고 여행을 하면, 평상시에 보던 것과는 전혀 다른, 새로운 광경을 보게 됩니다.

그림4 빨리 움직이면서 시가지를 보면, 건물이 뒤틀려 보이고, 시야가 좁아지며, 매우 밝게 보입니다.

사라진 질량은 거대한 에너지가 된다

중력은 거대한 질량이 휘어놓은 시공간의 흔적이다

공상과학영화의 한 장면을 떠올려봅시다. 사람들이 우주선을 타고 우주여행을 하고 있습니다. 그런데 알 수 없는 힘에 의해 우주선이 검은 공간으로 빨려 들어갑니다. 아무리 엔진을 세게 작동시켜도 빠져나올 수가 없습니다. 결국 우주선은 엄청난 힘에 의해 찢기며 최후를 맞이합니다. 예전에는 영화 속에서나 등장하는 상상 속 이야기였지만, 이제는 우리 모두가 블랙홀에 의해 이런 일이 실제로 벌어질 수 있음을 알고 있습니다.

블랙홀에 들어가면 빛조차도 빠져나올 수 없습니다. 그래서 사방이 온통 검게 보이지요. 또 블랙홀 주위에는 4차원 시공간이 어마어마하게 뒤틀려 있어 시간의 흐름이 다른 곳들과 다릅니다. 그렇다면 우리가 우주에서 블랙홀과 같은 흥미로운 천체들의 존재를 깨닫게 된 것은 언제부터였을까요? 바로 아인슈타인이 일반상대성이론을 발표한 이후이지요. 이제부터는 이 일반상대성이론에 대해 알아보겠습니다.

가속운동과 중력의 등가원리

특수상대성이론은 정지한 관찰자와 일정한 속도로 운동하는 관찰자의 비교를 통해 시간 및 공간(4차원 시공간이라 부르는 것이 더 정확합니다)의 관계를 밝힌 물리학입니다. 당시 아인슈타인은 중력이 작용할 때, 시공간에 어떤 변화가 생기는지를 알고자 했습니다. 왜냐하면 중력은 당시 물리학자들에게 가장 친숙한 힘이었기 때문입니다.

처음에 아인슈타인은 한두 해만 연구하면, 쉽게 답을 얻으리라 생각했습니다. 하지만 첫 번째 부인과 헤어진 데 대한 정신적인 고통, 풀리지 않는 수학 문제의 어려움, 고질적인 위장병으로 인해 연구가 잘 진척되지 않았지요. 아인슈타인은 이때의 심정을 "아무것도 보이지 않는 어둠 속을 헤매는 막막함"이라고 표현했습니다. 최고의 천재도 이런 고민을 하다니 좀 의외이지요?

아인슈타인은 여러 차례의 시행착오 끝에, 1916년 마침내 일반상대성이론이라는 답을 얻습니다. 특수상대성이론을 발표한 지 11년이 지난 시점이었지요. 그는 특수상대성이론 때처럼 **가속운동과 중력의 등가원리**라는 자연의 기본 원리를 이용해 일반상대성이론을 완성합니다. 이는 가속운동에 의한 효과와 중력이 일으키는 효과가 같음을 의미하지요.

밖을 볼 수 없도록 창문을 모두 가린 우주선이 우주 공간에 있다

　　　　중력은 거대한 질량이 휘어놓은 시공간의 흔적이다

고 가정해봅시다. 우주인은 무
중력 상태에 있어 둥둥 떠다닙
니다. 얼마 뒤 우주선에서 부
르릉 하는 소리가 나면서, 우
주인은 자신의 몸이 아래로 쏠
리는 것을 느낍니다. 우주인
은 당연히 우주선이 위로 가속
되면서 아래로 힘을 받는 것이
라고 생각합니다. 흡사 정지해
있던 엘리베이터가 위로 가속

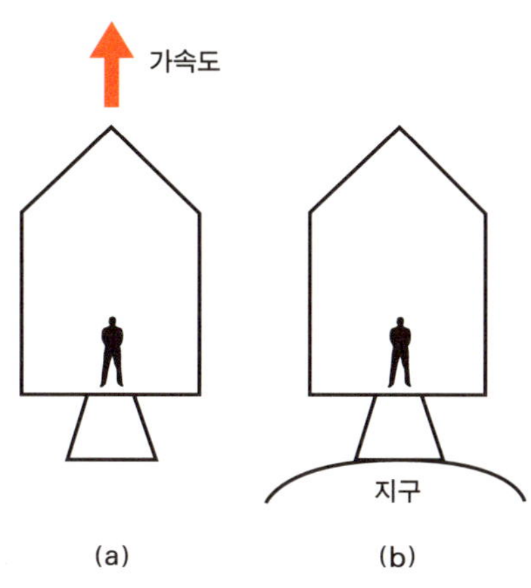

그림1 등가원리. (a)가속운동의 효과와 (b) 중력의 효과는 동일합니다.

할 때, 몸무게가 일시적으로 증가하는 것과 마찬가지이지요. 이것이
바로 가속운동에 의한 효과입니다.

그런데 다른 가능성은 없을까요? 부르릉 하는 소리는 거짓이고,
우주선은 여전히 우주 공간에 정지해 있다면요? 우주인이 모르는
사이에 지구 같은 행성이 우주선에 다가와 우주인에게 중력을 가했
다면 가능한 일입니다. 이것이 바로 중력에 의한 효과입니다.

아인슈타인이 말한 가속운동과 중력의 등가원리란, 두 효과가 우
주인에게 미치는 결과가 정확히 동일하기 때문에 두 효과를 구별할
수 없다는 것입니다. 따라서 4차원 시공간에 미치는 중력의 영향을
다루는 것은, 가속운동을 하는 관찰자의 눈에 보이는 4차원 시공간
의 성질을 다루는 문제와 같습니다.

휜 시공간과 리만기하학

아인슈타인은 물체나 사람이 가속운동을 할 때 평평하던 시공간이 휘어져 보인다는 사실을 깨닫습니다. 그래서 대학 시절 친구이자 수학 교수인 그로스만의 도움을 받아 휘어진 공간을 다루는 리만기하학을 배웁니다. 리만기하학은 독일의 천재 수학자 가우스의 지도를 받은 리만(1826~1866)이 1854년에 대학교수 취임 강연에서 소개한 것으로, 평평하지 않고 휘어져 있는 공간을 다루는 기하학입니다. 리만기하학에서는 두 개의 평행한 직선을 연장시키면 서로 교차할 수 있다고 보기 때문에, 평행한 직선은 영원히 교차하지 않는 평평한 공간만을 다룬다고 한 유클리드 기하학과는 구별됩니다.

3차원 공간은 우리 눈에 보이지 않기 때문에, 공간이 휘어져 있는지, 평평한지 알아내기가 쉽지 않습니다. 따라서 3차원 공간을 2차원의 면이라고 가정해봅시다. 평면은 평평한 종이의 면이고, 휘어진 면은 지구의 표면이라고 상상해보는 것이지요. 그런 다음 직선 자로 두 개의 평행선을 그립니다. 평면에서는 이 두 평행선이 영원히 만나지 않지만, 휘어진 면, 즉 지구 적도에 그린 두 평행선은 북극과 남극에서 만납니다. 다시 말해 공간이 휘어져 있다면 평행한 두 빛줄기가 어디선가 만나게 되지만, 공간이 평평하다면 영원히 만나지 않고 직진하게 되는 셈입니다. 이것처럼 4차원의 시공간도 2차원의 면으로 상상해보면, 앞으로 다룰 내용을 훨씬 쉽게 이

베른하르트 리만

중력은 거대한 질량이 휘어놓은 시공간의 흔적이다

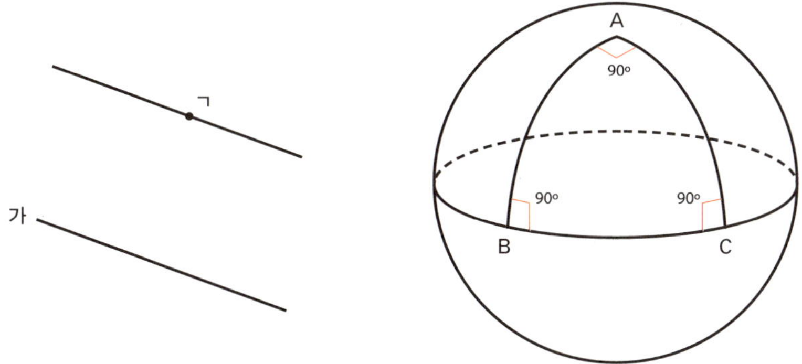

그림2 평면과 구면의 기하학

해할 수 있을 것입니다.

아인슈타인은 리만기하학을 활용하여 중력이 가속운동처럼 시공간을 휘게 한다는 사실을 알게 되었습니다. 더 나아가 시공간이 얼마나 휘어졌는지를 알려주는 시공간의 곡률이 그곳에 있는 물체의 질량에 비례한다는 것을 증명해내었지요. 곡률은 구의 반지름의 역수와 같은 것이라 생각하면 쉽습니다. 공간이 많이 휘어져 있는 곳의 곡률은 크고, 덜 휘어져 있는 곳의 곡률은 작습니다. 태양처럼 무거운, 즉 질량이 큰 천체 주위의 시공간은 크게 휘어져 있는 반면, 달처럼 가벼운 천체 주위의 시공간은 덜 휘어져 있다는 것입니다.

우리는 시공간이 휜 정도를 눈으로 볼 수 없습니다. 하지만 천체 주위를 지나는 물체를 통해 휜 정도를 예상할 수는 있지요. 천체에 의해 공간이 휘어져 있으면, 물체가 직선을 따라 움직이더라도 멀리 있는 관찰자에게는 무거운 천체 쪽으로 끌리는 것처럼 보입니다. 아인슈타인의 등장 이전에는 이러한 휘어진 공간이라는 개념이 없었기 때문에, 뉴턴을 포함한 많은 과학자들이 계속해서 물체가 천체에 끌리는 것은 휜 공간 때문이 아니라 중력 때문이라고만 말해왔지요.

일반상대성이론이 등장하면서 비로소 뉴턴이 풀지 못했던 '중력이 자연에 존재하는 이유'를 알게 되었습니다. 뉴턴은 중력을 발견하고도 왜 그런 일이 생기는지 이유를 대지 못했습니다. 때문에 유럽 대륙의 과학자들은 한동안 중력의 존재를 믿지 않았지요. 그런데 흥미롭게도, 200년 만에 뉴턴을 대신해 명쾌한 답을 내려준 사람이 나타난 것입니다. 그것도 유럽 대륙의 과학자 중에서 말이지요. 이런 이유로 아인슈타인의 일반상대성이론을 **중력에 관한 기하학 이론**이라 부르기도 합니다.

다만, 일반상대성이론은 중력 대신 중력장을 다룹니다. 역장이란 공간의 성질과 관련된 물리적인 양으로, 중력장은 특히 시공간과 관련이 있습니다. 일반상대성이론의 중력장 방정식은 시공간에 질량을 가진 물체가 존재할 때, 평평하던 시공간이 어떻게 휘는지를 알려줍니다.

일반상대성이론의 검증 예 1: 수성의 이상한 공전궤도

아인슈타인은 일반상대성이론 논문을 발표하면서 자신의 이론을 검증할 수 있는 세 가지 예를 제시했습니다. 첫 번째 예는 고전물리학의 오랜 미스터리였던 수성의 공전궤도에 관한 것이었습니다. 태양에서 가장 가까워 제일 큰 중력을 받는 수성의 공전궤도는 단순한 타원궤도가 아닙니다. 행성의 궤도 위에서 태양에 가장 가까운 점을 근일점이라 하는데, 이것이 100년마다 43초(1초는 $1/3600°$)씩 이동하여 궤도가 계속 달라지지요.

그전까지는 그 누구도 이유를 말하지 못했는데, 아인슈타인이 처

   중력은 거대한 질량이 휘어놓은 시공간의 흔적이다

음으로 수성 근처 시공간이 휘어져 있기 때문이라는 사실을 밝혀냈습니다. 그리고 일반상대성이론을 이용해 근일점의 이동 각도를 계산한 결과, 그것이 관측 결과와 일치한다는 것을 확인했지요.

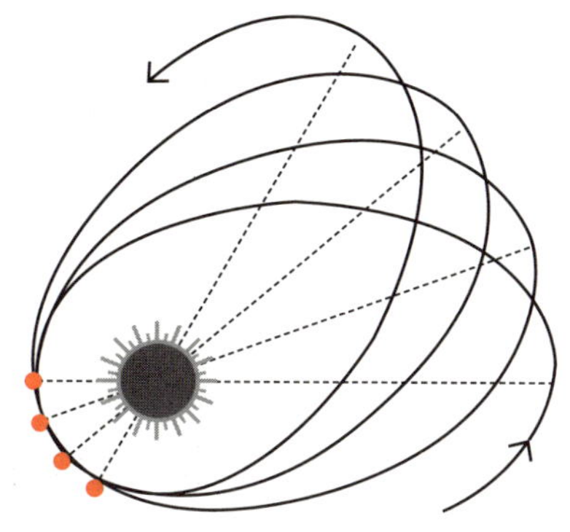

그림3 수성의 이상한 공전궤도. 태양에 가장 가까운 위치인 근일점이 조금씩 이동합니다.

일반상대성이론의 검증 예 2: 중력은 빛도 휘게 한다

두 번째 예는 중력이 빛을 휘게 한다는 것이었습니다. 이는 일반상대성이론이 발표되기 전에는 상상도 하지 못한, 따라서 전혀 관측된 적이 없는 현상이었지요. 유럽이 제1차 세계대전으로 어려움을 겪고 난 직후인 1919년, 영국은 적국 독일의 과학자 아인슈타인의 이론이 옳은지 확인하기 위해 태양의 중력에 의해 빛이 휘어지는 현상을 관측하기로 하고, 천문학자 에딩턴(1882~1944)을 개기일식을 관측할 수 있는 장소인 아프리카에 파견했습니다. 평소에는 태양 빛 때문에 별의 위치를 제대로 확인할 수 없지만, 개기일식 때는 태양이 가려져서 별의 위치를 정확히 측정할 수 있기 때문입니다.

아인슈타인의 일반상대성이론에 따르면, 태양 근처를 지나는 별빛은 태양의 중력에 의해 휘기 때문에 별의 위치가 실제보다 조금 이동한 위치로 관측됩니다. 실제로는 어땠을까요? 측정의 정확성을 두고 논란이 있긴 했지만, 에딩턴의 측정 결과는 아인슈타인의 일반

아서 스탠리 에딩턴

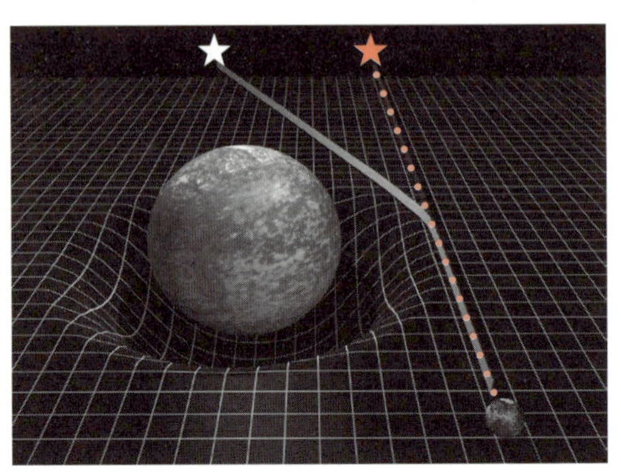

그림4 강한 중력이 별빛을 휘게 합니다. 왼쪽이 진짜 별의 위치이고 오른쪽은 별의 겉보기 위치입니다.

상대성이론의 손을 들어주었습니다. 에딩턴의 발표로 인하여 아인 슈타인의 상대성이론은 더욱 알려지게 되었고, 이제 아인슈타인은 과학계뿐만 아니라 국제사회의 유명 인사가 되었습니다.

일반상대성이론의 검증 예 3: 중력에 의한 적색편이

세 번째 예는 빛이 **중력에 의한 적색편이**를 일으킨다는 것이었습니다. 이는 빛이 중력이 약한 곳에 도달하면, 파장이 길어진다는 것을 뜻합니다. 즉 빛의 스펙트럼선이 파장이 긴 붉은색 쪽으로 이동하게 되는 것이지요. 중력은 물체의 에너지(정확히는 퍼텐셜에너지)를 결 정하는데, 이 중력 퍼텐셜에너지는 중력이 큰 곳에서 오히려 작아집 니다. 따라서 지상보다는 지면에서 중력 퍼텐셜에너지가 더 작습니 다. 이제 이 사실을 태양을 떠난 빛에 적용해보겠습니다.

빛 역시 중력의 영향을 받는다고 가정하면, 빛이 가진 에너지는

　　　　　　중력은 거대한 질량이 휘어놓은 시공간의 흔적이다

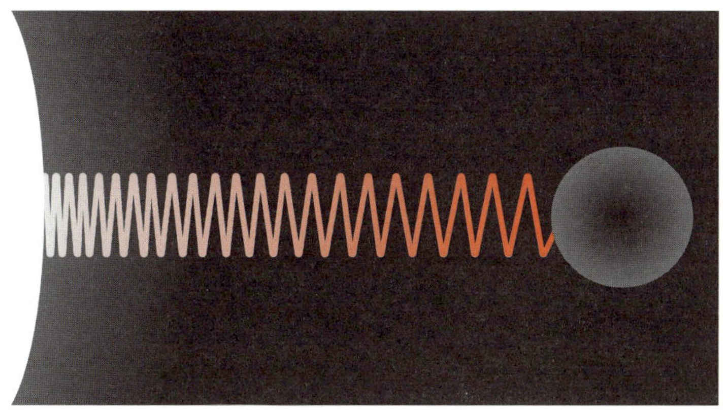

그림5 중력에 의한 적색편이. 태양(왼쪽)에서 지구(오른쪽) 쪽으로 갈수록 중력이 약해지고 태양 빛의 파장이 길어져 붉게 보입니다.

'중력 퍼텐셜에너지+파동에너지'가 되고, 이 에너지는 에너지 보존 원리에 의해 항상 일정합니다(보존됩니다). 이 중력 퍼텐셜에너지는 태양 근처에서 작고 지구에서 큽니다. 따라서 에너지가 보존되려면 빛의 파동에너지는 반대로 태양 근처에서 크고 지구에서 작아야 합니다. 그런데 파동에너지는 파동의 파장에 반비례하므로(뒤의 '플랑크의 양자가설'에서 다룹니다), 파장은 태양 근처에서 짧고 지구 근처에서 깁니다. 이처럼 중력이 작은 곳에서 빛의 파장이 길어지는 현상을 중력에 의한 적색편이라고 부릅니다. 더불어 파동의 파장은 주파수에 반비례하므로, 빛의 주파수는 중력이 약한 곳에서 더 작습니다.

일반상대성이론의 검증 예 4: 중력에 의한 시간 늘어남 현상

중력은 우리에게 시공간이 얼마나 휘어져 있는지를 알려줍니다.

중력이 클수록 시공간이 더 많이 휘어져 있지요. 이처럼 휘어진 시공간에서는 특수상대성이론에서 배운 것처럼 시간과 공간이 우리의 상식과는 매우 다르게 움직입니다. 실제로 아인슈타인은 중력이 작은 곳보다 큰 곳에서 시간이 더 천천히 흐른다는 것을 보여주었지요. 다시 말해 **중력에 의한 시간 늘어남** 현상이 일어나는 것입니다.

사람들은 시원한 경치를 볼 수 있다는 장점 때문에 저층 아파트보다 고층 아파트를 더 선호합니다. 또 같은 아파트라도 기왕이면 고층에서 살고 싶어 하지요. 하지만 물리적으로 더 오래 살고 싶다면, 고층(중력이 작은 곳)보다는 저층(중력이 큰 곳)에서 사는 편이 더욱 좋습니다. 30층 아파트(지면으로부터의 높이를 60m로 가정)의 경우, 1층 집과 30층 집의 시간이 1년에 0.2마이크로초(1,000만 분의 2초) 정도 차이가 납니다. 물론 아주 찰나에 지나지 않지만, 그래도 저층 집의 사람이 아주 조금은 더 오래 사는 셈이지요.

중력에 의한 시간 늘어남 현상은 중력에 의한 적색편이 현상과 밀접한 관련이 있습니다. 아인슈타인은 자신의 특기인 사고실험을 통해 이를 설명했습니다. 우선 태양과 지구에 동일한 원자시계를 설치합니다. 이 원자시계의 1초는 원자가 7×10^{14}번 진동하는 데 걸리는 시간으로 정해져 있습니다. 또한 이 원자시계는 특이하게도 원자의 진동 주파수와 같은 주파수의 빛을 외부로 방출하도록 설계되어 있습니다. 다시 말해 1초에 7×10^{14}번 진동하는 빛인 보라색 빛을 방출합니다(주파수가 7×10^{14}Hz인 빛은 보라색을 띱니다).

이처럼 태양에 있는 원자시계가 7×10^{14}Hz의 보라색 빛을 방출하면, 태양보다 중력이 작은 지구에 있는 원자시계는 중력에 의한 적색편이에 의해 이보다 주파수가 낮은 빛(예를 들어 6×10^{14}Hz의 빛, 즉 파란색 빛)을 방출합니다. 이것은 태양에 있는 원자시계의 원자가

중력은 거대한 질량이 휘어놓은 시공간의 흔적이다

7×10^{14}번 진동할 때, 지구에 있는 원자시계의 원자는 6×10^{14}번 진동한다는 것을 의미합니다. 즉 태양에서는 지구에 비해 시간이 느리게 흐르기 때문에, 원자시계의 원자가 더 많은 진동을 하는 것입니다. 따라서 중력이 큰 곳에서는 시간이 느리게 간다는 것이 바로 중력에 의한 시간 늘어남 효과입니다. 앞서 이야기한 하펠-키팅 실험에서 중력에 의한 시간 늘어남 효과가 특수상대성이론의 시간 늘어남 효과와 함께 관측되었습니다.

예전에는 여행지를 찾아갈 때 지도를 보았지만, 지금은 주로 GPS(Global Positioning System, 범지구 위치결정 시스템)를 사용합니다. GPS란 인공위성을 이용하여 물체의 위치를 정확히 알려주는 장치를 말합니다. GPS는 과연 어떤 원리로 우리에게 위치나 속도를 알려주는 것일까요? GPS용 인공위성에는 정밀한 시계와 전파 송신기가 들어 있습니다. 이를 통해 여러 GPS 인공위성과 내비게이션 장치가 서로 전파를 주고받는데, 이때 전파가 오가는 시간을 확인하여 위치 정보를 알 수 있습니다. 따라서 GPS 인공위성에 있는 시계의 시간이 정확하지 않다면, 위치나 속도를 명확히 알 수 없지요.

특수상대성이론에 의하면, 움직이는 시계의 시간은 정지해 있는 시계의 시간과 다릅니다. 또 일반상대성이론에 의하면, 중력 차이에 의해 지상에 있는 시계의 시간과 지면에 있는 시계의 시간이 다릅니다. 이 두 가지를 고려해 시간을 조정해야만 정확한 위치나 속도 정보를 얻을 수 있습니다. 상대성이론이 없었다면, GPS의 발명도 불가능했겠지요. 이처럼 상대성이론은 과거에는 상상하지 못했던 장치들을 통해서 우리 생활을 편리하게 해주고 있습니다.

일반상대성이론의 중요한 예측 가운데 하나가 바로 중력파입니다. 전하가 진동하면 전자기파를 외부로 방출하듯이 거대한 질량을 가진 천체가 움직이거나 다른 천체와 충돌을 하면 시공간이 물결처럼 일렁이면서 우주 공간으로 퍼져나갑니다. 이런 파동을 중력파라고 합니다. 오랫동안 많은 물리학자들이 중력파를 관측하려고 노력했고 간혹 중력파를 관측했다는 보고가 있었지만 인정을 받지 못했지요. 그럼에도 물리학자들은 중력파의 존재를 의심하지 않았고 중력파를 탐지할 수 있는 초고감도의 탐지기를 개발해 왔습니다.

예측이 있은 지 100년이 지난 2015년, 드디어 미국에 있는 두 개의 LIGO 관측소에서 최초로 중력파를 발견하는 데 성공합니다. 이 중력파는 지구로부터 13억 광년 떨어진 곳에 있던 태양 질량의 36배와 29배의 질량을 가진 두 블랙홀(다음 장에서 설명합니다)이 충돌해 새로운 블랙홀이 만들어지는 과정에서 생성된 것으로 빛 속도로 지구까지 퍼져나온 것이었습니다.

LIGO는 '레이저 간섭계 중력파 관측소'의 약자로 마이컬슨 간섭계와 유사하나 크기가 거대합니다. LIGO는 옆의 사진에서 보듯이 서로 수직한 길이 4km의 L자형 초고진공 직선 팔로 구성되어 있습니다. 각 팔의 끝에는 거울이 달려 있어 빔가르개에 의해 두 개로 나뉜 레이저 빔을 반사시킵니다. 그리고 각 거울에서 반사된 레이저 빔이 다시 중앙에서 모여 간섭을 일으킵니다. 중력파가 LIGO를 통과할 때 각 팔의 길이가 미묘하게 늘거나 줄어들어 간섭무늬의 변화가 생겨 중력파가 지나갔음을 알 수 있습니다.

최초의 중력파 관측으로 2017년 LIGO 개발에 관여한 세 명의 물

　　　　　중력은 거대한 질량이 휘어놓은 시공간의 흔적이다

미국 핸퍼드에 있는 LIGO 관측소.

리학자에게 노벨 물리학상이 수여되었습니다. 또 2017년에는 미국
과 유럽 연구팀이 또 다른 중력파를 관측하였고 이후 중력파가 여러
나라 연구진에 의해 계속해서 관측되고 있습니다.

별의 질량에 따라 최후가 달라진다

맑은 날 하늘을 쳐다보면 북두칠성, 북극성, 시리우스, 베가 등등의 수많은 별을 볼 수 있습니다. 이런 별들도 사람처럼 일생(태어나서 죽을 때까지의 동안)이 있다고 하면 믿어지나요? 1900년 이전의 과학자들은 별의 일생을 믿지 않았습니다. 그러나 1900년대에 들어와 상대성이론과 양자역학이 등장하면서 사람의 일생처럼 별의 일생이 있다는 것을 알게 되었습니다. 그러면 별은 어떤 일생을 보내게 되는지 알아보도록 합시다.

별에게도 일생이 있다?

별은 탄생하는 과정은 같지만 질량이 얼마냐에 따라 아주 다른 최후를 맞게 됩니다. 모든 별은 우주 공간에 있는 성운의 성간 물질로부터 탄생합니다. 성간 물질은 성간 먼지(주로 미세한 얼음이나 모래 덩어리)와 이보다 훨씬 많은 성간 가스(주로 수소 원자, 수소 분자와 헬륨 원자)로 이루어져 있습니다. 성운 내부의 밀도가 높은 부분이 중력에 의해 뭉치기 시작하여 온도와 압력이 상승하고 온도가 1,000만 K 이상이 되면 내부에서 수소 핵융합 반응이 시작되어 빛을 내는 별이 탄생합니다. 핵융합이 일어나면 내부 압력이 중력과 같아져 별의 크기가 일정하게 유지됩니다. 우리의 태양은 현재 이 단계에 있어 크기가 일정하게 유지됩니다. 별 중심부의 수소를 모두 소모하고 헬륨으로 바뀌면 핵융합이 멈추고 다음 단계로 진화합니다.

이 단계부터 별의 질량에 따른 차이가 나타납니다. 태양보다 가볍거나 태양과 비슷한 질량의 가벼운 별은 중력에 의해 중심부는 수축하고 바깥층에서는 헬륨의 핵융합이 시작되면서 팽창하여 붉은색의 크기가 큰 별인 적색거성이 되지요. 마지막에는 바깥층은 우주 공간으로 흩어지고 중심부만 남아 흰색의 크기가 작은 백색왜성이 되어 일생을 마칩니다. 46억 년 전에 탄생한 태양은 대략 50억 년 후 적색거성 단계로 진입하여 부풀어 올라 수성과 금성을 포함한 지구까지 삼키고 그 후 쪼그라들어 백색왜성으로 최후를 맞게 됩니다.

반면 태양보다 무거운 별은 헬륨, 탄소, 산소, 철의 핵융합이 연속해서 일어나 팽창하면서 거대한 붉은색의 적색초거성이 되었다가 핵융합이 멈추면 자체 중력을 견디지 못하고 폭발하여 초신성이 됩니다. 이 과정에서 별의 바깥층이 우주로 퍼져 나갑니다. 《조선왕조실록》에는 1604년 9월부터 7개월 동안 그동안 보지 못했던 별이 대낮에도 볼 수 있을 정도로 밝게 빛났다고 적혀 있는데, 이것이 바로 초신성이었습니다. 태양 질량의 3배보다 가벼운 별은 초신성 폭발

수브라마니안 찬드라세카르

후 남은 중심부는 중성자별이 되지만 태양 질량의 3배 이상인 무거운 별은 빛조차 빠져나올 수 없는 블랙홀이 됩니다.

중성자별은 수축 과정에서 원자핵의 양성자와 전자가 합쳐져 중성자로 변하여 중성자로만 구성되게 됩니다. 중성자별은 질량이 작은 크기에 밀집되어 있기 때문에 밀도가 4억 톤/cm^3 정도로 어마어마합니다. 숟가락 하나 분량의 질량이 10억 톤이 된다니 상상이 안 되지요?

이제 별의 일생과 블랙홀이 어떻게 생기는지 이해하셨나요? 늘 변할 것 같지 않은 별도 사람이 늙다가 죽는 것처럼 달라지다가 죽는다는 사실을 최초로 설명한 사람은 인도 출신 물리학자 찬드라세카르(1910~1995)입니다. 영국 케임브리지 대학으로 유학을 가기 위해 탄 배 안에서 별의 일생에 대해 알아냈다고 알려져 있습니다. 하지만 당시에는 태양보다 질량이 더 큰 별은 백색왜성이 아닌 중성자별이나 블랙홀이 된다는 것을 아무도 믿지 않았다고 합니다. 찬드라세카르는 이에 굴하지 않고 별의 일생에 대해 꾸준히 연구하여 1983년 노벨 물리학상을 수상합니다.

블랙홀의 등장

중력이 너무 커서 빛조차 빠져나올 수 없는 '검은 별'이 존재할 거라는 주장은, 중력이 발견된 1700년대 말에 이미 등장했습니다. 하

별의 질량에 따라 최후가 달라진다

지만 과학자들의 주목을 끌지는 못했지
요. 이후 일반상대성이론이 발표된 지
몇 달 지나지 않아 독일의 물리학자 슈
바르츠실트(1873~1916)가 공 모양의 회
전하지 않는 천체를 대상으로 아인슈타
인의 중력장 방정식을 푸는 데 성공합니
다. 다시 말해 이런 천체 주위에서 시공
간이 어떻게 휘어 있는지를 알아낸 것입

카를 슈바르츠실트

니다. 당시 그는 독일군 병사로서 제1차 세계대전에 참전하고 있었
고, 안타깝게도 이듬해에 병으로 사망합니다. 전쟁을 하는 동안에도
물리학 연구를 하고 있었다니, 참 대단한 사람인 것 같습니다.

　슈바르츠실트가 발견한 중력장의 풀이에는 **슈바르츠실트 반지름**이
라 불리는 특이한 반지름을 가진 구면이 등장하는데, 이 구면이 갖
는 의미를 두고 물리학자들 사이에서 오랫동안 논쟁이 벌어졌습니
다. 그리고 마침내 그들은 천체의 반지름이 슈바르츠실트 반지름보
다 작아지면, 중력이 무한대인 블랙홀이 된다는 사실을 알게 되었습
니다.

　슈바르츠실트 반지름은 물체의 질량에 비례합니다. 따라서 태양의
경우 슈바르츠실트 반지름이 대략 3km가 되지만, 지구의 경우 9mm
에 불과하지요. 한동안 과학자들은 별의 부피가 아주 작게 줄어들면,
블랙홀이 된다는 사실을 믿지 않았습니다. 하지만 중성자별(태양보다
무거운 별이 초신성이 되었다가 주로 중성자만 남은 별로 변합니다), 펄서
(규칙적으로 강한 전파나 X선, 감마선을 방출하는 별. 실제로는 자전운동을
하는 중성자별입니다), 퀘이사(매우 멀리 떨어져 있지만 엄청난 에너지를
방출하는 천체. 실제로는 별이 아닌 은하의 일부입니다) 등 우주에서 신기

스티븐 호킹

한 천체들이 속속 관측되면서 **블랙홀**의 존재를 믿게 되었습니다.

처음에 블랙홀은 '검은 별, 얼어붙은 별' 등으로 불렸습니다. 그러다가 1969년에 미국의 물리학자 휠러(1911~2008)가 '블랙홀'이란 이름을 처음 사용하면서부터, 이제는 우리에게 매우 친숙한 이름이 되었지요. 1971년 백조자리 X-1에서 블랙홀이 처음 발견된 이래로, 수많은 블랙홀들이 관측되었습니다. 이러한 블랙홀의 존재는 주위 천체들이 공간 속으로 빨려 들어가는 모습을 찍은 망원경 사진을 분석해 알아냅니다. 블랙홀 가운데는 태양보다 수억 배나 무거운 것도 있고, 엄청난 속도로 회전하는 것도 있습니다.

이때까지 블랙홀은 물체나 빛을 빨아들이기만 하는 것으로 알려져 있었습니다. 하지만 루게릭병을 앓던 영국의 스티븐 호킹(1942~2018)이 1973년에 '블랙홀은 그다지 검지 않다'라는 논문을 발표하면서, 블랙홀이 물체나 빛을 방출하기도 하고, 작은 블랙홀의 경우 증발해 사라지기도 한다는 주장을 펼쳐 과학계를 놀라게 했습니다.

블랙홀은 어떤 모습을 하고 있을까?

블랙홀 주위에서는 빛조차 빠져나올 수 없기 때문에 우리는 블랙홀이 보이지 않는다고 생각합니다. 그렇지 않습니다. 2014년 개봉되어 국내뿐만 아니라 세계적으로 인기를 끌었던 영화 〈인터스텔라〉

별의 질량에 따라 최후가 달라진다

에 블랙홀이 등장하는데 기억하나요? 기후 위기로 지구가 황폐화하자 지구를 대신할 행성을 찾기 위해 주인공이 선장인 우주선이 발사됩니다. 찾아간 행성 주위에 초거대 질량의 블랙홀 가르강튀아가 있었고 이

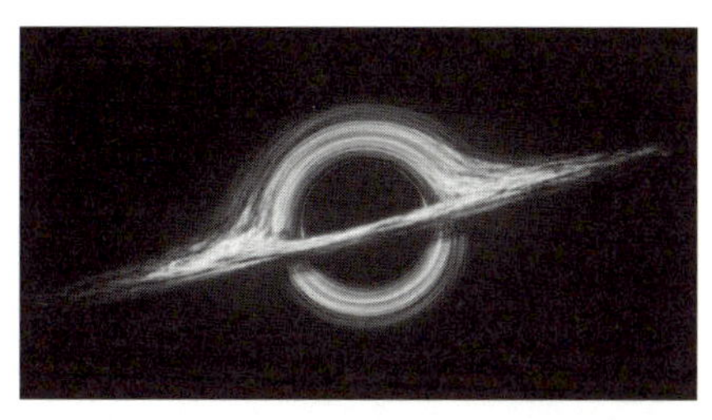

사진1 초거대 질량 블랙홀의 상상도. 시공간의 심한 왜곡으로 인해 빛이 휘어져 고리 모양을 보입니다.

를 이용해 지구로 귀환하지만 블랙홀의 강한 중력에 의해 주인공의 시간은 얼마 지나지 않았으나 지구 시간은 51년이 지나 딸은 노쇠해 병원 침대에서 주인공을 맞이하게 되지요.

주인공이 탄 우주선이 블랙홀로 서서히 접근할 때 사진1과 같은 블랙홀의 모습이 나타납니다. 여러분이 상상하는 블랙홀과 달리 중심부는 검지만 주위는 토성의 띠처럼 밝게 빛나고 있지요. 블랙홀 주위에서는 블랙홀이 빨아들이는 가스나 별 등이 원반(강착원반이라고 부릅니다)을 이루며 고속으로 회전하고 마찰열로 인해 빛을 발생합니다. 그리고 블랙홀의 강한 중력으로 인해 시공간이 엄청나게 왜곡되면서 빛의 경로가 심하게 휘어져 원판 뒷부분에서 나온 빛이 보여 결국 고리 모양을 하게 됩니다.

2019년 4월 미국, 유럽, 아시아의 공동연구팀이 지구로부터 5500만 광년 떨어진 거대한 은하의 중심부에 있는 블랙홀의 모습을 최초로 직접 관측하는 데 성공했습니다. 이전의 블랙홀 관측은 블랙홀 주위 천체들의 운동이나 빨려 들어가는 물질이 방출하는 X선 등을 관측한 간접적인 것이었습니다. 사건 지평선 망원경이라는 새로운 기술을 사용해 직접 관측한 블랙홀의 모습(사진2)

사진2 2019년 관측한 블랙홀의 모습(Source: Event Horizon Telescope Collaboration)

은 사진1의 상상도와 유사했습니다. 이 블랙홀의 질량은 태양 질량의 70억 배 정도로 추정됩니다. 중앙에 있는 어두운 공간의 지름은 대략 400km 정도로 빛이 빠져나올 수 없는 공간입니다. 주위의 밝은 원형 고리는 블랙홀 주변에 물질이 회오리치며 빨려 들어가며 발생하는 빛에 의해 생긴 것입니다.

블랙홀은 대머리?

블랙홀이란 이름을 처음으로 사용한 휠러는 "블랙홀에는 머리카락이 없다"라고 말해 사람들을 어리둥절하게 만들었습니다. 이 말은 블랙홀의 본질적 특성을 비유적으로 이야기한 것입니다. 사람을 구별하는 한 가지 방법은 사람의 헤어 스타일입니다. 길게 기른 머리, 짧게 깎은 머리, 금발, 흑발, 곱슬머리 등등 사람마다 다양한 헤어 스타일을 가지고 있어 구별이 됩니다.

블랙홀에는 머리카락이 없다는 말은 블랙홀이 되는 별의 원래 특성(정보라고 해도 무방합니다)이 블랙홀이 되면서 모두 사라져 모든 블랙홀은 동일하다는 것을 뜻합니다. 블랙홀은 오직 질량, 전하, 회전 상태만으로 구별이 되는 단순한 천체입니다. 우주에서 가장 복잡하고 극단적인 블랙홀이 놀랍도록 단순하다는 것이 신기하기만 합니다. 블랙홀은 사람으로 치면 머리카락이 없는 대머리인 셈입니다.

별의 질량에 따라 최후가 달라진다

시공간의 지름길을 타고
어제와 내일을 만나다

중요한 시험 날, 준비를 충분히 못해서 후회한 경험이 한 번쯤은 있을 것입니다. 만약 시간을 거꾸로 되돌려 과거로 갈 수 있다면, 얼마나 좋을까요? 시간여행은 오래전부터 소설과 영화에 자주 등장한 단골 주제였고, 지금도 그와 관련된 흥미진진한 이야기들이 계속해서 쏟아져 나오고 있습니다. 그런데 정말 시간여행은 가능한 걸까요?

현대물리학에서는 1916년 아인슈타인이 일반상대성이론을 발표한 후부터 시간여행의 가능성이 조심스럽게 제기되기 시작하였습니다. 과연 상대성이론은 시간여행과 어떤 관련이 있는지, 이제부터 차근차근 알아보겠습니다.

먼 미래로 가 보기

상식적으로 시간은 과거에서 현재를 거쳐 미래로, 즉 한 방향으로만 흐릅니다. 미래 또는 현재에서 과거로 거슬러 갈 수는 없지요. 또한 현재에서 갑자기 10년, 100년 후와 같이 먼 미래로 갈 수도 없습니다. 그런데 상대성이론은 이런 우리의 상식에 도전장을 던집니다. 그리고 우리에게 시간여행의 길을 열어주었지요.

우선 먼 미래로 가는 방법에 대해 생각해봅시다. 먼 미래로 가는 시간여행은 과거로 가는 시간여행에 비하면 상대적으로 쉽습니다.

예를 들어 쌍둥이가 태어나 동생은 우주인이 되고, 형은 평범한 직장인이 되었다고 상상해봅시다. 둘이 30살이 되던 날 동생은 거의 빛 속도로 달리는 빠른 우주선을 타고, 지구 시간으로 50년 동안 우주여행을 떠납니다. 특수상대성이론에 의하면, 이때 우주에 간 동생의 시간은 지구에 남은 형의 시간에 비해 거의 멈춰 있는 것처럼 느리게 흘러갑니다. 따라서 50년 뒤 동생이 지구에 돌아왔을 때, 형은 80살 노인이 되어 있지만 동생은 여전히 떠날 때의 모습 그대로이지요. 동생이 잠시 지구를 떠나 있는 동안 지구는 50년이 지난 미래 세상이 되어 있습니다.

빛 속도만큼 빠르게 움직이는 우주선이 없다면, 먼 미래로 갈 수 없을까요? 여기 또 다른 방법이 있습니다. 바로 일반상대성이론을 활용하는 것입니다.

일반상대성이론에 의하면, 중력이 매우 강한 곳에서는 시간이 매우 느리게 흘러갑니다. 특히 블랙홀 근처는 빛도 빠져나오지 못할 정도로 중력이 엄청나게 크지요. 따라서 꼭 빛 속도처럼 빨리 가지 않더라도 우주선을 타고 블랙홀 주위를 맴돌면, 우주인의 시간은 매

 시공간의 지름길을 타고 어제와 내일을 만나다

우 느리게 가고 지구의 시간은 상대적으로 빠르게 흘러갑니다. 그래서 우주인이 블랙홀 주위에서 몇 개월을 보내고 다시 지구로 귀환했을 때, 지구는 수십 년 뒤의 미래가 되어 있지요. 2014년에 개봉한 영화 〈인터스텔라〉를 보면, 블랙홀 주위를 비행하는 주인공이 걱정하는 장면이 나옵니다. 임무를 마치고 지구로 돌아갔을 때, 딸이 이미 죽어 있을까 봐 염려한 것이지요. 영화에서 주인공은 다행히 딸을 만나지만, 딸은 이미 주인공보다 나이가 훨씬 많은 노인이 되어 있었습니다.

과거로의 시간여행

특수상대성이론이나 일반상대성이론 모두 먼 미래로 가는 시간여행이 가능하다고 이야기하고 있습니다. 그렇다면 과거로 가는 시간여행은 어떨까요? 과거로 가는 여행은 미래로 가는 여행보다 훨씬 어렵습니다. 특히 특수상대성이론에서는 과거로 가는 시간여행이 아예 불가능합니다. 어떤 대상도 빛 속도 이상으로는 날 수 없기에, 시간 늘어남 현상이 커질 수는 있으나 시간의 방향, 즉 시간의 흐름이 현재에서 과거로 바뀌지는 않지요.

그런데 공상과학영화에서는 타임머신을 타고 과거에서 미래로, 또 미래에서 과거로 자유자재로 시간여행을 합니다. 더불어 의자, 자동차, 공중전화 박스, 우주선 모양 등 다양한 타임머신이 등장하지요. 이런 게 실제로도 가능할까요?

일반상대성이론을 이용하면 충분히 가능합니다. 강한 중력은 시공간을 뒤틀기 때문에 시간을 거꾸로 흐르게 할 수 있지요. 따라서 과거로의 시간여행은 강한 중력을 만드는 블랙홀과 관련이 깊습니다. 또 블랙홀 사이를 연결하는 웜홀(우리말로 하면 벌레 구멍)과도 관련이 있지요.

웜홀: 우주의 지름길이자, 과거로 가는 통로

우주여행이나 시간여행을 다룬 공상과학영화나 소설에 자주 등장하는 것이 바로 **웜홀**입니다. 웜홀은 블랙홀 사이를 연결하는 통로로, 벌레가 사과를 파먹어 한쪽 면에서부터 반대쪽 면까지 뚫려 있는 구멍과 같다고 해서 이름 붙여졌습니다. 이 구멍을 통해 사과의 한쪽 면에서 반대쪽 면으로 빠르게 이동할 수 있는 것처럼, 우주의 웜홀을 이용하면 우주 공간을 가로질러 빠르게 이동할 수 있습니다. 웜홀이 곧 우주의 지름길인 셈입니다.

그런데 웜홀을 공간 이동에 이용하는 데는 문제가 있습니다. 힘들게 한쪽 블랙홀로 들어가서 구사일생으로 웜홀을 통과해 다른

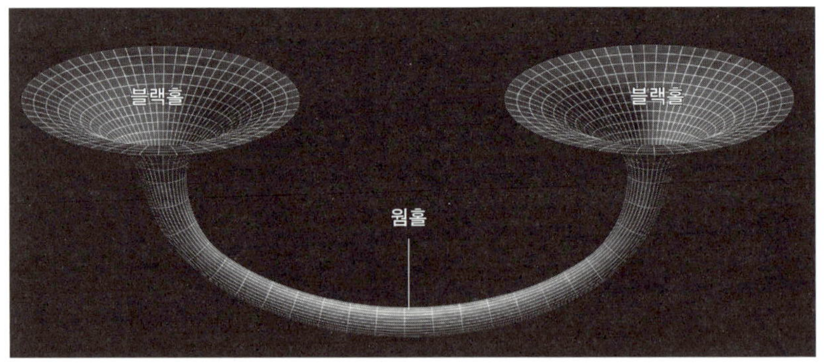

그림1 두 블랙홀을 연결하는 통로인 웜홀

 시공간의 지름길을 타고 어제와 내일을 만나다

쪽 블랙홀로 가더라도, 이 블랙홀의 빨아들이는 힘 때문에 밖으로 빠져나올 수 없기 때문입니다. 다행스럽게도 블랙홀이 물체나 빛을 방출하기도 한다는 호킹의 주장에 의해서 블랙홀에서 빠져나올 수 있는 약간의 가능성이 생기긴 했습니다만, 웜홀을 지나는 도중에 블랙홀이 증발해 사라질 수 있다는 문제가 여전히 남아 있지요. 다시 말해 이것이 가능하려면, 웜홀과 블랙홀 모두가 안정적이어야 합니다.

1988년 미국의 물리학자이자 상대성이론 분야의 최고 권위자 킵 손(1940~ . 중력파의 관측으로 2017년 노벨 물리학상을 받습니다)은 미국의 천문학자 칼 세이건(1934~1996)으로부터 우주에 우주선이 통과할 수 있는 웜홀이 존재할 수 있는지 연구해 달라는 부탁을 받습니다. 세이건은 자신이 쓰던 소설 《콘택트》(contact, 접촉이라는 영단어로 외계인과 접촉하기 위해 노력하는 여성 물리학자 이야기를 다루고 있습니다)에서 웜홀을 이용한 시간여행을 다루려 했는데, 이것이 실제로 가능한 일인지 자신이 없어 손에게 확인을 부탁한 것입니다. 손은 연구를 통해 우주선이 통과할 수 있는 웜홀이 실재할 수 있을 뿐 아니라, 이것이 과거로의 시간여행과도 관련이 있다는 사실을 밝혀냅니다. 즉 웜홀은 우주공간을 연결하는 지름길일 뿐 아니라, 시공간을 연결하는 지름길이기도 하다는 것입니다. 이 말은 웜홀이 곧 과거로 가는 시간여행의 통로가 될 수 있음을 의미합니다. 왜 그런지 이유를 알아볼까요?

그림2처럼 웜홀의 한쪽 끝에 블랙홀A가 정지해 있고, 반대쪽 끝에서 블랙홀B가 거의 빛 속도로 멀어지고 있다고 가정해봅시다. A에서 10년이 지난 후 B가 원래 있던 위치로 돌아옵니다. 그러면 A의 시간은 10년이 지나 있지만, B의 시간은 특수상대성이론의 시간 늘

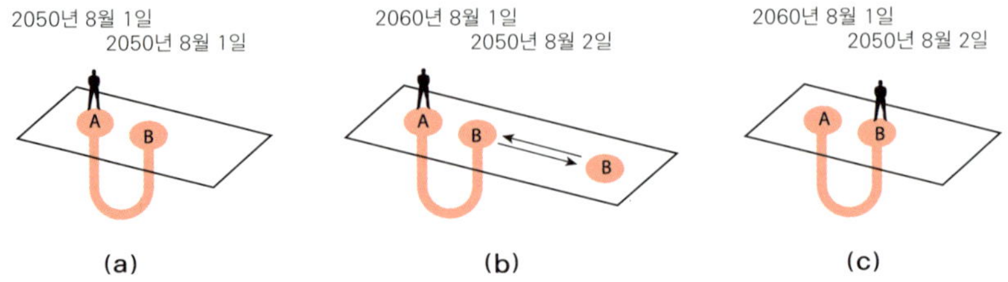

그림2 웜홀을 이용한 과거로의 시간여행

어남 현상에 의해 고작 하루가 지나 있습니다. 이제 그림2의 (c)처럼 A에 있는 사람이 웜홀을 통해 순간적으로 B로 이동하면, 이 사람은 A의 시간보다 10년 정도 과거로 가게 됩니다.

따라서 빛 속도처럼 빠른 우주선인 타임머신을 타고 과거로 시간여행을 하는 원리를 설명하자면 이렇습니다. 공간에 웜홀을 만들고 한쪽 블랙홀을 빠르게 이동시켰다가 다시 원래 위치로 되돌린 뒤, 웜홀을 안전하게 통과하는 것입니다. 이 타임머신에는 한 가지 단점이 있습니다. 타임머신이 만들어지기 이전의 과거로는 돌아갈 수 없다는 것이죠.

타임머신의 필수 요소인 빛 속도처럼 빠른 우주선이나 사람이 통과할 수 있는 웜홀이 가능한지에 대해서는 아직 부정적인 의견이 많습니다. 하지만 걱정할 필요는 없습니다. 아인슈타인의 말처럼 "지식보다 중요한 것은 상상력"입니다. 지금껏 인류는 아무리 가능성이 낮더라도 노력하여 상상한 것을 모두 이루어왔습니다. 웜홀 문제역시 언젠가는 해결 방법을 찾게 될 것입니다. 그렇게 된다면, 그 주인공이 이 책을 읽는 여러분 가운데서 나왔으면 좋겠습니다.

시간여행의 역설

모든 과학자들이 과거로의 시간여행이 가능하다고 믿는 것은 아닙니다. 이들이 이를 믿지 않는 까닭은 과거로의 시간여행이 가능해지면, 기묘한 일들이 벌어질 수 있기 때문입니다. 이것을 **시간여행의 역설**이라고 부릅니다. 역설이란 어떤 주장을 사실로 받아들일 때, 그것과 모순되는 일이 생기는 것을 근거로 들어 주장이 틀렸음을 확인하는 방법입니다.

세상의 모든 것은 원인에 의해 결과가 나타나는 인과관계를 따릅니다. '번개가 쳐야 천둥소리가 난다, 콩 심은 데 콩 나고 팥 심은 데 팥 난다, 공부를 안 하면 시험 점수가 나쁘게 나온다'라는 게 바로 인과관계의 예이지요. 인과관계는 우리의 상식과도 일치하기 때문에, 인과관계가 맞다면 주장의 근거로 사용할 수 있습니다. 반대로 인과관계가 어긋난다면 그 주장은 틀린 게 되겠지요.

그런데 과거로의 시간여행이 가능해지면, 이 인과관계를 깨뜨리는 일들이 생길 수 있습니다. 이제 과거로의 시간여행과 관련된 흥미로운 역설 두 가지를 소개하겠습니다. 과연 어떤 부분이 이상한지 한번 찾아보시기 바랍니다.

할아버지-손녀 역설

과거나 현재나 미래에나 사람에게 외모는 중요합니다. 어느 날 미래에 사는 손녀가 못생겼다는 이유로 애인과 헤어지게 됩니다. 우울증에 빠진 손녀는 자신의 못생긴 얼굴이 누굴 닮은 것인지 살펴보다가, 할아버지를 닮았다는 사실을 알게 됩니다. 손녀는 자신에게 못난 얼굴을 물려준 할아버지에게 복수하고 싶은 마음에 타임머신을 타고 젊은 시절의 할아버지에게로 갑니다. 그리고 자신의 할아버지가 될 못생긴 남성을 유혹해 자신의 할머니가 될 여성과 헤어지게 한 다음, 타임머신을 타고 미래로 돌아가 버리지요. 애인, 즉 미래의 손녀가 떠나버리자 할아버지는 낙심하여 결혼을 포기하고, 독신으로 살다가 죽습니다. 이것이 바로 할아버지-손녀 역설입니다.

할아버지가 결혼을 하지 않았으니 아버지가 태어날 리 없고, 당연히 손녀는 세상에 나올 수 없겠지요. 이처럼 타임머신이 있다면, 인과관계가 엉망이 될 것입니다. 따라서 과거로 가는 타임머신은 존재할 수 없고, 자연 역시 타임머신을 허용할 리 없다는 것이 시간여행을 반대하는 사람들의 주장입니다.

화가-비평가 역설

이 역설은 할아버지-손녀 역설과는 조금 다릅니다. 현재 매우 유명한 화가가 있습니다. 한 비평가가 화가의 전기를 쓰고 싶어서 그의 과거를 조사해보니, 놀랍게도 그에 대한 기록이 거의 없었지요. 궁금해진 비평가는 타임머신을 타고 과거로 가서 젊은 화가를 만납니다. 놀랍게도 화가의 그림은 형편없었고, 그의 그림을 사 가는 사람도 전혀 없었습니다.

비평가는 화가에게 지금은 비록 가난해도 미래에는 아주 유명해질 거라고 말하지만, 화가는 믿지 않습니다. 그러자 비평가는 그 화가의 화집을 남기고 다시 미래로 떠납니다. 비평가가 떠난 뒤 화가는 화집의 그림을 열심히 따라 그립니다. 그랬더니 그림이 잘 팔려 매우 유명해집니다. 할아버지-손녀 역설처럼 말이 안 되는 이야기이지요. 자신이 미래에 그린 그림(결과)이 그보다 전에 그린 그림(원인)의 원본이 된다는 것은 상식적으로 있을 수 없는 일입니다.

　　　　　시공간의 지름길을 타고 어제와 내일을 만나다

그렇다면 자연의 진실은 무엇일까요? 과거로의 시간여행은 정말 불가능한 걸까요? 혹시 자연은 시간여행의 역설을 피하게 해줄 교묘한 해결책을 가지고 있는 것은 아닐까요? 물리학자들은 지금도 그 답을 찾기 위해 노력하고 있습니다.

우주는 대폭발로 탄생했으며 지금도 팽창하고 있다

——— 허블-르메트르 법칙과 빅뱅 이론

태양계의 끝은 어디이고, 그다음에는 무엇이 있을지 상상해본 적이 있나요? 지구의 끝을 낭떠러지라고 생각했던 인류가 이제는 태양계의 끝, 심지어 우주의 끝을 상상하고 있습니다. 그만큼 인류는 지난 수백 년간 엄청난 발전을 이룩하였지요. 하지만 우주의 방대한 스케일을 놓고 보면, 우리의 기술 수준은 아직 초보적인 단계에 머물러 있다고 할 수 있습니다. 이제 겨우 태양계를 벗어난 정도이기 때문입니다. 1977년 미국 항공우주국NASA에서 무인 우주탐사선 보이저 1호를 발사했습니다. 그 뒤 36년이 지난 2013년 9월, 보이저 1호는 역사상 최초로 태양계를 벗어났습니다. 태양으로부터 190억 km 정도 떨어진 곳을 지나, 지금도 여전히 우주 공간 속을 항해하고 있지요.

과학자들은 천체망원경과 우주망원경으로 관측하여, 우주의 크기가 반지름 465억 광년쯤 되고, 형태는 공 모양이라는 것을 알아내었습니다. 1광년은 빛이 1년 동안 전파되는 거리로, 9.46×10^{12}km 정도입니다. 따라서 우주 반지름은 대략 4.40×10^{23}km 정도이지요. 보이저 1호가 여행한 거리 190억km(1.90×10^{10}km)는 우주의 방대한 크기와 비교할 때, 정말 짧은 거리에 지나지 않습니다.

이처럼 우주는 엄청나게 거대한데, 우주를 연구하는 천체물리학자들은 지금 이 순간에도 우주가 빠른 속도로 팽창하고 있다고 말합니다. 더욱 놀라운 사실은 137억 년 전에는 우주가 티끌보다 작았으나, 어마어마한 폭발(빅뱅, 뱅은 영어로 큰 '빵' 소리를 뜻합니다)을 일으켜 지금의 크기로 팽창하였고, 여전히 팽창을 멈추지 않고 있다는 것이지요.

우주를 연구하는 물리학자들은 어떻게 이런 놀라운 주장을 할 수 있었을까요? 그 출발은 아인슈타인의 일반상대성이론에서 시작되었습니다.

정적인 우주 대 팽창하는 우주

근대과학이 발전하면서 주로 천문학자들이 우주를 연구하기 시작했습니다. 그들은 광학망원경을 이용하여 태양계와 별자리에 대해 연구했습니다. 1900년대에 들어와서는 미국의 윌슨산 천문대, 팔로마산 천문대에 반사경의 지름이 수 미터나 되는 거대 반사망원경이 설치되었고, 분광기를 이용한 새로운 관측 기술이 도입되면서 천문학의 관심 또한 태양계를 벗어나 광활한 우주로 뻗어갔습니다. 우주는 어떤 모양을 하고 있는지, 어떻게 생겨난 것인지에 대한 관심이 생겨나면서, 천문학은 더 이상 천문학자들만의 전유물이 아닌 천문학자와 물리학자의 융합 과학이 되었습니다. 더불어 새로 탄생한 **우주론**은 현대천문학의 가장 중요한 분야가 되었습니다.

아인슈타인은 천체의 질량에 의해 시공간이 휜다는 일반상대성이론을 발표한 이후, 우주의 모양, 전문적 용어로 우주 모형에 관심을 가졌습니다. 이는 과거 뉴턴 역시 눈여겨봤던 주제였습니다. 우주에 있는 물질 사이에는 중력이 작용해 서로를 끌어당기기 때문에, 한데 뭉쳐져 별과 같은 천체들이 만들어집니다. 뉴턴은 이 천체들이 우주 공간에 균일하게 퍼져 있어, 시간이 지나도 변화하지 않는다고 생각했습니다. 이것을 **정적 우주 모형**이라고 부릅니다. 정적 우주 모형은 변하지 않는 우주, 다시 말해 밤하늘의 별자리는 변하지 않는다는 우리의 상식과도 일치합니다. 당시의 아인슈타인 역시 우주는 변하지 않는다고 생각했습니다.

아인슈타인은 일반상대성이론의 핵심인 중력장 방정식을 통해 우주의 모습이 변하지 않음을 증명하고 싶었습니다. 하지만 중력장 방정식을 풀어보니, 예상과 달리 우주가 시간이 지남에 따라 계속 팽창한다는 결과가 도출되었지요. 이를 믿을 수 없었던 아인슈타인은 평생 후회로 남을 일을 하게 됩니다. 앞서 발표한 중력장 방정식이 틀렸다고 생각하고, 1917년에 새로 고친 중력장 방정식을 발표한 것입니다.

그는 새 방정식에 **우주상수**라는 새로운 물리량을 추가하여, 시간이 지나도 우주가 팽창하지 않고 항상 같은 모양을 유지함을 증명하려 했습니다. 여기서 우주상수란 물질 사이의 밀어내는 힘(척력이라고 부릅니다. 끌어당기는 힘, 즉 **인력**과 반대됩니다)을 말하며, 이 힘은 중력과 달리 가까운 거리에서는 약하고, 먼 거리에서는 매우 강합니

　　우주는 대폭발로 탄생했으며 지금도 팽창하고 있다

다. 아인슈타인은 만약 우주상수가 존재할 경우, 중력의 끌어당김과 우주상수의 밀침이 균형을 이루어 우주가 시간이 지나도 변화하지 않는다고 주장했습니다.

그런데 1922년 러시아의 수학자 프리드만(1888~1925)이 그 주장을 반박하고 나섭니다. 프리드만은 새로운 중력장 방정식을 활용하더라도 우주상수의 값에 따라 우주가 팽창

조르주 르메트르

할 수 있음을 증명합니다. 또 그는 초기에 우주는 아주 높은 밀도로 뭉쳐져 있었으나 시간이 흐르면서 팽창했고, 그래서 물질이 지금처럼 낮은 밀도로 퍼져 있는 것이라고 주장합니다.

그 후 1927년에는 벨기에의 신부이자 천문학자인 르메트르 (1894~1966)가 프리드만보다 훨씬 파격적인 주장을 하여 과학계를 놀라게 합니다. 우주는 원시 원자들의 폭발로 인해 생겨났으며, 그 여파로 지금도 팽창하고 있다고 한 것입니다. 지금은 모두가 아는 당연한 말이지만, 당시로서는 매우 충격적인 주장이었습니다.

허블의 발견

우주가 변하지 않고 그대로 있는지, 아니면 팽창하는지를 두고 많은 과학자들이 갈피를 못 잡고 있던 차에, 미국의 천문학자 허블 (1889~1953)이 광학망원경으로 우주를 관측하여 1929년 우주가 팽

에드윈 허블

창하고 있다는 결정적인 증거를 제시합니다. 허블은 원래 법학을 공부해 변호사가 되었지만, 법정의 지루함을 견디지 못하여 일을 그만두고 천문학을 공부한 사람입니다.

1918년에 그는 미국 윌슨산 천문대에 설치된 지름 2.5m의 반사망원경을 사용하여 은하(1억 개 이상의 별들로 이루어진 천체 집단)를 관측했습니다. 그 뒤 1924년에는 우리은하 밖에 또 다른 은하가 존재한다는 사실을 밝혀 천문학계에서 일약 스타로 떠올랐습니다.

허블은 밝기가 주기적으로 변하는 특이한 별인 변광성을 이용해 지구에서 은하까지의 거리를 정확히 측정하였습니다. 또한 그는 분광기를 사용해 지구에서 은하까지의 거리와 은하에 속한 별의 스펙트럼이 어떤 관계를 가지는지 조사하였고, 그 결과 지구와의 거리가 멀수록 은하가 지구로부터 더 빨리 멀어짐을 밝혀내었습니다. 이는 곧 우주가 팽창하고 있음을 보여주는 결과였습니다.

허블의 발견 소식을 듣게 된 아인슈타인은 1931년에 우주가 팽창하고 있다는 사실을 인정하였습니다. 그리고 훗날 불필요한 우주상수를 중력 방정식에 넣은 일을 일생 최대의 실수였다고 고백하였지요.

우주는 대폭발로 탄생했으며 지금도 팽창하고 있다

선스펙트럼의 적색편이

허블이 우주가 팽창한다는 사실을 발견한 것은 별빛 스펙트럼의 적색편이와 관련이 있습니다. 반사망원경을 은하에 맞추고 망원경에 들어온 빛을 분광기(프리즘처럼 빛을 무지개 모양으로 펼쳐주는 장치)로 조사하면, 여러 개의 선들이 보이는 스펙트럼을 얻게 됩니다. 별빛뿐만 아니라 네온사인처럼 유리관에 특정 기체를 채우고 방전시켜 나온 빛 역시 선들로 이루어진 스펙트럼(**선스펙트럼**이라고 부릅니다)을 보입니다.

별빛의 스펙트럼은 별이 무엇으로 구성되었는지를 보여줍니다. 별이 태양처럼 주로 수소 원자로 이루어져 있다면, 별빛의 스펙트럼에서 수소 기체의 선스펙트럼과 일치하는 선들이 나타납니다. 또 수소 원자 외에 헬륨 원자를 가지고 있다면, 헬륨 기체의 스펙트럼 선도 함께 나타납니다. 헬륨 기체의 스펙트럼 선들의 위치는 수소 기체의 스펙트럼 선들의 위치와 다르기 때문에, 이 선들의 위치를 비교해보면 별에 어느 원자가 들어 있는지를 쉽게 알 수 있습니다. 이처럼 각각의 원자의 선스펙트럼은 사람의 지문과 같다고 생각하면

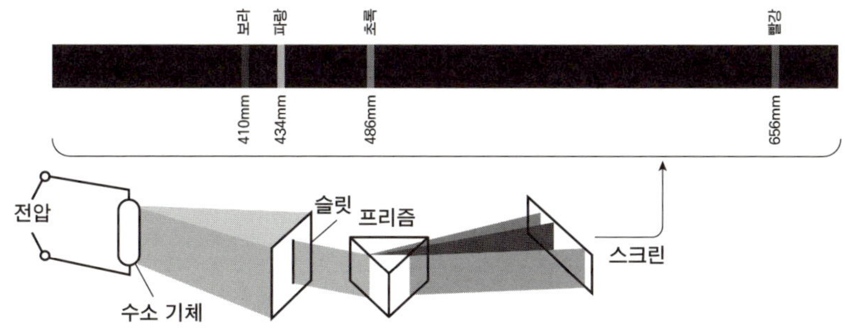

그림1 분광기의 원리(아래)와 수소 원자의 선스펙트럼(위)

수소의 선 스펙트럼

헬륨의 선 스펙트럼

그림2 수소 원자의 선스펙트럼과 헬륨 원자의 선스펙트럼. 선스펙트럼의 수평축은 빛의 파장을 나타냅니다.

됩니다. 지문을 보고 그가 누구인지 알아내는 것처럼, 선스펙트럼을 보면 그것이 어느 원자의 것인지를 알아낼 수 있습니다.

허블은 지구로부터 각기 다른 거리에 위치한 24개의 은하에 속한 별빛의 스펙트럼을 관측하다가 이상한 점을 발견합니다. 거의 대부분의 별빛의 스펙트럼이 수소 원자의 선스펙트럼 모양과 일치했지만, 각 스펙트럼 선의 위치(정확히는 파장)가 조금씩 달랐습니다. 은하에 속한 별들의 선스펙트럼은 지구의 실험실에서 얻은 수소 원자의 선스펙트럼보다 파장이 긴 쪽으로 쏠려 있었고, 은하가 멀리 있을수록 이에 비례해 파장의 쏠림도 더 컸습니다. 파장이 긴 빛은 붉은색을 띠기 때문에, 이 현상을 **선스펙트럼의 적색편이**(편이는 한쪽으로 이동해 있다는 의미)라고 부릅니다.

 우주는 대폭발로 탄생했으며 지금도 팽창하고 있다

도플러 효과와 적색편이

또한 허블은 은하의 선스펙트럼에서 관측된 적색편이가 지구와 은하 사이의 거리에 비례한다는 사실을 깨닫습니다. 이는 지구와 은하 사이의 거리가 멀수록 은하가 우리로부터 멀어지는 속도가 더 빠르다는 것을 의미합니다. 다시 말해, 우주 전체가 팽창 중이라는 것입니다. 이것이 1929년에 허블이 발견한 **허블 법칙**의 주요 내용입니다. 허블 법칙에 의하면, 지구와 우주의 거리가 100만 광년 멀어질수록, 우주의 팽창 속도는 초속 15km씩 증가합니다. 현재 우주의 크기를 생각하면, 그 끝이 거의 빛 속도로 팽창하고 있다고 할 수 있지요.

스펙트럼의 적색편이와 팽창 속도는 어떤 관계가 있을까요? 이 관계를 알려준 것이 바로 1842년 오스트리아의 물리학자 도플러 (1803~1853)가 발견한 **도플러 효과**입니다. 쉬운 예를 들어볼까요? 환

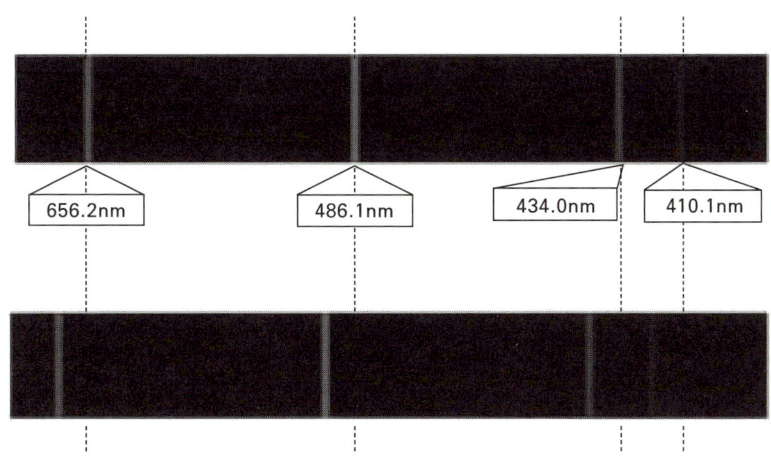

그림3 실험실에서 측정한 수소 원자의 선스펙트럼(위)과 적색편이된 선스펙트럼(아래). 스펙트럼선들이 모두 동일한 크기만큼 적색 쪽(왼쪽)으로 이동해 있습니다.

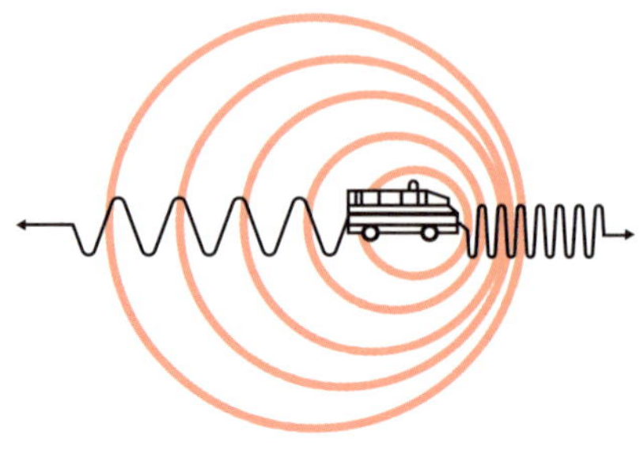

그림4 도플러 효과에서 적색편이와 청색편이가 생기는 모습을 보여줍니다. 구급차가 멀어져 가는 왼쪽에서는 적색편이, 구급차가 다가오는 오른쪽에서는 청색편이가 일어납니다.

자를 실은 구급차가 사이렌을 울리며 달려갑니다. 이때 구급차가 가까이 다가오면 사이렌 소리가 높아지고, 멀어지면 소리가 낮아지는 것이 바로 도플러 효과입니다. 도플러 효과는 소리의 크기가 커졌다 작아졌다 하는 것이 아니라, 소리의 주파수가 높아졌다(높은 음) 낮아졌다(낮은 음) 하는 것을 말합니다. 즉 소리의 주파수는 소리를 내는 음원이 다가오면 높아지고, 멀어지면 낮아집니다. 파동의 주파수는 파장에 반비례하므로, 주파수가 높아질 때는 파장이 짧아지고, 낮아질 때는 반대로 길어집니다. 따라서 소리를 내는 음원이 듣는 사람으로부터 멀어지면, 파장이 길어지는 적색편이가 일어납니다. 더불어 빛 또한 소리와 마찬가지로 파동이기 때문에 도플러 효과를 보이며, 이때 적색편이의 크기는 대상, 즉 광원이 멀어지는 속도에 비례합니다.

도플러 효과를 다시 간단히 정리해볼까요? 파동을 만드는 파원(구급차의 사이렌 소리)이 정지해 있다면, 파동이 공간으로 일정하게 퍼져 나가 어느 곳에서 관찰하든지 파장이 변하지 않습니다. 하지만 그림4처럼 파원이 오른쪽으로 움직이면, 파원이 이동하는 방향에 있는 오른쪽 사람에게는 파동 간격이 좁아지면서 파장이 짧아져 보이고(이것을 **청색편이**라 합니다), 파원이 이동하는 방향의 반대쪽에 있는 왼쪽 사람에게는 파동 간격이 멀어지면서 파장이 길어져 보입니다(이것을 **적색편이**라 합니다).

　　　　　　　우주는 대폭발로 탄생했으며 지금도 팽창하고 있다

이런 도플러 효과에 의해 우리는 은하가 우리로부터 점점 멀어지고 있다는 것을 알 수 있습니다. 더불어 지구로부터 은하까지의 거리가 멀수록 적색편이가 더 크다는 것은, 먼 은하일수록 지구로부터 더 빠른 속도로 멀어지고 있음을 말해주지요.

빅뱅 이론: 우주의 기원

이제 우주가 팽창 중이라는 사실을 알았으니, 우주가 팽창하는 모습을 카메라로 찍었다가 빠른 속도로 되돌려봅시다. 그러면 우주가 점점 수축하는 것처럼 보일 겁니다. 허블은 자신이 측정한 우주 팽창 속도로부터 유추했을 때, 우주의 크기가 하나의 점처럼 작아지는 시점이 대략 20억 년 전이라는 사실을 알아내고, 우주의 나이가 20억 년이라고 주장했습니다. 반면 영국의 천문학자 에딩턴은 우주의 팽창 속도가 일정하지 않고, 시간이 지날수록 점점 더 커지기 때문에, 우주의 나이는 20억 년이 아닌 150억 년 이상이라고 주장했지요.

팽창우주설은 공통적으로 우주가 초기에 아주 작은 크기에서 출발했음을 암시하고 있습니다. 러시아에서 미국으로 귀화한 물리학자 가모프(1904~1968)는 1946년 프리드만과 르메트르의 주장(팽창우주설)에 물리학 지식을 더하여 우주의 기원을 설

조지 가모프

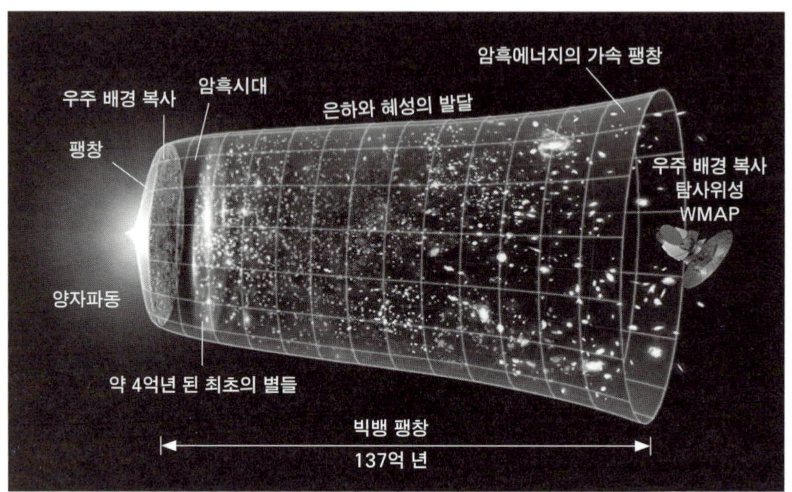

그림5 우주의 진화 과정. 수직축은 우주의 크기를, 수평축은 시간을 의미합니다. 초기 급격한 팽창을 거친 뒤 팽창 속도가 느려졌다가, 지금은 다시 빨라지고 있습니다.

명하는 놀라운 논문을 발표했습니다.

그 내용을 살펴보면, 다음과 같습니다. 137억 년 전 우주는 원자핵 크기(10^{-15}m)의 엄청난 고온, 고압, 고밀도 상태였다가 빅뱅이라 불리는 대폭발로 인해 탄생하였고, 지금도 엄청난 속도로 팽창하고 있다는 것입니다. 가모프의 이런 주장을 우리는 빅뱅 이론이라고 부릅니다.

이 빅뱅 이론에 의하면, 최초의 우주는 너무 뜨거워서 물질이 존재할 수 없었습니다. 오직 복사에너지(전자기파)만을 갖고 있었지요. 그러나 빅뱅 직후 우주가 급속히 팽창하면서 온도가 급격하게 낮아졌고, 전자, 양성자, 중성자 등의 작은 입자들이 생겨났습니다. 이 입자들이 빛을 재빨리 흡수했기 때문에, 최초의 우주는 빛 하나 없는 깜깜한 공간이었습니다. 그러나 빅뱅 3초 후 10억 도였던 우주의 온도가 30만 년 후 1만 도까지 떨어지면서 수소 원자가 처음으로 우주

 우주는 대폭발로 탄생했으며 지금도 팽창하고 있다

공간에 등장하였습니다. 더불어 우주 밀도가 낮아지면서 비로소 빛
이 우주 공간으로 퍼져 나갈 수 있게 되었습니다.

이후로도 우주는 팽창을 멈추지 않았습니다. 온도 역시 계속해서
낮아지면서 수소 원자보다 무거운 원자들이 생겨났습니다. 또 이런
원자들이 모여 별, 성운, 은하가 만들어져, 오늘날 우리가 보는 우주
의 모습이 되었습니다.

우주배경복사의 발견

가모프는 원자핵 크기보다 작았던 우주가 대폭발을 통해 지금
과 같은 모습으로 진화했다는 증거로 우주배경복사를 들었습니다.
그는 대폭발이 일어날 때 생긴 복사에너지(전자기파)가 지금도 우
주 공간에 남아 있으며, 우주가 흑체라고 생각하면 우주의 온도는
−270°C(절대온도 3도) 정도일 거라고 예측하였습니다. 이 복사에너
지를 우주배경복사라고 부릅니다.

우주배경복사가 절대온도 3도라는 말은 곧 지금 우주 공간에 있
는 원자들이 절대온도 3도에 해당하는 에너지를 갖는다는 것, 간단
히 말해 우주가 매우 차갑다는 것을 뜻합니다. 온도는 물질을 구성
하는 원자의 운동에너지에 비례하기 때문입니다. 이처럼 우주는 온
도가 매우 낮기에, 특수 제작한 우주복을 입지 않고 우주 공간에 나
간다면 곧바로 몸이 얼어버리고 말 겁니다.

1965년 미국전화전신회사AT&T 소속 벨 연구소에서 근무하던 펜
지어스(1933~2024)와 윌슨(1936~)은 지상에 설치된 전파 수신안테
나와 에코 1호 통신위성 간에 전파잡음이 발생하자, 회사로부터 그

아노 펜지어스(오른쪽)와 로버트 우드로 윌슨(왼쪽). 뒤로 이들이 사용한 전파 수신안테나가 보입니다.

원인을 찾아 없애라는 지시를 받습니다. 이들은 비록 전파잡음을 없애진 못했으나, 전파잡음이 전 하늘에 걸쳐 퍼져 있고, 그 온도가 대략 절대온도 3도라는 사실을 알아내었지요. 당시 이들은 자신들이 가모프가 예측했던 우주배경복사를 발견했다는 사실을 몰랐습니다. 하지만 이후 그것이 얼마나 중요한 발견이었는지 깨닫게 되었지요.

펜지어스와 윌슨은 우주배경복사를 발견한 공로로, 1978년에 공동으로 노벨 물리학상을 수상했습니다. 그러나 이들의 발견은 길고 긴 우주배경복사 연구의 시작에 불과했지요. 이후 우주배경복사를 정확히 측정하기 위해서 특수 탐사 위성들이 발사되었습니

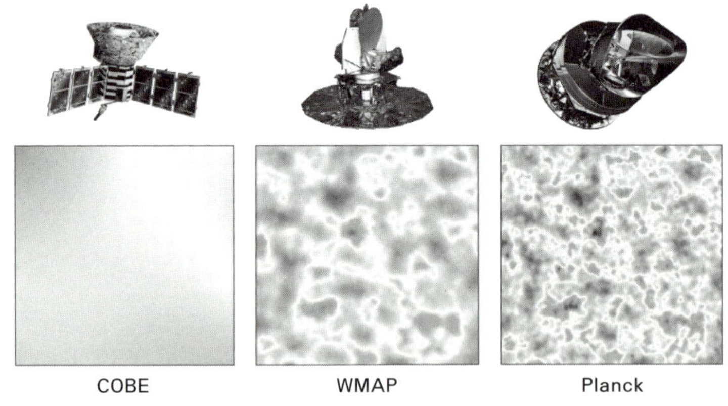

그림6 우주배경복사를 관측하기 위한 탐사 위성(위)과 측정 결과(아래). 우주배경복사에 미세한 온도 차이(색상 차이)가 있음을 알 수 있습니다

    우주는 대폭발로 탄생했으며 지금도 팽창하고 있다

다. 1989년에는 미국 항공우주국NASA에서 코비COBE 위성을 발사하여 최초로 우주배경복사를 정밀하게 측정하였고, 또 2001년에는 WMAP 위성, 2009년에는 플랑크 위성을 발사하여 더욱 정밀한 우주배경복사 지도가 완성되었지요. 이들이 보내준 자료로 우리는 우주배경복사에 매우 미세한 온도 차이가 있음을 알게 되었습니다. 빅뱅 초기부터 있었던 이런 온도 차이에 의해서 우주는 별들의 집단인 은하가 있는 공간과 대부분의 빈 공간으로 진화하게 되었습니다.

인플레이션 이론

그림5를 보면 우주의 크기가 시간에 따라 어떻게 변화해 왔는지를 알 수 있습니다. 우선 가모프는 빅뱅 이론에서 우주의 팽창 속도가 우주 나이와 무관하게 일정하다고 가정하였습니다. 그런데 1980년에 미국의 물리학자 구스(1947~)가 다른 주장을 하고 나섰습니다. 빅뱅 직후부터 10^{-34}초 사이에 초고속 팽창이 일어났고, 이후에는 처음보다 훨씬 느린 속도로 팽창이 일어났다는 것이지요. 구스의 이런 주장을 인플레이션 이론이라고 부릅니다. 경제학에서 급격한 물가 상승을 인플레이션이라고 부르듯이, 여기서의 인플레이션은 우주의 급격한 팽창을 말합니다.

앨런 구스

구스가 이런 엄청난 주장을 한 까닭은, 빅뱅 이론으로는 우주의 현재 모습을 설명할 수 없기 때문이었습니다. 인플레이션 이론에 의하면, 초기에 우주는 급격한 팽창이 일어나 우주배경복사가 불균일해지고, 이 때문에 우주 곳곳에서 조금씩 밀도의 변화가 생겨 지금과 같은 우주가 만들어집니다. 이후 1989년에 코비 위성이 우주배경복사에서 온도의 불균일성을 관측하여, 인플레이션 이론에 더욱 무게가 실리게 되었습니다.

더욱 흥미로운 사실은 한동안 느려졌던 우주 팽창 속도가 다시 빨라지고 있다는 것입니다. 2011년 솔 펄머터, 브라이언 슈미트, 애덤 리스는 초신성 관측을 통해 우주가 다시 급속히 팽창하고 있다는 사실을 알아내었습니다. 그리고 이 공로로 노벨 물리학상을 수상하였지요. 이를 보면, 우주는 참 제멋대로 행동하는 말썽꾸러기인 것 같습니다.

정상상태 우주론

'우주가 팽창하고 있다'라는 허블의 주장과 '우주가 대폭발로 탄생했다'라는 가모프의 주장은 우주를 영원히 변하지 않는 것으로 생각했던 일반인들은 물론이고 과학자들에게도 비논리적이고 억지스런 주장처럼 여겨졌습니다. 이 때문에 일부 천문학자들은 '우주는 변하지 않는다'라는 정상상태 우주론을 들고 나왔습니다.

영국의 천문학자 프레드 호일(1915~2001), 헤르만 본디, 토머스 골드가 그 대표 주자입니다. 이들은 1948년에 허블의 팽창우주설은 인정하지만, 빅뱅 이론에는 반대한다며 정상상태 우주론을 펼쳤습니

   우주는 대폭발로 탄생했으며 지금도 팽창하고 있다

다. 주장의 핵심은 우주가 팽창하면서 빈 공간이 생기면, 거기에 새로운 물질이 나타나 우주의 밀도를 일정하게 유지시키기 때문에, 우주의 모습이 변하지 않는다는 것이었습니다.

사실 빅뱅이라는 이름을 처음으로 사용한 사람은 가모프가 아닌 호일이었습니다. 그가 가모프의 주장을 비꼬기 위해 라디오 방송에서 빅뱅(크게 허풍을 떤다는 의미)이라고 이야기한 뒤부터, 가모프의 주장이 빅뱅 이론으로 불리게 된 것이지요. 하지만 빅뱅 이론의 증거인 우주배경복사가 발견됨으로써 빅뱅 이론은 힘을 얻게 되었고, 정상상태 우주론은 점점 사람들의 기억 속에서 잊혀졌습니다.

밤하늘은 왜 어두울까?

가끔 엉뚱한 질문을 하여 선생님을 괴롭히는 학생들이 있습니다. "밤하늘은 왜 어두울까?"가 그런 질문에 속한다고 할 수 있지요. 어찌 보면 왜 그런 당연한 걸 묻는가 싶지만, 곰곰이 생각해보면 답하기 어려운 문제입니다. 사실 이 질문은 천문학의 오래된 난제이기도 합니다.

1826년 독일의 유명한 천문학자 올베르스(1758~1840) 역시 이런 엉뚱한 질문을 던졌습니다. 우주는 태양보다 밝은 무수한 별들로 가득 차 있기에, 밤이든 낮이든 항상 밝아야 하는데 "왜 밤하늘은 어두운가?" 하

하인리히 올베르스

는 것이었습니다. 그는 왜 다른 별들의 빛은 무시되고, 유독 태양에 의해서만 밤하늘의 밝기가 정해지는지 궁금해했습니다. **올베르스의 역설**이라고도 불리는 이 질문은 정상상태 우주론처럼 우주가 변하지 않는다는 가정하에서는 답을 찾을 수 없습니다. 그런 상태에서는 밤이나 낮이나 항상 밝아야 하지요.

올베르스를 비롯해 여러 천문학자들이 오랜 시간 동안 이 역설을 설명하고자 노력했으나, 만족스런 답을 내놓을 수 없었습니다. 물론 부분적인 설명이 나오기는 했습니다. 예를 들면, 우주 공간에 존재하는 성간가스나 성간물질들이 태양 이외의 다른 별빛들을 모두 흡수하기 때문이라는 것이 한 가지 답이 될 수 있고, 별이 사람처럼 태어났다가 죽는다는 것도 하나의 답일 수 있지요. 또 먼 별에서 출발한 빛이 아직 지구에 도달하지 못하여, 밤하늘을 충분히 밝힐 수 없기 때문일 수도 있습니다.

이처럼 밤하늘이 어두운 것은 수많은 요인들이 복잡하게 얽힌 현상이므로, 간단히 설명하기가 어렵습니다. 다만 올베르스의 역설은 우리에게 우주가 정적이지 않고, 팽창하며, 나이가 유한하다는 사실을 알려 주었다는 점에서 중요한 의미를 갖고 있지요.

우주의 운명

137억 년 전 우주가 대폭발과 더불어 극적으로 탄생한 것처럼, 먼 훗날 대수축을 일으켜 갑자기 사라지지는 않을까요? 또는 팽창을 멈추지 않고, 영원히 팽창하는 건 아닐까요? 혹은 팽창이 느려져서 정상상태 우주론의 주장처럼 우주가 더 이상 변하지 않게 되는 건

　　　　우주는 대폭발로 탄생했으며 지금도 팽창하고 있다

아닐까요? 그도 아니면 대폭발과 대수축을 몇 번이고 되풀이하며, 우주의 역사가 반복되는 것은 아닐까요? 과연 우주의 미래는 어떤 것일까요?

현대물리학은 아직 이에 대한 답을 내려줄 수 없습니다. 우주의 미래를 아는 것은 올베르스의 역설을 설명하는 것보다 훨씬 복잡한 문제이기 때문입니다. 우주 밀도, 암흑물질, 암흑에너지 등등 우주와 관련된 여러 가지 요소들이 얽혀 있고, 더불어 우리는 아직 이 문제의 답을 얻을 만한 지식과 자료도 충분히 갖고 있지 못합니다. 물론 여러 우수한 인재들이 연구에 집중한다면, 언젠가는 답을 찾게 되겠지요. 우주의 운명을 알게 된다면, 인류는 지금보다 더 의미 있는 삶을 살려고 노력하지 않을까요?

에너지는 흐르지 않고
덩어리져 존재한다

우리가 사는 세상은 연속적일까요, 불연속적일까요? 사실 우리 실생활에는 연속적인 것보다 불연속적인 것이 더 많습니다. 우리가 일상생활에서 흔히 사용하는 시계를 떠올려보세요. 시계는 시침, 분침, 초침으로 구성되어 있습니다. 그래서 시계를 보면 지금이 몇 시 몇 분 몇 초인지를 알 수 있지요. 하지만 시간은 그렇게 단순화되어 있지 않습니다. 우리는 1초 단위까지만 헤아리지만, 1초가 되기 전에도 시간은 계속 흘러가고 있지요.

화폐의 단위 역시 마찬가지입니다. 우리는 주로 5만 원권, 1만 원권, 5,000원권, 1,000원권 지폐와 500원, 100원, 50원, 10원짜리 동전을 사용해 물건을 사고팝니다. 그래서 그보다 작은 단위의 금액은 헤아리기 어렵지요. 예를 들어 17,438원짜리 물건을 산다고 할 때, 우리는 1원 단위를 어떻게 처리해야 할지 곤란을 겪습니다. 만약 화폐 단위가 연속적이라면 17,438원 화폐 한 장만 주면 됩니다. 그러나 불연속적이기에 1만 원 지폐 1장, 5,000원 지폐 1장, 1,000원 지폐 2장, 100원 동전 4개, 10원 동전 3개, 1원 동전 8개를 주어야 합니다. 돈을 더 주고 거스름돈을 받는다고 해도 번거롭기는 마찬가지이지요.

막스 플랑크

그렇다면 화폐 금액을 연속적으로 만들면 더욱 편할까요? 이를테면 17,438원권 지폐처럼 각각의 화폐를 모두 만드는 것이지요. 그러나 이때에도 화폐의 종류가 너무 많아져서 오히려 혼란이 더욱 가중될 수 있습니다. 모든 화폐를 다 알 수 없으니, 위조화폐가 나돌아도 확인할 길이 없지요.

띄엄띄엄한 것이 유용한 또 다른 예로는, PC나 DVD 같은 디지털 기기에서 사용하는 2진법을 들 수 있습니다. 2진법은 0과 1의 두 숫자만으로, 모든 복잡한 신호를 처리해냅니다.

이처럼 우리는 띄엄띄엄한 세상, 다시 말해 불연속적인 세상에서 살고 있습니다. 그럼에도 그 사실을 깨닫지 못하는 경우가 많지요. 오히려 화폐나 디지털 기기의 예처럼 장점을 더 많이 느낍니다. 정말 똑똑한 신이 세상을 창조했다면, 신 역시 세상을 띄엄띄엄하게 만들었을 것입니다.

늦깎이 물리학자 플랑크(1858~1947)는 42살의 나이에 세상이 띄엄띄엄하다는 사실을 처음으로 깨닫고, 이를 발표했습니다. 그전까지는 사람들 모두가 자신이 연속적인 세상에 살고 있다고 생각했지요.

플랑크는 세상이 띄엄띄엄하다는 사실을 어떻게 알았을까요? 또한 이 깨달음은 세상을 어떻게 바꾸었을까요? 지금부터 살펴보겠습니다.

흑체복사의 답을 찾은 플랑크

앞에서 온도가 일정한 물체가 빛(전자기파)을 내는 현상을 흑체복사라 부른다고 했습니다. 태양 역시 표면 온도가 5,500℃인 흑체이므로, 빛을 방출합니다. 우리는 태양이 적외선, 가시광선(빨간색부터 보라색까지), 자외선을 함께 내놓으며, 특히 노란색과 녹색을 제일 강하게 내뿜는다는 것을 알고 있습니다. 이 사실은 독일의 물리학자 빈을 통해 알려졌지요. 빈은 1800년대 말에 분광기를 사용하여 태양과 같은 흑체가 방출하는 스펙트럼, 즉 **흑체복사 스펙트럼**을 측정하였습니다. 그리고 각 파장에서 방출되는 에너지의 양을 확인하였습니다. 특정 파장에서 얼마나 많은 에너지의 전자기파가 방출되는지는 다음의 공식에서 답을 얻을 수 있습니다.

$$
\begin{array}{ccc}
\text{특정 파장의} & & \text{특정 파장의 전자기파가} & & \text{특정 파장을 가진 전자기파가} \\
\text{전자기파의 세기} & = & \text{가진 에너지} & \times & \text{흑체에 존재할 확률}
\end{array}
$$

그 결과 흑체가 전자기파를 방출할 때, 길거나 짧은 파장에서는 에너지가 약하게 방출되고, 중간 파장에서 에너지가 가장 강하게 방출되었습니다(235쪽 그림1 참고).

문제는 고전물리학 이론으로는 이런 흑체복사 스펙트럼을 설명

 에너지는 흐르지 않고 덩어리져 존재한다

할 수 없다는 것이었습니다.
고전물리학에 의하면, 특정
파장의 전자기파가 가진 에
너지는 파장에 관계없이 일
정하고, 전자기파가 특정 파
장을 가질 확률은 파장의 제
곱에 반비례합니다. 즉 빨간
색과 보라색은 같은 에너지
를 갖지만, 빨간색보다 보라
색을 방출할 확률이 더 높기
때문에, 흑체는 보라색 쪽에

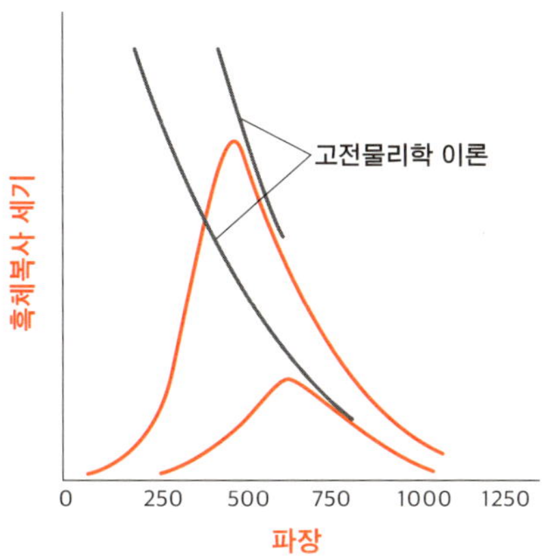

그림1 고전물리학의 자외선 파국. 파장이 짧은 자외선 영역(왼쪽)의 흑체복사 스펙트럼은 고전물리학 이론과 크게 어긋납니다.

서 더 많은 에너지를 방출합니다. 이렇게 되면 파장이 짧은 쪽, 즉 적외선보다 가시광선, 가시광선보다 자외선 영역에서 복사가 급격히 커지는(즉 전자기파가 강하게 방출되는) **자외선 파국**이 일어납니다. 그러나 실제 실험에서는 자외선 파국이 관찰되지 않으니, 고전물리학이 잘못되었음을 알 수 있습니다.

고전물리학의 자외선 파국 문제에 대해 알게 된 플랑크는 이를 해결하기 위해 수년간 노력했습니다. 예전에는 물리학을 수학과 더불어 천재가 하는 학문으로 생각했습니다. 그도 그럴 것이 뉴턴은 고작 23살 때 중력을 발견했고, 아인슈타인은 26살 때 특수상대성이론을 발표했지요. 전자기학을 발견한 맥스웰 역시 20대에 중요한 업적을 남겼습니다. "20대에 중요한 발상을 하지 않으면, 위대한 물리학자가 될 수 없다"라는 말이 나올 정도로, 당시 물리학계는 젊은 영재들이 주가 되었습니다.

그런데 20대를 한참 넘긴 42살의 플랑크가 1900년 12월 독일 물리학회에 나와 흑체복사 스펙트럼을 설명할 새로운 이론을 발표한 것입니다. 플랑크는 흑체복사의 전자기파가 파동이 아닌 입자처럼 행동하고, 불연속적인 에너지를 가진다는 충격적인 주장을 합니다. 띄엄띄엄한 세상, 전문적인 용어로 양자 세계로 들어가는 문이 열린 아주 중요한 순간이었습니다.

하지만 이번에도 대부분의 물리학자들이 상식을 벗어난 충격적인 주장을 받아들이지 못했습니다. 외려 이를 나이 든 과학자의 헛소리라고 무시했지요. 플랑크의 나이가 물리학자들이 양자 세계를 열린 마음으로 받아들이지 못하게 하는 장애 요소가 된 셈입니다.

빛의 입자인 광자가 답을 주다

플랑크의 주장은 당시 얼마나 파격적인 것이었을까요?

첫째, 플랑크는 전자기파가 파동이 아니라 에너지를 가진 입자(전자기파가 입자라는 것을 강조하기 위해 **광자**, 또는 우리말로 **빛알**이라고 부릅니다)들로 구성되어 있다고 주장했습니다. 이 주장은 전자기파를 파동으로 취급했던 당시의 생각을 완전히 뒤집는 획기적인 것이었지요.

둘째, 그는 광자가 자신의 주파수에 비례(파장에는 반비례)하는 에너지를 가지며, 전자기파의 에너지는 광자의 에너지만큼 떨어져 있는 불연속적인 값만을 가진다고 주장했습니다. 이것은 에너지가 연속적으로 변한다는 고전물리학의 주장과 상충되었지요. 실험으로 확인되지 않은 내용을 단순히 가정에만 기초해 발표했으니, 물리학자들이 그의 이론을 심각하게 받아들이지 않고 무시한 것도 어찌 보면 당연하다고 할 수 있습니다.

　사람들은 믿지 않았지만, 두 가지 주장에 근거해 만든 플랑크의 흑체복사 이론은 실제로 빈이 측정한 흑체복사 스펙트럼을 정확히 설명해주었습니다. 그때까지 어느 누구도 성공하지 못했던 일을 플랑크가 해낸 것입니다. 하지만 소심한 성격의 플랑크는 광자의 에너지가 불연속적이라는 자신의 주장이 고전물리학에 대한 혁명으로 비칠까 봐 염려했습니다. 그래서 자신은 고전물리

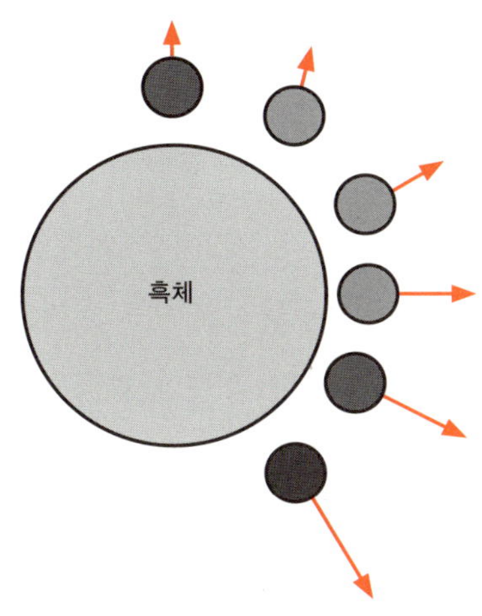

그림2 여러 파장의 광자를 방출하는 흑체. 화살표의 길이는 광자 한 개의 에너지를 나타냅니다. 위부터 빨강, 주홍, 노랑, 초록, 파랑, 보라색 광자.

학을 허물려 한 것이 아니라, 기존에 있던 것을 약간 수정해본 것뿐이라며 겸손하게 이야기했습니다. 하지만 결과적으로, 플랑크에 의해 알려진 양자 세계는 물리학의 혁명을 불러왔습니다. 플랑크 자신은 결코 원하지 않은 일이었지만 말이지요.

　플랑크는 흑체복사 이론을 완성하고 양자 세계의 문을 연 공로로, 60살이 되던 해인 1918년에 노벨 물리학상을 받았습니다. 이후 그는 독일 물리학회 회장, 카이저 빌헬름 협회 회장직을 맡게 되었습니다. 또한 히틀러가 독일을 통치하던 때에는 아인슈타인과 같은 유대인 과학자들을 보호하기 위해 많은 노력을 기울였지요. 그는 독일 과학계의 존경받는 지도자로 살다가, 89세에 죽음을 맞았습니다. 과학자로서 플랑크는 영광스런 삶을 살았지만, 가장으로서는 큰 아픔을 겪었습니다. 제1차 세계대전에서 큰아들이 전사했고, 둘째 아들

도 히틀러 암살 사건에 연루되어 처형되었지요.

독일은 물리학과 같은 기초과학 연구를 지원하기 위해 1911년에 독일 황제 카이저 빌헬름의 이름을 따 카이저 빌헬름 협회를 만들었습니다. 그 뒤 제2차 세계대전이 끝난 후 협회의 이름을 막스 플랑크 과학진흥협회로 바꾸었지요. 이 협회는 현재 물리학, 화학, 생물학, 공학 등의 다양한 과학 분야를 연구하는 80개 이상의 연구소로 구성되어 있습니다. 또 32명 이상의 노벨상 수상자를 배출할 정도로, 우수한 연구 능력을 자랑하고 있지요.

태양빛 스텍트럼에서 프라운호퍼선을 발견한 과학자 프라운호퍼의 업적을 기념하여 1948년 설립된 프라운호퍼협회가 주로 과학을 응용한 기술을 연구한다면, 막스 플랑크 과학진흥협회는 기초과학을 중점적으로 연구합니다. 지금도 이 두 협회가 서로 협력하여 독일의 과학기술을 이끌고 있지요.

플랑크의 양자가설

플랑크의 두 번째 주장(광자는 자신의 주파수에 비례하는 에너지를 가지며, 전자기파의 에너지는 광자의 에너지만큼 떨어져 있는 불연속적인 값만을 가진다)은 **플랑크의 양자가설**이라고 불립니다. 예를 들어 파장이 λ(그리스 소문자로 '람다'라고 읽습니다)인 빛(전자기파)이 있다고 하고, 이 양자가설을 수학식으로 표시하면 다음과 같습니다.

   에너지는 흐르지 않고 덩어리져 존재한다

$$\text{파장 } \lambda \text{인 광자 한 개가 가진 에너지 } E_0 = \frac{hc}{\lambda}$$
$$\text{이 전자기파의 에너지 } E = nE_0 \ (n = 1, 2, 3, \cdots)$$

플랑크의 양자가설이란 이 전자기파가 E_0나 $2E_0$의 에너지는 가질 수 있지만, $11.2E_0$나 $1.7E_0$ 등은 가질 수 없다는 것입니다. 이유는 광자를 더 이상 잘게 쪼갤 수 없기 때문이지요. 100원짜리 동전이 가장 낮은 단위의 화폐라면 100원, 200원은 지불할 수 있지만, 120원이나 160원은 지불할 수 없는 것과 같습니다.

전자기파의 진행 속도는 빛 속도 c이고, 파동의 파장에 주파수를 곱한 값은 파동의 진행 속도와 같습니다. 따라서 플랑크의 양자가설 식을 광자의 주파수 ν(그리스 소문자로 '뉴'로 읽습니다)로 표시하면, 다음과 같이 표현됩니다.

$$\text{주파수 } \nu \ (= c/\lambda) \text{인 광자 한 개의 에너지 } E_0 = h\nu$$

플랑크의 양자가설 하면, 보통 파장에 관한 식보다 주파수에 관한 식을 더 많이 사용합니다. 식에 등장하는 h를 우리는 플랑크를 기념해서 **플랑크상수**라 부르는데, 빛 속도 c처럼 자연의 기본상수 가운데 하나입니다. 플랑크상수 h는 $6.626069\cdots \times 10^{-34}\,\mathrm{J \cdot s}$($\mathrm{J}$는 에너지 단위인 줄, s는 시간 단위인 초입니다)로 크기가 매우 작습니다. 그러나 자연에서는 대단히 중요한 의미를 가집니다.

플랑크는 흑체가 불연속적인 에너지를 가진 여러 파장의 전자기파를 방출하여 흑체복사 스펙트럼이 생긴다고 생각하고, 흑체복사 이론을 만들어 마침내 실험 결과를 설명하는 데 성공하였습니다.

너무나 작은 광자의 에너지

흑체의 한 종류인 전기히터를 켜면, 열선이 붉어지면서 주로 빨간색 빛과 적외선이 나옵니다. 전기히터는 매초 1,000J 이상의 에너지를 방출하는데, 광자의 에너지가 엄청나게 작기 때문에 이 에너지가 나오기 위해서는 수많은 광자가 필요합니다. 정확히 말하면, 1초에 10^{21}개가 넘는 어마어마한 개수의 광자를 필요로 합니다. 따라서 광자 한두 개를 더 방출하거나 덜 방출한다고 해서 전기히터의 열기가 크게 바뀌지는 않습니다.

플랑크의 발견이 있기 전까지 사람들은 흑체가 방출하는 에너지가 연속적으로 변한다고 생각했습니다. 방출되는 광자 한 개의 에너지가 너무나 미세했기 때문이지요. 당시의 실험 수준으로는 광자 한 개의 에너지와 같은, 아주 미세한 에너지의 차이는 측정할 수 없었습니다. 그러나 지금은 광자 한 개의 에너지까지 검출 가능한, 아주 민감한 측정 장비인 단일 광자 검출기가 개발되어 있습니다. 이를 사용하면 전자기파 에너지가 불연속적으로 변한다는 것을 확인할 수 있지요.

아인슈타인 덕분에 살아난 양자가설

플랑크의 양자가설은 엄청나게 중요하고 혁명적인 발견이었습니다. 그러나 물리학자들은 그의 주장을 받아들이기를 주저했지요. 그들은 여전히 고전물리학을 이용하여 좀 더 친숙한 방법으로 흑체복사 스펙트럼을 설명할 수 있을 거라고 기대했습니다.

 에너지는 흐르지 않고 덩어리져 존재한다

그때 양자가설에 대한 부정적인 생각을 단번에 없애준 사람이 있었으니, 바로 26살의 청년 아인슈타인이었습니다. 1905년 아인슈타인은 특수상대성이론과 함께 광전효과를 설명해줄 이론을 발표했습니다. 당시 광전효과는 명확한 실험 결과에도 불구하고, 왜 그런지 이유가 밝혀지지 않아 물리학자들을 골치 아프게 했지요.

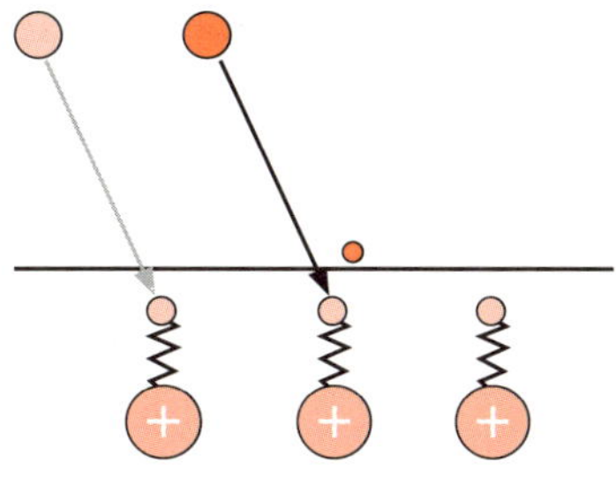

그림3 아인슈타인의 광전효과 이론. 파장이 짧은 광자(오른쪽)가 전자와 충돌하면 전자가 튕겨 나갑니다. 파장이 긴 광자(왼쪽)는 전자와 충돌해도 전자를 튕겨내지 못합니다.

플랑크의 논문을 읽은 아인슈타인은 플랑크의 주장이 얼마나 중요한 것인지 정확히 깨달았습니다. 그래서 그는 플랑크의 말처럼 전자기파가 입자인 광자 형태로 진행하고, 광자의 에너지는 양자가설 식을 따른다고 전제하고 광전효과를 분석하였지요. 아인슈타인은 과연 어떻게 이 난제를 풀어냈을까요?

우선 금속 표면에 빛을 비춘다고 가정해봅시다. 빛 속의 여러 광자들 가운데 하나가 금속 표면에 있는 여러 전자들 중 하나와 충돌합니다. 광자와 전자의 충돌은 흡사 구르는 당구공이 정지한 당구공과 충돌하는 것과 같습니다.

전자는 원자핵과 연결되어 있습니다. 그래서 전자를 외부로 튀어나오게 하려면 **일함수**라는 특정 에너지 값보다 더 큰 에너지를 공급하여 연결을 끊어주어야 합니다. 그러면 전자가 광자를 흡수해 에너지를 얻어, 원자핵과 연결된 고리를 끊고 금속 밖으로 나오게 됩니다.

다만 파장이 긴 빨간색이나 노란색 광자는 일함수보다 에너지가 작아서 전자를 원자핵으로부터 끊어주지 못하고 원자에 흡수되거나 반사되고 맙니다. 반면 파장이 짧은 보라색 광자는 일함수보다 에너지가 커서 전자를 원자핵으로부터 끊어내 밖으로 나오게 하지요. 이때 보라색 광자는 사라지지만, 대신 금속 표면에서 전자가 튀어나와 광전자가 됩니다.

이처럼 아인슈타인은 광전효과가 광자와 전자의 1대 1 반응이라고 생각하여 실험 결과를 성공적으로 설명해내었습니다. 그리고 그 공로로 1921년에 노벨 물리학상을 수상하였습니다.

상대성이론으로 유명세를 탄 아인슈타인이 이처럼 플랑크의 양자가설을 옹호하고 나서자, 물리학계도 차츰 이를 인정하게 됩니다. 이 일로 인해 플랑크는 아인슈타인에게 큰 고마움을 느끼지요. 당시 플랑크는 독일 물리학계에서 영향력이 큰 인물이었습니다. 플랑크는 스위스에 살던 아인슈타인의 상대성이론을 독일에 알리는 데 힘썼고, 1914년 아인슈타인이 독일에 돌아왔을 땐 그가 베를린 카이저 빌헬름 연구소에서 연구할 수 있도록 도왔습니다. 또 나치 정권이 들어서면서 유대인 과학자, 특히 아인슈타인에 대한 공격이 심해졌을 땐, 과학은 정치와 무관해야 한다면서 그를 보호하고자 노력했지요.

인간과 광자는 닮은꼴

지금까지 이야기한 내용을 정리해보면, 플랑크의 양자가설은 좀 더 정확히 말해서 전자기파 에너지에 대한 양자가설이라고 볼 수 있습니다. 전문적인 언어로, 전자기파 에너지가 **양자화**되어 있다는 말

   에너지는 흐르지 않고 덩어리져 존재한다

입니다. 양자quantum란 더 이
상 나눌 수 없는 에너지의
최소량의 단위입니다. 아인
슈타인은 전자기파가 특정
한 에너지 값만을 갖는다는
의미를 강조하기 위해, 광자
를 '전자기파 에너지의 양
자'라고 불렀습니다. 이후

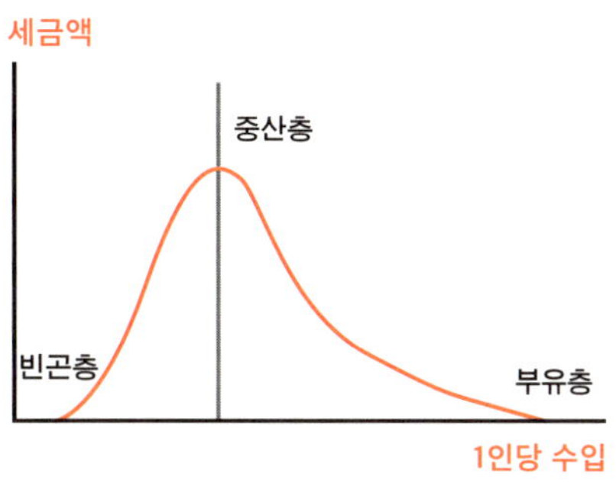

그림4 국민의 수입과 세금 총액의 상관관계

양자는 물리학에서 불연속적인 값만을 갖는 대상을 지칭하는 용어
가 되었습니다. 일례로 대상이 띄엄띄엄 떨어져 있는 특정한 값만을
갖는 것을 양자화되었다고 말합니다.

플랑크의 흑체복사 이론을 보면, 광자 세계와 인간 세계가 서로
닮았다는 것을 알 수 있습니다. 인간세계에서 국가는 국민의 세금으
로 운영됩니다. 국민은 아주 가난한 빈곤층부터 중산층, 부유한 상
류층까지 매우 다양하지요. 그중 어느 층이 가장 많은 세금을 부담
할까요? 국민의 1년 수입을 수평축으로, 국민이 내는 세금 총액을
수직축으로 그려보면, 놀랍게도 흑체복사 곡선과 매우 닮은 곡선이
얻어집니다.

상류층 국민(보라색 광자에 해당)은 다른 국민보다 세금(광자에너
지)을 더 많이 내지만, 그 수가 많지 않기 때문에 세금 총액이 중산
층(초록색 광자)보다 적습니다(흑체복사의 보라색 광자들이 내는 에너지
의 총량은 초록색 광자들이 내는 에너지의 총량보다 적습니다). 또한 빈곤
층(빨간색 광자)은 그 수와 수입이 모두 적기 때문에, 당연히 중산층
보다 세금 총액이 적지요. 국가가 튼튼하려면 왜 중산층 국민의 수
가 많아야 하는지 알겠지요? 흑체복사처럼 그게 더욱 자연적이기

때문입니다.

양자 세계가 제2 과학혁명을 불러오다

1900년 플랑크에 의해 양자 세계의 문이 열리자, 이전에는 생각도 하지 못했던 새로운 발견들이 줄지어 나타나면서 **제2 과학혁명**이라 불리는 양자역학이 등장하게 됩니다. **양자역학**은 에너지, 운동량, 심지어는 시간과 공간까지 모두 불연속적인 값만을 갖는다고 가정한 물리학 이론이지요. 양자역학의 등장은 근대과학 시대를 연 뉴턴역학의 등장(제1 과학혁명)과 비교할 수 있을 정도로 대단한 것이었습니다. 양자역학으로 인해 여러 편리한 장치들이 발명되었고, 덕분에 우리는 안락한 생활을 즐길 수 있게 되었습니다.

혁명은 우리의 사고방식을 변화시킵니다. 프랑스혁명이 시민을 귀족으로부터 해방시키고 민주주의와 평등 의식을 가져왔듯이, 양자역학은 과학자들이 자연을 바라보는 방식을 완전히 바꾸었습니다. 또한 혁명은 나이 든 사람보다 젊은 사람들의 지지를 받습니다. 과학혁명 역시 새로운 과학교육을 받은 젊은 과학자들에 의해 빠르게 발전하였습니다. 이제부터 우리는 양자역학이 걸어온, 그 혁명의 길을 따라가 보려 합니다.

    에너지는 흐르지 않고 덩어리져 존재한다

광자의 에너지 구하기

광자의 에너지는 실제로 얼마나 작을까요? 직접 계산을 통해 확인해보겠습니다. 태양에서 방출되는 빨간색 광자와 보라색 광자의 에너지를 계산해보지요. 우선 빨간색 파장을 $660\text{nm}=660\times10^{-9}\text{m}$(nm은 나노미터라고 읽고, 1nm는 10억 분의 1m입니다), 보라색 파장을 $410\text{nm}=410\times10^{-9}\text{m}$라고 합시다.

$$\text{빨간색 광자의 에너지 } E_0 = \frac{(6.626\times10^{-34}\,\text{J}\cdot\text{s})(2.998\times10^{8}\text{m/s})}{660\times10^{-9}\text{m}}$$
$$=3.010\times10^{-19}\text{J}$$

$$\text{보라색 광자의 에너지 } E_0 = \frac{(6.626\times10^{-34}\,\text{J}\cdot\text{s})(2.998\times10^{8}\text{m/s})}{410\times10^{-9}\text{m}}$$
$$=4.845\times10^{-19}\text{J}$$

1kg의 물체를 1m 들어 올리는 데 필요한 에너지가 대략 10J인 것을 생각하면, 빨간색이나 보라색 광자 한 개의 에너지는 엄청나게 작습니다. 1조$\times$3,000만 개 정도의 빨간색 광자를 모아야 대략 10J의 에너지가 되지요. 광자의 에너지가 이렇게 작은 이유는 플랑크상수가 작기 때문입니다.

딱딱한 물질조차 때로는 파동처럼 움직인다

드 브로이의 물질파 가설

영국의 소설가 스티븐슨(1850~1894)의 소설 《지킬 박사와 하이드 씨》를 보면, 젊은 의사 지킬이 인간의 선과 악을 분리하는 약물을 찾아내려 실험하다가 잘못되어 악의 화신인 하이드로 변합니다. 지킬은 하이드를 몰아내려고 애써보지만, 하이드는 점점 더 강해질 뿐이지요. 지킬은 사랑의 힘으로 자신을 되찾으나, 결국 자살로 생을 마감합니다. 이 소설은 우리에게 인간이 선과 악이라는 서로 상반된 속성을 가지고 있음을 알려줍니다.

과학계에도 이런 상반된 속성이 등장한 예가 있습니다. 뒤에서 자세히 살펴볼 닐스 보어는 수소 원자의 전자껍질 원자모형을 발견한 공로로 노벨상을 받으며, 상장에 우리나라 국기에 쓰이는 태극무늬를 사용했습니다. 전통적으로 노벨상 수상자에게는 상장과 상금을 수여하는데, 특히 상장은 수상자가 원하는 모양으로 디자인해서 주었습니다. 보어가 고른 태극무늬는 동양의 음양 사상을 나타내는 상징물입니다. 태극무늬에서 양은 남성과 하늘의 속성을, 음은 여성과 땅의 속성을 상징하지요. 사람의 마음속에 있는 선과 악처럼, 음과 양도 서로 상반된 자연의 속성입니다. 보어는 원자 세계가 음양의 두 속성을 모두 가지고 있음을 알리기 위해 상장에 태극무늬를 사용하였지요. 그렇다면 원자 세계를 이루는 원자는 어떤 상반된 속성을 가지고 있을까요? 이를 알기 위해서는, 우선 양자론 연구의 한 획을 그은 드 브로이를 만나야 합니다.

파티보다 물리가 더 재미있는 귀족

프랑스나 영국에서는 이름이 길수록 더 훌륭한 명문가의 귀족으로 인정받습니다. 제7대 브로이 공작 루이 빅토르 피에르 레몽 드 브로이라는 긴 이름을 가진 드 브로이(1892~1987) 역시 일을 안 해도 먹고 사는 데 아무런 문제가 없는, 프랑스의 명문 귀족이었지요. 하지만 그는 호화로운 파티보다 공부를 더 좋아했습니다. 처음에는 문과 분야인 역사를 전공했지만, 이과 분야인 수학과 물리학이 더 적성에 맞는다고 생각하여 곧 물리학으로 전공을 바꿨지요. 그리고 1924년 프랑스의 소르본 대학에서 물리학 박사학위를 받았습니다.

드 브로이의 박사학위 논문 제목은 '양자론에 대한 연구'였습니다.

루이 드 브로이

이 논문에서 그는 빛(광자)에 관한 플랑크와 아인슈타인의 이론을 바탕으로 그동안 입자라고 생각했던 전자가 파동일 수 있다는 혁명적인 주장을 하였지요. 그의 논문 심사를 맡은 프랑스인 교수는 자신에겐 이 주장의 옳고 그름을 판단할 능력이 없다고 생각하여, 아인슈타인에게 의견을 물었습니다. 드 브로이의 논문을 본 아인슈타인은 그의 생각을 지지한다는 편지를 보냈고, 그제야 드 브로이는 박사학위를 받을 수 있었지요.

드 브로이가 어떻게 이런 천재적인 생각을 하게 되었는지는 알 수 없지만, 그는 모든 물질이 입자와 파동의 성질을 동시에 갖는다면, 오랫동안 풀리지 않았던 '빛이 파동이냐, 입자(광자)냐'의 문제도 해결될 거라 확신했습니다. 그리고 이를 물리학계에 공개적으로 소개하였지요. 그의 이런 용기가 없었다면, 그가 떠올렸던 파격적인 생각이나 새로운 발견이 세상에 알려지지 못했을 것입니다.

물질파와 입자-파동의 이중성

박사도 아닌 대학원생의 논문이 과학계의 주목을 받다니, 매우 놀랍지요? 지금은 이런 일이 거의 일어나지 않지만, 당시에는 과학자가 많지 않았기에 충분히 가능한 일이었습니다. 드 브로이의 박사학위 논문은 금세 유럽 물리학계에 알려졌고, '모든 움직이는 물질은 파동의 성질을 갖는다'라는 그의 주장은 세상에 큰 충격을 주었습니다.

우리는 드 브로이의 주장을 드 브로이의 가설, 입자-파동의 이중성, 또는 **물질파 가설**이라고 부릅니다. 물질파는 물체(입자처럼 단단하고

  딱딱한 물질조차 때로는 파동처럼 움직인다

특정한 공간에 몰려 있음)가 파동(공간에 퍼져 있음)처럼 행동한다고 해서 붙여진 이름으로, 물체가 입자인 동시에 파동이라는 모순된 두 가지 성질(이중성)을 갖는다는 뜻을 담고 있습니다. 따라서 물질파를 받아들인다는 것은, 곧 입자-파동의 이중성을 받아들인다는 것과 같습니다.

물질파의 입자적 성질을 이야기할 때, 중요하게 여겨지는 것이 바로 선운동량(질량에 속도를 곱한 물리량)입니다. 반면 물질파의 파동적 성질을 이야기할 때는 물질파의 파장이 중요하지요. 드 브로이 가설은 물체의 선운동량과 물질파의 파장이 따라야 하는 규칙을 다음과 같은 수학식으로 표현하고 있습니다.

$$\text{드 브로이의 가설: 물질의 파장 } \lambda = \frac{h(\text{플랑크상수})}{p(\text{선운동량})}$$

식에 의하면, 빨리 움직이는 물체일수록 선운동량이 크므로 물질파의 파장이 짧아집니다. 반대로 물체가 느리게 움직이면 물질파의 파장이 길어지지요.

드 브로이는 박사학위를 받은 지 5년이 지난 1929년에 노벨 물리학상을 수상하였습니다. 입자-파동의 이중성을 발견한 것이 가장 큰 이유였지요. 아직 40세도 안 된 젊은 드 브로이에게 이처럼 신속하게 노벨상이 주어진 것은, 그만큼 그의 주장이 중요한 탓도 있었지만, 그것이 실제 실험에서 사실로 증명된 덕분이기도 했습니다.

단단한 돌과 같은 물체가 어떻게 파도와 같은 파동의 성질을 가질 수 있을까요? 또 물리학자들은 이런 사실을 어떻게 실험으로 확인하였을까요?

전자는 입자이자 파동이다

당시 전자는 물리학자들에게 아주 친숙한 입자였습니다. 전자총 (필라멘트에 전압을 걸면 필라멘트가 가열되면서 그 안의 전자가 밖으로 튀어나옵니다)을 사용해 간단히 얻을 수 있고, 또 형광판을 이용해 쉽게 관찰할 수 있었지요. 때문에 전자가 입자이자 파동이라는 드 브로이의 주장은 연구자들에게 잘 받아들여지지 않았습니다.

이런 상황에서 미국의 벨 연구소에서 근무하던 데이비슨(1881~1958)과 거머(1896~1972)가 1927년에 전자총에서 나온 전자를 니켈 금속과 충돌시키는 실험을 하였습니다. 당시 이들은 드 브로이의 주장에 대해 전혀 알지 못한 상태였지요.

니켈과 충돌한 후 튀어나온 전자는 형광판과 충돌하여 빛을 발생시켰는데, 두 사람은 이 빛의 무늬를 보고 깜짝 놀랐습니다. 전자가 만든 무늬가 일정한 파장을 가진 빛을 작은 구멍에 통과시켰을 때 얻을 수 있는 회절무늬와 너무도 흡사했기 때문입니다. 다시 말해 이 실험에서 전자는 특정한 파장을 가진 빛(즉 파동)처럼 행동하였습니다.

데이비슨과 거머가 이 믿기 힘든 결과에 놀라 어리둥절해 하고 있을 때, 영국의 G. P. 톰슨(1892~1975) 역시 거의 같은 시기에 전자총에서 나온 전자를 얇은 금박에 쏘면, 전자가 금박을 뚫고 나와, 형광판에

클린턴 데이비슨(왼쪽)과 레스터 거머

　　　　딱딱한 물질조차 때로는 파동처럼 움직인다

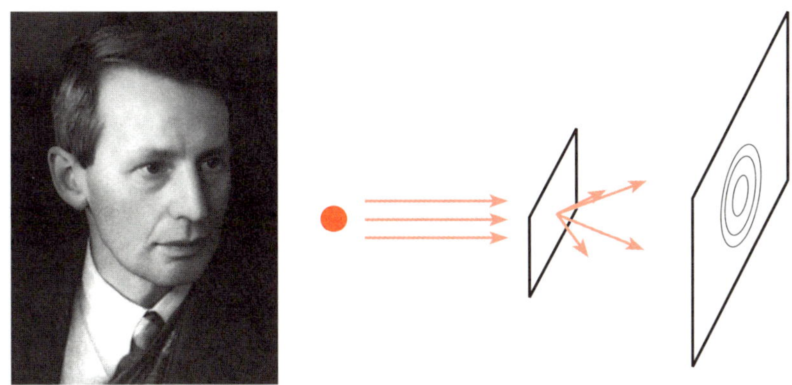

G. P. 톰슨과 그의 전자회절 실험을 설명한 그림

빛의 회절무늬와 같은 무늬를 만든다는 실험 결과를 얻었습니다. 세 사람이 얻은 결과는 사실 같은 것이었지요. 다만 톰슨은 데이비슨이나 거머와 달리 드 브로이의 주장을 알고 있었습니다. 어쨌든 이들의 실험 결과는 모두 드 브로이의 주장이 사실이라는 것을 보여주었지요.

드 브로이의 주장을 실험으로 확인한 공로로 G. P. 톰슨은 데이비슨과 함께 1937년 노벨 물리학상을 공동 수상하였습니다. 재미있게도, G. P. 톰슨은 사실 전자를 최초로 발견하여 노벨 물리학상을 수상한 J. J. 톰슨의 아들이었습니다. 아버지는 전자가 입자라는 사실을 믿어 의심치 않았는데, 아들은 반대로 전자가 파동의 성질도 가지고 있다는 것을 확인시켜주었으니, 뭔가 대단히 얄궂은 운명인 것 같습니다.

어떻게 입자인 동시에 파동일 수 있을까?

사물의 본질은 때로 우리의 생각과 많이 다릅니다. 예를 들어, 단단한 야구공에 맞으면 엄청나게 아픕니다. 척 봐도 무척 단단한 재료들로 만들어졌을 거란 생각이 들지요. 그런데 이 야구공을 분해해보면, 예상을 깨고 의외의 재료들이 나옵니다. 제일 안쪽에 작은 고무공(속에 코르크공이 들어 있음)이 들어 있고, 이 고무공 주위에 털실이 칭칭 감겨 있으며, 바깥쪽은 가죽 껍질로 감싸여 있습니다. 이처럼 야구공은 단단함과는 상관이 없는 물질로 이루어져 있지만, 야구공에 맞으면 몹시 아픕니다.

마찬가지로 우리 주변의 무수한 물질들은 물질의 성질과 다른 원소들로 구성되어 있습니다. 그것도 무한히 많은 원소(원자)들이 아니라, 채 100개도 안 되는 원자들의 조합으로 이루어져 있지요.

파동의 성질을 갖는 입자도 이와 비슷합니다. 단단한 입자를 분해해보면, 파장과 진폭이 다른 무수히 많은 파동들이 나옵니다. 이해가 잘 안 된다고요? 파동은 공간에 넓게 퍼지는 특성을 가지고 있습니다. 하지만 파장이 다른 여러 파동들을 더하면(말 그대로 각 파동의 진폭을 숫자 더하듯이 더하면 됩니다), 놀랍게도 특정한 공간에서만 진폭(파동의 크기)을 갖고 다른 공간에서는 진폭이 사라지는, 펄스(매우 짧은 시간 동안에 큰 진폭을 내는 전압이나 전류 또는 파동) 모양의 파

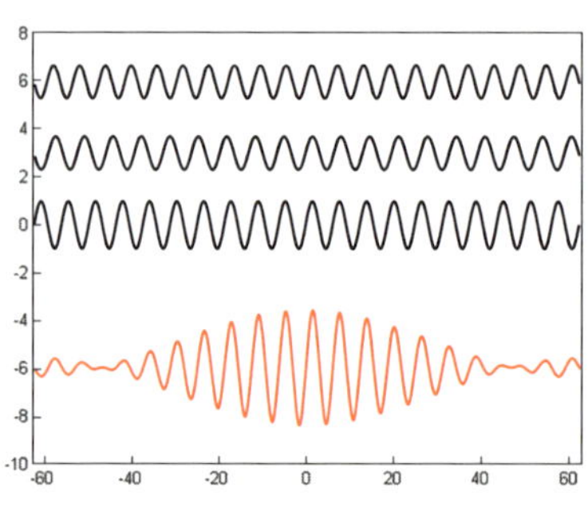

그림1 파장이 다른 여러 파동들을 더하면, 좁은 범위에서만 진폭을 갖는 펄스 모양의 파속(맨 아래)이 만들어집니다.

 딱딱한 물질조차 때로는 파동처럼 움직인다

속이 만들어집니다(그림1을 보세요). 파속의 진폭은 특정 공간에서만 존재하고, 파속은 특정한 속력으로 진행하기 때문에, 우리 눈에는 파동이 아닌 입자처럼 보입니다. 다시 말해 파속인 물질파의 내부는 파동이나, 외부에서 볼 때는 입자처럼 보이는 것입니다. 따라서 물질파는 입자와 파동의 성질을 동시에 갖는다고 말할 수 있습니다.

파속은 또한 전자악기의 소리를 만드는 중요한 원리입니다. 피아노, 바이올린, 북, 벨 등 여러 악기의 소리를 낼 수 있는 전자악기 안에는, 여러 파장의 소리를 만들어내는 전자회로가 들어 있습니다. 어떤 파장의 소리들을 어떤 세기로 조합하느냐에 따라 다양한 음색, 즉 다른 악기 소리(파속이 생기는 원리와 동일합니다)가 만들어지며, 이를 통해 소리굽쇠의 단순한 소리부터 바이올린, 드럼 등의 소리까지 다채로운 소리를 낼 수 있습니다.

입자-파동의 이중성의 엄청난 가치

드 브로이의 발견이 가지는 학문적·실용적 가치는 엄청납니다.

첫째, '빛은 입자인가, 파동인가?'라는 오래된 문제가 해결되었습니다. 빛은 입자이면서 동시에 파동이라는 것이 정답으로 밝혀졌지요. 자연은 우리의 상식을 벗어난다는 사실을 깨닫게 해준 놀라운 일이기도 했습니다.

둘째, 엄청나게 작은 원자 세계의 대상들은 입자와 파동, 두 성질을 모두 가집니다. 따라서 원자 세계에는 입자와 파동을 구별하는 일상 세계의 물리학, 즉 고전물리학을 적용할 수 없습니다. 원자 세계를 설명하기 위해서는 뉴턴의 고전역학이 아닌 새로운 **양자역학**

이 필요한데, 드 브로이가 발견한 **입자-파동의 이중성**이 그 근본 원리가 되었습니다. 이 입자-파동의 이중성을 받아들이면, 원자 세계의 이해가 훨씬 쉬워집니다.

셋째, 드 브로이의 발견 이후 원자 세계의 모든 대상들을 입자가 아닌 파동, 즉 물질파로 취급하게 되었습니다. 고전물리학(뉴턴 이래 1900년 이전까지)의 중심이 입자에 관한 물리학이었다면, 현대물리학(1900년 이후)부터는 파동에 관한 물리학이 중심이 되었습니다. 오스트리아의 물리학자 슈뢰딩거(1887~1961)는 드 브로이의 물질파가 갖는 중요성을 깨닫고, 1926년에 원자 세계를 온전히 파동으로만 다루는, **슈뢰딩거 방정식**(양자역학의 기본이 되는 방정식)을 발견하였습니다. 슈뢰딩거는 이 업적으로 1933년에 노벨 물리학상을 수상하였지요. 슈뢰딩거 방정식에 대해서는 뒤에서 더 자세히 소개하겠습니다.

넷째, 전자가 빛처럼 파동의 성질을 가지고 있다는 것을 이용해 미세 물체(바이러스 등)를 볼 수 있는 새로운 종류의 현미경이 발명되었습니다. 전자현미경과 주사탐침현미경이 그것입니다. 이처럼 새로운 물리학적 발견은 언제나 우리 생활에 유용한 장치를 발명하는 데 이용됩니다. 왜 물리학을 '발명(또는 공학)의 어머니'라고 하는지 이제 알겠지요?

    딱딱한 물질조차 때로는 파동처럼 움직인다

야구공도 파동일 수 있을까?

만약 야구공이 파동의 성질을 보인다면, 야구 투수의 입장에서는 참 좋을 겁니다. 날아오던 야구공이 갑자기 파도처럼 퍼져 타자에게 큰 혼란을 줄 수 있으니까요. 그럴 경우, 안타를 칠 수 있는 선수는 한 명도 없을 겁니다. 하지만 실제로는 이런 일이 일어나지 않지요. 왜 일상생활에서는 입자-파동의 이중성이 나타나지 않고, 전자와 같이 엄청나게 작은 입자에서만 나타나는 걸까요?

그 답은 드 브로이의 가설의 수학식 속에 숨어 있습니다. 야구공(질량이 0.145kg이고, 초속 36m로 움직인다고 가정)과 전자(질량이 9.11×10^{-31}kg이고, 빛 속도의 2% 속도로 움직인다고 가정)에 드 브로이의 식을 적용해봅시다.

$$\text{야구공의 파장} = \frac{6.626 \times 10^{-34} \text{Js}}{0.145 \times 36 \, \text{kgm/s}} = 1.27 \times 10^{-34} \text{m}$$

$$\text{전자의 파장} = \frac{6.626 \times 10^{-34} \text{Js}}{(9.11 \times 10^{-31})(0.02 \times 3 \times 10^{8}) \, \text{kgm/s}} = 1.21 \times 10^{-10} \text{m}$$

야구공의 경우 수학식의 분자에 있는 플랑크상수가 매우 작고 분모에 있는 질량이 크기 때문에, 파장이 10^{-34}m 정도로 매우 짧습니다. 하지만 우주에는 이렇게 짧은 파장을 가진 파동이 없고 이런 짧은 파장의 파동성을 관측할 실험 장치도 없습니다. 따라서 야구공은 입자처럼 행동합니다. 우리 일상 속 물체들은 물질파의 파장이 너무 짧아 이에 대응되는 파동이 존재하지 않으므로, 입자처럼 행동합니다. 그래서 물체가 설사 파동의 성질을 가지고 있다 하더라도, 이를 확인할 길이 없지요.

반면 야구공에 비해 질량이 엄청나게 작은(1g에 훨씬 못 미칩니다) 전자의 파장은 대략 10^{-10}m(1옹스트롬)로, 야구공의 파장에 비해 10^{24}(1조 곱하기 1조)배나 깁니다. 10^{-10}m는 스웨덴 물리학자 옹스트룀(1814~1874)을 기념해 옹스트롬이라고 부르는데, 이 단위는 빛의 파장이나 원자·분자의 크기처럼 짧은 길이를 나타낼 때 편리하게 쓰입니다.

계산으로 얻은 전자의 파장 값은 전자기파 스펙트럼 가운데 X선의 파장 영역(0.1~100옹스트롬)에 속합니다. 따라서 전자는 전자기파의 X선이 보이는 회절 현상을 일으킬 수 있고, 이로 인해 전자회절 실험에서처럼 전자가 파동의 성질을 가지고 있음을 확인할 수 있습니다.

지금까지 이야기한 것을 정리해보면, 모든 물체는 입자와 파동의 성질을 함께 가지고 있지만, 전자처럼 가볍고 작은 원자 세계의 물질만이 물질파의 파장이 적당해 입자와 파동의 두 가지 성질을 우리에게 모두 보여줄 수 있습니다. 반면 우리 주위 일상적인 물체들은 물질파의 파장이 너무 짧아 입자로만 행동하게 됩니다.

   딱딱한 물질조차 때로는 파동처럼 움직인다

텅 빈 공간의 중심에서
단단한 핵을 발견하다
러더퍼드의 알파입자 산란 실험

우리 주변에는 무수히 많은 물체들이 있습니다. 책상, 유리잔 등 사소한 물건부터 시작해서 나무와 돌멩이 같은 자연물에 이르기까지, 우리는 셀 수 없이 많은 물체들로 둘러싸여 있지요. 혹시 단 한 번이라도 이 물체들이 과연 무엇으로 이루어져 있을지 생각해본 적이 있나요? 혹은 이 물체들을 작은 단위로 쪼개다 보면, 맨 마지막에는 무엇이 남을지 상상해본 적은요? 과거에 우리보다 일찍 이런 생각을 한 사람이 있었습니다. 바로 고대 그리스의 철학자 데모크리토스(BC 460~BC 370으로 짐작)였지요. 그는 지금으로부터 2,500년 전에 원자(그리스어로 더 이상 쪼갤 수 없는 알갱이라는 뜻)가 물질을 구성하는 가장 작은 요소라고 주장했습니다. 그러나 이 주장은 과학적 증거가 없어 한동안 사람들로부터 무시되었지요. 그러다 1803년 영국의 돌턴(1766~1844)이 원자를 가지고 화학 반응을 설명하면서, 원자가 다시 사람들의 관심을 받게 되었습니다.

돌턴은 원자가 전기적으로 중성인 작은 구슬이라고 생각했습니다. 이때는 아직 원자보다 작은 전자가 발견되기 전이었기 때문에 원자를 가장 최소의 단위라고 생각했지요. 중성인 원자들이 모이면 분자가 만들어지고, 분자들이 모이면 물체가 만들어집니다. 물체, 특히 고체의 결정은 작은 원자들이 규칙적으로 쌓여 만들어집니다. 예를 들어 소금은 나트륨 원자와 염소 원자가 규칙적으로 쌓여 정육면체를 이루지요. 이처럼 돌턴은 구슬 원자모형으로 원자를 설명했습니다.

꽃가루의 움직임으로 원자를 증명하다

돌턴에 의해 원자가 부활하긴 했지만, 1800년대 말 원자에 대한 과학자들의 반응은 여전히 차가웠습니다. 특히 오스트리아의 물리학자이자 철학자인 마흐(1838~1916)는 생각이 올바른 과학자라면 눈에 보이지 않는 원자를 가정하여 이론을 만들어서는 안 된다고 주장했지요(오늘날 물체의 속도를 나타내는 단위인 마하는 그의 이름에서 따온 것입니다). 원자를 가정해 기체의 성질을 설명했던 볼츠만은 마흐로부터 이런 엄청난 공격을 받고, 결국 자살하고 말았지요.

그런데 이처럼 확고했던 원자에 대한 불신을 날려버린 사람이 있었습니다. 바로 상대성이론을 발견한 아인슈타인입니다. 1905년 아인슈타인은 특수상대성이론 논문 외에, 원자의 존재를 증명하는 중요한 논문을 발표합니다. 브라운 운동에 대한 논문이 그것이지요.

 텅 빈 공간의 중심에서 단단한 핵을 발견하다

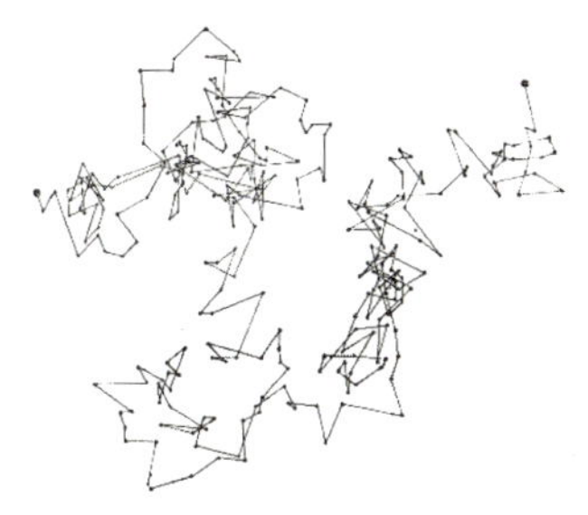
그림1 꽃가루의 브라운 운동

브라운 운동은 1827년에 영국의 식물학자 브라운(1773~1858)이 우연히 찾은 것으로, 물 위에 떠 있는 꽃가루를 현미경으로 관찰하다가 꽃가루가 물 위에서 끊임없이 지그재그로 움직인다는 사실을 알아냈습니다. 브라운은 이런 운동이 일어나는 이유가 꽃가루의 생명력 때문이라고 생각했지만, 아인슈타인은 꽃가루가 물 분자들과 빈번하게 충돌하기 때문으로 보았습니다. 아인슈타인의 생각대로라면, 산소 원자와 두 개의 수소 원자로 이루어진 물 분자가 없이는, 꽃가루의 브라운 운동이 일어날 수 없으니 원자의 존재를 인정할 수밖에 없는 것이지요.

연기가 공중으로 올라가면서 퍼지는 것이나 미세먼지가 공중에 떠도는 것 역시 브라운 운동입니다. 이것들은 모두 연기나 방 안의 미세먼지가 공기 분자들과 충돌하면서 지그재그로 어지럽게 움직여 나타나는 현상들입니다.

사실 과학자들이 마음을 돌려 원자를 믿게 된 데는, 상대성이론으로 얻은 아인슈타인의 명성과 인기가 큰 역할을 했을 것입니다. 이유야 어쨌든, 마침내 원자의 존재가 증명되면서 과학자들 사이에서는 이제 '원자는 어떻게 생겼는지'가 주된 관심사가 되었습니다.

원자는 어떻게 생겼을까?

여러분은 원자에 대해 얼마나 알고 있나요? 간단한 질문을 하나

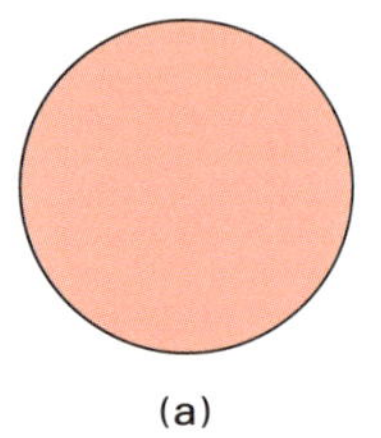
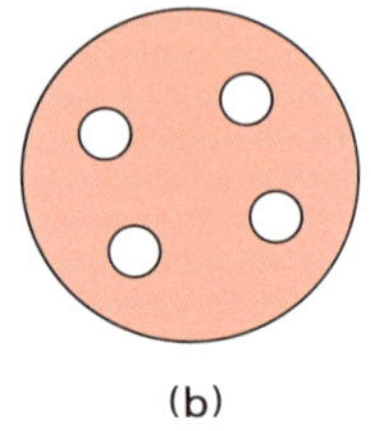
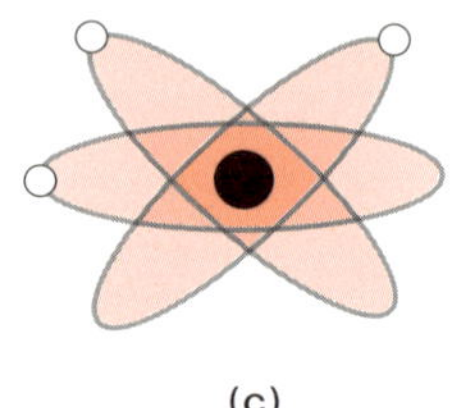

(a) (b) (c)

그림2 원자 모형. (a)중성의 구슬 모형, (b)양전하에 음전하 전자가 박혀 있는 건포도-푸딩 모형, (c)태양계를 닮은 모형. 양전하의 원자핵이 원자의 중심에 있고, 전자가 행성처럼 원자핵 주위를 돕니다.

해보겠습니다. 그림2 중에서 원자의 모습에 가까운 것을 고르라면, 어떤 것을 고르시겠습니까?

아마 (a)의 구슬 모형이나 (c)의 태양계 모형을 많이 골랐으리라 생각합니다. 만약 화학을 열심히 공부한 사람이라면, 돌턴이 생각했던 원자의 모습인 (a)를 골랐을 테지요. 반면 물리학을 열심히 공부한 사람이라면, 당연히 (c)를 골랐을 겁니다. 물리학을 배운 사람들 중 많은 수가 정답을 (c)로 알고 있습니다. 1957년 원자력의 평화적 이용과 핵무기의 감시를 위해 만들어진 국제원자력기구IAEA의 마크가 (c)의 모습이라는 점도 답을 고르는 데 영향을 미쳤을 겁니다. 하지만 (c)는 틀린 답입니다. 그림2의 원자모형 모두가 잘못된 답이지요. 그렇다면 원자는 대체 어떻게 생겼을까요? 무척 궁금하지요?

물리학자들은 눈에 보이지 않는, 무지무지하게 작은 원자의 모습을 어떻게 알아냈을까요? 또 왜 아직도 많은 사람들이 원자의 모습을 잘못 알고 있는 것일까요? 돌턴의

그림3 국제원자력기구의 마크

 텅 빈 공간의 중심에서 단단한 핵을 발견하다

구슬 원자모형 이후 원자의 올바른 모습을 찾고자 한 첫 번째 도전자는 바로 영국의 J. J. 톰슨이었습니다.

톰슨과 러더퍼드의 위대한 만남

음극선 실험을 하던 톰슨은 1897년에 전자를 발견합니다. 그리고 전자가 원자 가운데서 가장 가벼운 수소 원자보다 1,800배나 더 가볍고, 크기도 훨씬 작다는 사실을 밝혀내지요. 그는 이 사실에 근거해 돌턴의 구슬 원자모형보다 정교한 건포도 - 푸딩 원자모형을 제안합니다(그림2의 (b)를 보세요).

당시 영국 케임브리지 대학의 톰슨의 실험실에는 뉴질랜드에서 온 유학생 러더퍼드(1871~1937)가 있었습니다. 그는 영국의 귀족 자제들만 다니던 케임브리지 대학에 입학한 최초의 외국인이었지요.

러더퍼드는 케임브리지 대학에서 3년간 톰슨의 지도를 받으며, 원자에 대해 눈뜨게 됩니다. 1898년에는 톰슨의 추천으로 캐나다 맥길 대학의 교수가 되어 실험을 하다가, 방사능 물질이 알파선(알파입자가 나오는 것을 말하며, 알파입자는 헬륨 원자의 원자핵입니다)과 베타선(전자가 나오는 것을 말합니다)을 방출한다는 중요한 사실을 발견하지요(이 부분은 뒤에서 자세히 다루겠습니다). 또한 실험을 통해 보통의 원자에 알파선을

어니스트 러더퍼드

쬐면, 방사능을 띤 원자로 바뀌거나 다른 원자로 바뀔 수 있음을 확인합니다.

이런 현상을 발견한 공로로 러더퍼드는 1908년에 노벨 화학상을 받습니다. 물리학자인 러더퍼드가 화학상을 받았다는 게 이상해 보이지요? 당시에는 원자에 대한 연구를 화학 분야의 일종으로 보았기 때문이랍니다. 러더퍼드는 이후에도 꾸준히 원자에 대해 실험하여, 후에 핵물리학의 아버지라 불리게 됩니다.

알파입자 산란 실험

원자에 관한 여러 연구로 명성을 얻은 러더퍼드는 1907년에 영국 맨체스터에 있는 빅토리아 대학(오늘날의 맨체스터 대학)의 교수가 됩니다. 그곳에서 그는 스승 톰슨이 건포도-푸딩 원자모형을 발표한 것을 보고, 자신이 발견한 알파선(즉 알파입자)과 금박(얇은 금으로 된 막)을 활용해 그것이 옳은지 확인해봅니다. 이 실험(알파입자 산란 실험이라 불립니다)을 통해 러더퍼드는 스승의 원자모형이

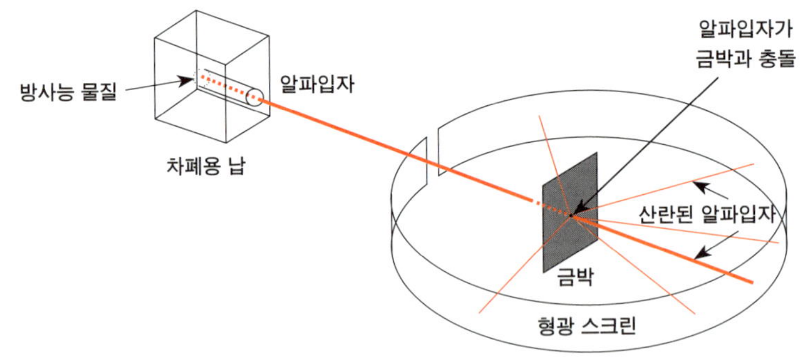

그림4 러더퍼드의 알파입자 산란 실험

      텅 빈 공간의 중심에서 단단한 핵을 발견하다

잘못되었음을 깨닫고, 원자는 아주 작은 크기의 원자핵과 그 주위를 돌고 있는 전자, 그리고 대부분의 빈 공간으로 이루어져 있다고 주장합니다.

러더퍼드가 했던 것처럼 알파입자 산란 실험을 하려면, 우선 방사능 물질과 금박, 형광판을 준비해야 합니다. 실험에 금을 쓰는 이유는 금이 아주 얇게 펴지는 특성을 가지고 있기 때문입니다(우리 주위에서는 금무늬가 박힌 옷에서 금박을 쉽게 발견할 수 있습니다).

이제 방사능 물질이 담긴 납 상자에 작은 구멍을 뚫습니다. 그러면 구멍으로 알파선(헬륨 원자핵인 알파입자의 다발)이 나옵니다. 이 알파선을 금박에 쪼이면, 금 원자에 의해 알파입자의 산란이 일어납니다. 여기서 산란은 넓은 의미의 충돌을 의미합니다. 충돌은 두 물체가 직접 맞닿은 후 오던 방향과 다른 방향으로 튕겨 나가는 것인데, 산란은 충돌은 물론이고, 두 물체가 서로 밀치는 힘 때문에 부딪치지 않고도 다른 방향으로 튕겨 나가는 것까지 포함합니다.

구멍으로 나온 알파선이 금 원자에 의해 산란되어 어디로 퍼져 나가는지 알기 위해 형광판을 금박 주위에 원형 띠 형태로 배치합니다. 형광판에 알파선이 닿으면, 반짝하고 빛이 납니다. 이 실험은 컴컴한 방 안에서 이루어지는데, 1시간 동안 망원경으로 형광판의 특정한 위치에서 몇 번이나 반짝임이 일어났는지를 세어야 하는 매우 지루한 작업이지요.

러더퍼드 연구실의 독일인 조수 가이거(1882~1945)가 이 지루한 일을 맡게 되었습니다. 가이거는 후에 방사능을 측정하는 장비인 가이거계수기를 발명해 유명해지지요.

러더퍼드는 스승 톰슨의 원자모형이 맞다면, 알파선을 금박에 쪼이는 것은 곧 휴지에 권총을 쏘는 것과 같다고 생각했습니다. 알파선의 알파입자는 아주 작고 매우 빠르게 움직이는 반면, 금 원자는 너무 크고 물렁해서 상식적으로 봐도 도저히 알파입자를 막을 수 없지요. 따라서 당연히 알파선 대부분이 금박을 그대로 통과하여 원래의 운동 방향으로 움직일 것입니다. 실제로 가이거가 측정한 데이터도 이를 잘 보여주었습니다.

그러나 서너 시간에 한두 개꼴로, 예상과 다른 결과가 나왔습니다. 알파입자가 아주 크게 휘거나, 심지어 원래의 운동 방향과 반대 방향으로 되튀어 나오는 이상한 일이 관측된 것입니다. 어떻게 총알이 휴지에 맞아 되튀어 나올 수 있을까요? 가이거의 보고를 들은 러더퍼드는 믿기 어려워했습니다. 하지만 실험을 되풀이한 결과, 틀림없는 사실로 확인되었지요.

결국 러더퍼드는 원자가 아주 작은 크기의 원자핵과 그 주위를 도는 아주 가벼운 전자들로 이루어져 있다고 생각하게 되었습니다. 그리고 원자의 질량 대부분이 원자핵에 몰려 있다면, 원자핵과 알파입자의 질량이 비슷해져 알파입자를 되튀게 할 수 있다고 보았지요. 금박에서 금 원자의 원자핵은 띄엄띄

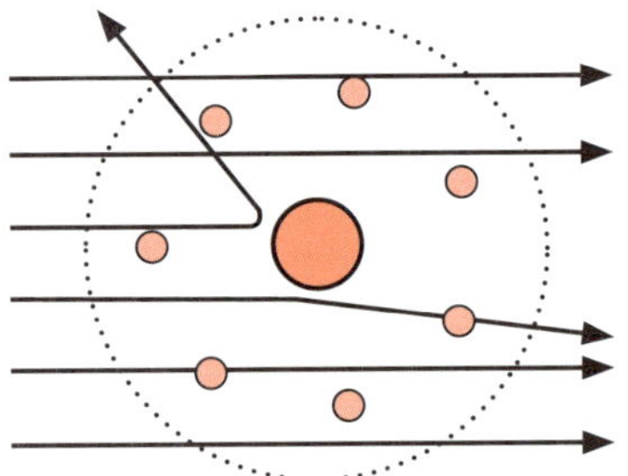

그림5 금 원자와 알파선의 산란. 가운데의 조금 큰 구슬이 금 원자핵이고, 직선이 알파선, 작은 구슬들은 전자를 나타냅니다. 전자와 원자핵의 크기가 아주 과장되어 있습니다.

엄 분포하기 때문에, 작은 알파입자가 원자핵과 충돌할 가능성이 높지 않습니다. 이 때문에 대부분의 알파입자들이 원자핵과 충돌하지 못한 채 그대로 금박을 통과하고, 운이 없는 극소수의 알파입자들만 원자핵과 충돌하여 되튀어 나오는 것이지요. 이로써 알파입자 산란 실험의 결과가 설명되었습니다.

이후 러더퍼드는 실험 데이터를 가지고 원자핵의 크기를 계산하였습니다. 그 결과 원자의 크기가 그때까지 알고 있던 1nm(나노미터. 10억 분의 1미터)보다 10만 배 정도 작은 100조 분의 1미터 정도라는 것을 알게 되었지요. 마침내 그는 금박에서 원자핵이 차지하는 공간이 아주 작기 때문에, 대부분의 알파입자는 원자핵과 충돌하지 못하고 조금 휘거나 그대로 통과한다는 사실을 확인하였습니다. 자신의 추측이 맞았던 셈이지요.

또한 그는 실험 결과를 바탕으로, 원자의 중심에 양전하를 가진 무거운 원자핵이 있고 전자가 그 주위를 돌고 있는 태양계를 닮은 원자모형을 제안하였습니다(그림2의 (c)를 보세요). 이때 원자핵의 크기는 100조 분의 1미터이고, 전자궤도의 크기는 원자 크기인 10억 분의 1미터입니다. 이해가 쉽도록 수소 원자핵의 크기를 야구공 크기(지름 7cm)로 부풀린다고 가정해봅시다. 그러면 원자핵과 전자 사이가 텅 비어 있고, 콩알만 한 전자들이 원자핵으로부터 3.5km 떨어져서 돌고 있는 모습이 나타납니다.

캐번디시 연구소의 악어

태양계 원자모형의 발견으로 인해, 조용한 성격의 톰슨과 목소리

크고 활동적인 제자 러더퍼드의 사
이는 잠시 멀어졌습니다. 하지만
1919년에 톰슨이 러더퍼드를 자신
이 맡고 있던 케임브리지 대학의 캐
번디시 연구소 소장으로 임명함으
로써 둘은 다시 가까워집니다. 러더
퍼드가 연구소 소장으로 오고 나서,
캐번디시 연구소는 원자 및 원자핵
분야의 세계 최고 연구소로 성장합
니다. 러더퍼드와 그의 제자들은 이

캐번디시 연구소 벽에 새겨진 악어
모습

연구소에서 원자핵이 다시 **양성자**(양전하를 가짐)와 **중성자**(전기적으
로 중성)라는 더 작은 입자로 구성되어 있다는 사실을 발견하였지요.

　지금도 영국의 케임브리지시에 가면, 옛 캐번디시 연구소를 볼 수
있습니다. 연구소 건물 벽면에는 러더퍼드를 기념하는 의미로 그의
별명이었던 악어가 조각되어 있지요. 그가 그런 별명을 갖게 된 까닭
은, 동화《피터 팬》에서 후크 선장이 악어 뱃속의 시계 소리로 악어
가 오는 것을 알았듯이, 그의 큰 목소리 때문에 멀리서도 그가 오는
것을 알 수 있었기 때문이라고 합니다. 그의 목소리가 다가오면, 쉬
고 있던 연구원들도 무서워하며 얼른 실험실로 돌아갔다고 하지요.

보어, 러더퍼드 원자모형의 문제를 풀다

　러더퍼드의 태양계 원자모형은 등장하자마자 여러 지적을 받았
습니다. 전자기학에 따르면, 전하가 원운동을 할 땐 어쩔 수 없이 외

　　　　　　텅 빈 공간의 중심에서 단단한 핵을 발견하다

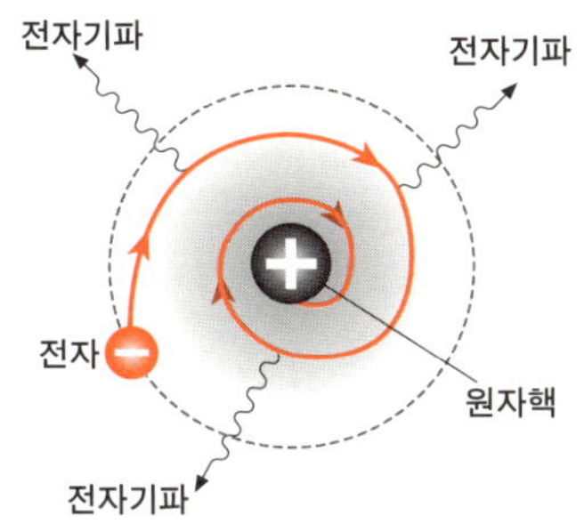

그림6 러더퍼드 원자모형의 문제점

부로 에너지가 방출됩니다. 따라서 전자는 에너지를 잃어 속도가 느려지고, 이 때문에 전자궤도의 크기도 줄어들지요. 이런 일이 계속해서 일어나 결국 전자는 원자핵 안으로 빨려 들어가게 됩니다. 이런 문제 때문에 러더퍼드 원자모형은 과학자들로부터 불안정하다는 평가를 받았습니다.

또한 러더퍼드 원자모형으로는 수소 원자나 헬륨 원자의 선스펙트럼을 설명할 수 없습니다. 선스펙트럼은 특정 원자를 기체 상태로 음극선관에 넣고 방전시킬 때, 특정한 파장의 빛만을 방출하는 것을 말합니다. 하지만 태양계 원자모형으로는 이를 설명할 수 없지요.

덴마크의 물리학자 보어(1885~1962)는 코펜하겐 대학에서 박사학위를 마치고, 1911년에 영국으로 건너와 톰슨에게서 실험을 배웁니

닐스 보어

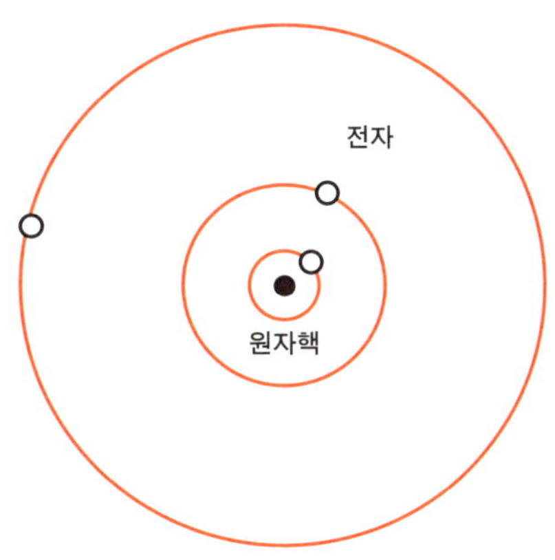

그림7 보어의 수소 원자모형. 전자는 특정한 반지름을 가진 원궤도에서만 움직입니다.

다. 하지만 실험에 재주가 없었기에 톰슨과 헤어져 맨체스터 대학에 있는 러더퍼드에게로 가지요. 여기서 그는 러더퍼드의 태양계 원자모형이 가진 문제점을 깨닫고, 러더퍼드가 시킨 실험보다 이 문제에 더 큰 흥미를 느낍니다.

실험이 적성에 맞지 않는데다 향수병에 시달리면서, 보어는 1913년에 덴마크로 돌아옵니다. 그리고 플랑크의 양자가설이 러더퍼드 원자모형의 문제를 해결하는 중요한 단초라는 사실을 깨닫고, 곧바로 러더퍼드의 원자모형과 플랑크의 양자가설을 결합시킨 수소 원자모형을 만들어 발표하지요. 이를 **보어의 수소 원자모형**이라 부릅니다. 특히 수소 원자를 이론의 대상으로 삼은 것은, 그것이 원자핵(양성자)과 전자 한 개로 이루어진 가장 가벼운 원자로, 다루기 편하기 때문입니다.

이 모형에서 전자는 원자핵으로부터 특정한 거리만큼 떨어져서 원궤도를 따라 공전운동을 합니다. 수식으로 정리하면, 이렇게 적을 수 있습니다.

$$\text{수소 원자의 전자궤도 반지름 } r$$
$$= \text{보어 반지름 } a_0 \times (\text{양의 정수 } 1, 2, 3, \cdots)^2$$

다시 말해 수소 원자의 전자는 $1^2 a_0 = a_0$, $2^2 a_0 = 4a_0$, $3^2 a_0 = 9a_0$ 등의 반지름을 갖는 원궤도에서만 운동할 수 있습니다. 여기서 a_0는 **보어 반지름**이라고 부르며, 대략 0.5×10^{-10}m 또는 0.5옹스트롬(기호로 Å로 적으며, 100억 분의 1m를 말합니다)의 값을 가집니다. 방 안에 있는 수소 원자의 크기(원자를 구슬로 생각하면 구슬의 지름)는 대략 보어 반지름의 2배인 1옹스트롬 정도입니다.

 텅 빈 공간의 중심에서 단단한 핵을 발견하다

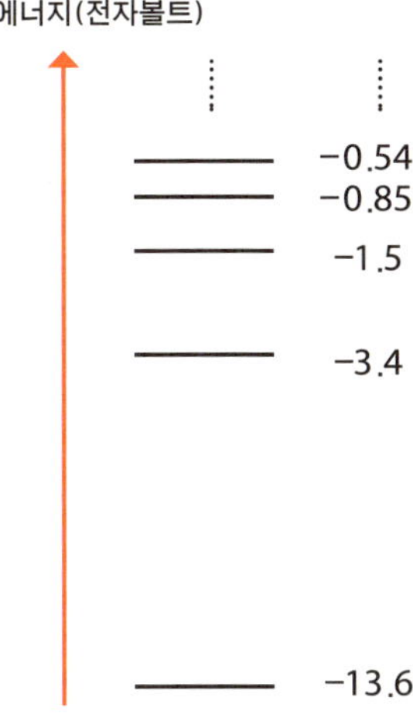

그림8 수소 원자가 가질 수 있는 에너지 값들. 수소 원자의 전자는 불연속적인 에너지 값만을 가지므로, 에너지가 양자화되어 있습니다.

달리 이야기하면, 보어는 전자궤도의 **양자화를 발견한 것**이라고 할 수 있습니다. 이는 플랑크가 전자기파 에너지의 양자화를 발견한 이후 이루어진 또 하나의 양자화 발견이었지요. 고전역학에 의하면, 특정한 반지름을 지닌 궤도에서 원운동하는 물체는 특정한 에너지를 갖습니다. 따라서 전자궤도의 양자화는 자연스럽게 **전자에너지의 양자화**를 의미하게 됩니다.

더 자세히 설명해보지요. 수소 원자의 원자핵은 무거워 정지해 있고, 전자만이 움직인다고 볼 수 있습니다. 따라서 전자의 에너지가 곧 수소 원자의 에너지이므로, 전자에너지의 양자화는 **수소 원자에너지의 양자화**가 됩니다. 전자궤도의 양자화를 사용해 수소 원자가 가질 수 있는 에너지를 구해보면, 전자궤도처럼 간단한 수식으로 표현됩니다.

$$\text{수소 원자의 에너지 } E = \text{최소 에너지 } E_0/(\text{양의 정수 } 1, 2, 3\cdots)^2$$

다시 말해 수소 원자는 E_0, $E_0/2^2 = E_0/4$, $E_0/3^2 = E_0/9$ 등의 에너지만 가질 수 있지요. 여기서 E_0는 −13.6전자볼트의 값을 가집니다. 전자볼트는 전자에 1볼트의 전압을 걸어줄 때 전자가 얻는 에너지를 말합니다. E_0의 값이 음(−)인 것은 전자를 수소 원자에서 떼어내어 수소 이온을 만들 때 외부에서 13.6전자볼트의 에너지를 공급받아야 한다는 의미입니다.

보어 덕분에 물리학자들은 전자기파뿐 아니라, 원자의 에너지 역시 양자화됨을 알게 되었습니다. 그렇다면 혹시 우리만 모르고 있을 뿐이지, 자연의 모든 것들이 이처럼 양자화되어 있는 건 아닐까요? 시간이 지나면서 이것이 실제 사실로 밝혀지게 됩니다.

보어는 양자화된 전자궤도 원자모형(이해하기 쉽게 **전자껍질 원자모형**이라 부르겠습니다. 전자껍질은 특정한 반지름을 가진 전자궤도를 의미합니다)을 발견한 공로로 1922년에 노벨 물리학상을 받습니다. 1975년에는 그의 아들 또한 원자핵 모형으로 노벨 물리학상을 받아 부자가 모두 노벨상을 수상하는 가문의 영광을 누립니다.

지식을 엮어 이룬 창의적 발상

보어는 어떻게 전자껍질 원자모형을 생각하게 되었을까요? 사실 천재적인 발상에는 이유가 없습니다. 단지 당시 알려진 여러 지식들을 창의적으로 조합했다는 것만 알 수 있을 뿐이지요. 보어는 기타 줄이 내는 소리, 원자의 선스펙트럼, 플랑크의 양자가설을 조합하여 전자궤도의 양자화 가설을 세웠습니다. 각기 독특한 소리를 내는 기타 줄에서 러더퍼드 원자모형의 불안정성을 해결할 아이디어를 얻고, 전자궤도의 양자화를 떠올렸으며, 원자 스펙트럼과 플랑크의 양자가설을 통해 원자에너지의 양자화와 원자 선스펙트럼의 발생 원리를 깨달았지요.

이제 보어의 전자껍질 원자모형으로 어떻게 원자 선스펙트럼을 설명할 수 있는지 알아보겠습니다. 그림9에는 수소 원자핵 주위에

 텅 빈 공간의 중심에서 단단한 핵을 발견하다

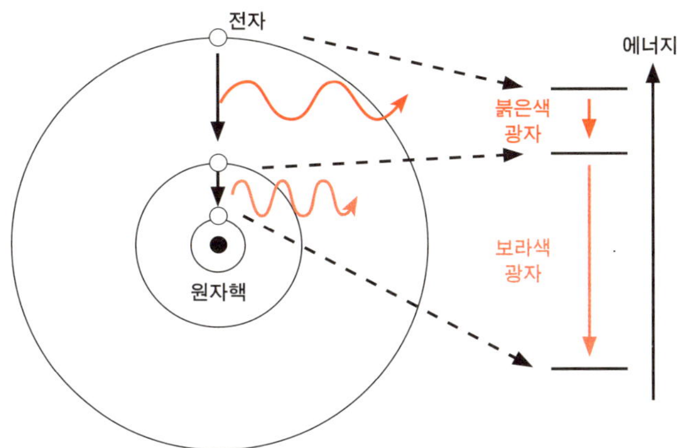

그림9 원자 선스펙트럼의 발생 원리

3개의 전자궤도가 그려져 있습니다. 수소 원자는 하나의 전자를 갖고 있으므로, 전자는 이 세 궤도 중 어느 한 궤도에서 돌고 있을 것입니다. 다만 안쪽 궤도에 있을수록 전자의 에너지가 낮아지지요. 평상시에 전자는 에너지가 낮은 가장 안쪽 궤도에 머뭅니다.

이제 수소 기체를 음극선관에 넣고 고전압을 걸어준다고 가정해 보지요. 그럼 수소 원자의 전자들 가운데 일부가 전기에너지를 받아 에너지가 큰 바깥쪽 궤도로 이동하는데, 이렇게 에너지가 커진 전자는 높이 올라간 공이 아래로 떨어지듯이, 다시 낮은 에너지를 가진 안쪽 궤도로 떨어지려 합니다.

예를 들어, 그림9를 보면 제일 바깥쪽 세 번째 궤도에 있던 전자가 안쪽 두 번째 궤도로 이동합니다. 그러면 전자의 에너지가 낮아져서, 원래 전자가 가지고 있던 에너지의 일부가 남지요. 이렇게 남은 전자의 에너지는 동일한 에너지를 가진 광자, 예를 들면 붉은색 광자로 바뀌어 밖으로 방출되고, 이 광자(즉 빛)가 스펙트럼에서 붉은색 선으로 나타나게 됩니다. 또 두 번째 궤도에서 가장 안쪽 궤도로 떨어지는 전자는 앞서의 경우보다 더 큰 에너지를 남기게 되므로, 붉은색 광자보다 더 큰 에너지를 가진 보라색 광자를 방출하여 스펙트럼에 보라색 선이 나타나게 됩니다.

이처럼 수소 원자의 전자궤도가 여러 개이기 때문에, 다시 말해 수소 원자가 다양한 에너지를 갖기 때문에, 에너지 차이에 따라 여러 파장(가시광선의 경우 색깔)의 선들이 나타나 수소 원자의 선스펙트럼이 만들어집니다.

보어는 수소 원자에너지 차이에 따라 나타나는 광자들의 파장을 계산한 후, 측정된 수소 원자 선스펙트럼의 파장과 비교해보았습니다. 그 결과 계산한 파장이 측정한 파장과 거의 정확히 일치하여 자신의 원자모형이 올바르다는 것을 확인할 수 있었습니다.

그렇다면 보어의 전자껍질 원자모형으로, 원자의 모습이 정확히 밝혀진 걸까요? 정답은 아직 '아니다'입니다. 보어의 원자모형은 단지 고전역학의 원자모형(원자핵 주위를 원운동하는 전자)에 전자궤도의 양자화 가설을 추가한, 즉 고전역학과 현대물리학이 절반씩 적용된 온전하지 않은 모형입니다. 따라서 원자의 올바른 모습을 찾아가는 흥미로운 여행은 아직 끝나지 않았습니다.

X선의 비밀이 풀리다

원자마다 고유의 '양자화된 에너지 값'을 갖는다는 것이 알려지면서, 그동안 풀지 못했던 X선의 비밀 또한 밝혀졌습니다. 우선 X선을 발생시키려면, 특수한 음극선관인 X선관을 사용해야 합니다. X선관에 수만 볼트의 고전압을 걸어주면, 음극에서 튀어나온 고속의

　　　　　　텅 빈 공간의 중심에서 단단한 핵을 발견하다

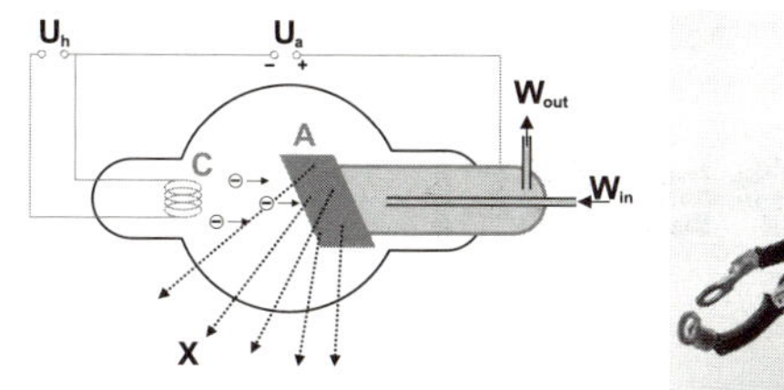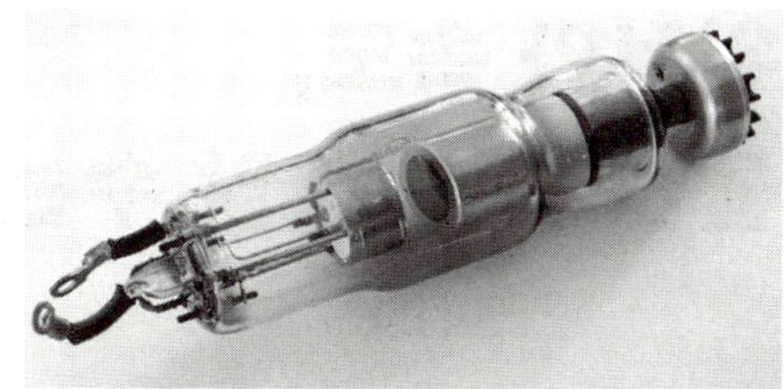

그림10 X선관의 개념도(왼쪽)와 실제 X선관의 모습

전자가 양극의 금속(보통 텅스텐)에 부딪치면서 X선이 발생하게 되지요.

X선의 발생 원리는 원자 선스펙트럼의 발생 원리와 유사합니다. 우선 음극에서 나온 고속의 전자가 양극 금속인 텅스텐의 원자핵 근처에서 돌고 있던 전자와 충돌하여 전자를 금속 밖으로 몰아냅니다. 그러면 떨어져 나간 전자보다 먼 궤도에서 돌고 있던 전자가 내려와 빈자리를 메웁니다. 이때 전자의 에너지가 남아돌면서 광자, 즉 전자기파를 외부로 방출하게 되는데, 이것이 바로 X선입니다.

그런데 수소 원자는 빛을 방출하는데, 텅스텐 원자는 왜 X선을 방출하는 걸까요? 텅스텐과 같은 무거운 원자는 원자핵과 전자 사이의 전기력이 커서, 각 궤도 간의 에너지 차이도 큽니다. 때문에 수소같이 가벼운 원자들은 파장이 긴 가시광선(작은 에너지를 가진 광자)을 발생시키지만, 텅스텐처럼 무거운 원자들은 파장이 짧은 X선(큰 에너지를 가진 광자)을 발생시키지요. 이렇게 발생한 X선은 신체와 물질을 투과할 수 있기 때문에, 이들의 내부 구조를 알아야 할 때나, 집적도가 높은 반도체소자를 제작하는 데 사용할 수 있습니다.

위치와 속도,
둘을 동시에 알 수는 없다

우리는 돈을 많이 벌수록 더 행복해진다고 믿습니다. 하지만 막상 빌 게이츠처럼 돈을 어마어마하게 많이 버는 사람들은 너무나 바빠서 행복과는 거리가 먼 삶을 살지요. 연구에 의하면, 가장 행복한 사람은 필요한 만큼 적당히 돈을 버는 사람이라고 합니다. 버는 돈이 많아지면 시간이 부족해지고, 시간이 생기면 버는 돈이 적어져서 행복이 줄어들게 되지요. 따라서 통계로 따지면, 버는 돈과 행복을 느낄 시간을 곱한 값이 가장 큰 사람이 제일 행복한 사람이 되는 것입니다. 이처럼 돈과 시간이 적당하여 행복이 최대가 되는 것을 과학에서는 **행복의 최적화**라고 부릅니다.

이 최적화는 사람에게만 적용되는 원리가 아닙니다. 파동 – 입자의 이중성과 함께 눈에 보이지 않는 원자 세계를 움직이는 중요한 원리이지요. 이제부터 그 이야기를 해보겠습니다.

스포츠와 피아노 연주에도 능했던 만능 재주꾼

하이젠베르크(1901~1976)는 어릴 때부터 수학과 물리학뿐 아니라, 스포츠와 피아노 연주에도 능한 만능 재주꾼이었습니다. 그는 독일의 뮌헨 대학과 괴팅겐 대학에서 독일 최고의 물리학자들과 수학자들에게 가르침을 받았습니다. 23살 때는 뮌헨 대학에서 물리학 박사학위를 받고, 보어의 수소 원자모형에 대해 큰 관심을 가지게 되었지요. 그래서 1924년 가을, 덴마크의 코펜하겐 대학에 가서 보어와 함께 양자역학을 연구하고, 8개월 뒤 괴팅겐 대학으로 돌아옵니다.

1925년 5월, 그는 스승 보른(1882~1970), 스페인 출신 물리학자 요르단(1902~1980)과 함께 원자 세계를 설명할 **행렬역학**을 발표합니다. 행렬역학은 수학의 행렬을 이용하여 전자와 같은 원자 세계 대상의 성질을 설명하는 것으로, 이듬해인 1926년에 발견된 슈뢰딩거 방정식과 함께 원자 세계에 관한 중요한 원리가 됩니다.

1년 후 하이젠베르크는 다시 코펜하겐으로 건너가 보어와 함께합니다. 그리고 1927년에 그의 최대 업적으로 꼽히는 **불확정성 원리**를 발견하지요. 1932년에는 행렬역학과 불확정성 원리를 발견한 공로로 노벨 물리학상을 수상하면서, 플랑크, 아인슈타인과 함께 독일 최고의 과학자로 인정받습니다.

하지만 하이젠베르크의 영광은 1933년 히틀러가 독일을 지배하면서

베르너 하이젠베르크

끝이 나게 됩니다. 그는 아인슈타인과 같은 유대계 독일인 물리학자들을 나치 정권으로부터 보호하려다 실패하고, 제2차 세계대전 중 자신의 의지와 상관없이 원자폭탄 연구의 책임자가 됩니다. 그리고 그 때문에 독일이 패전한 후 영국군에 체포되어 상당 기간 동안 영국에 머물며 조사를 받는 고난을 겪지요.

이후 독일로 돌아온 그는 독일과학협회 회장직을 맡아 독일 과학계를 다시 세계적인 수준으로 올려놓는 데 큰 기여를 합니다.

하이젠베르크의 불확정성 원리

하이젠베르크가 발견한 불확정성 원리란, 전자와 같은 원자 세계 입자들의 경우, 입자의 위치와 선운동량을 동시에 정확히 알아낼 수 없고, 위치 측정의 부정확도(불확정성, 오차라고 불러도 됩니다)와 선운동량 측정의 부정확도를 일정 수준 이하로 줄일 수 없다는 것입니다. 설명이 조금 어렵지요? 쉽게 풀어보겠습니다.

우선 선운동량은 물체의 질량에 속도를 곱한 값입니다. 이해를 돕기 위해 일상 세계에서 일어나는 일을 예로 들어보겠습니다. 투수가 던진 야구공이 날아가는 장면을 한번 상상해보세요. 이 야구공의 위치와 선운동량을 동시에 확인하려면 어떻게 해야 할까요?

가장 쉬운 방법은 스트로보로 연속 사진을 찍는 것입니다. 그러면 각 시간마다 야구공의 위치가 나오고, 두 위치 사이의 거리를 스트로보 시간 간격으로 나누어 야구공의 속도를 젤 수 있습니다. 즉 특정 시간에서의 야구공의 위치와 선운동량을 동시에 정확히 알 수 있는 것이지요. 따라서 야구공의 운동으로는 하이젠베르크의 불확정

　　　　위치와 속도, 둘을 동시에 알 수는 없다

성 원리를 확인하기 어렵습니다.

그렇다면 원자 세계에 있는 전자는 어떨까요? 하이젠베르크도 불확정성 원리를 발견할 때 이런 질문에서 출발하였습니다. 야구공과 달리 전자는 크기가 너무 작아 눈에 보이지 않고, 질량이 가볍기 때문에 조그만 힘에도 크게 영향을 받습니다. 전자의 위치를 알기 위해서는 전자를 눈으로 봐야 하는데 너무 작아서 볼 수 없으니 참으로 난감한 상황이지요. 하이젠베르크는 전자를 볼 수 있는 가상의 현미경을 사용한 실험을 생각합니다. 이런 실험은 머릿속에서만 가능한 상상 실험이란 뜻에서 **사고실험**이라고 부르지요. 아인슈타인도 이를 자주 사용했습니다.

이제 현미경으로 전자를 보기 위해, 다시 말해 전자의 위치를 알기 위해 현미경 옆에서 빛(광자)을 비춥니다. 그림1에서처럼 이 광자가 수평으로 움직이던 전자와 충돌한 후 현미경 렌즈 속으로 들어오면, 전자가 현미경 렌즈 바로 아래를 지난다는 것을 알 수 있습니다. 즉 전자의 위치를 정확히 알 수 있습니다. 하지만 실제로 에너지 덩어리인 광자(플랑크의 양자가설에 의하면, 광자가 가진 에너지는 광자의 파장에 반비례합니다)가 전자와 충돌하면, 가벼운 전자는 충격을 받아 원래 이동 방향에서 벗어나 그림1의 맨 오른쪽처럼 아래로 비스듬히 움직이게 됩니다(전자보다 훨씬 무거운 야구공은 광자와 충돌해도 전혀 영향을 받지 않습니다). 이 때문에 전자의 선운동량에 변화가 생겨 원래의 선운동량이 무엇이었는지 알 수 없게 됩니다. 더불어 전자의 위치를 더 정확

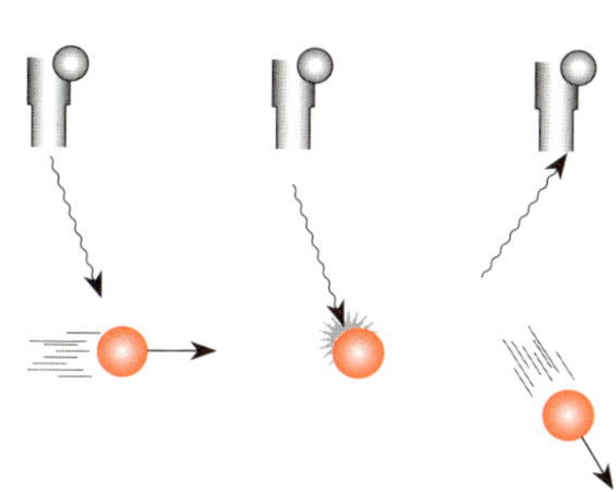

그림1 하이젠베르크의 현미경 사고실험

히 알기 위해서는 파장이 매우 짧은 광자를 써야 합니다. 그러나 파장이 짧을수록 광자의 에너지는 더 커지고, 충돌 시 전자가 받는 충격도 커집니다. 따라서 선운동량이 더욱 크게 변화하여 측정의 정확성이 떨어지게 됩니다. 정리하자면, 전자의 위치를 더 정확히 알려는 시도는, 선운동량의 부정확성을 높이는 결과를 가져오게 됩니다. 이것이 하이젠베르크의 현미경 사고실험 결과입니다. 이로부터 전자의 위치와 선운동량을 동시에 정확히 측정할 수 없다는 불확정성 원리가 탄생했습니다.

앞서 행복의 최적화에 대해 이야기했듯이, 원자 세계에도 최적화가 적용됩니다. 적당한 파장의 광자를 사용하면 이보다 짧은 파장의 광자를 사용했을 때보다 위치의 부정확도는 커지지만 선운동량의 부정확도가 줄어들어, 전자 위치의 부정확도와 선운동량의 부정확도를 곱한 값이 최소가 되는 최적화가 일어납니다. 보이지 않는 곳까지 자연의 섬세한 손길이 작용하고 있다는 사실이 새삼 놀랍게 느껴집니다.

생각이 남달랐던 보어는 하이젠베르크의 불확정성 원리가 생기는 이유를 다른 곳에서 찾았습니다. 현미경 사고실험에서처럼 실험 대상을 관측할 때 대상에 교란이 일어나기 때문이 아니라, 전자와 같은 원자 세계의 대상이 입자-파동의 이중성을 갖기 때문으로 보았지요. 무슨 뜻인지 설명해볼까요?

파속, 즉 물질파를 만들 때, 파장이 비슷한 파동들만을 모아 겹치면, 공간에 넓게 퍼진 파속이 만들어집니다. 드 브로이의 가설에 의하면, 물질파의 선운동량은 물질파의 파장에 반비례합니다. 비슷한 파장의 파동들로 만들어진 파속의 경우, 각 파동들의 선운동량의 차이(이것이 파속의 선운동량의 부정확도가 됩니다)가 크지 않지만, 파

     위치와 속도, 둘을 동시에 알 수는 없다

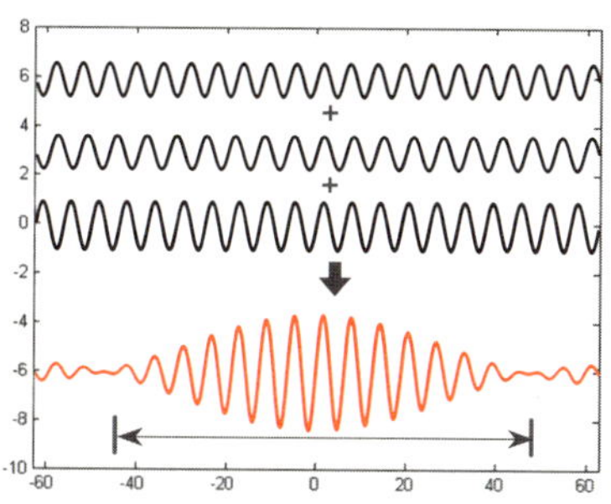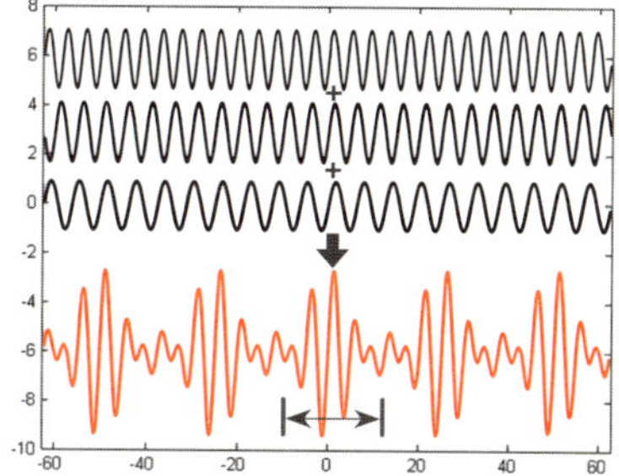

그림2 파속과 불확정성 원리. 비슷한 파장의 세 개의 파동들이 만드는 파속(왼쪽 아래. 파속의 폭이 넓습니다)과 파장이 많이 다른 세 개의 파동들이 만드는 파속(오른쪽 아래. 파속의 폭이 좁습니다).

속이 공간에 넓게 퍼져 있어 위치의 부정확도는 크지요. 반면 파장이 많이 다른 파동들로 만들어진 파속의 경우, 선운동량(파장에 반비례)의 부정확도가 큰 대신, 파속이 공간에 몰려 있어 위치의 부정확도는 작습니다. 보어는 파속, 즉 물질파의 입자-파동의 이중성으로 인해 불확정성 원리가 생긴다고 생각했고, 실제로도 그러했습니다. 나중에는 하이젠베르크도 보어의 생각을 받아들였습니다.

또 다른 불확정성 원리

하이젠베르크가 발견한 불확정성 원리는 물질파의 위치와 선운동량에 대한 것이었으나, 곧 물질파의 에너지와 시간에 대해서도 성립한다는 게 밝혀집니다. 현재는 이 불확정성 원리가 위치-선운동량, 에너지-시간처럼 여러 쌍의 물리량에서 성립하는 것으로 알려져 있습니다.

물질파의 에너지와 시간에 대해 불확정성 원리가 적용된다는 것은 무슨 뜻일까요? 보어의 수소 원자모형을 가지고 설명해보지요. 수소 원자는 한 개의 전자를 가집니다. 이 전자는 에너지의 크기에 따라 원자핵으로부터 특정한 거리만큼 떨어져 원운동을 하는데, 원자핵에서 멀리 떨어진 전자일수록 에너지가 큽니다. 이렇게 큰 에너지를 가진 전자는 높이 올라간 공처럼 불안정하여 궤도에 머물러 있지 못하고, 에너지를 낮추기 위해 원자핵 가까이로 떨어지려 합니다. 이때 전자의 에너지가 클수록 원래 궤도에 머물러 있는 시간이 짧아진다는 것이 바로 에너지 – 시간의 **불확정성 원리**입니다.

물질을 구성하는 기본 입자인 소립자에 관해 소개하는 장에서 더 설명하겠지만, 우주에는 우리에게 친숙한 전자, 양성자, 중성자 외에도 뮤온, 뉴트리노, 타우입자, 파이온과 같은 수많은 입자들이 존재합니다. 전자나 양성자는 안정하여 다른 입자로 바뀌지 않지만, 다른 대부분의 입자들은 불안정하여 안정한 입자로 바뀌려 하지요. 이때 질량이 무거운 입자(아인슈타인의 질량–에너지 등가원리에 의하면 에너지가 큰 입자)는 에너지 – 시간의 불확정성 원리에 의해 더 빨리 다른 입자로 바뀌게 됩니다. 입자가 생겨나 다른 입자로 바뀌기 전까지의 시간을 입자의 **수명**이라 하는데, 대개 입자의 질량이 클수록 수명이 짧습니다. 예를 들어 질량이 전자의 200배 정도인 뮤온의 수명은 2.2×10^{-6}초인데 비해, 전자 질량의 3,500배 정도인 질량을 가진 타우입자의 수명은 2.9×10^{-13}초로 매우 짧지요.

진공의 재발견

여기 혼자서도 할 수 있는 재미있는 실험이 있습니다. 활짝 편 두

   위치와 속도, 둘을 동시에 알 수는 없다

손을 서로 닿지 않도록 조심하면서 최대한 가까이 모읍니다. 손바닥에서 어떤 감각이 느껴지지요? 첫째, 열이 느껴지고, 둘째, 손바닥이 서로 끌어당기는 듯한 느낌이 듭니다. 어떤 사람들은 이것이 손에서 나오는 기氣라고 주장하지만, 그보다는 손이라는 흑체가 내는 복사(에너지 방출)라고 보는 편이 맞습니다.

이와 유사하지만 실제적인 물리 현상이 다른 곳에서도 발견되었습니다. 네덜란드의 가전회사인 필립스에서 근무하던 물리학자 카시미르(1909~2000)와 폴더르(1919~2001)는 대전되지 않은, 즉 전기를 띠지 않은 축전기를 살펴보다가 두 평행한 금속판 사이에 인력이 작용하는 것을 발견합니다. 다시 말해, 아무것도 없는 진공 상태에서 얇은 금속판 두 장을 가까이하면(두 손바닥 사이의 거리보다 엄청나게 가깝습니다), 금속판 사이에 서로 끌어당기는 힘이 작용한다는 사실을 알아낸 것입니다. 지금은 이 현상을 **카시미르 효과**라고 부릅니다.

금속판이 전하를 가지고 있지 않기 때문에, 두 금속판 사이에는 전기력이 작용하지 않습니다. 중력은 무시해도 될 정도로 미미합니

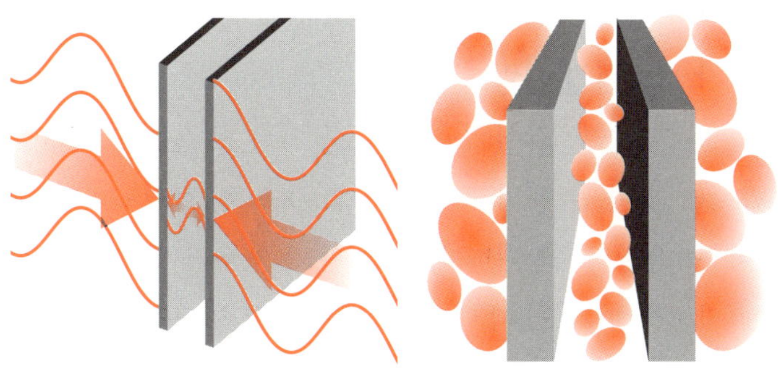

그림3 카시미르 효과. 가상 입자들 때문에 아주 가까이 있는 평행한 금속판 사이에 인력이 나타납니다.

다. 두 사람은 전기력이 아니라면 과
연 어디서 이런 힘이 나오는 걸까 생
각하다가 그 힘이 불확정성 원리와
관계가 있다는 사실을 깨닫습니다.

상식적으로 우리는 '진공' 하면 아
무것도 없는 빈 공간이라 생각하지
만, 사실 진공에는 무수히 많은 가상
입자들이 존재합니다. 이 가상 입자
들이 생겼다 없어졌다를 반복하고
있지요. 두 과학자 역시 실험을 통해
이를 깨닫게 되었습니다. 그림3의 오
른쪽을 보면, 진공 상태일 때 두 금
속판 주위에 존재하는 가상 입자들
이 그려져 있습니다. 이 가상 입자들

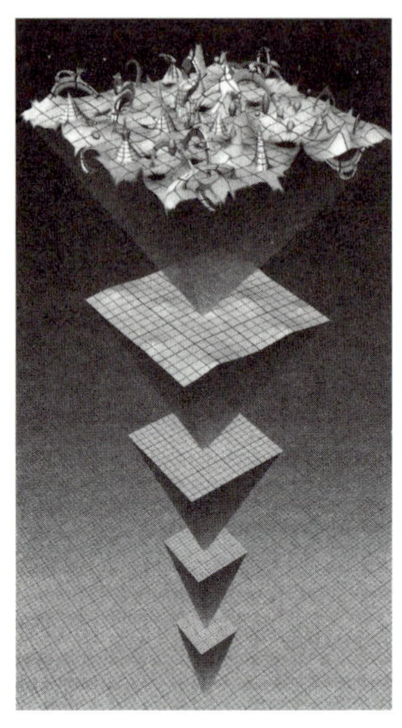

그림4 진공을 확대해 보면, 가상
입자들로 인해 요동치는 것처럼
보입니다.

은 진공 속에서 태어나 잠시 존재했다가, 다시 사라져 버립니다. 이
처럼 수명이 짧기 때문에 가상 입자라 부르는 것이지요. 어떻게 이
런 일이 가능할까요?

바로 에너지-시간의 불확정성 원리 때문입니다. 진공 속에서 가
상 입자가 생겼다가 사라지는 것은, 마이너스 통장을 사용하여 예
금액보다 많은 돈을 잠시 빌려 썼다가 다시 갚는 것과 비슷합니다.
자연에서는 돈이 곧 에너지(즉 질량)인 셈으로, 자연이 돈을 빌려주
는 규칙은 아주 단순합니다. 빌리는 돈의 액수가 클수록 갚는 기간
이 짧아지는 것이지요. 다시 말해 질량이 작은 가상 입자는 수명이
길고, 질량이 큰 가상 입자는 수명이 짧습니다. 따라서 진공 상태에
서는 다양한 가상 입자들이 잠시 나타났다가 사라지는 일들이 끊임

　　　　　　　위치와 속도, 둘을 동시에 알 수는 없다

없이 일어납니다. 그래서 진공을 자세히 들여다보면, 가상 입자들로 인해 마치 끓는 물의 표면처럼 요동치는 듯이 보이지요.

다시 카시미르 효과 이야기로 돌아가 봅시다. 진공 속 금속판 주위에는 가상 입자들이 무수히 많이 나타납니다. 다만 금속판 좌우는 공간이 넓기 때문에 가상 입자들이 많은 반면, 금속판 사이는 공간이 좁아 가상 입자들의 수가 적지요. 이 가상 입자들도 실제 기체 분자들처럼 금속판과 충돌하여 힘을 가합니다. 금속판 좌우에 있는 가상 입자들은 자주 충돌하여 금속판에 큰 힘을 가하지만, 금속판 내부에 있는 가상 입자들은 충돌 횟수가 적어 가하는 힘이 약합니다. 때문에 금속판 좌우에 미는 힘이 나타나 금속판 사이에 흡사 인력이 작용하는 것처럼 보이게 되지요. 이것이 카시미르 효과를 일으키는 힘의 원리입니다.

불확정성 원리의 실용성

중요한 학문적 업적이 꼭 우리 삶을 변화시키는 실용적 기술로 연결되는 건 아닙니다. 대표적인 예가 불확정성 원리입니다. 불확정성 원리는 양자역학의 근본을 이루는 중요한 이론으로, 원자 세계에 대한 우리의 생각을 크게 바꿔놓았습니다. 즉 원자 세계에는 본질적으로 불확실성이 존재하며, 원자 세계의 대상들은 크기가 워낙 작기 때문에 측정에 의해 영향을 받을 수밖에 없다는 사실을 알게 해주었습니다. 하지만 안타깝게도 불확정성 원리는 구체적인 기술이나 장치의 개발로 잘 이어지지 않았습니다.

그렇다고 불확정성 원리가 전혀 실용적이지 않은 것은 아닙니다.

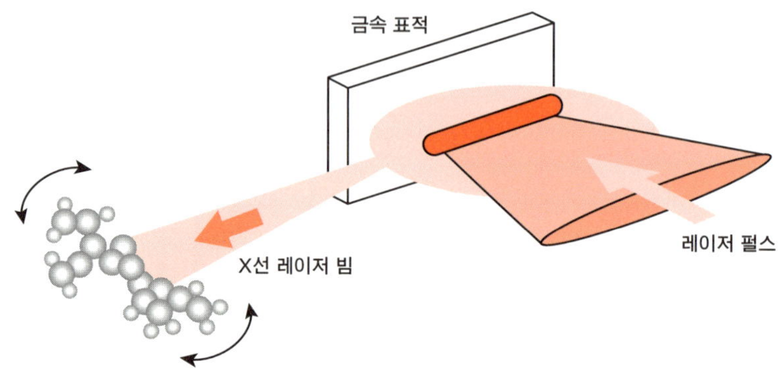

그림5 X선 레이저의 원리. 고출력 레이저 펄스를 금속 표적에 쏘면, X선 레이저 빔이 발생합니다.

한 가지 예로, X선 레이저의 개발을 들 수 있습니다. 레이저는 순수한 파장을 가진 광원입니다. 흔히 보는 가시광선, 적외선 레이저는 양자화된 에너지를 이용해 만들지만, 아주 짧은 파장을 가진 X선 레이저는 불확정성 원리를 이용해 만듭니다.

금속 표적에 10^{-12}초 이하의 매우 짧은 시간 폭을 가진 고출력 레이저 빔을 쏘면, 파장이 X선 영역에 있는 레이저 빛이 나옵니다. 특정 공간에 좁게 몰려 있는 파속은 파장이 크게 다른 파동들을 더하여 만들 듯이, 특정 시간에 좁게 몰려 있는 아주 짧은 펄스는 에너지(플랑크의 양자가설에 의하면 파장)가 크게 다른 광자들을 더해 만들 수 있습니다. 따라서 시간 폭이 짧은 펄스 속에는 X선 광자가 존재하고, 이것을 집중적으로 모은 것이 바로 X선 레이저입니다. 이 X선 레이저를 사용하면, 나노미터 크기의 DNA 구조를 볼 수 있고, 집적도가 높은 전자회로를 만들 수도 있습니다.

    위치와 속도, 둘을 동시에 알 수는 없다

광자, 전자, 야구공의 에너지 비교하기

'계란으로 바위 치기'라는 속담이 있습니다. 승산이 없는 무모한 짓을 일컫는 말이지요. 앞서 우리는 현미경 사고실험에서 광자가 전자와 충돌하면 전자가 튕겨 나간다는 것을 확인했습니다. 이를 야구공에 적용해본다면 어떨까요? 광자가 야구공과 충돌하는 것은 계란으로 바위를 치는 것과 같습니다. 아무 영향을 주지 못하는 무의미한 일인 셈이지요. 광자 한 개와 충돌했다고 해서 야구공이 다른 방향으로 휘지는 않습니다. 만약 이 정도로 야구공이 휜다면, 야구 경기를 제대로 할 수 없겠지요. 투수가 던진 야구공이 태양빛 광자에 의해 의도치 않은 방향으로 튀어 버리는 바람에, 정확히 공을 던지려는 투수나 공을 치려는 타자의 노력이 무의미해질 것입니다.

앞서 전자에 큰 영향을 주었던 광자가 왜 야구공에는 영향을 주지 못하는 걸까요? 광자, 전자, 야구공의 에너지 크기를 비교해보면, 이를 쉽게 알 수 있습니다. 초록색(파장이 550nm라고 가정) 광자, 빛 속도의 2% 속도로 움직이는 전자, 시속 130km로 움직이는 야구공(질량 0.145kg)의 에너지를 각각 계산해보지요.

초록색 광자의 에너지

$$E = \frac{hc}{\lambda} = \frac{(6.626 \times 10^{-34})(2.998 \times 10^{8})}{550 \times 10^{-9}}$$

$$= 3.611 \times 10^{-19} J$$

빛 속도의 2% 속도로 움직이는 전자의 에너지

$$E = \frac{1}{2} mv^2 = \frac{1}{2} (9.109 \times 10^{-31})(0.02 \times 2.998 \times 10^8)^2$$
$$= 164 \times 10^{-19} J$$

시속 130km로 움직이는 야구공의 에너지

$$E = \frac{1}{2} mv^2 = \frac{1}{2} (0.145)(130/3.6)^2 = 94.5J$$

전자의 에너지는 광자의 에너지의 50배 정도에 불과하지만, 야구공의 에너지는 이들보다 10^{20}(1조 곱하기 1억)배나 큽니다. 따라서 에너지가 크게 다르지 않은 광자와 전자가 충돌했을 때는 광자에 의해 전자의 운동이 큰 영향을 받지만, 에너지가 엄청나게 다른 광자와 야구공이 충돌했을 때, 야구공의 운동은 거의 영향을 받지 않습니다.

비유적으로 말해, 질량이 비슷한 두 자동차가 충돌하면 서로 크게 영향을 받지만, 질량이 아주 다른 모기와 코끼리가 충돌하면 코끼리는 거의 아무 영향도 받지 않는 것과 같지요. 이런 이유로 일상에서는 불확정성 원리를 느낄 수 없답니다. 따라서 불확정성 원리는 원자 세계에서만 중요하지요.

위치와 속도, 둘을 동시에 알 수는 없다

미시 세계의 모든 가능성을
파동에 담다

살다 보면, 서로 다른 견해로 다툼이 생길 수 있습니다. 그런데 이런 다툼들이 나중에는 사회를 더 좋은 방향으로 발전시키는 긍정적인 효과를 내기도 하지요. 예를 들어 우리나라에서 한글이 창제되던 때를 떠올려보십시오. 모든 이들이 글을 읽고 쓸 수 있어야 한다는 주장과 신분이 높은 자만이 글을 쓸 수 있어야 한다는 주장이 서로 맞섰습니다. 지금 생각해보면 어이없는 다툼이지만, 이런 논쟁이 없었다면 세계적으로 인정받는 우리 고유의 문자 한글은 탄생하지 못했을 것입니다.

과학의 역사에도 이와 유사한 논쟁이 있었습니다. 서양 중세시대에 천동설과 지동설을 놓고 벌어진 논쟁이 그러했지요. 당시에는 천동설이 로마 가톨릭교회의 지지를 받으며, 불변의 진리로 여겨졌습니다. 그런데 이런 상황에서 이탈리아 철학자 브루노(1548~1600)가

지동설을 주장하고 나선 것입니다. 그는 그 벌로 화형을 당했습니다. 갈릴레이(1564~1642) 또한 지동설을 고집한 죄로 평생 집을 떠나지 못하는 벌을 받아야 했지요. 하지만 과학자들은 교회의 핍박을 받으면서도 자연에서 증거를 찾고, 이를 설명할 새로운 이론을 제시하였습니다. 잘못된 주장과 옳은 주장을 가려내는 과학적 방법만이 논쟁을 평화롭게 끝낼 수 있음을 알았던 것이지요. 그리고 마침내 핍박받던 지동설이 천동설을 물리치고, 올바른 태양계 이론으로 자리를 잡게 되었습니다. 로마 가톨릭교회마저도 결국 지동설을 인정할 수밖에 없었지요.

1900년대 초반, 원자 세계의 물리학인 양자역학을 둘러싼 아인슈타인과 보어의 논쟁은 과학사에서 대단히 중요한 자리를 차지합니다. 양자역학에 반대한 아인슈타인은 양자역학의 대부였던 보어를 까다로운 질문으로 괴롭힙니다. 그러나 이 질문 덕분에 보어와 젊은 물리학자들은 원자 세계에 대해 더 깊은 깨달음을 얻습니다.

이처럼 과학 논쟁은 질문과 반박, 이에 대한 해결점을 찾으려는 끝없는 노력을 통해 과학의 발전에 기여해왔습니다.

슈뢰딩거 방정식: 양자역학의 가장 중요한 이론

앞서 원자 세계에서는 물질이 입자나 파동이 아닌, 두 개의 성질을 동시에 가진 물질파라고 했습니다. 드 브로이가 이론을 통해, 그리고 데이비슨, 거머와 G. P. 톰슨이 실험을 통해 우리에게 알려준 사실이지요. 또한 물질파는 필연적으로 하이젠베르크가 발견한 불확정성 원리를 따른다고도 했습니다. 측정이 대상에 영향을 주기 때

    미시 세계의 모든 가능성을 파동에 담다

에르빈 슈뢰딩거

문에 측정의 불확실성을 피할 수 없기 때문이지요. 이처럼 일상 세계와 다른 원자 세계를 설명하기 위해서는 뉴턴의 고전역학 이론과는 다른, 새로운 역학 이론이 필요합니다.

여러 물리학자들이 물질파에 대한 새 이론을 찾고자 노력했는데, 1926년 오스트리아의 물리학자 슈뢰딩거(1887~1961)가 가장 먼저 성공을 거둡니다. 그가 찾은 양자역학 이론을 슈뢰딩거 방정식이라고 부르지요. 슈뢰딩거는 원자 세계의 대상을 입자가 아닌 파동(정확히는 **파동함수**)으로 생각합니다. 물질을 입자로 본 뉴턴의 고전역학 이론과는 다른 이론을 찾으려다 보니 물질을 파동으로 취급한 것이지요. 이런 이유로 슈뢰딩거 방정식은 **슈뢰딩거 파동방정식**이라고도 불립니다. 고전물리학에서도 파문이 호수에서 퍼져 나가는 것이나 전파가 공중으로 퍼져 나가는 것을 설명하기 위해 파동방정식을 사용하긴 했지만, 슈뢰딩거가 발견한 파동방정식과는 달랐습니다.

슈뢰딩거가 올바른 양자역학의 방정식을 찾아낼 수 있었던 것은, 원자 세계에서도 일상 세계에서처럼 역학적 에너지가 보존될 거라 생각했기 때문입니다. 또 아일랜드의 물리학자 해밀턴(1805~1865)이 개발한 해밀턴역학을 적절히 활용한 덕분이기도 했습니다. 해밀턴은 뉴턴역학을 발전시켜 해밀턴역학을 만들었고, 이를 슈뢰딩거가 물질파에 적용시킨 결과 슈뢰딩거 방정식이 완성되었습니다.

뉴턴역학(정확히는 뉴턴의 운동에 관한 제2법칙)에서는 물체에 작용하는 힘을 알면, 물체의 운동을 정확히 설명할 수 있습니다. 예를 들어 공중에 떠 있는 물체에 아래로 중력(지구가 물체를 끌어당기는 힘)이 작용하면, 물체는 중력가속도로 떨어지며 등가속도 운동을 합니다. 다시 말해, 물체가 수직으로 떨어지면서 속도가 점점 빨라지는 자유낙하 운동을 합니다.

슈뢰딩거 방정식에서는 물체의 퍼텐셜에너지를 알면, 물체의 운동을 설명할 수 있습니다. 힘과 퍼텐셜에너지는 서로 밀접한 관계가 있기 때문에, 결과적으로 힘을 아는 것이나 퍼텐셜에너지를 아는 것이나 의미는 같습니다. 슈뢰딩거 방정식을 풀어서 얻은 결과를 우리는 파동함수라고 부릅니다. 함수라는 용어를 붙인 까닭은, 그 값이 시간이나 위치에 따라 달라지기 때문입니다. 예를 들어 2차 함수 $f(x)=x^2+2$는 x값에 따라 다른 값을 가집니다. $x=1$이면 $f=1^2+2=3$이 되고, $x=2$이면 $f=2^2+2=6$이 됩니다. 파동함수도 이와 비슷하게, 시간과 위치 값에 따라 파동함수의 값이 달라집니다.

파동함수의 의미

그림1은 사각형 안에 갇혀 운동하는 전자를 가정하고, 슈뢰딩거 방정식을 풀어서 얻은 파동함수를 그래프로 그린 것입니다. 이 전자의 운동은 사각형 울타리 안에서 벽을 향해 일정한 속도(또는 에너지)로 공을 굴릴 때, 공이 어떻게 움직일지를

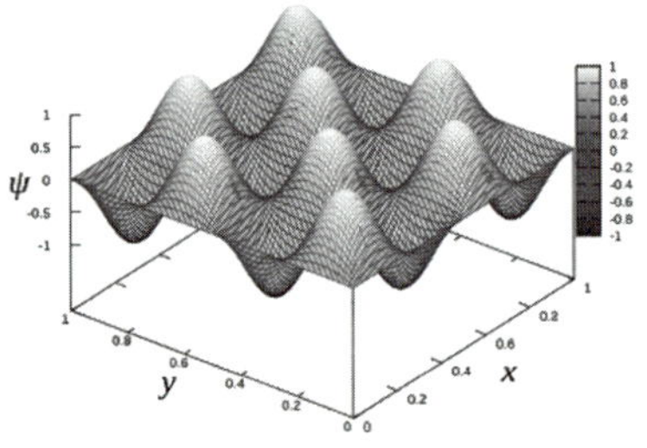

그림1 사각형 안에 갇힌 전자의 파동함수. 슈뢰딩거 방정식을 풀어서 얻은 파동함수 가운데 하나를 그린 것입니다. 가로축과 세로축은 전자의 위치 좌표 x와 y를 나타내고, 수직축은 특정한 위치 (x, y)에서의 파동함수의 값을 나타냅니다.

미시 세계의 모든 가능성을 파동에 담다

상상하면 됩니다. 공은 바닥 위에서만 운동하고, 벽에 부딪쳐 반사되므로 울타리를 벗어날 수 없습니다. 또 구르는 공의 속도(또는 속도의 제곱에 비례하는 운동에너지)가 달라지면, 공의 운동도 달라집니다. 전자도 공처럼 사각형 안에서만 움직이며, 전자의 에너지가 달라지면 파동함수 역시 변합니다. 다만, 공과 전자의 유사성은 이것이 다입니다.

전자의 파동함수는 사각형(전자가 움직일 수 있는 공간) 전체에 퍼져 있습니다. 이 사실은 시간이 달라져도 변함이 없지요. 그렇다면 공은 어떨까요? 공은 특정한 시간엔 한곳에 있으나, 매시간마다 움직여 그 위치가 달라집니다. 즉 공은 절대 사각형 울타리 안에서 동시에 두 장소에 있을 수 없습니다. 하지만 전자의 파동함수는 동시에 모든 곳에 퍼져 있지요. 무슨 말인지 이해하기 어렵다고요?

슈뢰딩거 방정식이 발표된 직후, 과학계에서는 파동함수가 무엇인지를 두고 여러 논란이 있었습니다. 심지어 슈뢰딩거 자신도 파동함수의 의미를 제대로 이해하고 있지 못했지요. 이 논란을 해결한 사람이 바로 하이젠베르크의 스승이자 독일의 물리학자인 보른(1882~1970)입니다. 보른은 슈뢰딩거 방정식이 발견되기 1년 전, 제자인 하이젠베르크와 함께 원자 세계의 또 다른 이론인 행렬역학을 발견하였습니다. 때문에 그 누구보다 원자 세계를 잘 이해하고 있었지요. 이러한 지식을 바탕으로 그는 슈뢰딩거 방정식이 나오고 얼마 지나지 않아 ‘파동함수 자체는 의미가 없지만, 파동함수의

파동함수의 의미를 제대로 해석한 막스 보른

제곱은 물리적으로 의미가 있음'을 깨닫습니다. 정확히 말해, 그는 특정 위치와 특정한 시간에서의 파동함수의 제곱이 바로 물체를 그 시간에 그 위치에서 발견할 확률이라고 주장했지요. 이 주장이 사실임이 밝혀지면서 보른은 1954년에 노벨 물리학상을 수상하였습니다. 제자인 하이젠베르크보다 22년 늦은 수상이었지요. 제자인 하이젠베르크는 이 소식을 듣고 보른 못지않게 기뻐했습니다.

수소 원자에 대한 슈뢰딩거 방정식을 풀면(원자핵은 무겁기 때문에 태양처럼 정지해 있고 전자가 지구처럼 공전하므로, 사실은 수소 원자 내 전자에 대한 슈뢰딩거 방정식을 푸는 셈입니다), 전자의 파동함수를 구할 수 있습니다. 아울러 보너스로 전자의 에너지까지 알 수 있지요.

슈뢰딩거 방정식을 풀어 얻은 전자의 에너지는 보어가 전자껍질 원자모형을 사용해 얻은 전자의 에너지와 정확히 일치합니다. 따라서 슈뢰딩거 방정식 역시 에너지가 양자화되어 있다는 사실을 증명해주지요. 보어의 원자모형이 단순히 고전역학 이론에 양자가설을 적용한 불완전한 이론이라면, 슈뢰딩거 방정식은 오직 양자역학에만 근거를 둔 완전한 이론이라 할 수 있습니다.

이처럼 슈뢰딩거 방정식을 풀면, 원자 세계의 대상이 가질 수 있는 여러 에너지 값과 이에 대응되는 파동함수들을 얻을 수 있습니다. 그리고 이 파동함수로부터 대상이 특정 시간과 특정 위치에 있을 확률뿐 아니라, 선운동량과 같은 물리량의 값도 알 수 있지요.

오비탈 원자모형

앞에서 자세히 살펴본 것처럼, 원자모형은 단순한 구슬 모형, 음전

 미시 세계의 모든 가능성을 파동에 담다

하가 박힌 건포도-푸딩 모형, 태양계를 닮은 모형을 거쳐 전자껍질 모형으로 변화해왔습니다. 그리고 마침내 슈뢰딩거 방정식이 등장하여 최신 원자모형이 제시됩니다. 덕분에 우리는 전자가 입자가 아닌 물질파로서, 흡사 하늘에 떠 있는 구름처럼 원자핵 주위에 퍼져 있음을 알게 되었습니다. 우리는 이것을 **전자구름**, 정확히는 **전자 오비탈**이라고 부릅니다. 그리고 양자역학을 충실히 따르는 이 원자모형을 **전자구름 원자모형** 또는 **오비탈 원자모형**이라고 부르지요.

그림2는 수소 원자의 전자구름 원자모형을 나타낸 것입니다. 전자의 에너지가 작을 때는 전자구름이 원자핵 가까이에서 원자핵을 껍질처럼 둘러싸고 있습니다. 보어의 전자껍질 모양과 비슷해 보이지요. 문제는 전자의 에너지가 증가할 때입니다. 이 경우 전자구름의 모양이 아령 모양부터 클로버 모양까지 다양하고 복잡해집니다. 이처럼 전자구름 원자모형은 하나의 그림으로 표현하기가 어렵기 때문에, 아직까지도 태양계 원자모형이 주로 사용되고 있습니다. 하지만 올바른 원자의 모습이 무엇인지는 정확히 알고 있어야겠지요.

전자구름의 모양은 원자들이 모여 분자를 이룰 때, 분자의 모양을 결정하는 중요한 요소입니다. 예를 들어 수소 원자 2개와 산소 원자 1개가 만나 생긴 물 분자 H_2O는 직선이 아닌 삼각형 모양입니다. 그러나 산소 원자 2개와 탄소 원자 1개가 만나 생긴 이산화탄소 분자 CO_2는 직선 모양이지요. 그 이유는 분자를 구성하는

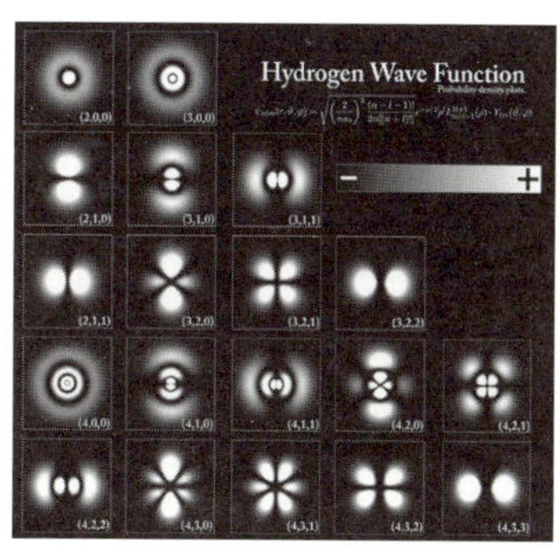

그림2 수소 원자의 전자구름 원자모형. 전자가 구름처럼 원자핵 주위를 둘러싸고 있으며, 전자의 에너지에 따라 전자구름의 모양이 달라집니다.

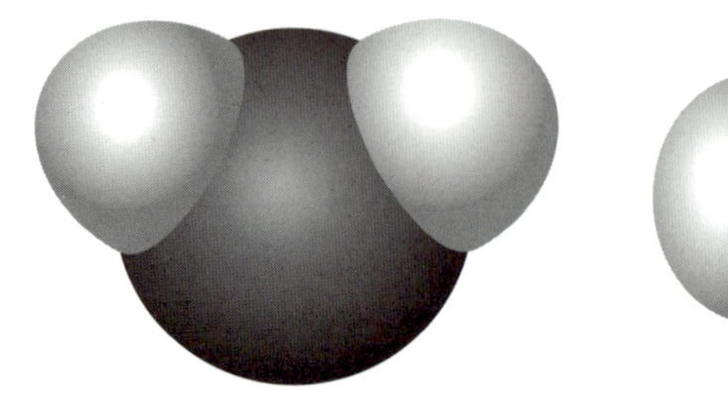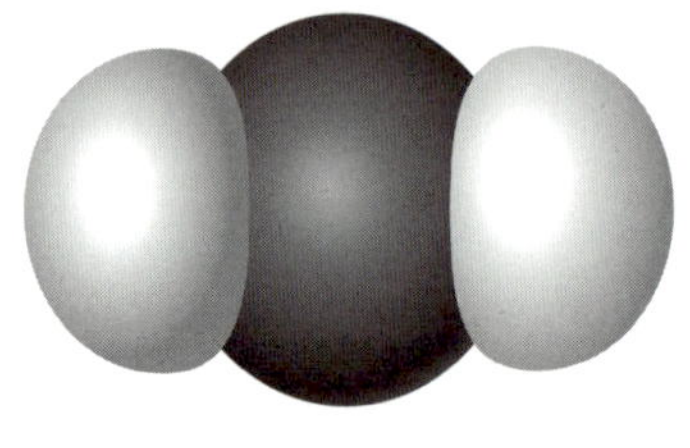

그림3 물 분자(왼쪽)와 이산화탄소 분자의 모습. 물 분자는 산소 원자와 수소 원자들이 삼각형을 이루지만, 탄소 분자는 탄소 원자와 산소 원자들이 일직선을 이룹니다.

원자들의 전자구름 형태가 다르기 때문입니다. 이러한 분자의 모양과 성질은 물리학에서보다 화학에서 더 많이 연구되고 있습니다.

아인슈타인과 보어의 논쟁

슈뢰딩거 방정식의 발견과 파동함수에 대한 보른의 해석으로 인해, 원자 세계를 설명할 양자역학 이론이 완성되었습니다. 많은 물리학자들은 이를 뉴턴역학처럼 위대한 발견이라며 환영했지만, 모두가 그런 것은 아니었지요. 특히 아인슈타인이 정면으로 도전장을 던졌습니다. 그는 정확성이 생명인 물리학에 확률과 불확정성같이 애매모호한 것이 포함되어서는 안 된다고 말하며, 양자역학에 강한 거부감을 보였습니다.

반면 보어는 양자역학을 적극적으로 옹호하고 나섰습니다. 덴마크의 코펜하겐에 이론물리연구소를 세운 보어는 하이젠베르크, 보른, 슈뢰딩거 같은 뛰어난 물리학자들을 연구소로 불러 함께 양자역학을 연구하고 토론하였습니다. 이곳에서는 연구 외에 등산, 카누 같은 여가 활동도 즐길 수 있어서, 얼마 지나지 않아 전 세계 이론물리

   미시 세계의 모든 가능성을 파동에 담다

학자들의 중심지가 되었지요. 보어의 이런 노력에 힘입어, 양자역학은 전 세계로 급속히 퍼져 나갔습니다. 양자역학에 관한 보어와 공동 연구자들의 주장은 **코펜하겐 해석**이라고 불리는데, 이 해석은 지금도 양자역학의 가장 올바른 주장으로 인정받고 있습니다.

이야기 중인 아인슈타인과 보어

아인슈타인은 1927년에 열린 제5차 솔베이 회의에서 양자역학에 도전장을 던졌습니다. 솔베이 회의는 벨기에의 거부인 솔베이(1838~1922)의 지원으로 열린 국제학술회의로, 물리학과 화학 분야의 미해결 문제들을 중점적으로 논의하는 장이었습니다. 1911년 첫 회의를 시작으로 지금까지도 이어지고 있는데, 국제적으로 저명한 과학자들만 초청하는 것으로 유명합니다.

전자와 광자에 관한 물리학을 주제로 열린 제5차 솔베이 회의에서는 아인슈타인, 보어 외에 퀴리 부인, 하이젠베르크, 드 브로이, 디랙, 보른, 플랑크, 슈뢰딩거 등 당대 최고의 물리학자들이 모두 참가하여 양자역학에 대해 진지하게 토론하였습니다.

이 회의에서 아인슈타인은 하이젠베르크의 불확정성 원리의 문제점을 지적하는 기발한 사고실험을 발표하여 양자역학을 주장하는 이들을 당황시켰습니다. 하지만 보어를 중심으로 한 연구자들이 오히려 아인슈타인의 잘못을 지적하고 나섬으로써, 논쟁은 결국 아인슈타인의 패배로 끝났지요. 하지만 아인슈타인은 "신은 주사위 놀이를 하지 않는다"라며 끝까지 양자역학의 확률적인 해석과 불확정성을 받아들이지 않았습니다. 보어 역시 "아인슈타인 선생님, 신에게 이래라저래라 하지 마세요"라고 말하며, 양자역학에 대한 믿음을 굽히지 않았지요.

1935년 나치 독일을 피해 미국으로 건너온 아인슈타인은 포돌스키(1896~1966), 로젠(1909~1995)과 함께 물리량의 측정과 관련된 정교한 사고실험을 제안하여 다시 한 번 양자역학의 문제점을 지적하였습니다. 이것을 세 사람의 이름 첫 글자를 따서 EPR 역설이라고 부르지요. 그런데 나중에 실험을 통해 아인슈타인의 주장이 틀렸다는 게 밝혀졌고, 오히려 이 EPR 역설 덕분에 양자컴퓨터의 기본 원리 중 하나인 양자 얽힘 현상이 발견되었습니다. 아인슈타인은 1955년 사망할 때까지도 양자역학을 받아들이기를 주저했습니다. 아무리 대단한 천재라도 시대의 급격한 변화를 열린 마음으로 받아들이는 건 쉽지 않은 일인가 봅니다.

제5차 솔베이 회의. 아인슈타인, 보어, 퀴리 부인, 하이젠베르크, 드 브로이, 디랙, 보른, 플랑크, 슈뢰딩거 등이 참가했습니다. 어디에 앉아 있는지 찾아보세요.

   미시 세계의 모든 가능성을 파동에 담다

디랙 방정식

폴 디랙

슈뢰딩거가 방정식을 발견한 것보다 1년 앞서(1925년) 독일의 괴팅겐 대학에 있던 하이젠베르크, 보른, 요르단이 함께 행렬역학을 발견하였습니다. 그러나 이 이론은 이후 매우 기구한 운명을 겪게 됩니다.

당시의 물리학자들과 수학자들은 미분 방정식 형태의 슈뢰딩거 방정식을 비교적 쉽게 풀 수 있었습니다. 뉴턴역학이 미분 방정식 형태였으므로, 미분 방정식에 익숙해져 있었기 때문입니다. 반면 행렬을 사용하는 행렬역학은 완전 새로운 것이었습니다. 지금은 이공계 대학생이라면 누구나 행렬을 배워 알고 있지만, 1900년대 초반만 하더라도 행렬은 수학이나 일부 공학을 전공한 사람들에게만 알려진 생소한 것이었지요. 이 때문에 행렬역학을 이해하는 물리학자들을 찾기가 어려웠습니다. 보른과 하이젠베르크가 행렬역학을 발견할 수 있었던 것도, 그들이 수학에 강한 사람들이었기 때문이지요.

상황이 이렇다 보니 행렬역학은 슈뢰딩거 방정식으로 인해 잊힐 운명에 처합니다. 하지만 한 치 앞을 모르는 게 사람의 일이듯이, 행렬역학의 운명 역시 한 물리학자를 만나면서 완전히 바뀌게 됩니다. 바로 영국의 물리학자 디랙(1902~1984)이지요. 디랙은 대학에서 전기공학과 물리학을 공부한 덕분에 슈뢰딩거 방정식과 행렬역학을 모두 알고 있었습니다. 이후 디랙은 원자 세계에 대한 두 이론이 수학적 형태만 다를 뿐 동일한 것임을 증명합니다. 쉽게 말해 슈뢰딩거 방정식을 풀어 얻은 전자의 운동과 행렬역학을 풀어 얻은 전자의 운동이 정확히 일치한다는 것이지요. 그는 어떤 이론으로 원자 세계를 설명하는가는 개인의 취향에 따른 선택의 문제일 뿐이라고 말합니다.

그러나 지금도 대학에서는 양자역학을 교육할 때, 먼저 슈뢰딩거 방정식을 가르치고, 행렬역학은 나중에 간략히만 알려줍니다. 물리학자들의 오랜 성향이 아직도 물리학 교육에 그대로 적용되고 있기 때문입니다.

그 뒤 디랙은 양자역학과 상대성이론을 결합한 **디랙 방정식**을 발견하여 1933년에 슈뢰딩거와 함께 노벨 물리학상을 공동 수상합니다. 디랙 방정식은 에너지가 큰 물체가 빛 속도와 유사한 속도로 움직일 때, 이 물체의 운동을 설명하는 양자역학의 방정식입니다. 만약 물체의 속도가 빛 속도보다 훨씬 느리다면, 디랙 방정식의 결과와 슈뢰딩거 방정식의 결과가 같습니다. 따라서 이때에는 상대적으로 풀기 쉬운 슈뢰딩거 방정식을 사용하면 됩니다.

디랙은 디랙 방정식 외에도 반입자를 이론으로 예측한 것으로 유명합니다. 반입자에 대해서는 뒤에서 소립자에 관해 다루는 장에서 더 설명하겠습니다.

　　　　　　　　　　미시 세계의 모든 가능성을 파동에 담다

변신의 귀재 원자핵의
비밀을 풀다

매일 아침 태양이 밝아오면, 새로운 하루가 시작됩니다. 태양이 어둠을 환하게 밝혀준 덕분에 우리는 무리 없이 일상생활을 이어나갈 수 있지요. 엄청나게 낮은 온도의 우주 속에서 우리가 적절한 온도를 유지하며 살아갈 수 있는 것도 모두 태양 덕분입니다. 이처럼 태양은 지금 이 순간에도 우리에게 엄청난 에너지를 보내주고 있습니다. 만약 태양에너지가 없다면 인류는 물론 그 어떤 동식물도 살아남을 수 없으니, 우리는 매일 태양에 감사해야겠지요. 하지만 태양이 과연 지금처럼 줄곧 우리에게 아무런 대가 없이 에너지를 줄 수 있을까요? 언젠가는 태양도 우리들처럼 수명을 다하는 날이 오지 않을까요?

과학자들은 태양뿐 아니라 별들도 우리처럼 일생이 있다고 말합니다. 태양은 지금으로부터 대략 46억 년 전에 태어났으며, 앞으로

50억 년 정도 더 에너지를 내다가, 이후 크기가 엄청나게 쪼그라들면서 일생을 마치게 된다고 합니다. 우리가 살아가는 동안에는 태양 때문에 걱정할 일이 없겠지만, 수십억 년 뒤 아주 먼 미래의 후손들은 새로운 태양계를 찾아 지구를 떠나야 할지도 모릅니다.

어째서 이런 일이 생기는 걸까요? 답은 원자핵과 관련이 있습니다. 이 장에서는 원자와 원자핵의 성질을 연구하는 물리학에 대해 소개하고자 합니다.

원자의 구조

우주에는 현재 수소부터 우라늄까지 92종의 천연 원자가 존재합니다. 그리고 실험실에서 인공적으로 만든 인공 원자들(천연 원자보다 무겁습니다)도 존재하지요. 모든 원자는 종류에 관계없이 동일한 원자구조를 가집니다.

러더퍼드가 실험을 통해 알아낸 것처럼 원자의 가운데에는 무거운 **원자핵**이 자리 잡고 있고, 이 원자핵 주위를 한 개 또는 여러 개의 가벼운 **전자**들이 전자구름의 형태로 둘러싸고 있습니다. 원자핵은 크기가 10^{-15}m(이 길이를 1페르미라고 부릅니다)에서 10^{-14}m 정도이며, 전자궤도(정확히는 전자구름)의 크기는 10^{-10}m(1옹스트롬)에서 10^{-9}m(1나노미터) 정도입니다. 보통 원자의 크기라고 하면 전자궤도의 크기를 말하기 때문에, 원자의 크기는 원자핵 크기의 10만 배 정도로 볼 수 있습니다.

작은 원자핵은 다시 양전하를 가진 **양성자**와 전기적으로 중성인 **중성자**로 나뉩니다. 전자의 질량은 9×10^{-31}kg이고, 양성자와 중성자

   변신의 귀재 원자핵의 비밀을 풀다

의 질량은 각각 1.7×10^{-27}kg 정도로 비슷합니다. 따라서 양성자와 중성자가 전자보다 1,840배나 무겁습니다. 원자의 질량에서는 원자핵의 질량이 거의 대부분을 차지하므로, 원자의 질량은 곧 원자핵의 질량이라고 봐도 무방합니다.

가령 수소 원자의 전자를 질량이 150g 정도인 야구공에 비유해봅시다. 한 개의 양성자로 구성된 수소 원자핵의 질량은 276kg이나 되고, 따라서 원자핵은 그 무게 때문에 거의 움직이지 않고 정지해 있다고 볼 수 있습니다. 이처럼 좁은 공간 안에 질량이 몰려 있기 때문에, 원자핵의 밀도(물체의 질량을 부피로 나눈 것입니다)는 물의 밀도($1g/cm^3$)의 100조 배나 됩니다. 다시 말해 부피 $1cm^3$의 원자핵의 질량은 무려 1,000억kg이나 됩니다.

더불어 이때 원자가 가진 전자의 수는 원자핵 안에 든 양성자의 수와 동일합니다. J. J. 톰슨이 발견한 것과 같이, 전자 한 개의 전하량은 양성자 한 개의 전하량과 크기가 같고 부호는 반대입니다. 따라서 원자가 전기적으로 중성이라는 조건을 만족하려면, 전자의 수와 양성자의 수가 같아야 합니다.

중성자를 발견하다

1932년 영국의 물리학자 채드윅(1891~1974)에 의해서 원자핵 안에 양성자 외에 중성자가 존재한다는 사실이 알려졌습니다. 그는 '아직 발견되지는 않았지만, 원자핵 안에 중성자가 들어 있을 것'이라는 러더퍼드의 강연을 듣고, 중성자를 찾는 실험을 시작했지요. 그리고 베릴륨 표적에 알파입자를 쏘면 투과성이 매우 좋은 입자가 나오

제임스 채드윅

고, 이 입자를 다시 파라핀(양초. 수소 원자를 많이 포함하고 있습니다)에 쏘면 양성자가 나온다는 사실을 발견하였습니다. 또한 전기력과 자기력을 가해도 새로운 입자의 궤적이 휘지 않는 것을 보며 입자가 전기적으로 중성이라는 사실을 확인하고, 새로운 입자가 중성자라는 것을 증명했지요. 채드윅은 이 발견으로 1935년에 노벨 물리학상을 수상했습니다.

사실 중성자를 처음 발견한 사람은 채드윅이 아닌, 퀴리 부인의 사위와 딸인 프레데리크 졸리오퀴리(1900~1958)와 이렌 졸리오퀴리(1897~1956)였습니다. 이들은 채드윅보다 먼저 위와 같은 실험을 해서 입자가 튀어나오는 것을 확인했지만, 이것이 중성자일 거라고는 전혀 생각하지 못하여 발견의 기회를 놓쳤습니다. 그러나 다행히 부부는 인공 방사능에 관한 연구로, 1935년에 노벨 화학상을 받았습니다.

원자는 어떻게 표시하나?

원자는 원자번호, 원자 질량수, 원자기호를 사용해 표시합니다. 우선 **원자번호**란 원자가 가진 전자의 수(원자핵 안의 양성자의 수와 같습니다)를 말합니다. 원자의 화학적 성질은 거의 원자가 가진 전자의 수에 의해 결정되기 때문에, 특히 화학에서 원자번호가 매우 중요합니다. 천연 원자에는 원자번호 1번인 수소부터 92번인 우라늄

   변신의 귀재 원자핵의 비밀을 풀다

까지 총 92개의 번호가 부여되어 있습니다.

동일한 원자번호를 갖고 있지만, 원자핵 속의 중성자 수가 다른 원자를 **동위원소**라고 부릅니다. 원자번호가 클수록 더 많은 동위원소들이 존재하며, 이 동위원소는 화학적으로 원래 원소와 동일한 성질을 가집니다.

원자 질량수는 원자핵 안의 양성자의 수(즉 원자번호)와 중성자의 수를 더한 값입니다. 원자 질량수가 클수록 무거운 원자이지요. 동위원소는 원자번호는 같으나, 원자 질량수가 다릅니다.

마지막으로 **원자기호**는 원자를 대표하는 알파벳 문자입니다. 수소 H처럼 한 개, 또는 헬륨 He처럼 두 개의 알파벳을 사용합니다.

이제 원자번호, 원자 질량수, 원자기호를 이용해 원자를 표시해보겠습니다. 양성자 6개, 중성자 6개, 전자 6개를 가진 탄소 원자를 떠올려봅시다. 원자번호는 6, 원자 질량수는 6+6=12, 원자기호는 C입니다. 이 탄소 원자를 표시하는 방법은 다음과 같습니다.

$$\text{탄소 원자} = {}^{12}_{6}\text{C}$$

즉 왼쪽 위에 원자 질량수, 왼쪽 아래에 원자번호, 오른쪽에 원자기호를 적으면 됩니다. 자연에는 이보다 무거운 탄소 동위원소 ${}^{13}_{6}\text{C}$ 와 ${}^{14}_{6}\text{C}$(원자 질량수가 각각 13과 14)도 존재하지만, 그 비율이 각각 1퍼센트와 10^{-10}퍼센트 정도로, 원자 질량수 12인 탄소 원자에 비해 양이 아주 적습니다.

여러 원자들을 원자번호 순으로 나열해보면, 유사한 물리적·화학적 성질을 가진 원자들이 일정한 간격을 두고 반복해서 나타나는 것을 알 수 있습니다. 이러한 사실은 1870년대에 이미 러시아의 화

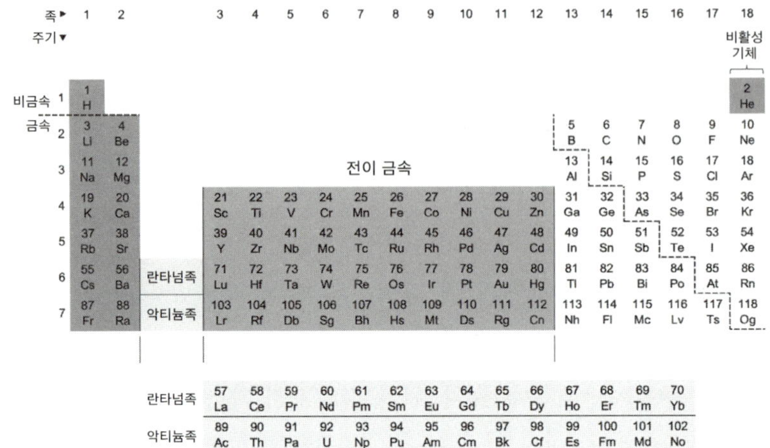

그림1 원자의 주기율표

학자 멘델레예프(1834~1907)에 의해 발견되었지요. 이처럼 원자의 주기적인 특성을 잘 보여주도록 원자를 배열한 표를 **원자의 주기율표**라고 부릅니다. 이 주기율표는 원자에 대한 여러 가지 정보를 제공하기 때문에, 오늘날 대부분의 학교에서 교육에 활용하고 있지요.

강한 핵력: 원자핵을 묶는 끈끈이 풀

천연 원자들의 원자핵 안에 들어 있는 양성자와 중성자 수를 그래프로 그려보면, 재미있는 사실을 발견할 수 있습니다. 원자번호가 작으면 양성자의 수와 중성자의 수가 거의 같지만, 원자번호가 커지면 중성자의 수가 양성자의 수보다 많아지지요. 예를 들어 원자번호 92번인 우라늄 원자를 보면, 양성자는 92개이고 중성자는 150개 정도입니다. 즉 중성자가 양성자보다 무려 60여 개나 많습니다. 왜 그럴까요?

                                               변신의 귀재 원자핵의 비밀을 풀다

매우 좁은 원자핵 안에 수많은 양성자와 중성자들이 몰려 있어서 입자 사이의 거리가 매우 짧습니다. 그리고 양성자는 전하를 가지므로, 이들 사이에 전기적인 반발력이 작용합니다. 이 전기력은 전하 사이의 거리의 제곱에 반비례(쿨롱이 발견)합니다. 이에 비추어 볼 때, 원자핵 안에서는 양성자들 사이의 거리가 매우 짧기 때문에, 전기력의 크기가 엄청나게 큽니다. 만약 양성자들을 묶어둘 인력이 없다면, 원자핵은 양성자들의 전기적 반발력에 의해 깨지

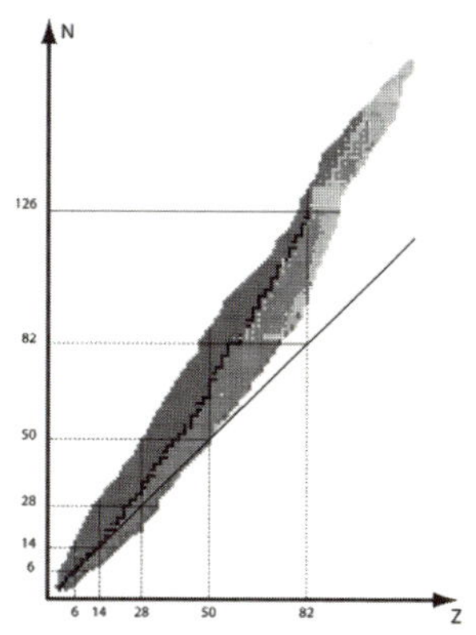

그림2 천연 원자의 원자핵 안에 있는 중성자 수(수직축)와 양성자 수(수평축)를 표시한 그래프. 대각 직선은 중성자 수와 양성자 수가 같음을 표시하는데, 그래프가 직선보다 위쪽을 향해 있어 중성자 수가 양성자 수보다 많음을 알 수 있습니다.

고 말 것입니다. 자연은 이런 위험을 피하기 위해서 원자핵 안에서만 작용하는 아주 **강한 핵력**(강력이라고도 부릅니다)을 준비하였습니다.

원자핵 안에서 양성자와 중성자 사이에는 전기력이 작용하지 않고 강한 핵력만이 작용하므로, 중성자는 양성자 사이의 전기적 반발력을 막아주는 끈끈이 풀 역할을 합니다. 더 흥미로운 사실은 중성자와 중성자 사이, 심지어는 양성자와 양성자 사이에도 강한 핵력이 작용하여 서로를 끌어당긴다는 것입니다. 이 때문에 원자핵은 양성자와 중성자가 좁은 공간에 모여 있더라도 끄떡없이 견딜 수 있습니다. 더불어 중성자가 많을수록 끌어당기는 힘이 커지니, 더욱 안심할 수 있지요. 이것이 원자핵에서 중성자의 개수가 양성자의 개수보다 많은 이유입니다.

강한 핵력은 입자 사이의 거리가 커질수록 급격히 감소합니다. 따

라서 이는 원자핵 안에서만 존재하는 힘으로 보아도 무방합니다. 일
상생활에서는 강한 핵력을 경험할 일이 없지요.

방사능과 핵붕괴

둥근 공 모양의 물방울이 에너지를 받으면 모양이 찌그러지면서
진동을 합니다. 때로는 진동이 너무 커서 물방울이 둘로 갈라지기도
하지요. 원자핵의 성질은 흥미롭게도 물방울의 성질과 닮아 있습니
다. 둘이 매우 유사한 성질을 가지고 있기 때문에, 물방울의 행동을
이용해 원자핵의 행동을 설명하기도 합니다. 이를 원자핵의 액체방울
모형이라고 부릅니다.

물방울이 둥근 이유는 물 분자의 표면장력 때문입니다. 원자핵 역
시 강한 핵력이 표면장력 구실을 하여 둥근 공 모양을 하고 있지요.
원자핵이 약간 찌부러지면, 표면장력에 의해 진동하다가 감마선(파

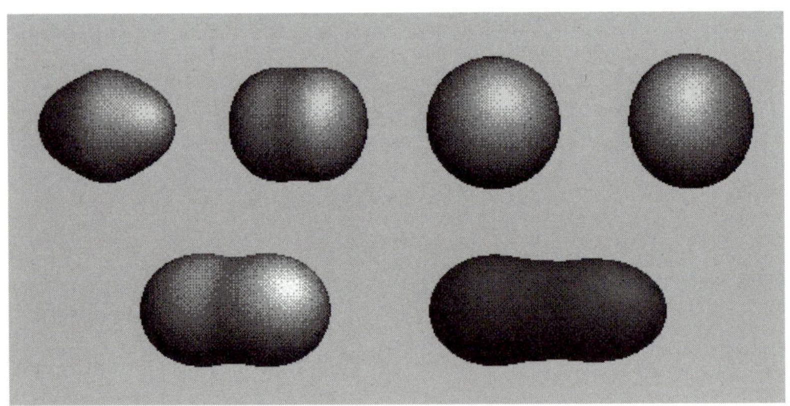

그림3 원자핵의 액체방울 모형. 원자마다 에너지와 표면장력이 달라서 원자핵의 모양이
다릅니다.

 변신의 귀재 원자핵의 비밀을 풀다

장이 아주 짧은 전자기파, 또는 고에너지
의 광자)을 내놓고 진동을 멈춥니다.
그러다 더 많이 찌부러지면 진동이
커지면서 일부 양성자와 중성자들이
원자핵으로부터 떨어져 나가고, 다
시 진동이 멈추지요.

이처럼 원자핵이 진동을 멈추기
위해 방출하는 감마선 광자나 입자
들을 **방사선**이라고 하며, 방사선을

마리 퀴리

내놓을 수 있는 능력을 **방사능**이라고 부릅니다. 보통 두 용어를 구별
하지 않고 사용하기도 합니다. 원자핵은 **핵붕괴**라는 과정을 거쳐 방
사선을 방출하며, 천연 원자들 중에는 방사능을 가진 원자(**방사능원
소**라고 부릅니다)도 있고, 그렇지 않은 원자들도 있습니다.

1896년 프랑스의 베크렐(1852~1908)이 방사능을 처음으로 발견하
여 노벨상을 받았습니다. 그러나 당시에는 그 자신도 방사능이 정확
히 무엇인지를 몰랐지요. 이후 폴란드 출신의 퀴리 부인(1867~1934,
프랑스 이름은 마리 퀴리)이 방사능원소인 라듐과 폴로늄을 발견하였
고, 이후 더 많은 방사능원소들이 발견되면서 방사능의 정체가 밝혀
졌습니다. 이 때문에 오늘날 방사능의 세기를 나타내는 국제 표준
단위는 **베크렐**이지만, 퀴리 부인을 기념하여 **퀴리**라는 단위도 같이
사용하고 있습니다.

수소 원자의 경우, 원자 질량수가 1부터 3까지 각기 다른 세 개의
동위원소가 있습니다. 자연의 99.9%를 차지하는 ^1_1H (우리가 보통
수소라 부르는 것입니다)와 0.09%를 차지하는 중수소 는 ^2_1H 안 정 한
원자인 반면, 0.01%를 차지하는 삼중수소 는 ^3_1H 방 사 능 원 소 입 니

다. 일반적으로 무거운 동위원소일수록 방사능원소일 가능성이 높습니다.

또한 지금까지 이야기한 천연 방사능원소 외에 인공 방사능원소도 있습니다. 방사능이 없는 원자에 중성자나 양성자를 쏘아 방사능을 가진 원자를 만드는 것을 **인공 방사능**이라 합니다. 졸리오퀴리 부부는 알루미늄과 같은 가볍고 안정된 원자에 알파입자(알파선)를 쏘아 방사능원소를 얻었습니다. 인공 방사능이 가능하다는 것을 보여준 최초의 실험이었지요.

핵붕괴의 3가지 종류

원자핵은 다음 3가지 종류의 핵붕괴를 통해 에너지를 잃고 안정을 되찾습니다.

첫째는 **알파붕괴**로, 원자핵이 **알파입자**(헬륨의 원자핵으로, 2개의 양성자와 2개의 중성자로 구성된 입자)를 원자핵 밖으로 방출하는 과정입니다. 따라서 알파붕괴를 일으킨 원자는 원자번호가 2만큼, 원자 질량수가 4만큼 줄어듭니다.

둘째는 **베타붕괴**로, 원자핵 안의 중성자 하나가 양성자와 전자로 변하면서, **전자**를 원자핵 바깥으로 방출합니다. 따라서 베타붕괴를 일으킨 원자의 원자번호는 1만큼 증가하지만, 원자 질량수는 변하지 않습니다.

셋째는 **감마붕괴**로, 원자핵이 높은 에너지 상태에서 낮은 에너지 상태로 이동하면서, **감마선 광자**를 방출합니다. 따라서 감마붕괴를 일으킨 원자의 원자번호와 원자 질량수는 변하지 않습니다.

   변신의 귀재 원자핵의 비밀을 풀다

방사선에 자기장을 걸어 주면, 방사선의 종류에 따라 휘는 방향이 달라집니다. 양전하를 띤 알파선이 오른쪽으로 휜다면, 음전하를 띤 베타선은 왼쪽으로 휘고, 중성인 감마선은 휘지 않고 똑바로 나가지요.

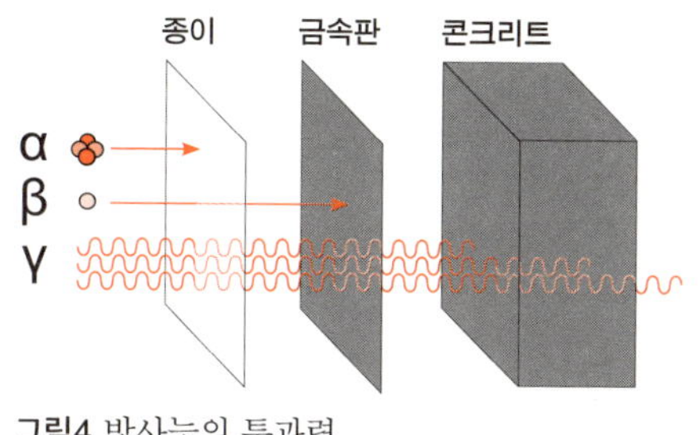

그림4 방사능의 투과력

각각의 핵붕괴에서 나오는 방사선의 투과력 또한 매우 다릅니다. 알파입자는 종이 한 장도 투과하지 못하지만, 베타붕괴에서 나오는 전자는 종이를 투과할 수 있고, 대신 얇은 납판을 투과하지 못합니다. 반면 감마선은 투과력이 매우 강해서 얇은 납판 정도는 거뜬히 투과합니다. 따라서 방사선이 나오는 곳에서는 납으로 된 벽돌로 담을 쌓아 알파입자, 전자, 그리고 감마선을 차단해야 안전합니다. 그렇게 하지 않으면 방사선에 노출되어 세포가 파괴되고, 암과 같은 질병에 걸릴 수 있지요. 방사능 연구 초기에는 이러한 위험성을 알지 못하여 많은 과학자들이 희생되었습니다. 방사능에 오랫동안 노출된 퀴리 부인 역시 골수암으로 사망하였지요.

방사능원소들은 위험하지만, 잘만 이용하면 매우 유용하게 쓸 수 있습니다. 현재는 의학 치료나 진단, 식품의 살균, 다리나 건물의 비파괴검사, 고고학 유물 연대를 알아내는 일 등에 이용되고 있지요.

방사능원소의 반감기에 대한 오해

방사능원소는 한 번 또는 여러 번의 핵붕괴를 통해 점차 안정한

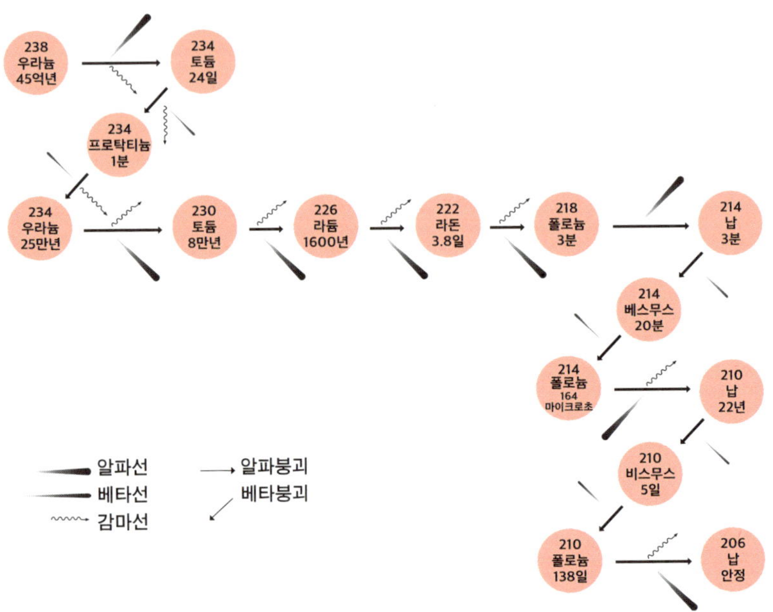

그림5 방사능원소인 우라늄 원자의 핵붕괴. 반감기가 무려 45억 년이나 됩니다.

원소가 되어 갑니다. 이처럼 방사능원소가 핵붕괴를 통해 원래 질량의 절반으로 줄어드는 데 걸리는 시간을 방사능원소의 **반감기**라고 부릅니다. 예를 들어, 방사능원소인 우라늄 원자 $^{238}_{92}U$은 다양한 핵붕괴를 거쳐 최종적으로 안정된 원자, 즉 납 원자 $^{206}_{82}Pb$가 됩니다. 이 $^{238}_{92}U$의 반감기는 무려 45억 년이나 되어, 핵붕괴가 매우 느리게 진행된다는 것을 알 수 있지요. 반면 방사능원소인 라돈 원자의 반감기는 4일밖에 되지 않습니다. 이처럼 각각의 방사능원소들의 반감기는 매우 큰 차이를 보입니다.

사람들이 반감기에 대해 쉽게 오해하는 부분이 있습니다. 10g의 $^{238}_{92}U$이 있다고 가정해보지요. $^{238}_{92}U$의 반감기가 45억 년이므로, 45억 년 뒤에는 5g, 90억 년 뒤에는 0g이 되어 이 $^{238}_{92}U$전부 사라진

　　　　　　　　　　변신의 귀재 원자핵의 비밀을 풀다

다고 생각하기 쉽습니다. 하지만 실제로는 90억 년 뒤에 5g의 절반인 2.5g이 남고, 또 135억 년 뒤에는 1.25g이 남아, $^{238}_{92}\text{U}$이 완전히 사라지기까지 거의 무한대의 시간이 걸리지요. 이처럼 반감기가 긴 방사능원소들은 방사능이 완전히 사라지기까지 정말 오랜 시간이 걸리기 때문에, 우리에게 오랫동안 피해를 줄 수 있습니다. 따라서 이런 방사능원소들이 만들어지지 않도록 신경을 써야 합니다.

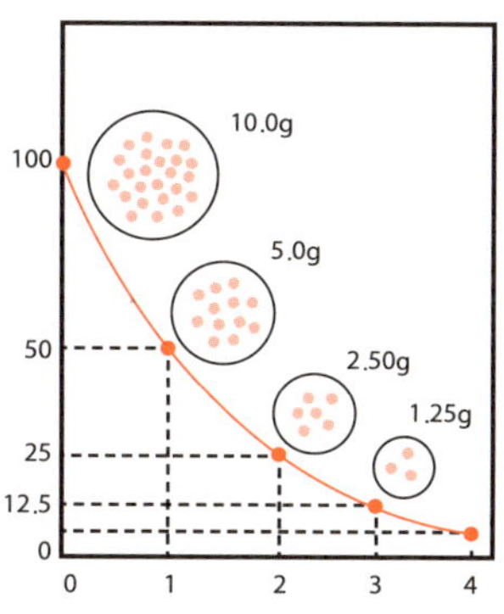

그림6 탄소-14의 붕괴. 가로축의 단위는 탄소-14의 반감기인 5730년이고, 세로축은 탄소-14의 남은 비율(%)입니다. 방사성 탄소 연대측정법은 방사능 물질이 시간에 따라 줄어드는 성질을 이용하여 유기물의 연대를 추정합니다.

핵에너지 시대가 열리다

독일의 화학자 한(1879~1968), 슈트라스만(1902~1980)과 여성 물리학자 마이트너(1878~1968)는 1935년부터 우라늄 원자에 중성자를 쏘는 실험을 하였습니다. 1938년 초에는 마이트너가 나치를 피해 독일을 떠나고, 두 사람만이 남아 연구를 계속하였지요. 둘은 그해 12월에 마침내 우라늄의 핵분열 현상을 발견해냅니다. 방사능원소가 아닌 안정된 우라늄 원자(원자질량수 235, 천연 우라늄 원자의 0.7%)에 중성자를 쏘자, 우라늄 원자핵이 가벼운 바륨 원자핵과 크립톤 원자핵으로 쪼개지면서 2~3개의 중성자가 튀어나왔지요. 당시에는 미처 깨닫지 못했지만, 이 발견으로 인류는 **원자력에너지**, 혹은 **핵에너지** 시대를 맞게 되었습니다.

리제 마이트너(왼쪽)와 오토 한

한의 편지를 받고 핵분열 소식을 알게 된 마이트너는, 그 즉시 다른 여러 나라에 핵분열의 중요성과 위험성을 알렸습니다. 그 내용은 다음과 같았습니다.

첫째, 핵분열 전 우라늄 원자핵의 질량은 핵분열 후 나오는 두 개의 원자핵과 2~3개의 중성자의 질량을 합한 것보다 조금 큽니다. 따라서 핵분열을 하는 동안 **질량 감소**(또는 **질량 결손**)가 일어나면서, 아인슈타인이 특수상대성이론에서 예측한 $E=mc^2$에 따라 엄청난 에너지가 발생하게 됩니다.

둘째, 핵분열을 할 때 나오는 2~3개의 중성자는 옆에 있는 우라늄 원자핵을 분열시켜 핵분열이 계속해서 일어나게 합니다. 이것을 **연쇄반응**이라고 부릅니다. 연쇄반응과 질량 감소를 통해 일시에 우라늄의 에너지를 방출시킨다면, 엄청난 위력의 **원자폭탄**(핵폭탄이라고도 부릅니다)을 만들 수 있습니다.

1944년 한은 핵분열을 발견한 공로로 홀로 노벨 화학상을 수상합니다. 함께 실험에 참여한 슈트라스만과 마이트너는 크게 실망하지요. 당시 마이트너는 한이 모르고 있던 핵분열의 중요성을 깨닫고 세계에 알리는 데 기여했으나, 단지 여성이라는 이유로 노벨상을 받지 못했다는 소문이 돌기도 했습니다. 나중에 한은 슈트라스만과 마이트너와 노벨상 상금을 나누었다고 합니다.

  변신의 귀재 원자핵의 비밀을 풀다

원자폭탄과 원자력발전

핵분열과 핵붕괴는 언뜻 비슷해 보이지만, 큰 차이가 있습니다. 핵붕괴는 원자핵이 에너지를 낮추기 위해 외부의 도움 없이 스스로 일으키는 현상인 데 반해, 핵분열은 우라늄과 같은 특정한 원자의 원자핵에 중성자를 쏘아 강제적으로 일으키는 현상이지요.

한편 핵분열이 일어나는 원리는 핵붕괴 때와 같이 원자핵의 액체방울모형으로 설명할 수 있습니다. 원자핵이 중성자와 충돌하면 원자핵의 진동이 심해지면서, 물방울 갈라지듯 작은 원자핵으로 갈라지고 중성자가 튀어나오게 되지요.

처음에 핵분열은 원자핵에 관한 순수한 연구에서 출발했습니다. 하지만 당시는 제2차 세계대전이 한창이었고, 핵분열의 발견은 불행하게도 원자폭탄이란 가공할 만한 무기의 개발로 이어지게 되었습니다. 하이젠베르크를 중심으로 독일에서 원자폭탄을 개발하기 시작했다는 소문이 퍼지면서, 미국의 과학자들은 독일보다 먼저 원자폭탄을 만들어내기 위해 바삐 움직였습니다. 유럽에서 미국으로 망명을 와 있던 아인슈타인, 보어와 같은 과학자들은 미국 대통령에게 원자폭탄의 위험성을 알리는 편지를 보냈고, 미국 정부는 곧바로 원자폭탄을 개발하는 비밀 연구인 맨해튼 계획을 시작하였지요.

원자폭탄 개발의 핵심은 천연 우라늄 광석에서 핵분열을 일으키는 아주 작은 양의 $^{235}_{92}\text{U}$(우라늄-235)만을 끄집어내어, 충분한 양의 순수 우라늄-235을 얻는 데 있었

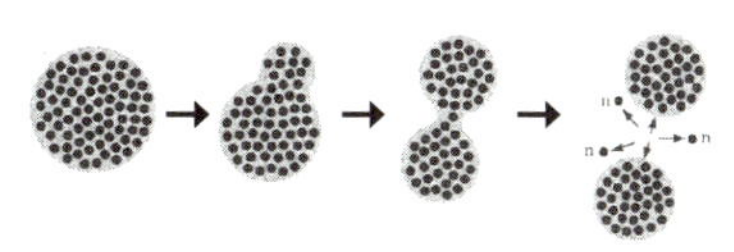

그림7 핵분열의 원리. 중성자가 원자핵과 충돌하면 원자핵이 길게 늘어지다가 둘로 갈라집니다.

습니다. 우선 우라늄 광석에서 우라늄 원자를 추출하고, 농축 과정을 통해 우라늄의 대부분을 차지하는 우라늄-238을 버려서 우라늄-235의 농도가 90%가 넘도록 해야 했지요. 이는 돈과 인력이 아주 많이 드는 어려운 작업이었습니다.

미국은 3년간의 노력 끝에 1945년 7월 14일, 뉴멕시코주의 사막에서 세계 최초로 원자폭탄 실험에 성공합니다. 원자폭탄의 시대가 열린 것이지요. 그리고 같은 해 8월 6일 일본의 히로시마에, 8월 9일에는 나가사키에 원자폭탄을 투하하여 원자폭탄의 위력과 위험성을 세상에 알렸습니다.

제2차 세계대전이 끝난 후, 독일이 전쟁 중에 원자폭탄을 개발하려 했는지에 대한 조사가 이루어졌습니다. 그 결과 돈과 인력이 부족했던 독일은 원자폭탄의 개발을 포기하고, 대신 원자력발전에 대한 연구를 했음이 밝혀졌지요. 전쟁 중이라 서로 정확한 정보를 알 수 없었던 탓에, 인류에게 비극을 준 원자폭탄이 먼저 개발된 것입니다. 정말 가슴 아픈 일이 아닐 수 없습니다.

현재 핵분열은 주로 원자력발전에 이용되고 있습니다. 원자폭탄은 핵분열을 급격히 일으켜 순식간에 막대한 에너지를 얻도록 설계된 반면, 원자력발전은 **원자로**로 핵분열이 느리게 일어나도록 해 에너지를 서서히 공급하도록 만들어졌습니다.

원자력발전의 핵연료로는 2~5%의 저농축 우라늄-235가 사용됩니다. 우선 이 핵연료를 원자로 안에 넣고 핵분열을 시킵니다. 그리고 중성자를 흡수하는 물질과 중성자의 속도를 느리게 하는 물질을 사용해 발생하는 핵에너지의 양을 조절하지요. 이렇게 발생한 에너지로 액체를 덥히면 고압의 증기가 발생하는데, 이 증기로 발전기를 돌려 전기에너지를 생산해 각 가정이나 공장에 공급합니다.

    변신의 귀재 원자핵의 비밀을 풀다

우리나라의 경우, 현재 4곳의 원자력발전소에서 20개 이상의 원자로를 이용해 우리나라 전체 전기 사용량의 35% 이상을 공급하고 있습니다. 우리나라는 석유, 석탄 등의 자원이 부족하기 때문에 원자력발전은 어쩔 수 없는 선택일 것입니다. 하지만 1986년 우크라이나(당시 소련)의 체르노빌과 2013년 일본 후쿠시마에서 일어난 원자력발전소 사고에서 보았듯이, 주의를 기울이지 않으면 엄청난 재앙이 일어날 수 있습니다.

핵융합과 인공 태양 프로젝트

원자핵이 가진 에너지는 핵분열 이외에 **핵융합**을 통해서도 얻을 수 있습니다. 핵융합이란 가벼운 원자핵들을 가까이 접근시켰을 때, 원자핵들이 서로 결합하여 무거운 원자핵을 이루는 핵반응을 말합니다. 핵융합도 핵분열 때와 마찬가지로 반응 전과 후에 질량 차이가 나타나며, 이 질량 차이가 에너지로 변환되어 밖으로 방출됩니다. 원자번호 47번인 은(기호로 Ag) 원자를 경계로, 이보다 가벼운 원자핵은 핵융합을, 이보다 무거운 원자핵은 핵분열을 일으켜 안정화되려는 경향을 보입니다.

예로부터 많은 과학자들이 태양이나 별에서 방출되는 엄청난 에너지가 어떻게 만들어지는지 궁금해 했습니

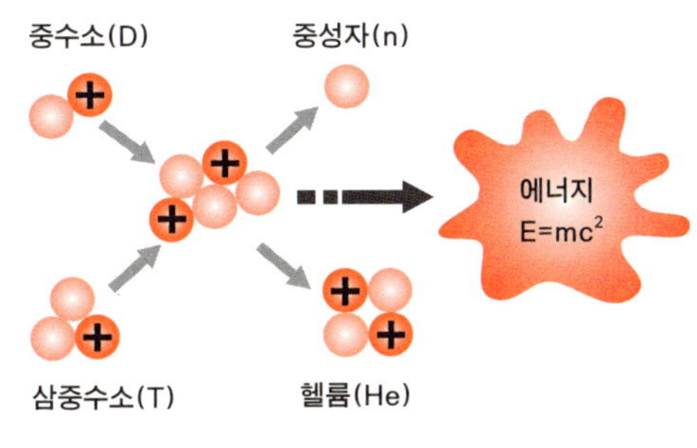

그림8 수소 원자의 핵융합

우리나라가 독자 개발에 성공한 한국형핵융합연구로 KSTAR

다. 예를 들어 태양은 무려 수십억 년 동안 4×10^{26}줄(J)이란 엄청난 에너지를 매초마다 우주로 방출해왔고, 앞으로도 수십억 년 동안 그럴 것입니다. 어떻게 이런 일이 가능한 걸까요? 태양에는 엄청난 양의 수소 원자가 있는데, 태양이 핵융합을 통해 이를 헬륨 원자로 바꾸면서 이처럼 막대한 에너지가 만들어집니다(실제로는 그림8에서처럼 중수소와 삼중수소가 만나 헬륨이 되는 핵융합이 일어납니다). 이것이 가능한 이유는 태양의 온도와 압력이 엄청나게 높기 때문입니다. 만약 지구에서 태양과 같은 온도와 압력 조건을 가진 인공 태양을 만들 수 있다면, 원자력발전처럼 핵융합발전도 가능해질 것입니다.

　핵융합발전은 원자력발전보다 장점이 더 많습니다. 원자력발전과 달리 방사성폐기물이 생기지 않고, 연료인 수소를 물에서 충분히 얻을 수 있지요. 따라서 핵융합발전소를 세우는 일은 인류의 에너지

　　　　　　　　　　　변신의 귀재 원자핵의 비밀을 풀다

부족 문제를 해결할 수 있는 희망과 같습니다. 하지만 이 꿈은 태양처럼 고온 고압의 수소 덩어리를 만들어야 한다는 어려움 때문에 아직까지도 이루어지지 않고 있지요.

현재 세계 각지에서는 핵융합을 이루려는 노력이 이어지고 있습니다. 양파 껍질 모양의 대형 장치(**토카막**이라고 부릅니다) 속에 고온 고압의 수소 플라즈마(전자와 원자핵이 분리된 상태)를 만들어 핵융합을 실험하고 있지요. 우리나라 역시 마찬가지입니다. 대전 국가핵융합연구소에 건설된 KSTAR(한국에 인공 별을 만들겠다는 의지를 보여 주기 위해 붙인 이름입니다) 핵융합로는 세계적으로 앞선 기술을 가지고 있어, 전 세계 과학자들의 기대를 모으고 있습니다. 만약 KSTAR가 성공을 거둔다면, 우리는 더 이상 전기 걱정이 필요 없는 세상에서 살게 될 것입니다.

우주를 구성하는 기본 조각들의
지도를 그리다

우리 주변의 모든 것이 신비롭게 느껴지는 순간이 있습니다. 이 순간만큼은 시간이 멈춘 듯하고, 신록의 향연이나 간지러운 바람, 길가에 놓인 풀과 돌멩이, 심지어 나라는 존재까지 새롭게 느껴지지요. 마치 보이지 않는 거대한 존재가 바로 이 순간 이 모든 것을 준비해 놓았다는 생각이 들기도 합니다.

이처럼 자연의 오묘함을 경험한 사람이라면, 누구나 '자연은 도대체 무엇으로 이루어졌을까'라는 질문을 하게 됩니다. 동양, 서양, 과거, 현재 할 것 없이 이 질문은 많은 과학자와 철학자들의 관심을 끌었지요.

과학의 발상지인 고대 그리스의 철학자 탈레스(BC 624~BC 546)는 만물의 근원이 물이라고 주장했습니다. 다시 말해 물이 조화를 부리면서 자연의 모든 것이 만들어진다고 보았지요. 지금 보면 우스꽝스

우주를 구성하는 기본 조각들의 지도를 그리다

러운 말이지만, 복잡한 자연이 단순한 기본 요소들로 구성되어 있다는 주장은 그전까지 그 누구도 생각한 적이 없는 독창적인 것이었습니다. 이후 흙, 물, 불, 공기의 네 가지 원소가 자연의 근원이라는 주장이 2,000년간 서양 사회를 지배하였고, 근대과학의 시대에 들어서는 원자설이 중심이 되었습니다.

그리고 1800년대 말 전자, 양성자, 중성자가 발견되면서, 사람들은 자연이 원자보다 훨씬 더 작은 입자들로 만들어져 있다고 생각하게 되었습니다. 이는 자연을 구성하고 있는 최종적인 입자, 즉 소립자가 무엇인지를 고민하게 만들었습니다.

소립자를 찾아내기 위한 입자가속기

무엇이 소립자인지 알기 위해서는, 물질을 잘게 부숴 봐야 합니다. 예를 들어 큰 망치를 사용하여 바위를 치면, 바위가 여러 광물 조각들로 이루어져 있음을 알 수 있습니다. 또 광물 조각을 더 작고 날카로운 망치로 부수면, 그것이 모래 알갱이로 구성되어 있음을 알 수 있지요. 그런데 이렇게 망치로 부수는 데는 한계가 있기 때문에, 좀 더 작은 구성 원소를 찾기 위해서는 특수한 장비가 있어야 합니다. 예를 들어 총을 이용하면 바위의 모래 알갱이마저 부술 수 있어, 망치보다 더욱 효과적으로 바위의 구성 원소가 무엇인지를 알 수 있습니다.

1900년대에 들어와 러더퍼드는 원자의 내부를 알기 위하여 알파입자(양성자 2개와 중성자 2개가 합쳐진 것)를 사용하였습니다. 그에게는 알파입자가 원자의 내부를 들여다보게 하는 총알이었던 셈입니

콕크로프트-월턴의 입자가속기

다. 그러나 알파입자는 속도가 느리고 (달리 말하면 에너지가 작고), 전기적 반발력이 커서 원자핵을 부수지 못하였습니다. 만약 알파입자 대신 양성자를 사용하고, 이 양성자의 에너지를 늘려 빠르게 이동시켰다면, 전기적 반발력이 작아지면서 양성자가 원자핵과 충돌하여 소립자를 찾아낼 가능성이 훨씬 높아졌을 것입니다.

그러나 아이러니하게도, 가장 작은 소립자를 찾아내기 위해서는 현재 여의도 면적보다 큰 장치가 필요하며, 이 장치는 서울시가 소비하는 에너지보다 더 많은 에너지를 필요로 합니다.

궁극적으로 원자, 원자핵, 전자, 양성자 등을 부수어 이들보다 작은 소립자를 찾아내기 위해서는, 거의 빛 속도로 이동하는 작은 총알, 다시 말해 엄청난 에너지를 가진 입자가 필요합니다. 느린 양성자나 전자를 이처럼 큰 에너지로 가속하는 장치를 **입자가속기**라고 부르지요. 이 입자가속기의 도움 없이는 소립자 연구가 불가능합니다.

최초의 입자가속기는 1932년 영국의 콕크로프트(1897~1967)와 월턴(1903~1995)에 의해 발명되었습니다. 러더퍼드 밑에서 원자핵을 연구하던 이들은 정전기를 모아 얻은 고전압으로 양성자를 가속하고, 이를 리튬 원자에 충돌시켰습니다. 그랬더니 리튬 원자핵이 2개의 헬륨 원자핵으로 부서졌지요. 이는 인공적으로 가속시킨 입자를 사용한 최초의 원자핵 파괴 실험이었습니다. 두 사람은 이 실험으로

     우주를 구성하는 기본 조각들의 지도를 그리다

어니스트 올란도 로런스

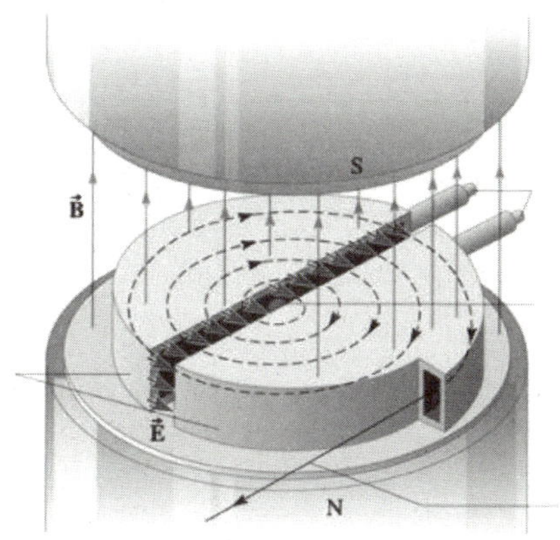

그림1 사이클로트론의 원리. 전하를 띤 입자가 수직 자기장 속에서 나선운동하면서 가속되다가 밖으로 튀어나옵니다.

1951년 노벨 물리학상을 수상하였습니다.

1932년 미국의 로런스(1901~1958)는 전기력과 자기력을 조합하여 양성자나 전자와 같은 전하를 가진 입자를 원운동(더 정확히는 나선운동)시키면서 입자의 에너지를 서서히 증가시키는 원형 입자가속기 **사이클로트론**을 발명하였습니다. 이 발명은 오늘날 사용하는 대형 입자가속기의 작동 원리를 제공해주었다는 점에서 매우 중요합니다. 로런스는 사이클로트론의 발명으로 1939년 노벨 물리학상을 받았습니다.

입자가속기의 크기는 가속입자의 에너지와 밀접한 관계가 있습니다. 입자가속기의 크기가 클수록 가속입자의 에너지도 커지지요. 대형 입자가속기는 지름이 9km나 되는 어마어마한 크기이며, 이를 유지하기 위한 비용도 만만치 않습니다. 따라서 소립자 연구는 어느 한 국가가 단독으로 진행하기가 어렵지요. 지금은 세계 여러 나라가 돈을 모아 국제공동연구소를 만들어 함께 연구를 진행

유럽핵공동연구소의 대형 입자가속기 LHC의 모습

하고 있습니다.

　이런 연구소로는 스위스 제네바 근교에 있는 유럽핵공동연구소(CERN이란 이름으로 더 잘 알려져 있습니다)가 가장 유명하며, 이곳에서 많은 연구자들이 소립자에 관한 이론을 연구하고, 첨단 실험을 진행하고 있습니다. 우리나라에는 현재 포항에 소형 입자가속기가 설치되어 있지요.

　흥미로운 사실을 하나 덧붙이자면, CERN의 연구자들이 전 세계 물리학자들과 소립자 연구에 관한 정보를 나누기 위해 만든 것이, 지금의 월드와이드웹www입니다. 물리학자들의 연구의 장이었던 인터넷이 전 세계 모든 사람들이 언제든지 쉽게 정보를 공유하는 공간으로 변하게 된 것입니다. 이처럼 과학의 발전은 의도치 않게 사람들의 일상을 바꾸어 버리기도 합니다.

　　우주를 구성하는 기본 조각들의 지도를 그리다

전자볼트: 소립자의 에너지 단위

소립자의 에너지를 이야기할 때, 물리학에서는 보통 **전자볼트**(eV 라고 적습니다)라는 단위를 사용합니다. 에너지의 국제단위인 J(줄) 은 일상생활에서 쓰기엔 편리하지만, 소립자에 적용하기엔 너무 큰 단위입니다. 1전자볼트는 전자나 양성자를 1볼트의 전압으로 가속할 때 얻어지는 에너지를 말합니다.

예를 들어 1kg의 물체를 1m 들어 올리려면 약 10J의 에너지가 필요합니다. 이것을 전자볼트로 바꾸면 약 6×10^{19}eV가 되어 적기가 불편하지요. 반면 수소 원자에서 전자를 떼어내는 데는 13.6eV의 에너지가 듭니다. 이것을 J로 바꾸면 대략 2.2×10^{-18}J이 되어 역시 적기가 불편합니다.

또한 전자볼트는 소립자의 질량을 표시할 때도 사용됩니다. 질량이 곧 에너지는 아니지만, 질량 대신 질량에 해당하는 에너지로 이야기를 하는 것이 더 편리할 때가 있기 때문입니다. 특수상대성 이론의 $E = mc^2$을 이용하면, 전자의 질량(9.11×10^{-31}kg)은 에너지로 0.51×10^6전자볼트(또는 0.51메가전자볼트. 기호로는 0.51MeV)입니다. 또 양성자의 질량은 에너지로 938×10^6전자볼트(938MeV. 대략 10억 전자볼트 또는 1기가전자볼트. 기호로는 1GeV)입니다.

입자가속기로는 주로 전자와 양성자를 가속합니다. 전기적으로 중성인 중성자는 가속이 어렵기 때문에 잘 사용되지 않지요. 초기 입자가속기로는 수백만 전자볼트(수 MeV)의 에너지까지만 가속할 수 있었지만, 1950년대에 들어 등장한 대형 입자가속기로는 수천억 전자볼트(수백 GeV)의 에너지까지 가속할 수 있었습니다. 이렇게 큰 에너지를 가진 입자들은 거의 빛 속도로 움직입니다. 현재 세계 최대의 입자가속기는 CERN에 있는 대형 하드론 충돌기(약자로 LHC)로, 지름이 9km나 되고, 양성자를 7조 전자볼트(7테라전자볼트. 기호로 7TeV)의 에너지로 가속시킬 수 있습니다.

입자검출기

가속시킨 입자가 눈에 보이지 않는 작은 원자와 충돌해 원자가 부서지면서 여러 입자들이 튀어나왔다고 가정해봅시다. 튀어나온 입자들이 전자, 양성자, 중성자가 아닌 새로운 입자인지 어떻게 알 수 있을까요? 이를 알려주는 것이 바로 **입자검출기**입니다. 입자검출기의 원리는 개가 냄새를 따라가 범인을 찾는 것과 같습니다. 소립자는 너무 작기 때문에 눈으로 볼 수 없습니다. 따라서 소립자가 남기고 간 흔적을 보고, 그것이 무엇인지를 알아내는 것입니다.

1911년 영국의 윌슨(1869~1959)이 **구름상자(안개상자**라고도 부릅니다)라는 입자검출기를 발명하여 전하를 띤 소립자의 운동 궤적을 눈으로 볼 수 있게 하였습니다. 윌슨은 수증기가 구름(수증기가 모여 작은 물방울이 되어 공중에 떠 있는 것)이 되는 원리를 응용해 소립자의 궤적을 사진으로 찍는 장치를 고안해냈습니다.

또 1960년에는 미국의 글레이저(1926~2013)가 수증기 대신 영하의 액체수소를 채운 **거품상자**를 발명하여, 입자검출 기술을 발전시켰습니다. 글레이저는 잔에 따른 맥주에서 작은 거품이 올라오는 것을 보고, 거품상자의 아이디어를 얻었다고 합니다. 윌슨과 글레이저 모두 입자검출기를 발명한 공로로, 노벨 물리학상을 수상하였습니다.

거품상자 입자검출기의 원리는 다음과 같습니다. 우선 전하를 띤

　　　　　　　우주를 구성하는 기본 조각들의 지도를 그리다

대형 거품상자. 높이가 10m가 넘습니다.

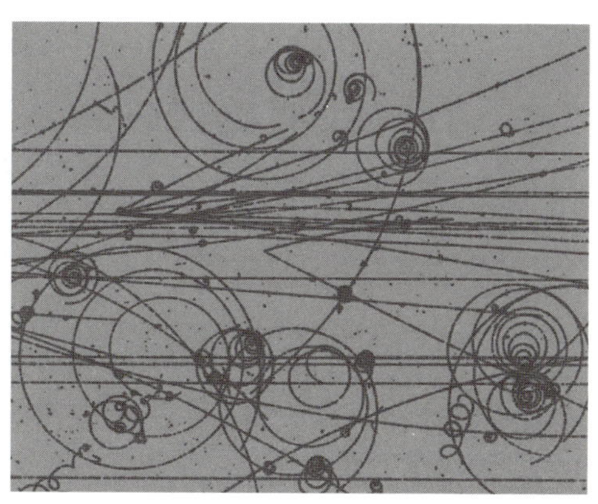

거품상자에 남은 소립자들의 궤적. 왼쪽에서 입자가 들어와 액체수소와 충돌하여 다른 입자들을 만듭니다. 자기장에 의해 생긴 나선형 궤적의 모양을 분석하여 새로운 입자인지 판단합니다.

입자가 거품상자 속으로 들어와 액체수소와 충돌합니다. 그러면 입자가 지나간 경로를 따라 작은 수소 기체 거품이 만들어지면서 미세한 궤적이 나타나는데, 이를 사진으로 찍습니다. 거품상자에는 자기장이 걸려 있기 때문에 입자의 궤적이 휘는 정도를 읽으면 입자의 질량, 전하량과 같은 성질들을 알 수 있습니다. 이것을 기존에 알려진 입자의 값과 비교하여 새로운 입자인지 판단합니다. 이 과정은 대단히 어렵고 험난합니다. 수만 장의 충돌 사진을 찍어 몇 달 동안 분석하여도 새로운 입자를 발견하지 못하는 경우가 많습니다.

컴퓨터가 발명된 후, 입자검출 방법에도 큰 변화가 생겼습니다. 구름상자나 거품상자로 사진을 찍는 대신, 컴퓨터로 직접 데이터를 읽고 곧바로 입자의 종류를 결정하는 입자검출기들이 등장한 것입니다. CERN의 초대형 입자가속기인 LHC에서 사용하는 대형 입자검출기 ATLAS가 대표적인 예입니다.

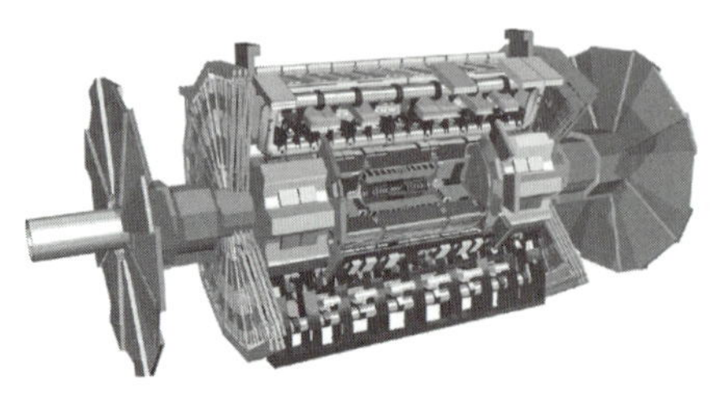 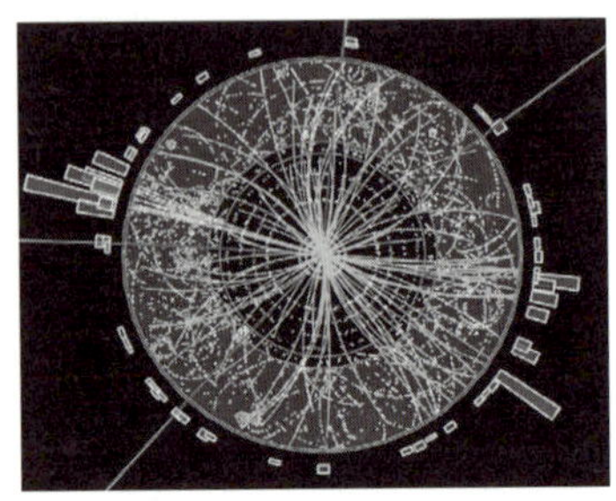

그림2 LHC를 위한 입자검출기 ATLAS. 가속된 입자가 양 끝에서 들어와 검출기 중앙에서 충돌하면서 새로운 입자가 만들어집니다. 오른쪽은 ATLAS의 컴퓨터 분석 사진입니다.

너무 많은 입자와 반입자

1950년대에는 대형 입자가속기를 통해 엄청난 에너지로 가속된 양성자와 전자를 원자와 충돌시킨 결과, 새로운 입자들이 무수히 발견되어 물리학자들을 흥분시켰습니다. 여기까지는 좋았는데, 한 가지 문제가 있었습니다. 이 새로운 입자들은 전자나 양성자와는 달리 수명이 10^{-6}초에서 10^{-23}초에 지나지 않는 하루살이와 같았습니다. 다시 말해 입자가 생긴 지 얼마 지나지 않아 곧바로 다른 입자들로 바뀌었습니다. 놀랍게도 이런 찰나적인 입자들이 200여 종 넘게 발견되면서, 과연 소립자라는 것이 정말 존재하는지조차 의문을 품게 되었습니다. 상황이 이러하자 소립자를 연구하는 물리학자들은 마치 생물학자가 된 것처럼 발견된 입자들을 같은 성질끼리 분류하기 시작했습니다.

더불어 **반입자**도 발견되어 입자의 수가 두 배로 늘어났습니다. 반입자는 1920년대에 영국의 이론물리학자 디랙(1902~1984)이 예언한 입자입니다. 디랙은 앞서 소개한 것처럼, 슈뢰딩거의 방정식과 하이젠베르크의 행렬역학이 같음을 증명한 사람이지요. 그는 양자역학

  우주를 구성하는 기본 조각들의 지도를 그리다

에 상대성이론을 접목시킨 디랙 방정식을 발견하여, 빛 속도와 유사하게 움직이는 전자의 운동을 설명했습니다. 그런데 그는 자신의 방정식을 풀다가 이상한 점을 발견합니다. 전자가 양(+) 에너지 외에도 음(-) 에너지를 가질 수 있음을 깨달은 것입니다. 디랙은 음 에너지를 가진 전자의 정체가 무엇인지를 고민하다가 '전자와 질량은 같고, 전하가 반대인 새로운 입자'라고 생각하고, 이를 **양전자**라 부릅니다. 즉 양 전하를 가진 양전자는 음 전하를 가진 전자의 반입자인 셈입니다.

디랙의 해석에 따르면, 진공은 비어 있지 않고, 음 에너지를 가진 전자로 가득 차 있습니다. 따라서 진공에 높은 에너지를 가진 감마선 광자를 보내면, 이것이 음 에너지 전자와 충돌하여 자신의 에너지를 전달하고 사라지면서 양 에너지 전자(보통의 전자)가 튀어나오게 합니다. 그리고 전자가 튀어나간 자리에는 빈 구멍이 남는데, 이것이 바로 전자의 반입자인 양전자라는 것입니다. 다시 말해 진공에 감마선 광자를 쏘이면, 광자가 사라지면서 **전자-양전자 쌍**(일반적으로 말하면 **입자-반입자 쌍**)이 만들어집니다. 반대로 전자(입자)와 양전자(반입자)가 만나면, 이들이 소멸하면서 감마선 광자로 변합니다.

이후 미국의 앤더슨(1905~1991)과 영국의 블래킷(1897~

전자-양전자 쌍(위쪽 두 개 나선). 자기장 속에서 전자(위 왼쪽 나선)와 양전자(위 오른쪽 나선)는 반대로 휘어지므로, 반대 방향으로 회전하는 두 개의 나선형 궤적이 나타납니다.

1974)에 의해 반입자인 양전자가 발견되면서, 엉뚱한 상상처럼 여겨졌던 디랙의 주장이 사실로 확인됩니다. 그리고 모든 입자가 반입자를 가지고 있다는 것이 밝혀지게 되지요. 물론 아주 드물게 입자와 반입자가 동일한 입자, 즉 암수가 한 몸인 생물처럼 입자와 반입자의 성질을 동시에 지닌 입자들도 있습니다. 그런 대표적인 입자가 광자입니다.

입자의 분류

입자를 나누는 가장 손쉬운 방법은 질량 크기별로 나누는 것입니다. 1950년대까지는 발견된 입자들을 질량에 따라 가벼운 것과 무거운 것, 즉 **렙톤**(또는 경입자)과 **하드론**(또는 강입자)의 두 그룹으로 나누었습니다. 이때는 양성자(또는 중성자)의 질량이 무거운 것의 기준이 되었고, 따라서 자연히 전자나 뮤온(전자와 매우 유사한 성질을 가졌으나 질량이 전자보다 200배 정도 무거운 입자)은 렙톤에, 양성자와

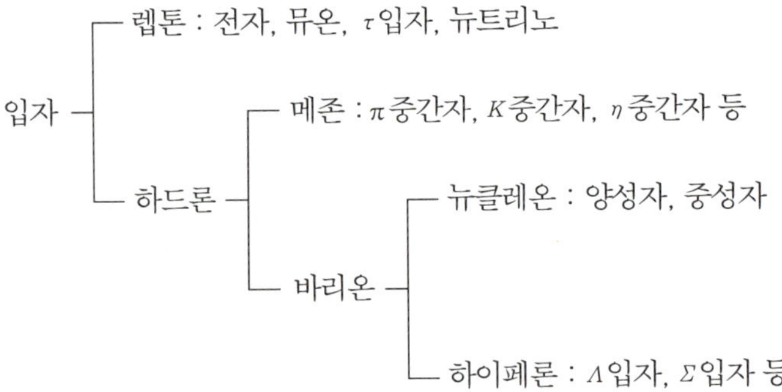

표1 입자의 분류

　　　　　　　　　우주를 구성하는 기본 조각들의 지도를 그리다

중성자는 하드론에 속하게 되었습니다.

그러나 더 많은 입자들이 발견되면서 하드론을 다시 가벼운 **메존**(또는 중간자)과 무거운 **바리온**(또는 중입자)으로 나누게 되었습니다. 그리고 바리온은 다시 원자핵을 구성하는 양성자와 중성자가 속한 **뉴클레온**(또는 핵자)과 **하이페론**으로 나뉘었습니다.

하지만 소립자에 대한 이해가 깊어지면서, 과학자들은 입자를 질량에 따라 분류하는 것이 큰 의미가 없음을 깨닫게 되었습니다. 따라서 지금은 소립자 사이에 작용하는 힘과 질량 이외의 다른 물리적 성질을 가지고 입자를 분류하고 있습니다. 예를 들면 렙톤 사이에는 약한 핵력이, 하드론 사이에는 강한 핵력이 작용합니다. 이런 것들을 종합해보면, 양성자 질량보다 2배나 큰 질량을 가진 τ(그리스 소문자 타우)입자는 렙톤에 속하게 되지요. 표1은 입자의 분류와 각 그룹에 속한 대표적인 입자들을 보여주고 있습니다.

쿼크가 등장하다

렙톤의 수는 6개(전자, 뮤온, τ입자와 세 종류의 뉴트리노)로 일정했지만, 입자가속기가 커질수록 하드론의 수는 계속 늘어났습니다. 그러자 1963년 미국의 겔만(1929~2019)과 츠바이크(1937~)가 놀라운 주장을 펼쳤습니다. 하드론은 더 이상 소립자가 아니며, 진짜 소립자는 하드

머리 겔만

론의 구성원인 세 종류의 쿼크라는 것입니다. 그리고 그들은 하드론 가운데서 메존은 한 개의 쿼크와 한 개의 반쿼크(쿼크의 반입자)로, 바리온은 세 개의 쿼크로 구성되어 있다고 말했습니다. 또 기억하기 쉽도록 쿼크의 종류에 업(위, 기호로 u), 다운(아래, 기호로 d)과 스트레인지(기묘, 기호로 s)라는 이름을 붙였습니다.

쿼크의 등장으로 물질의 구성에 대한 생각은 달라졌습니다. 예전에는 원자를 물질의 최소 구성단위로 보았으나, 현재는 물질이 원자로 구성되어 있고, 원자는 다시 전자와 원자핵으로, 원자핵은 양성자와 중성자로, 양성자와 중성자는 더 작은 쿼크로 구성되어 있다고 보고 있습니다.

쿼크의 도입으로 소립자는 6개의 렙톤과 3개의 쿼크(물론 이들의 반입자들도 포함해야 합니다)로 정리된 듯 보였습니다. 하지만 이후에도 하드론의 수가 계속 늘어나면서 쿼크의 수 또한 늘어 현재는 모두 6개가 되었지요. u, d, s 쿼크 외에도 참(맵시, 기호 c), 톱(꼭대기, 기호 t), 바텀(바닥, 기호 b) 쿼크가 더 필요해졌습니다. 이대로라면 앞으로 몇 개의 쿼크가 더 필요할지, 그 누구도 예상할 수 없습니다.

특이하게도, 쿼크는 사실 아직까지 한 번도 발견된 적이 없습니다. 물체 사이에 작용하는 힘은 거리가 멀어질수록 줄어드는 것이 보통인데, 쿼크 사이에 작용하는 힘은 거리가 멀어질수록 커집니다. 이 때문에 하드론 안에 있는 쿼크를 떼어내려면 엄청난 에너지가 필요해서 지금까지도 쿼크가 발견되지 않은 것입니다. 그럼에도 불구하고 사람들이 쿼크의 존재를 믿는 이유는, 하드론이 쿼크와 같은 작은 입자들로 이루어진 덩어리임을 증명하는 여러 실험 증거들이 있기 때문입니다.

     우주를 구성하는 기본 조각들의 지도를 그리다

끈 이론

하드론의 수가 급격히 증가하면서 '과연 소립자가 존재하는지'를 두고 잠시 고민이 일기도 했으나, 쿼크의 도입으로 무난히 해결되는 듯 보였습니다. 하지만 쿼크의 수가 3개에서 4개, 5개, 6개로 증가하면서 다시 고민이 시작되었지요. 아울러 소립자에 대한 새로운 해석들도 등장했는데, 1970년대부터 활발히 연구된 끈 이론이 대표적입니다.

끈 이론에 의하면 진짜 소립자는 길이가 10^{-35}m 정도인 끈(또는 줄)입니다. 이 끈이 얼마나 격렬하게 진동하느냐에 따라 에너지(다시 말해 입자의 질량)가 달라집니다. 따라서 하나의 끈과 이 끈의 다양한 진동으로 모든 소립자를 설명할 수 있으며, 입자가속기가 커질수록 왜 소립자의 수가 계속 늘어나는지도 설명할 수 있습니다. 이 새로운 해석은 물리학자들의 큰 관심을 끌었습니다. 지금은 끈 이론이 더 발전하여 **끈**과 **막**(브레인이라고도 부릅니다)의 진동을 소립자로 보고 있습니다.

오늘날 소립사가 무엇인지를 놓고 어리둥절해하는 물리학자들의 모습은, 흡사 19세기 말 다양한 물리 현상들이 발견되었음에도 왜 그런지 설명할 수 없어 고민하던 근대 물리학자들의 모습과 비슷해 보입니다. 19세기 말의 발견이 우리의 생활을 크게 뒤바꾸었듯이, 소립자에 관한 연구가 앞으로 어떤 변화를 일으킬지는 아무도 모를 일입니다.

네 가지 기본 힘을 하나로 통합하다

아인슈타인의 이야기는 현대물리학의 에피소드 안에서 무수히 등장했으니, 이제 눈 감고도 다 알 정도가 되었을 겁니다. 26살에 특수상대성이론과 광전효과 이론을 발표하고, 37살에 일반상대성이론을 발표한 그는 나치 독일을 피해 미국에서 망명 생활을 하다가 1955년에 눈을 감습니다. 젊은 시절 놀라운 이론으로 과학계를 발칵 뒤집었던 천재가 일반상대성이론을 발표한 뒤부터는 이렇다 할 업적이 없다는 게 조금 의아하지요? 이때부터 죽기 전까지 40여 년 동안 그는 무엇을 생각했을까요?

실제로 미국에 온 이후 그의 행적은 이전에 내놓은 위대한 업적들에 비하면 거의 언급할 것이 없을 정도로 초라해 보입니다. 물론 두 번의 세계대전을 겪느라 고생했고, 나이가 들어 쇠약해지기도 했으며, 유명인이 되어 바빠진 탓도 있겠지요. 하지만 그렇다고 아인슈타인이 마냥 놀고만 있었던 것은 아닙니다. 사실 아인슈타인은 다시 한 번 과학계를 놀라게 할 연구를 하고 있었습니다. 자연의 모든 것을 설명할 수 있는 단 하나의 이론인 **모든 것의 이론**(이른바 **만물 이론**)을 만들려 한 것입니다. 그것이 그의 평생 꿈이자 소망이었습니다. 다시 말해 그는 뉴턴의 중력 이론(또는 자신의 일반상대성이론), 맥스웰의 전자기학 이론, 원자핵과 소립자에 관한 핵력 이론을 하나로 통합하려 했습니다.

하지만 이 꿈은 아인슈타인 같은 천재에게도 벅찬 일이었지요. 희망과 절망을 오가던 그는 아쉽게도 모든 것의 이론을 완성하지 못한 채 눈을 감습니다. 못다 이룬 그의 꿈은 결국 후배 물리학자들의 몫으로 남겨졌지요.

힘은 왜 생기나?

모든 것의 이론을 이해하려면, 우선 자연에 어떤 힘들이 있는지 알아야 합니다. 앞에서 간단히 살펴보았듯이, 물체에는 무게(중력), 마찰력, 장력, 수직항력, 탄성력, 전자기력 등 여러 힘이 작용하고 있지요. 물리학에서만도 힘의 종류가 이렇게나 많은데, 다른 학문 분야까지 생각하면 도대체 얼마나 많은 힘이 존재하는 걸까요?

하지만 물리학에서는 이들 중 네 종류의 힘만이 참 힘(또는 **기본 힘**)이고, 이를 제외한 나머지는 모두 우리 눈을 속이는 거짓 힘이라고 말합니다. 즉 **중력, 전자기력, 강한 핵력과 약한 핵력**만이 참 힘이라는 것이지요. 마찰력, 수직항력, 장력과 같은 대부분의 거짓 힘은 사실 전기력 때문에 나타납니다. 줄 또는 바닥을 구성하는 원자나 분자 사이에 전기력이 작용하여 나타나는 힘이 바로 장력, 수직항력이지요. 따라서 이 네 가지 참 힘만 알면 화학, 생물학, 의학, 공학 분야의 모든 현상을 설명할 수 있습니다.

일반상대성이론을 통해 우리는 시공간이 휘어져 있기 때문에 중력이 생긴다는 것을 알게 되었습니다. 다른 힘들 역시 시공간과 관련이 있을까요? 양자역학이 발전하면서 힘에 대해 설명할 때, 4차원의 시공간의 휨을 상상하는 것보다 더 손쉬운 방법이 등장했습니다. 바로 힘의 전달자 역할을 하는 입자(**힘의 매개입자**라고 부릅니다)를 가정하는 것입니다.

예를 들어 **전자기력의 매개입자는 광자**(전자기파의 양자)입니다. 알다시피 양전하를 띤 입자(예를 들면 양성자)와 음전하를 띤 입자(예를들면 전자) 사이에는 서로 끌어당기는 전기력이 작용하지요. 이 현상을 힘의 매개입자로 설명해봅시다.

우선 양전하에서 광자가 나와 음전하로 들어갑니다. 반대로 음전하에서도 광자가 나와 양전하로 들어가지요. 이처럼 전하들이 광자를 주고받음으로써 전기력이 발생합니다. 이때 전기력을 전달하는 광자는 흑체에서 방출되는 광자와 같은 진짜 광자가 아니며, 외부에서 관찰할 수 없는, 잠깐 동안 생겼다가 사라지는 광자라고 해서 **가상광자**라고 부릅니다. 이 가상광자를 주고받음으로써, 양전하와 음전하 사이에 서로 끌어당기는 전기력이 생기는 것입니다.

입자를 주고받는 것만으로 힘이 생긴다는 게 잘 이해가 안 되지요? 이해를 돕기 위하여 각자 호수 위 보트에 탄 두 사람이 공과 부메랑을 주고받는 모습을 상상해봅시다. 먼저 두 사람이 얼굴을 마주보고 서서, 한 사람이 다른 사람을 향해 공을 던집니다. 그러면 운동량 보존법칙에 의해서 공이 앞으로 나가고, 보트는 공과 반대 방향

     네 가지 기본 힘을 하나로 통합하다

으로 움직입니다. 조금 뒤 공을 받은 사람의 보트는 공이 오던 방향으로 공과 함께 움직이지요. 만약 공이 투명하다면, 두 사람 사이에 밀치는 힘이 작용해 보트가 멀어지는 것처럼 보이게 됩니다.

이번에는 끄는 힘에 대해 설명해보겠습니다. 두 사람이 반대로 돌아서 있고, 한 사람이 부메랑을 앞쪽으로 던집니다. 그러면 운동량 보존법칙에 의해서 보트가 맞은편 사람 쪽으로 움직입니다. 그 뒤 앞으로 날아가던 부메랑이 방향을 바꿔 던진 사람 쪽으로 돌아가고, 맞은편 사람이 그 부메랑을 잡습니다. 그러면 부메랑을 받은 사람의 보트 역시 부메랑을 던진 사람 쪽으로 움직입니다. 만약 부메랑이 투명하다면, 두 사람 사이에 끄는 힘이 작용해 보트가 끌리는 것처럼 보이게 됩니다.

전자기력을 매개하는 광자와 더불어 중력은 **중력자**, 강한 핵력은 **글루온**, 약한 핵력은 **W입자**(이것만 양전하와 음전하 두 종류가 있습니다)와 **Z입자**(전기적으로 중성)라는 힘의 매개입자에 의해 생깁니다.

네 가지 기본 힘의 특징

힘의 매개입자에 의해 나타나는 네 가지 기본 힘은 제각기 다른 특징을 가지고 있습니다.

우선 우리에게 가장 친숙한 힘인 **중력**은 아주 멀리 떨어져 있는 입자에까지 작용하지만, 힘의 세기는 가장 약합니다. 따라서 중력은 엄청난 질량을 가진 천체 사이에서만 중요합니다. 일상적 크기의 물질에서는 중력의 영향이 그냥 무시해도 될 정도로 미미합니다.

전자기력은 우리의 일상생활에서 가장 중요한 힘입니다. 생활에서 일어나는 물리 반응, 화학 반응, 인체 반응 등은 거의 전하와 관계가 있기 때문에, 대부분 전자기력으로 인해 발생하지요. 중력처럼 전자기력은 멀리 떨어져 있어도 작용하며, 힘의 세기가 중력보다 훨씬 크고, 약한 핵력보다는 조금 크며, 강한 핵력보다는 많이 작습니다.

약한 핵력은 핵붕괴 가운데 베타붕괴(중성자를 양성자와 전자로 변화시키는 과정으로, 전자가 원자핵 밖으로 방출됩니다)를 일으키는 원인으로, 힘이 작용하는 거리가 가장 짧습니다. 힘의 세기는 전자기력보다 조금 작은 정도이지만, 중력보다는 엄청나게 큽니다.

강한 핵력은 하드론을 구성하는 쿼크 사이에 작용하는 힘입니다. 양성자와 중성자가 모여 원자핵을 이룰 수 있는 것도 강한 핵력 덕분입니다. 힘의 세기는 가장 크지만, 힘이 원자핵 크기 정도의 짧은 거리에서만 작용하고, 그 이상의 거리에서는 사라집니다.

모든 것의 이론으로 가는 길

물리학자들이 중력, 전자기력, 약한 핵력과 강한 핵력을 하나의 이론으로 통합하고자 한 이유는 우주론과 관련이 있습니다.

우주는 지금으로부터 137억 년 전, 매우 작고 엄청나게 뜨거운 불덩이가 대폭발(빅뱅)을 일으키면서 탄생하였습니다. 빅뱅이 시작되었을 때 우주의 온도는 10^{32}K가 넘었고, 그 어떤 물질도 존재하지 않았으며, 오직 엄청난 에너지만을 가진 아주 작은 덩어리에 불과했지요. 이런 상태에서는 네 가지 힘의 구분이 무의미해지고, 오직 하나의 힘만 존재합니다. 시간이 흘러 우주가 팽창하면서 이 힘으로부터 제일 먼저 중력이 떨어져 나왔고, 다음에 강한 핵력, 약한 핵력, 전

 네 가지 기본 힘을 하나로 통합하다

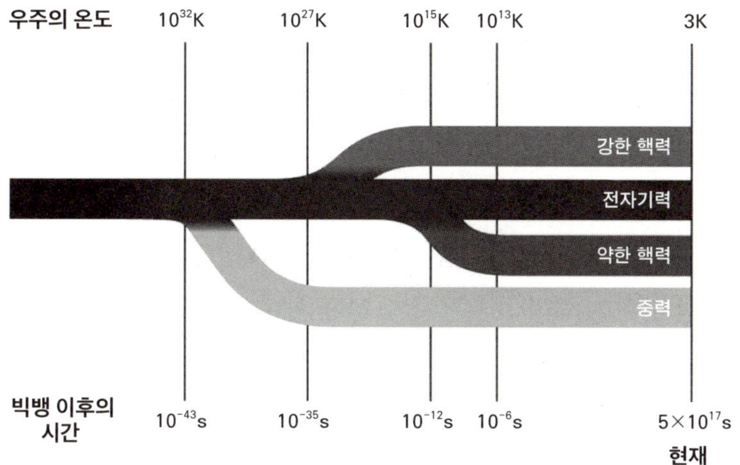

그림1 빅뱅 이후 하나였던 힘이 시간이 지날수록 갈라져 현재와 같은 4가지 힘이 되었습니다.

자기력의 순서로 갈라져 현재에 이르렀지요. 따라서 풀리지 않는 수수께끼인 '빅뱅일 때 무슨 일이 일어났는지, 또 앞으로 우주가 어떻게 진화할지'를 알기 위해서는, 네 가지 힘을 하나로 통합해줄 모든 것의 이론이 반드시 필요합니다.

영국의 맥스웰이 전자기력에 대한 이론을 발견한 지 100년 정도 뒤인 1970년대 초, 미국의 와인버그(1933~2021)와 글래쇼(1932~2021), 그리고 파키스탄의 살람(1926~1996)이 전자기력과 약한 핵력을 동시에 설명할 수 있는 **통일 이론**을 발견했습니다. 이들은 연구를 통해 전자기력과 약한 핵력은 **전자기약력**의 각기 다른 표현임을 밝혔지요. 소설과 영화로 잘 알려진 《무궁화 꽃이 피었습니다》의 주인공이자 한국인 물리학자 이휘소(1935~1977) 역시 통일 이론을 발견하는 데 큰 기여를 했습니다. 하지만 아쉽게도 위의 세 사람만 1979년에 노벨 물리학상을 수상하였지요.

전자기력과 약한 핵력을 통합한 통일 이론에 강한 핵력까지 포함시킨 것을 **대통일 이론**이라고 부릅니다. 현재 다양한 대통일 이론들이 나와 있지만, 아직 어느 이론이 옳은지 명확히 밝혀줄 실험적 증거는 없는 상황이지요.

설사 대통일 이론이 발견된다고 해도, 중력과 대통일 이론을 통합하는 일은 훨씬 어려운 작업일 게 분명합니다. 전자기력, 약한 핵력과 강한 핵력은 힘의 세기가 그리 크게 차이 나지 않지만, 중력은 이들과 엄청나게 차이가 나기 때문입니다. 다시 말해 중력은 다른 세 힘에 비해 아주 약합니다. 또한 세 힘은 양자역학으로 표현할 수 있는 것과 달리, 중력은 양자역학과의 연관성이 아직 발견되지 않았다는 문제도 있습니다.

다행스럽게도, 양자역학의 끈 이론을 이용해 중력을 설명하려는 **양자중력 이론**이 제안되어 현재 활발히 연구 중에 있습니다. 이 방향이 옳다면, 언젠가는 아인슈타인이 꿈꾸었던 모든 것의 이론이 발견될 날이 오겠지요. 그날이 되면 영화 〈인터스텔라〉에서 보았던 블랙홀의 통과, 웜홀을 통한 시간여행과 같은 신기한 일들이 실제로 일어날지도 모릅니다.

20세기가 원자력에너지, 무선통신 개발을 통한 물리학의 시대였던 것처럼, 21세기에 다시 한 번 모든 것의 이론을 통한 물리학의 시대가 오길 바랍니다. 그때는 지구에만 머물러 있던 인류가 우주로 여행을 떠날 수 있는 기념비적인 시대가 되리라고 상상해봅니다.

   네 가지 기본 힘을 하나로 통합하다

중력을 거스르는 자석, 저항 없는 에너지가 흐르다

2075년의 어느 날 일주일의 휴가를 얻어 프랑스 여행을 다녀오려고 집을 나섭니다. 50년 전이라면 비행기 출발 3시간 전에 아침 일찍 집을 나와 공항철도를 타고 인천공항으로 가서 복잡한 검색 및 출국 수속을 거쳐 10시간 이상 비행기를 타야만 프랑스에 도착할 수 있었습니다. 하지만 지금은 비행장이 모두 사라져 비행기를 이용할 수 없습니다. 비행기의 대기 오염이 심해 비행이 금지되었기 때문이지요.

그럼 여행을 어떻게 하냐고요? 초전도체의 등장으로 비행기보다 빠르고 안락한 초전도 초고속 자기부상열차를 타면 프랑스까지 3시간이면 갈 수 있습니다. 지금은 한반도가 통일이 되어 서울에서 유럽까지 철도로 연결되어 있습니다. 이제 서울역에서 간단한 수속을 마치고 열차에 앉으면 열차가 조금 떠올랐다가 투명의 진공 터널 속을 음속보다 빠른 속도로 이동하지만 열차 안에서는 평상시와 같이 안락합니다. 자기부상열차는 대기 오염을 시킬 일도 없어 환경 보호에 최적인 운송 수단이기도 합니다.

현재는 이런 날이 오리라 상상하기 어렵지만 초전도체를 잘 활용한다면 불가능하지 않습니다. 이제부터 초전도체, 또 초전도 현상이 무엇인지 알아볼까요?

초전도 현상의 발견

기체인 공기는 대략 78%의 질소, 21%의 산소, 그리고 소량의 아르곤, 이산화탄소, 헬륨 등으로 이루어져 있습니다. 이들 공기 구성 원소를 분리하여 온도를 낮추면 놀랍게도 기체가 액체로 변합니다 (액화 현상). 질소는 섭씨 -196도(77K), 산소는 섭씨 -183도(90K)에서 액체가 되고 특히 헬륨은 섭씨 -269도(4K)에서 액화가 일어납니다. 이 액체를 공기 중에 놔두면 부글부글 끓으면서 다시 기체로 변합니다. 또 물체를 이런 액체 속에 담그면 액체가 기체로 되면서 물체의 온도를 액화 온도까지 낮춥니다. 여러분도 유튜브를 통해 액체 질소로 다양한 물체, 예를 들어 고무풍선이나 캔 콜라를 냉각하는 장면을 볼 수 있습니다.

헤이커 카메를링 오너스

액체 헬륨은 물체의 온도를 절대온도 4도까지 낮출 수 있습니다. 1908년 네덜란드 물리학자 오너스(1853~1926)가 세

중력을 거스르는 자석, 저항 없는 에너지가 흐르다

계 최초로 액체 헬륨을 얻는 데 성공하였고 이 공로로 1913년 노벨 물리학상을 수상합니다. 오너스는 액체 헬륨을 가지고 무슨 실험을 할까 고민하다가 수은(은빛이 나는 액체. 예전에는 체온을 재는 수은온도계에 사용되었으나 독성이 있어 현재는 사용하지 않습니다)의 온도를 낮추며 전기저항을 측정합니다. 놀랍게도 절대온도 4.2도(4.2K)에서 갑자기 전기저항이 0으로 떨어지

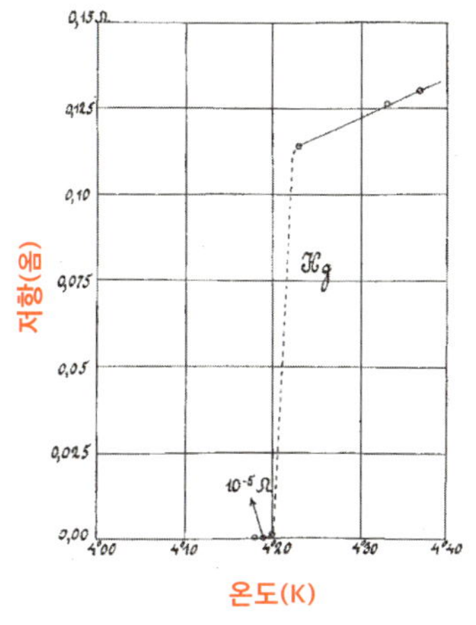

그림1 수은의 초전도 현상

는 것을 발견하고 이를 초전도성이라고 부릅니다. 수은의 전기저항은 4.2K 이하에서는 0인 초전도체가 되는 셈입니다.

초전도체의 종류

수은처럼 특정 온도(임계온도라고 부르고 T_c로 적습니다) 이하에서 전기저항이 0이 되는 모든 물체를 초전도체라고 부릅니다. 이후 연구를 통해 다양한 초전도체가 발견되었는데 초전도체가 되는 물질에는 금속(전기저항이 낮아 전류를 잘 흘리는 물질로 도체라고도 부릅니다) 외에 절연체(부도체라고도 부르며 전기저항이 금속보다 훨씬 큰 물질)도 있다는 것이 발견되었습니다. 흥미로운 점은 금속보다 절연체가 더 높은 임계온도를 가진 초전도체가 된다는 것입니다. 즉 일반적으로 절연체의 임계온도가 도체의 임계온도보다 높습니다. 상식

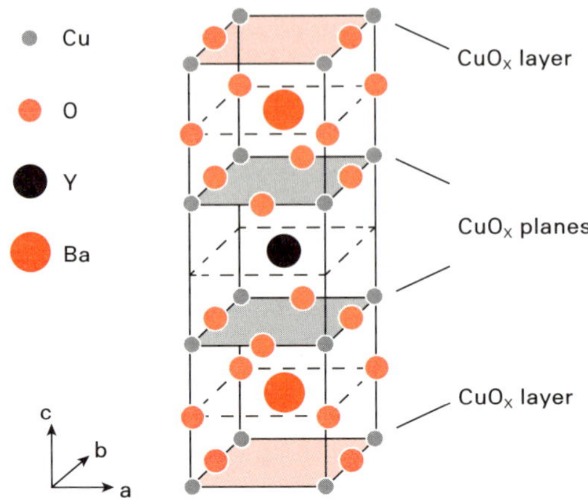

그림2 고온초전도체 Y-Ba-Cu-O의 구조

적으로 생각하면 전기저항이 작은 금속이 더 쉽게 초전도체가 될 것 같지만 자연은 그 반대로 행동합니다.

초전도체의 임계온도가 크게 높아지지 않다가 1940년대 나이오븀(Nb. 원자번호 41번) 합금들이 만들어지면서 임계온도가 20K 이상으로 증가합니다. 그러던 중 1986년 베드노르츠(1950~)와 뮐러(1927~)가 La-Ba-Cu-O 네 가지 원소로 구성된 절연체에서 초전도성을 발견하면서 초전도체의 획기적인 발전이 이루어집니다. 이 물질의 임계온도는 30K를 겨우 넘었지만, 지금까지 예상하지 못한 전혀 새로운 초전도체였습니다. 절연체인 데다가 결정이 아닌 도자기와 같은 세라믹이었기 때문입니다. 1년 뒤 유사한 세라믹 절연체인 Y-Ba-Cu-O가 임계온도가 무려 93K인 초전도체임이 밝혀졌고 이후 이 초전도체들을 고온초전도체로 부르며 이전의 낮은 임계온도를 가진 저온초전도체와 구별하기 시작했습니다. 고온초전도체의 가장 큰 장점은 고가의 액체 헬륨이 아닌 저가의 액체 질소로 냉각해도 초전도체가 된다는 것입니다. 공기 중 가장 많은 원소인 질소를 액화한 액체질소의 가격은 우유 가격보다 싸기 때문이지요.

현재는 수은을 포함한 고온초전도체가 개발되어 임계온도가 무려 170K(섭씨 -100도 정도)나 됩니다.

초전도체의 또 다른 조건: 마이스너 효과

초기에는 전기저항만 0이면 초전도체라고 생각했습니다. 금속의 온도를 낮추면 전기저항이 계속해서 작아집니다. 따라서 금속을 극저온으로 냉각하면 전기저항이 매우 작아져 초전도체와 구별이 되지 않을 수 있지요. 걱정하지 않아도 됩니다. 초전도체가 되려면 또 다른 조건을 만족해야 하기 때문입니다.

1933년 독일 물리학자 마이스너(1882~1974)는 초전도체에 자기장을 걸다가 초전도체의 이상한 성질을 발견합니다. 물체가 초전도체가 아닐 때는 자기장(정확히는 자기력선)이 물체를 투과하지만 초

프리츠 발터 마이스너

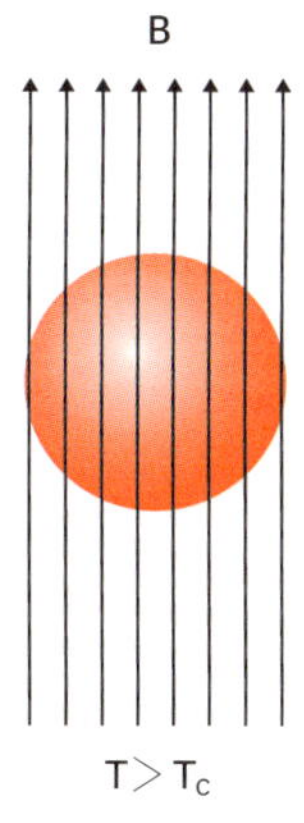
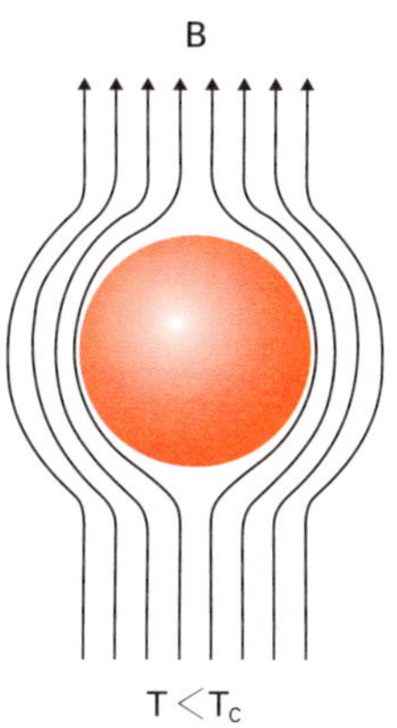

그림3 마이스너 효과

마이스너 효과에 의한 자기부상. 바닥에 놓인 초전도체를 냉각하면 영구자석이 공중에 뜹니다.

전도체가 되면 자기장은 초전도체를 무서워하듯이 그림3의 오른쪽에서처럼 초전도체를 피해가는 것을 알게 됩니다. 다시 말해 자기장이 초전도체 내부로 침투하지 못하는 현상이 발생하는데 이것을 마이스너를 기념해 **마이스너 효과**라고 부릅니다.

마이스너 효과가 생기는 이유는 초전도체에 자기장을 걸 때 초전도체 내부에 전류가 유도되고 이 유도전류에 의해 외부 자기장을 정확하게 상쇄하는 내부 자기장이 생기기 때문입니다. 앞서 원형 전류가 자석과 같은 자기장을 만든다고 했는데 초전도체에 자석을 접근시키면 자석의 자극과 같은 자극이 유도되어 자석에 미는 힘을 작용하여 자석이 뜨게 됩니다. 이 현상을 이용한 것이 바로 자기부상열차입니다. 철도 선로를 초전도체로 만들고 이 위에 영구자석이나 전자석이 부착된 열차를 놓게 되면 열차가 공중에 조금 뜨게 되어 마찰에 의한 저항이 사라져 고속으로 달릴 수 있게 됩니다.

이제 초전도체는 전기저항이 0일뿐 아니라 자기장을 배척하는 이상한 물질이라는 것을 알겠지요?

초전도 현상은 왜 생길까?

다양한 초전도체가 발견되면서 물리학자들은 초전도체가 되는 이유를 밝히고자 노력했습니다. 그러던 중 1957년 미국의 바딘(1908~1991), 쿠퍼(1930~2024)와 슈리퍼(1931~2019)가 양자역학에 기반해 초전도체가 생기는 이론을 발표하여 물리학계를 놀라게 했습니다. 이들의 이름 첫 자를 따서 BCS 이론으로 불리는 이 이론의 핵심은 음전하를 가져 서로 반발해야 할 두 전자가 서로 끌어당겨 전자쌍을 이루기 때문에 초전도체가 생긴다는 것입니다. 세 사람은 BCS 이론으로 1972년 노벨 물리학상을 수상합니다.

어떻게 전자가 모여 전자쌍을 이룰 수 있고 전자쌍이 만들어지면 왜 전기저항이 사라지는지 알아봅시다.

전자는 전기적 반발력 때문에 스스로 전자쌍을 만들지 못합니다. 하지만 고체 안에서는 고체를 구성하는 원자들이 규칙적인 격자 구조를 형성하고 있고 일부 자유롭게 움직일 수 있는 전자들(자유전자라고 부릅니다)이 격자 속을 통과합니다. 자유전자들은 고체 격자의 도움으로 전자쌍을 이룰 수 있습니다. 전자가 원자핵 주위를 지나가게 되면 전기력에 의해 원자핵(양전하를 가지고 있습니다)이 원래 위치에서 벗어나게 되고 이때 주위를 지나는 전자는 격자를 이루는 원자핵의 이동에 의해 끌리는 전기력을 받게 됩니다. 이것을 멀리서 보면 흡사 전자 두 개가 서로를 끌어당겨 전자쌍을 이루는 것처럼 보입니다. 전자만 있다면 이런 일이 불가능하지만, 고체 안에서는 원자핵의 도움으로 전자쌍이 가능합니다.

전기저항은 전자가 고체 내부에서 이동할 때 원자나 전자와의 충돌(정확히는 산란)에 의해 직선으로 나가지 못하고 지그재그로 움직이기 때문에 생깁니다. 그런데 모든 전자가 전자쌍을 이루면 놀랍게도 일사불란하게 이동하여 전기저항이 사라집니다. 이것은 흡사 무대에서 남녀 여러 명이 왈츠에 맞춰 춤을 추는 것과 같습니다. 각자 춤을 추며 움직이다 보면 서로 부딪치지만(전기저항이 생김), 남녀 두 명씩 짝을 이루어 음악에 맞춰 원형으로 이동하면 서로 부딪치지 않고(전기저항이 사라짐) 춤을 출 수 있는 것과 같은 이치입니다. 또한 전자쌍의 형성은 마이스너 효과도 설명해 줍니다.

비유적이긴 하지만 초전도체가 생기는 이유를 이해하시겠나요? 하지만 BCS 이론은 고온초전도체의 발견으로 도전을 받게 됩니다. BCS 이론으로 설명할 수 없는 고온초전도체의 성질이 존재하기 때문이죠. 여러 노력에도 불구하고 아직 고온초전도체를 설명할 만족할 만한 이론은 등장하지 않았습니다.

초전도체의 응용

전기저항이 0이라는 초전도체의 성질을 응용한 것으로 무손실 전력 송전, 에너지 저장 장치, 초전도 발전기 등을 생각할 수 있습니다. 초전도 도선을 사용하면 전기저항에 의한 발열 손실이 없이 전력을 송전할 수 있어 송전 비용을 절감하고, 동일 단면적으로 더 많은 전력을 보낼 수 있습니다. 또한 대량의 전기 에너지를 손실 없이 저장할 수도 있습니다. 초전도 발전기를 사용해 발전 효율을 높일 수 있습니다.

초전도 도선으로 전자석을 만들면 작은 전압으로도 큰 전류를 흘릴 수 있어 초강력 전자석을 만들 수 있습니다. 보통의 전자석의 경

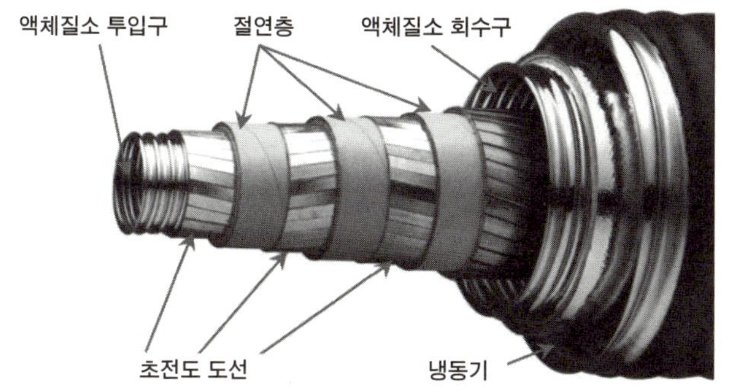

초전도 송전 케이블. 중앙의 냉각 파이프 주위로 초전도 도선이 감겨 있습니다.

우 큰 전류를 흘리면 엄청난 열이 발생하기 때문에 냉각장치가 필요하고 계속해서 고전압을 걸어주어야 합니다. 그러나 초전도 전자석은 그럴 필요가 없고 열도 발생하지 않기 때문에 현재는 높은 자기장을 얻는데 초전도 전자석을 사용하고 있습니다. 강한 자기장이 필요한 지기공명영상MRI 장치와 핵융합 장치에도 초전도 전자석이 사용되고 있습니다.

초전도체의 마이스너 효과를 응용한 것으로는 앞서 설명한 자기부상열차를 들 수 있습니다. 이 외에도 초전도체의 특별한 성질을 이용해 미세 자기장을 측정할 수 있는 초전도양자간섭소자SQUID를 만들 수 있고, 현재 SQUID는 양자컴퓨터, 뇌의 자기 신호 측정, 지질학 등에 사용되고 있습니다.

2023년 일상 온도에서 초전도성을 가진 상온초전도체를 한국 과학자가 세계 최초로 발견했다고 해서 세상을 놀라게 했지만 결국 사실이 아님이 밝혀져 실망을 안겨

초전도 전자석

주었습니다. 하지만 냉각장치 없이 상온에서 초전도성을 유지하는 물질이 발견된다면 우리 생활에 엄청난 변화가 생길 것은 당연합니다. 에너지 문제나 대기와 환경 오염 같은 문제들이 상당 부분 해결될 수 있습니다. 상온초전도체를 발견하기 위해 지금도 전 세계 과학자들이 연구를 하고 있는 중입니다. 그날이 온다면 앞서 이야기한 초전도 초고속 자기부상열차를 타고 전 세계 여행을 안락하고 빠르게 다니는 일도 가능합니다. 멋진 미래 세계가 기대되지 않나요?

     중력을 거스르는 자석, 저항 없는 에너지가 흐르다

아주 작은 것들의 세계에는
바닥이 없다

신비로운 물빛에 홀려 전 세계 사람들이 찾아오는 유명한 관광지가 있습니다. 바로 중국에 있는 주자이거우 풍경구(우리나라의 국립공원에 해당)입니다. 주자이거우의 투명한 물은 낮에는 청색, 저녁에는 오렌지색 등으로 다채롭게 변하는데, 그 비밀은 물속에 녹아 있는 나노입자(크기가 나노미터 정도인 입자. 1나노미터는 10억 분의 1미터)에 있습니다. 봄이 되면 겨울에 내린 눈이 녹아 계곡을 따라 흘러내립니다. 이 물이 석회질 성분의 나노입자들과 섞여 호수에 다다르고, 나노입자들이 다른 곳에서는 볼 수 없는 신비한 물빛을 만들어내는 것입니다.

이처럼 나노미터 크기의 작은 물질들은 흥미로운 자연현상을 일으킵니다. 그리고 이들의 성질을 연구하는 분야를 **나노과학**(흔히 줄여서 NT라고 부릅니다)이라고 부릅니다. 1980년대에 들어와 양자역학과 실험 기술이 발전하고, 나노물질의 실용성이 높다는 사실이 알려지면서, 나노과학 연구 또한 폭발적으로 증가했습니다. 어떤 연구가 이루어지고, 어떤 것들이 발견되어 우리를 놀라게 했는지 이제부터 살펴보겠습니다.

파인만: 바닥에 많은 공간이 있다

소립자물리학 연구로 1965년에 노벨 물리학상을 받은 미국의 괴짜 물리학자 파인만(1918~1988)은 과학의 다양한 분야에 관심을 가진 것으로 유명합니다. 1959년에 그는 "바닥에 많은 공간이 있다"라는 제목의 유명한 강연을 합니다. 내용을 요약하자면, 작아 보이는 공간이나 물체에도 백과사전을 적을 만큼 무궁무진한 공간이 남아 있다는 것, 그래서 연구할 거리가 매우 많이 남아 있다는 것이었지요. 그는 참석자들에게 물체의 크기를 아주 작게 줄여 나노세계로 들어가면 새롭고 신기한 현상들을 무궁무진하게 만날 테니, 나노세계에 관해 연구해보라고 이야기합니다.

또한 참석자들의 도전 정신을 자극하기 위해 당시에는 불가능한 일이었던 두 가지 과제를 내고, 과제를 푼 사람에게 1,000불의 상금을 주겠다고 약속합니다. 하나는 초소형 모터를 만드는 것이었고, 다른 하나는 24권 분량의 백과사전에 실린 내용 전부를 옷핀 머리에 적어 넣는 것이었습니다. 당시로서는 어느 것 하나 쉽지 않은 일이었지요.

첫 번째 과제는 미니어처 모터를 만들면 되는 비교적 간단한 문제여서 다음 해인 1960년에 답이 나왔습니다. 반면 두 번째 과제는 글

　아주 작은 것들의 세계에는 바닥이 없다

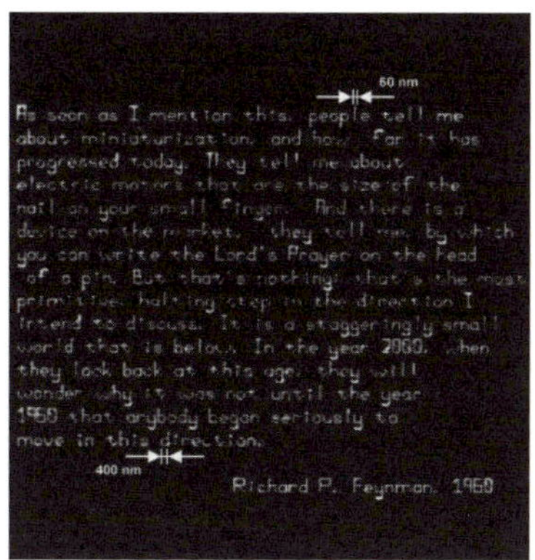

리처드 파인만과 딥펜 나노리소그래피 기술로 쓴 파인만 강연의 연설문. 전체 크기가 머리카락 단면보다 작습니다.

자의 크기를 나노미터 수준으로 줄여야 했기에 쉽게 해답을 찾지 못했지요. 이 문제는 곧 나노과학의 출발점이 되었습니다.

이후 파인만의 두 번째 과제를 풀기 위한 노력이 이어졌습니다. 1985년 미국 스탠퍼드 대학 실험실에서는 전자빔을 이용하여 영국 작가 디킨스의 소설을 2만 5,000분의 1로 축소했고, 1996년 미국 노스웨스턴 대학 실험실에서는 딥펜 나노리소그래피 기술을 사용하여 1959년에 있었던 파인만 강연의 연설문을 머리카락 단면보다 작은 면적에 적어 넣는 데 성공했습니다.

나노와 나노과학이란?

이미 잘 알고 있겠지만, 나노에 대해 다시 한 번 설명을 하겠습니다. 나노는 10억 분의 1을 가리키는 접두사(명사 앞에 붙이는 단어)입니다. 따라서 나노미터는 1미터의 10억 분의 1인 길이를 뜻

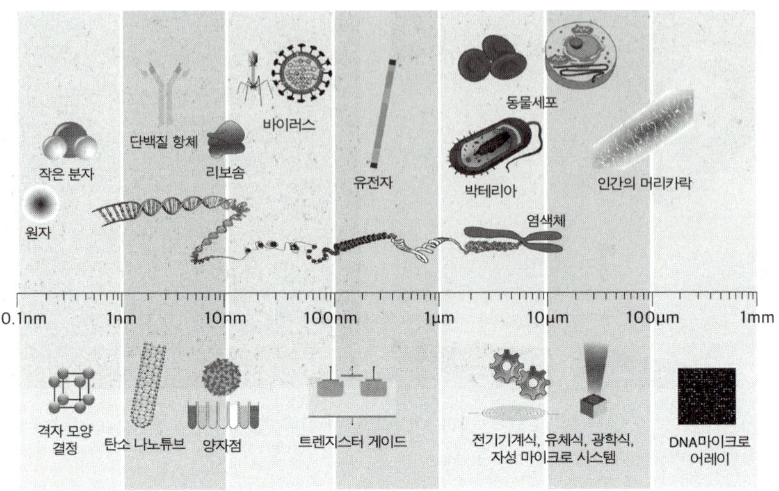

그림1 작은 물체들의 크기. 나노미터 크기의 원자, 분자부터 수천 나노미터 크기의 적혈구, 수만 나노미터 크기의 머리카락까지 다양합니다.

하고, 나노그램은 1그램의 10억 분의 1인 질량을 뜻합니다. 단위에 사용되는 나노와 비슷한 접두사로는 센티, 밀리 등이 있습니다. 센티는 100분의 1, 밀리는 1,000분의 1을 의미하지요. 센티미터가 100분의 1미터, 밀리미터가 1,000분의 1미터 또는 0.1센티미터인 것은 이 때문이지요.

원자의 크기가 0.1~1나노미터, 분자의 크기가 수십 나노미터 정도이므로, 나노과학은 원자나 분자(산소 분자는 물론 DNA, 단백질과 같은 고분자까지 포함합니다)에 관한 과학 분야 전부를 포괄합니다. 다시 말해 나노과학은 물리학, 화학, 생물학은 물론이고, 재료공학, 전자공학, 화학공학 같은 공학 분야까지 포함하는 융합과학으로, 현대과학의 특징을 잘 보여주고 있습니다.

구체적으로 말해서 나노과학은 나노미터 크기의 원자나 분자들을 적절히 다루어 새로운 물질이나 구조를 만들고, 그 성질을 과학

    아주 작은 것들의 세계에는 바닥이 없다

적으로 조사하는 과학 분야입니다. 이처럼 나노과학이 자연에 없는 물질이나 구조를 만드는 까닭은, 이러한 물질들의 실용적 가치가 높기 때문입니다.

지금은 과거에 볼 수 없었던 수많은 물질들이 개발되어, 우리 생활을 편리하게 해주고 있습니다. 마음대로 휘어지는 투명 디스플레이, 탄소섬유로 만든 강하면서도 아주 가벼운 덮개, 얇으면서도 열 손실을 효율적으로 막아주는 열차단재 등 주위를 둘러보면, 매우 많은 예를 발견할 수 있지요. 이들은 모두 원자나 분자를 인공적으로 조작하여 만든 물질들입니다.

새로운 탄소 구조의 발견

공기 중에 질소, 산소 다음으로 많은 탄소로 이루어진 물질에 대해 알아보겠습니다. 보통 탄소 원자들은 서로 모여 고체 상태로 존재합니다. 가장 흔한 것이 바로 연필심으로 사용하는 흑연이지요. 흑연의 표면을 전자현미경으로 확대해보면, 탄소 원자들이 육각형의 벌집 모양을 이루고 있는 것을 볼 수 있습니다. 정확히는 이런 벌집이 층층이 쌓여 있지요. 종이에 연필로 글씨를 쓸 수 있는 이유는, 연필심의 탄소 벌집 층 사이에 작용하는 힘이 약해 글씨를 쓸 때 탄소 벌집 층들

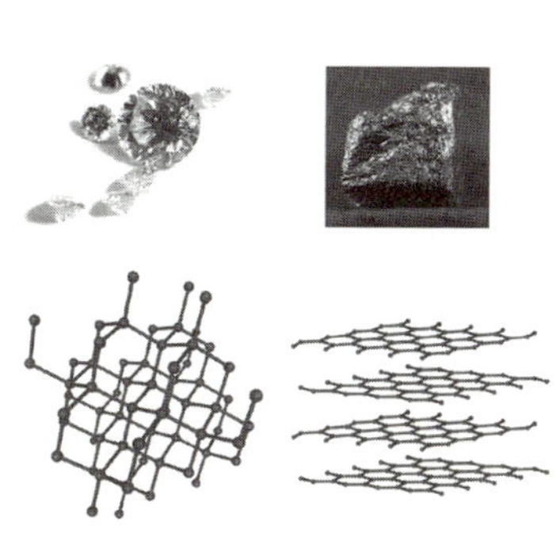

그림2 탄소로 구성된 물질과 내부 구조: 다이아몬드(왼쪽)와 흑연

이 쉽게 떨어져 나와 종이에 붙기 때문입니다.

또한 보석인 다이아몬드도 흑연처럼 순수한 탄소 덩어리입니다. 단지 차이가 있다면, 탄소 원자들의 배열 구조가 흑연과 다르다는 것뿐이지요. 다이아몬드의 탄소 원자들은 벌집 모양이 아니라, 위, 아래, 옆에서 서로 단단하게 붙들고 있는 모양입니다. 따라서 다이아몬드는 투명하고, 매우 단단하지요. 이처럼 원자나 분자들이 배열된 구조는 물질의 성질에 큰 영향을 미칩니다.

나노과학 연구가 활발해지면서, 세 개의 탄소 구조가 새로 발견되었습니다. 하나는 축구공 모양의 구조로, **풀러렌**이라고 부릅니다. 탄소 원자 60개로 오각형과 육각형을 만들고, 이것을 접어 축구공처럼 둥근 구조를 만드는 것이지요. 다음은 **탄소나노튜브**입니다. 흑연의 벌집 층 하나를 김밥 말듯이 말 때 생기는 구조로, 가는 튜브(관 또는 파이프) 모양을 하고 있습니다. 마지막은 흑연의 벌집 층 하나만을 떼어낸 **그래핀**입니다. 가장 늦게 발견된 그래핀은 실제로 투명 접착 테이프를 연필심에 살짝 대었다 떼는 방법으로 얻어졌고, 이를 발견한 물리학자들은 2010년에 노벨 물리학상을 받았습니다. 이런 간단한 일을 하고도 노벨상을 받을 수 있다니 참 신기하지요?

탄소나노튜브는 현재 실리콘 중심의 반도체소자를 대체할 전자

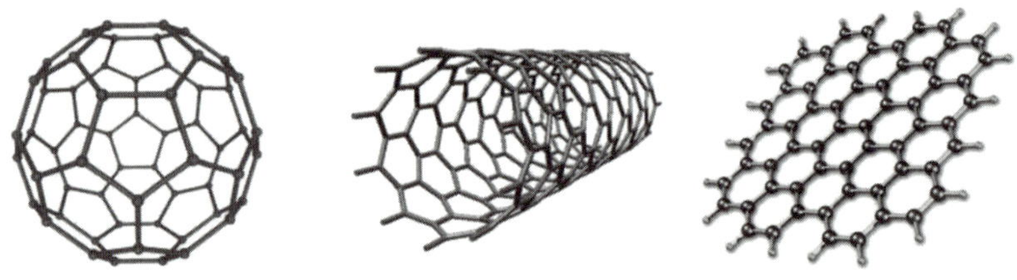

그림3 새로 발견된 탄소 구조들: 풀러렌(왼쪽), 탄소나노튜브(중간)와 그래핀(오른쪽)

     아주 작은 것들의 세계에는 바닥이 없다

소자의 소재로서 이용을 모색 중이고, 그래핀 또한 얇고 잘 휘어지는 휴대용 디스플레이의 소재로서 활발히 연구되고 있어, 조만간 이들을 활용한 전자제품을 만날 수 있을 것입니다.

이와 같은 새로운 탄소 구조가 발견될 수 있었던 이유는, 새 탄소 구조를 분리해내고, 탄소 원자의 위치를 관측하며, 탄소 구조의 물성을 측정하는 실험 기술이 발전한 덕분입니다. 그럼 나노미터 크기의 구조는 어떤 방법으로 관찰하고, 또 만들어낼 수 있었을까요?

원자나 분자를 갖고 놀다

나노미터 크기의 구조를 관찰하려면, 특수한 현미경이 필요합니다. 전자현미경을 이용하면, 탄소나노튜브나 그래핀에서 탄소 원자가 어떻게 배열되어 있는지를 볼 수 있지요.

더불어 나노과학에서는 크기가 크고 복잡한 전자현미경 대신 주사탐침현미경을 더 많이 사용합니다. 원자의 배열을 볼 수 있을 뿐 아니라, 원자들을 떼어냈다가 붙일 수 있기 때문이지요. 1993년 미국 IBM 연구소에서는 이 현미경으로 원자를 조작해 세계에서 가장

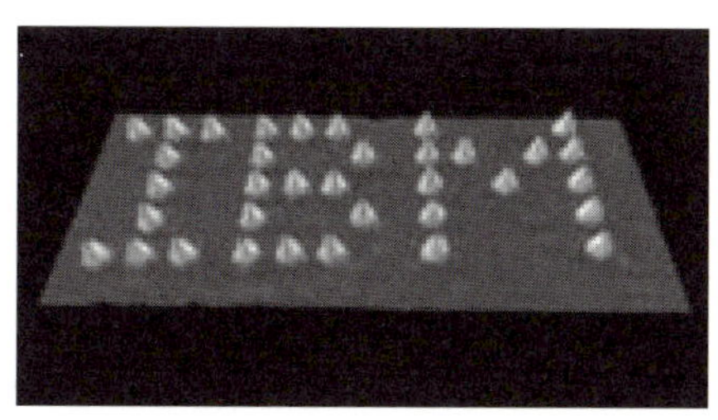

그림4 세계에서 제일 작은 문자. 글자 I는 9개의 원자(작은 원뿔)로 만들었습니다.

그림5 주사탐침현미경으로 원자를 조작해 만든 양자 산호초 모습.

작은 IBM 로고와 양자 산호초를 만들어 과학계를 놀라게 했습니다. IBM 로고의 글자 I는 원자 9개를 사용해 만들었습니다.

주사탐침현미경의 한 종류인 **원자힘현미경**(줄여서 AFM이라 부릅니다)은 나노과학 연구에서 없어서는 안 될 중요한 장비입니다. 이 현미경으로는 원자의 배열을 볼 수 있을 뿐 아니라, 원자나 분자가 물체의 표면에 얼마나 단단히 붙어 있는지도 알 수 있습니다.

나노물질의 특성

이제 앞서 소개한 중국 주자이거우의 다채로운 물빛을 만든 나노입자에 대해 살펴보겠습니다. 입자의 지름이 3나노미터에서 5나노미터까지 각양각색인 금 나노입자를 만들어 투명한 액체(이를테면 물)에 섞으면, 액체의 색깔이 붉은색부터 하늘색까지 다양하게 변합니다. 금 나노입자가 다른 파장의 빛을 흡수하기 때문이지요. 단지 다양한 크기의 입자를 녹이는 것만으로, 액체의 색을 바꿀 수 있다니 신기하지요? 주자이거우의 물빛이 변하는 것 역시 같은 원리입니다.

입자의 크기를 나노미터 수준으로 줄이면, 화학 반응이 크게 증가합니다. 이러한 특성 때문에 나노입자는 주로 촉매로 사용되지요. 촉매란 화학반응을 촉진시키기 위해 사용하는 물질입니다. 일례로 자동차에서 나오는 유해한 배기가스의 배출을 줄이기 위해서는 백금 나노입자가 촉매로 사용되는데, 우리나라는 이 백금 나노입자가 들어 있는 촉매 장치를 모든 자동차에 의무적으로 설치하도록 하고 있습니다.

    아주 작은 것들의 세계에는 바닥이 없다

연잎과 나비 날개의 비밀

자연은 아주 오래전부터 나노과학을 응용해왔습니다. 연잎과 나비 날개가 대표적인 예이지요. 늪에서 자라는 연꽃의 연잎에는 어쩔 수 없이 흙먼지가 닿을 수밖에 없습니다. 하지만 연잎을 보면 항상 깨끗하지요. 아침에 연잎에 맺힌 이슬방울이 먼지와 함께 아래로 굴러떨어지기 때문입니다. 그렇다 해도 아직 의문점이 남아 있습니다. 보통 유리 위에 물을 떨어뜨리면 물방울 자국이 남아 얼룩이 생기는데, 연잎은 얼룩 하나 없이 깨끗합니다. 어떻게 이런 일이 가능한 걸까요?

바로 연잎 표면의 나노구조 때문입니다. 연잎을 전자현미경으로 확대해보면, 나노 미세돌기를 볼 수 있습니다. 이 나노 미세돌기 때문에 먼지가 연잎 표면에 붙지 못하고 떠 있게 되고, 표면에 닿은 물 역시 뭉쳐져 작은 물방울이 됩니다. 그리고 이 물방울이 연잎을 따라 이동하면서 먼지와 더불어 연잎 밖으로 떨어지는 것이지요.

나비 날개도 이와 비슷한 나노구조를 가지고 있습니다. 이 나노구조로 인해 나비 날개는 화려한 색을 띠게 되지요. 전복이나 조개의 껍질 안쪽에서 볼 수 있는 영롱한 무지개 색 역시 나비 날개와 비슷한 나노구조 때문에 나타납니다.

따라서 연잎이나 나비 날개의 나노구조를 흉내 낸 유리창 표면을 만들면, 먼지가 붙지 않아 항상 깨끗하고 영롱한 유리창을

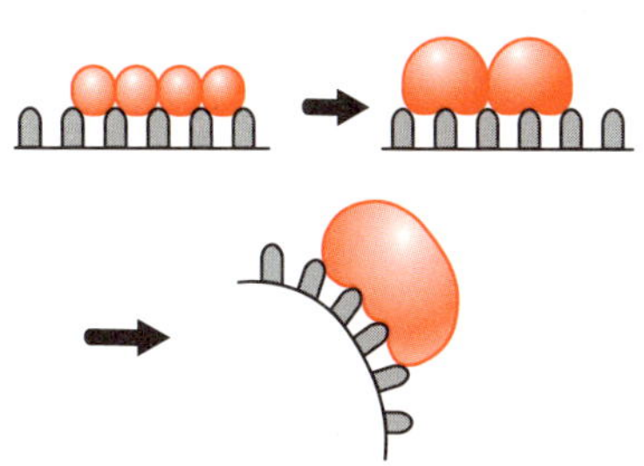

그림6 연잎 표면에서 물방울이 굴러떨어지는 원리

얻을 수 있습니다. 이미 이런 제품을 만들어 생산하는 곳도 있지요. 이처럼 자연을 관찰하고 좋은 점을 찾아내어 이를 흉내 낸 기술을 **자연모방기술**이라 부릅니다.

나노 세계에는 실용성이 높은 것들이 무궁무진하게 많습니다. 여러분도 자연을 잘 관찰하고 이용하여, 유용한 제품을 발명해보면 어떨까요?

　　　　아주 작은 것들의 세계에는 바닥이 없다

이를 알아보기 위해 우선 변의 길이가 1인 정육면체를 떠올려봅시다. 그리고 이 정육면체의 표면적/부피를 구해봅시다.

$$부피 = 1^3 = 1, \ 표면적 = 6 \times 1^2 = 6, \ 표면적/부피 = 6/1 = 6$$

이제 각 변의 중앙을 칼로 자릅니다. 그러면 $2^3 = 8$, 즉 8개의 작은 정육면체가 생기는데, 새 정육면체의 변의 길이는 1/2입니다. 이제 새 정육면체의 표면적/부피를 구해보세요.

$$부피 = (1/2)^3 = 1/8, \ 표면적 = 6 \times (1/2)^2 = 6/4, \ 표면적/부피 = 12$$

그런데 새 정육면체가 8개 있으므로, 전체 정육면체의 표면적/부피는 $12 \times 8 = 96$, 즉 96입니다. 자르기 전보다 무려 16배나 커졌습니다. 정육면체가 모두 나노입자가 될 때까지 이 작업을 계속하다 보면, 표면적/부피의 값이 엄청나게 커지는 것을 확인할 수 있습니다.

화학반응은 주로 물체의 표면에서 일어나는데, 나노입자는 부피에 비해 표면적이 매우 크기 때문에 화학반응을 더욱 잘 일으킵니다. 이런 특성을 활용하면, 바이러스와 같은 세균을 나노입자 표면에 달라붙게 해 죽이는 항균물질을 만들 수 있습니다. 이외에도 잘 끊어지지 않고, 열에 잘 견디며, 잘 닳지 않는 물질들을 만들 수 있지요.

예측할 수 없는 혼돈에도 법칙은 숨어 있다

로렌츠 방정식과 카오스 이론

2015년 네팔에서 지진이 일어나서 많은 이들이 크게 다치거나 죽었습니다. 또 그전에는 일본, 아이티 등에서도 막대한 지진 피해가 발생했지요. 지구온난화의 영향 때문인지, 세계적으로 큰 지진들이 연이어 일어나고 있습니다. 그에 따라 해일과 같은 자연재해가 일어나는 빈도도 이전보다 훨씬 늘었지요. 우리나라는 지진으로부터 안전하다며 안심하고 있지만, 《삼국사기》《고려사》《조선왕조실록》을 보면 한반도에서도 과거 큰 지진이 여러 차례 일어난 걸 알 수 있습니다.

백두산이라는 활화산이 존재하기 때문에, 화산 활동의 위험도 여전히 남아 있지요. 몇몇 학자들은 고구려 멸망 후 세워진 발해가 얼마 안 가 멸망한 이유로 백두산의 화산 폭발을 들곤 합니다. 엄청난 화산재가 발해의 수도를 뒤덮어 폐허로 만들면서 국력이 급격히 약화되어 멸망하였다는 것이지요. 백두산은 1903년의 마지막 화산 활동을 끝으로 지금까지 100년 이상 화산 활동을 멈추고 있지만, 언제 다시 화산 활동이 일어날지는 아무도 알 수 없습니다.

자연재해가 두려운 가장 큰 이유는 이처럼 그것이 언제 일어날지 예측할 수 없기 때문입니다. 준비 없이 재해를 맞이하여 피해가 커지는 것이지요. 우리가 자주 겪는 태풍을 예로 들어봅시다. 태풍 피해를 막으려면, 정확한 일기예보가 필요합니다. 하지만 태풍에 관한 기상청의 예보는 틀릴 때가 많지요.

물론, 기상청의 일기예보가 이전보다 비교적 정확해진 것은 사실입니다. 내일이나 모레의 일기 정도는 거의 확실히 예측할 수 있지요. 일주일 후의 일기에 대한 예보도 50% 이상 정확합니다. 하지만 한 달 뒤의 날씨에 대한 예보나 태풍의 진로와 같은 중요한 예측은 여전히 부정확합니다. 왜 그럴까요? 기상을 측정하는 인원과 장비가 부족해서일까요? 아니면 기상이 지진이나 화산처럼 본래 예측하기 어려운 성질을 가지고 있어서일까요? 지금부터 그 이야기를 해보겠습니다.

제3 과학혁명

과학은 지금도 여전히 발전을 거듭하고 있습니다. 물리학도 예외는 아니어서 최근에도 새로운 결과들이 계속해서 발표되고 있지요. 물론 상대성이론이나 양자역학처럼 기존의 물리학을 송두리째 뒤흔들 정도는 아니지만 말입니다.

우리는 새로운 사실이나 이론이 발견되어 기존의 사고방식을 뒤

에드워드 로렌츠

흔들고 과학계에 큰 변화가 생기는 것을 과학혁명이라고 부릅니다. 코페르니쿠스가 1543년에 지동설을 발표하여 중세과학에서 근대과학으로 발전하게 된 것이 첫 번째 과학혁명, 즉 **제1 과학혁명**이었지요.

이후 1900년에 플랑크의 양자가설이, 1905년에 아인슈타인의 상대성이론이 발표되어 원자 세계와 시간과 공간에 대한 우리의 생각을 크게 바꾸어놓았습니다. 현대물리학을 태동시킨 이 사건을 **제2 과학혁명**이라고 부릅니다.

그 뒤 로렌츠(1917~2008)라는 미국의 기상학자가 1963년에 카오스 이론(흔히 **혼돈 이론**이라고 부릅니다)이라는 놀라운 이론을 발표하면서 **제3 과학혁명**이 시작되었습니다. 혼돈 이론의 핵심은 지진이나 기상 변화처럼 자연에는 본래 예측 불가능한 영역이 있다는 것입니다. 로렌츠는 우리가 자연재해를 예측하기 어려운 이유는 과학이 아직 충분히 발전하지 않아서도, 과학적 예측에 필요한 데이터와 계산 능력이 부족해서도, 컴퓨터의 처리 속도가 느려서도 아니라고 말했습니다. 본디부터 자연의 성질에 예측하기 어려운 부분이 있기 때문이라고 주장했지요.

그의 카오스 이론은 과학뿐 아니라 사회 전반에 걸쳐 사고의 전환을 일으켰습니다. 인간은 늘 자연현상에 대해 속속들이 알고자 했지만, 자연은 그것을 허락하지 않는 것 같습니다. 한편으로는 그래서 더욱 인생이 재미있어지는 게 아닐까요? 이제부터는 과학계를 대혼돈으로 몰아넣은 카오스에 대해 알아보겠습니다.

     예측할 수 없는 혼돈에도 법칙은 숨어 있다

더 이상 신은 필요 없다

성경이나 여러 민족의 창조 신화를 읽어보면, 무지한 인류에게 자연은 두려움의 대상이었습니다. 자연현상에는 혼란스럽고 예측하기 힘든, 이해할 수 있는 것들보다 이해할 수 없는 것들이 훨씬 많았지요. 하지만 세월이 지나 과학이 발달하면서 사람들은 자연을 더 이상 신비하거나 무서운 존재가 아니라, 자연법칙에 따라 움직이는 하나의 기계로 보게 되었습니다. 특히 뉴턴에게 있어 태양계는 단지 중력법칙에 따라 질서 정연하게 움직이는 거대한 기계에 불과했지요(그럼에도 뉴턴은 평생 하느님을 믿는 충성스런 기독교 신자였습니다). 결국 우리는 이러한 법칙에 따라 수백 년 뒤에 일어날 일식이나 월식까지도 정확히 예측할 수 있게 되었습니다. 이처럼 뉴턴으로부터 출발한 기계적 자연관은 1700년대 후반 프랑스의 수학자 라플라스(1749~1827)에 이르러 절정을 맞이하게 됩니다.

어릴 때부터 수학에 남다른 재능을 보였던 라플라스는 파리 군관학교에서 수학을 가르쳤습니다. 그 뒤 1799년 나폴레옹이 쿠데타로 권력을 잡자, 내무부 장관이 되었다가 한 달 만에 쫓겨났지요. 이유는 나폴레옹이 그를 수학자로서는 유능하지만, 공무원으로서는 무능하다고 판단했기 때문입니다. 이후 라플라스는 프랑스 황제가 된 나폴레옹에게 천체 운동에 관해 쓴 책을 바치면서 "우주를 움직이기 위해 신은 더 이상 필요 없다"라고 말했습니다. 많은 과학자들이 신의 천

피에르 시몽 드 라플라스

사가 신의 명령으로 행성을 움직이고 있다고 믿었던 시절이니만큼, 그의 이 말은 신을 부정하는 엄청나게 대담한 주장이었지요.

라플라스는 이 책에서 어느 한 순간 우주의 모든 상태를 알 수 있다면, 이후에 일어날 일들을 모두 예측할 수 있다고 장담하였습니다. 그리고 거대한 계산기(지금으로 말하면 초대형 슈퍼컴퓨터)가 없다는 사실에 탄식했지요. 그는 이런 계산기만 있다면, 우주의 현재 상태에 대한 데이터를 입력하여 얼마든지 미래를 예측할 수 있다고 믿었습니다.

라플라스의 이런 견해를 **결정론**(예정론이라고도 부릅니다. 미래의 모든 것이 이미 결정되어 있다는 주장입니다)이라고 부르는데, 과학자들은 카오스 이론이 등장하기 전까지 이를 과학의 근본원리로 믿었습니다. 이 결정론에 의하면, 과학 법칙을 사용해 이후에 무슨 일이 일어날지를 예측할 수 있지요. 다만 예측의 정확성을 높이기 위해서는 복잡한 수학모델과 빠른 슈퍼컴퓨터가 필요합니다. 일기예보 역시 이런 결정론에 근거하여 미래의 일기를 예측해왔습니다.

라플라스의 말대로라면, 이제 과학자들은 슈퍼컴퓨터와 복잡한 수학모델, 정확한 관측 데이터를 갖게 되었으니, 미래의 기상 상태를 정확하게 예측할 수 있어야 합니다. 그러나 아이러니하게도, 우리 주위에는 여전히 과학의 사각지대라고 할 수 있는 불확실한 영역들이 존재하지요. 다시 말해, 일기예보를 포함하여 예측하기 힘든 자연현상들이 얼마든지 존재합니다.

오늘날 각국에서는 전 세계에 퍼져 있는 기상, 지진, 화산, 해일 관측소와 각종 인공위성을 통하여 자연의 데이터를 시시각각 수집하고, 이를 슈퍼컴퓨터로 분석하여, 자연재해를 예측하려 하고 있습니다. 이를 위해 엄청난 예산과 인원을 투자하고 있지요. 물론 이런 노

     예측할 수 없는 혼돈에도 법칙은 숨어 있다

력과 예보 덕분에 어느 정도 피해가 줄기는 했지만, 피해를 완전히 막는 일은 여전히 어렵기만 합니다.

로렌츠 방정식: 기상 변화의 모델

1963년 미국 MIT의 기상학자 로렌츠는 이제 막 발명된 컴퓨터를 사용해 무언가를 계산하고 있었습니다. 그는 변덕스런 기상 변화를 설명할 목적으로, 간단한 수학모델(장난감 모델이라고도 부릅니다. 실제 대상을 설명하기에는 너무 단순한 모델을 일컫습니다)을 떠올려보았지요. 로렌츠의 장난감 모델(나중에 **로렌츠 방정식**이라고 부릅니다)에서는 대기가 대류 현상을 일으켜 날씨 변화가 생깁니다.

생소한 단어들이라 어렵지요? 우선 날씨의 변화가 일어나는 과정부터 간단한 예로 설명해보겠습니다. 가스레인지로 냄비에 든 물을 끓이면, 우선 냄비 바닥에 있는 물은 높은 온도로 인해 팽창하면서 밀도가 낮아져 위로 상승하고, 반대로 수면 가까이에 있는 물은 온도가 낮고 밀도가 크기 때문에 아래로 내려가는 대류 현상이 일어납니다.

로렌츠는 이처럼 날씨를 결정하는 가장 중요한 현상이 공기의 대류일 거라 생각하고, 날씨와 관계된 자연의 여러 요소들(바람의 세기와 방향, 습도, 지면의 온도, 대기의 온도, 기압 등등) 가운데서 세 가지 요소를 선택하였습니다. 지면과 대기 상층의 온도 차이, 대기의 이동속도, 고도에 따라 대기 온도가 직선에서 벗어난 정도(대기 온도의 비선형성이라고 부릅니다)가 바로 그것이지요. 로렌츠는 이를 이용해 로렌츠 방정식을 만들어냈습니다.

로렌츠 방정식과 슈뢰딩거 방정식(양자역학의 기본이 되는 방정식)은 둘 다 미분 방정식이지만, 로렌츠 방정식은 **비선형 미분 방정식**이고 슈뢰딩거 방정식은 **선형 미분 방정식**이라는 점이 다릅니다. 즉 변수 x, y가 있을 때 x 또는 y항을 선형 항, xy, x^3, $\sin x$와 같은 항을 비선형 항이라고 부릅니다. 비선형 미분 방정식은 선형 미분 방정식에 비해 복잡하기 때문에 보통 컴퓨터를 사용해 풉니다.

로렌츠 방정식의 풀이가 어떤 성질을 가지는지 이해하기 위해, 냄비의 물을 가열하는 상황을 다시 한 번 인용해보겠습니다. 불을 아주 약하게 했을 때, 냄비 속의 물은 대류를 일으키지 못하고 정지해 있습니다. 불을 조금 세게 하면, 대류 운동이 계속해서 일어납니다. 이렇게 물이 정지해 있거나 일정한 주기로 대류 운동을 하는 것을 **규칙 운동**이라고 부르며, 이는 예측이 가능합니다. 이제 물을 더 세게 가열하면, 대류 운동이 격렬해지면서 수면이 부글부글 끓게 됩니다. 이런 운동을 **불규칙 운동**이라고 하지요. 불규칙 운동은 규칙 운동과 달리, 일정한 주기가 없기 때문에 예측하기가 어렵습니다.

로렌츠는 로렌츠 방정식의 계산을 통해 냄비 속의 물과 같은 현상이 대기에서도 일어나는 것을 확인하였습니다. 뜨거운 지면과 차가운 대기 상층의 온도 차이에 따라 대기가 정지, 규칙적인 대류 운동, 혹은 불규칙한 운동을 하였지요. 다시 말해 지면과 대기 상층의 온도 차이에 의해, 다양한 기상 상태가 생겨날 수 있음을 확인한 것입니다.

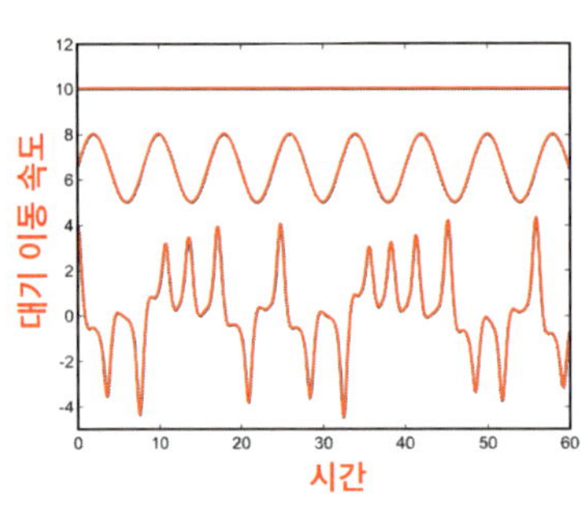

그림1 로렌츠 방정식에서 나타나는 대기 운동. 정지(맨 위), 대류 운동(중간)과 불규칙 운동(아래).

 예측할 수 없는 혼돈에도 법칙은 숨어 있다

카오스의 발견: 결정론이 무너지다

로렌츠 방정식의 세 요소들이 어떤 운동을 하는지 알려면, 시간에 따라 세 요소가 일으키는 변화를 그래프로 그려보면 됩니다. 만약 지면과 대기 상층의 온도 차이가 작으면, 대기가 규칙 운동을 합니다. 반면 온도 차이가 크면, 불규칙하고 예측하기 어려운 운동을 하지요. 이처럼 복잡한 운동 상태를 카오스라고 부릅니다.

로렌츠 방정식은 우리에게 다음과 같은 사실을 깨닫게 해주었습니다.

첫째, 성격이 전혀 다른 카오스 운동과 규칙 운동이 모두 동일한 방정식에서 나온다는 것입니다. 로렌츠 이전에는 대상에 작용하는 힘이 규칙적이면 규칙 운동이, 불규칙적이면 카오스 운동이 일어난다고 생각했습니다. 따라서 원인인 힘이 불규칙하기 때문에, 카오스를 이해할 수 없다고 보았지요.

로렌츠 방정식에 의해 비로소 카오스도 규칙 운동처럼 자연법칙에 따라 생기는 자연스런 운동이라는 것을 알게 되었습니다. 이처럼

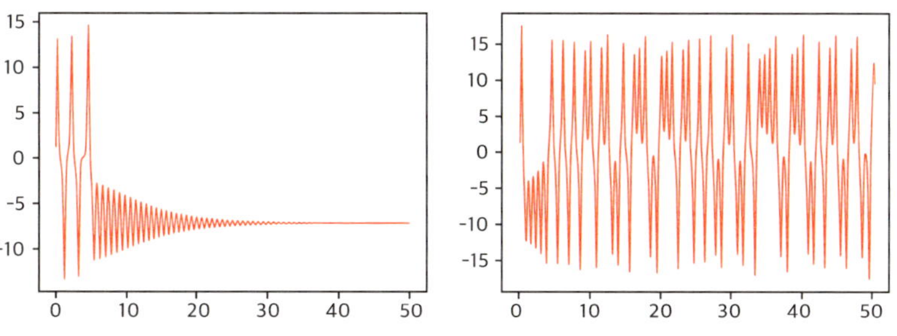

그림2 로렌츠 방정식 가운데 한 요소의 시간 변화를 보여주는 그래프. 수평축은 시간, 수직축은 요소의 값입니다. 왼쪽은 약한 대류를 일으키다가 멈추는 운동이고, 오른쪽은 변화가 불규칙적이어서 예측하기 어려운 카오스 운동입니다.

자연법칙에 의해 나타나며, 로렌츠 방정식과 같은 수학 방정식(또는 수학식)으로 표현되는 카오스를 **예정된 카오스**라고 부릅니다. 예정된 카오스는 사실 어떤 자연법칙으로 인해 생기는지만 알면 예측 가능합니다. 따라서 이는 불규칙적인 원인에 의해 생기는, 진짜 예측하기 어려운 잡음(전파잡음을 생각하면 됩니다)과 구별됩니다.

둘째, 카오스일 때는 **프랙탈**이라는 재미있는 기하적 구조가 나타납니다. 프랙탈은 1975년 프랑스의 수학자 망델브로(1924~2010, 만델브로트라 부르기도 합니다)가 처음 소개한 것으로, **자기유사성**을 가진 기하적 구조를 말합니다.

프랙탈이 무엇인지 이해하기 위해 정삼각형을 가지고 프랙탈을 만들어봅시다. 정삼각형의 각 변 중앙을 연결하여, 가운데에 작은 정삼각형이 생기면 이 정삼각형을 잘라냅니다. 남은 3개의 작은 정삼각형에도 같은 방법을 적용해 가운데의 작은 정삼각형을 잘라냅니다. 이런 식으로 연속해서 가운데 정삼각형을 잘라내면, 시에르핀스키 삼각형이라 부르는 프랙탈이 만들어지지요. 시에르핀스키 삼각형의 일부를 확대하면 원래의 삼각형의 모습이 그대로 반복해서 나타나기 때문에, 스스로 닮아 있다고 하여 '자기유사성을 가진다'라고 합니다. 이처럼 프랙탈은 단순한 패턴이 무한히 반복되는 구조를 가지고 있기 때문에, 겉보기엔 단순해 보여도 아주 복잡합니다. 자연이 우리에게 매번 놀라움을 선사하는 이유는, 자연에 나뭇가지, 나뭇

그림3 프랙탈 구조인 시에르핀스키 삼각형 만들기

 예측할 수 없는 혼돈에도 법칙은 숨어 있다

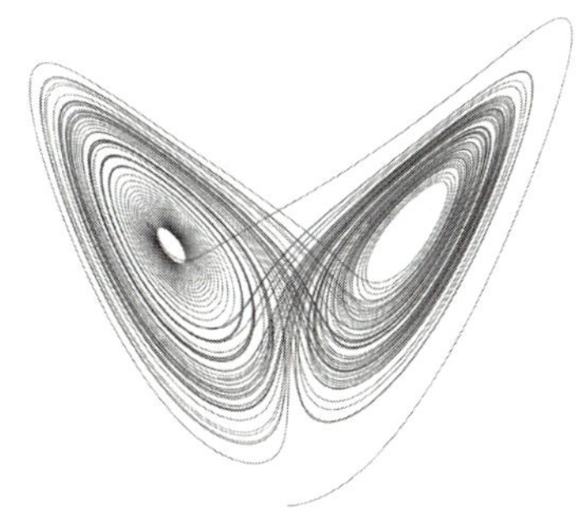

그림4 카오스 운동을 하는 로렌츠 방정식에서 나타나는 나비 끌개. 프랙탈 구조를 가지고 있습니다.

잎, 산맥 등등 많은 프랙탈들이 숨어 있기 때문이지요.

로렌츠 방정식의 세 요소가 시간에 따라 변화하는 궤적을 그래프로 그려보면, 나비를 닮은 구조가 나타납니다. 나비 끌개(로렌츠 끌개, 또는 **카오스 끌개**라고도 부릅니다)라는 이름을 지닌 이 모양은 여러 겹의 선들로 이루어져 있지요. 이 선들은 절대 겹치지 않으며, 확대했을 때 비슷한 모양이 계속해서 나타나는 프랙탈입니다. 세 요소들은 시간이 지남에 따라 나비의 두 날개 위를 불규칙하게 넘나들면서(그림2의 오른쪽 그래프를 보세요. 그래프의 위쪽 진동이 오른쪽 날개에서 회전하는 것이고, 아래쪽 진동이 왼쪽 날개에서 회전하는 것입니다) 카오스 운동을 하기 때문에, 특정한 시간에 어느 날개에 있을지 예측하기가 대단히 어렵습니다.

셋째, 예정된 카오스를 예측하기 어려운 이유는 세 요소가 나비 끌개의 두 날개를 불규칙하게 넘나들기 때문이 아니라, **나비효과** 때문이라는 것입니다. 나비효과란 중국 베이징에서 나비 한 마리가 날개를 펄럭이면, 이 작은 펄럭임이 증폭되어 1년 뒤 미국에 허리케인이 오게 된다는 데서 이름 붙여졌습니다.

예정된 카오스가 생기는 자연법칙만 알면, 사실 카오스도 정확히 예측할 수 있습니다. 문제는 이를 위해서는 정확한 현재 상태(데이터)를 법칙에 입력해주어야 하는데, 이것이 불가능하다는 것이지요. 예를 들어볼까요? 정확한 일기예보를 위해서는 우리나라의 기상모델은 물론이고, 전국에 흩어진 기후관측소에서 기상청으로 보내는

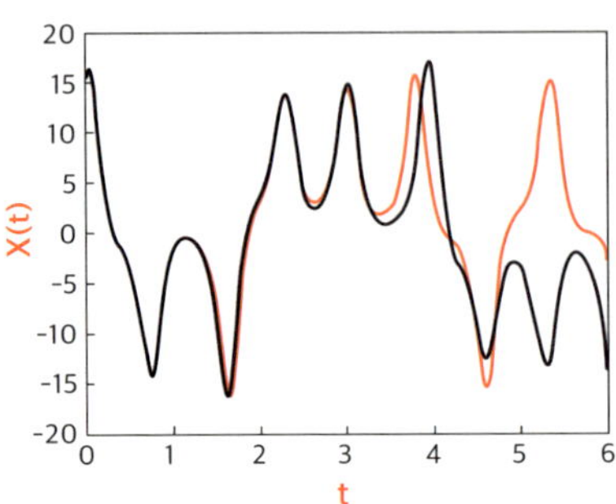

그림5 카오스의 나비효과. 두 곡선은 로렌츠 방정식에 약간 다른 초기 데이터 값을 넣어 얻은 결과입니다. 초기의 아주 미세한 차이가 시간이 지날수록 증폭되어, 나중에는 두 곡선이 전혀 다른 행동을 보입니다.

관측 데이터가 매우 중요합니다. 각 관측소에서는 현재의 기온, 구름의 양, 풍속 등을 측정해 기상청에 보고하는데, 이 과정에서 어쩔 수 없이 부정확성이 나타나지요. 예를 들어, 한 관측소에서 온도가 $20.5°$인데 $20.6°$로 잘못 보고하는 일이 생길 수 있습니다. 이런 부정확성은 일기예보에 어떤 영향을 미칠까요?

기상이 규칙 운동을 한다면, 이 정도의 부정확성은 별문제가 되지 않습니다. 조금 다른 데이터를 입력하여 계산하더라도 원래 얻게 될 예측 결과와 크게 다르지 않지요. 한참 시간이 흐르더라도 원래의 예측 결과와 잘못된 자료를 사용한 예측 결과와의 차이가 증가하지 않습니다. 따라서 조그마한 부정확성이 예측에 미치는 효과는 미미합니다.

그러나 기상이 카오스 운동을 할 때는 사정이 전혀 다릅니다. $0.1°$의 온도차가 예측 결과의 차이를 불러오며, 이는 시간이 갈수록 급격하게 증폭됩니다. $20.6°$를 입력하여 얻은 내일의 일기예보는 $20.5°$를 사용해 얻은 일기예보와 큰 차이가 없지만, 한 달 뒤의 일기예보는 맑음과 태풍처럼 완전히 다를 수 있다는 것이 카오스의 나비효과입니다.

정리하자면 카오스가 생기는 자연법칙(수학식)을 모를 경우, 불규칙적인 변화로 인해 예측이 어렵습니다. 그런데 자연법칙을 안

   예측할 수 없는 혼돈에도 법칙은 숨어 있다

다 하더라도 초기의 작은 차이가 시간이 지날수록 급격히 증가하여 점점 예측의 정확성이 낮아지지요. 하루나 이틀 후의 일기예보는 비교적 정확하나, 한 달, 한 계절 뒤의 일기예보는 정확성이 엄청나게 떨어지는 이유도 바로 나비효과 때문입니다. 이제 내년 여름은 엄청나게 더울 테니 겨울에 미리 에어컨을 사 두라는 광고를 보더라도 속지 않겠지요? 과학적으로 말이 안 되는 소리라는 걸 알게 되었으니까요.

지구의 공전운동은 과연 안전한가?

사람들 대부분은 지구의 공전운동을 의심해본 적이 없을 것입니다. 그래서 '지구의 공전운동은 과연 안전한가?'라는 질문은 그 자체로 당혹감을 안겨주지요. 그런데 이처럼 쓸데없어 보이는 의문에 처음으로 답한 과학자가 있었습니다. 바로 20세기 최고의 수학자인 프랑스의 푸앵카레(1854~1912)입니다. 똑똑한 푸앵카레가 왜 이런 황당한 문제를 푸는 데 노력을 기울였을까요?

태양계에 태양과 지구만 있다면, 지구는 당연히 안전합니다. 시간이 얼마나 흐르든 타원궤도를 그리며 태양 주위를 공전할 수 있지요. 이는 이미 뉴턴에 의해 증명된 사실입니다. 하지만 지구 주위에는 금성과 화성이 있어 지구에 중력을 작용합

앙리 푸앵카레

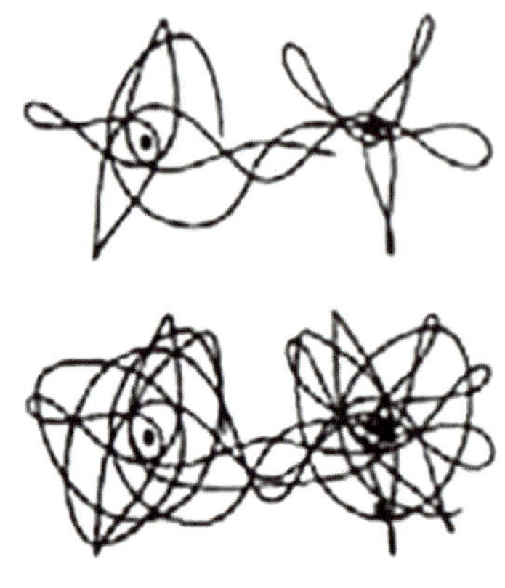

그림6 삼체문제. 두 태양(점으로 표시) 사이에서 한 행성이 카오스 운동을 하고 있습니다.

니다. 다만 모두 지구보다 가볍기 때문에 지구 운동에 미치는 효과는 미미하지요. 그렇다면 토성과 목성은 어떨까요? 토성은 지구 질량의 95배, 목성은 무려 318배나 되어, 이들 두 행성이 지구 운동에 미치는 영향을 무시할 수 없습니다. 이러한 영향을 받으면서도 지구가 과연 이전처럼 똑같이 타원궤도를 그리며 운동할 수 있을까라는 문제가 생기지요. 이는 뉴턴 시절부터 과학자들을 괴롭힌 문제였습니다. 그 누구도 여기에 명쾌한 답을 내릴 수 없었지요.

더불어 이 문제는 더욱 다양한 의문들을 낳았습니다. 그중에서 그나마 가장 간단히 풀 수 있었던 게 서로 중력을 작용하는 세 천체들의 운동을 푸는 **삼체문제**였지요.

1889년 스웨덴 왕 오스카르 2세는 자신의 생일을 기념하여 삼체문제를 푸는 사람에게 상을 주겠다고 공표하였습니다. 천체 운동 연구의 대가였던 푸앵카레 역시 당연히 이 문제에 도전하였지요. 푸앵카레는 중력이 작용하는 세 행성으로 구성된 천체계가 타원궤도를 따라 규칙적으로 움직이기도 하지만, 특수한 조건에서는 제멋대로 혼란스럽게 움직이는 카오스 운동을 한다는 것을 증명했습니다. 그리고 그 공로로 상금을 받았지요. 컴퓨터가 없던 시절이었음에도, 푸앵카레는 새로운 기하학적 방법을 고안하여 카오스 운동의 가능성을 보였습니다. 이 방법은 푸앵카레 단면이라는 이름으로, 지금도

     예측할 수 없는 혼돈에도 법칙은 숨어 있다

카오스 연구에 사용되고 있지요.

당시 푸앵카레가 발견한 카오스는 시대를 너무나 앞선 것이었기에, 그의 수학적 명성에도 불구하고 다른 과학자들의 관심을 끌지 못했습니다. 로렌츠가 다시 카오스를 발견한 후에야 비로소 푸앵카레가 발견한 것 역시 카오스였음을 깨닫게 되었지요. 지금까지 규칙적인 운동을 하는 것으로만 알았던 태양 주위를 도는 행성들의 운동, 줄에 매달려 진동하는 추의 운동, 심지어 심장의 박동에서도 카오스가 발견되었습니다. 카오스로 인해 이전의 상식이 뒤흔들리는 혼돈의 세계가 열린 것이지요. 물론 카오스는 예측하기 어렵다는 점에서 우리를 혼란스럽게 만들지만, 우리의 눈을 더 새롭게 하기도 합니다. 카오스가 있음으로 해서 우리는 자연을 변화무쌍하고 흥미로우며 아름다운 것으로 바라볼 수 있지요.

카오스는 규칙 운동처럼 자연법칙, 즉 수학식을 따르며, 여러 자연현상에서 나타납니다. 또 경제활동이나 우리 몸에서도 카오스를 발견할 수 있지요. 주식이나 달러 가격은 시간에 따라 불규칙하게 변하며 카오스를 보입니다. 아울러 인간의 뇌에서 나오는 뇌파를 측정해보면, 정상적인 사람에게서 불규칙한 카오스가 나타나지요. 반면 간질 환자의 뇌파는 매우 규칙적입니다. 이는 카오스가 우리 몸을 유지하는 근본적인 메커니즘이라는 것을 의미합니다. 따라서 카오스를 이해하면 질병을 치료할 방법을 찾아낼 수 있고, 주식 가격이 폭락하는 일도 막을 수 있습니다.

뿐만 아니라, 카오스의 나비효과를 응용해 기상재해인 태풍의 진로를 변경하려는 흥미로운 시도도 등장했습니다. 바다에 차단막을 덮으면 태풍이 바닷물로부터 에너지를 흡수할 수 없어 태풍의 에너지가 약간 줄어드는데, 이 변화가 나비효과를 일으켜 태풍의 진로를 크게 바꿀 수 있다는 것입니다.

　끝으로 우리의 인생은 그 자체로 카오스라 할 수 있습니다. 고구려 설화에 나오는 바보 온달과 평강공주의 이야기가 좋은 예이지요. 온달이 평강공주를 만나지 않았더라면, 그는 아마 장군이 되지 못했을 것입니다. 평강공주와의 만남이 몇 년 뒤 온달을 고구려의 위대한 장군으로 바꿔놓는 나비효과를 일으켰다고 할 수 있지요. 이 책과의 만남 또한 여러분의 인생을 바꾸는 나비효과로 이어지기를 바랍니다.

　　　　　예측할 수 없는 혼돈에도 법칙은 숨어 있다

쌓아올린 신경망 속에서 인공의 직관을 발견하다

인공지능의 원리

2016년 3월 영국의 딥마인드사가 개발한 인공지능 프로그램인 알파고와 한국의 프로 바둑기사 이세돌 사이에 다섯 번에 걸친 바둑 시합이 열렸습니다. 이세돌 기사가 쉽게 이기리라는 모든 사람의 예상과 달리 알파고가 4승1패로 쉽게 승리하여 세계를 놀라게 했습니다. 도대체 인공지능(간단히 AI)이 무엇이길래 바둑과 같이 복잡한 계산과 판단을 필요로 하는 작업을 인간보다 잘할 수 있는지 궁금하지요. 이 장에서는 인공지능이 무엇이고 어떤 발전 과정을 거쳐 왔는지 알아보도록 하겠습니다.

인간의 뇌: 신경망

　인공지능을 이해하기 위해서는 우선 인간 지능의 핵심인 뇌에 대해 알아야 합니다. 인간의 학습, 지각, 추리 및 논리 능력은 뇌에 있는 1,000억 개 이상의 뉴런(신경세포라고도 부릅니다)이 구성하는 복잡한 네트워크, 즉 신경망 때문입니다. 이들 뉴런은 두뇌 활동에 적합하도록 네트워크를 진화시켜 왔습니다. 그럼 뉴런이 무엇인지 알아볼까요?

　하나의 뉴런은 그림1처럼 세포체 주위에 여러 개의 수상돌기와 한 개의 축삭이 연결되어 있으며 축삭의 끝에는 여러 개의 축삭말단이 가지처럼 뻗어 있습니다. 또 그림2에서처럼 축삭말단은 인접한 뉴런의 수상돌기와 시냅스를 통해 연결되어 있습니다. 뉴런들은 축삭말단과 수상돌기가 직접 연결되어 있지 않고 떨어져 있습니다. 한 뉴런에서 축삭을 따라 전기 신호가 오면 축삭말단의 시냅스에서 화학 물질(신경전달물질이라고 부르며 기분을 좋게 하는 도파민, 세로토닌 등 여러 종류의 신경전달물질이 있습니다)을 분비하여 다른 뉴런에 이

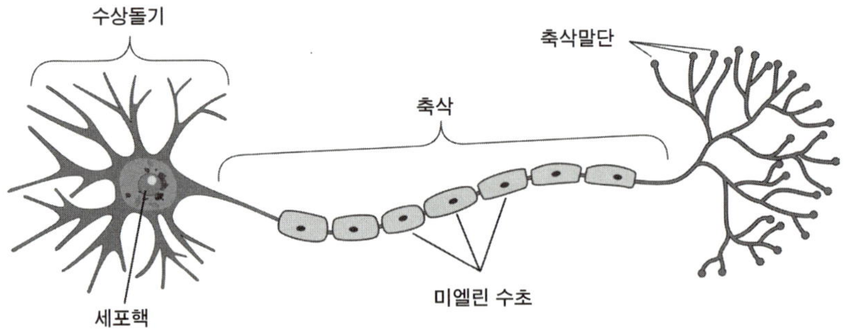

그림1 뉴런의 구조

　　　　쌓아올린 신경망 속에서 인공의 직관을 발견하다

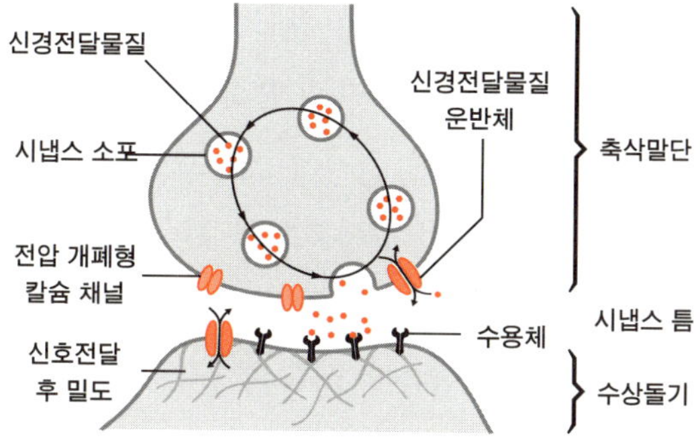

그림2 시냅스

신호를 전달합니다. 이런 방식으로 하나의 뉴런은 주위의 여러 뉴런들과 연결되어 복잡한 신경망을 형성하게 됩니다. 시냅스를 통한 간접 연결은 학습에 따른 강화를 통해 신경망이 유연하게 기능하도록 해주는 장점을 가지고 있습니다.

활동전위: 뉴런의 전기 신호

물리학은 앞서 이야기한 뉴런에 관한 생물학과 어떤 관계를 가지고 있을까요? 1952년 영국의 생물학자 호지킨(1914~1987)과 헉슬리(1917~2012)는 오징어의 거대 뉴런을 사용해 신경세포가 발생하는 전기 신호인 활동전위를 발견하고 발생 원인을 수학적으로 설명합니다. 두 사람은 이 공로로

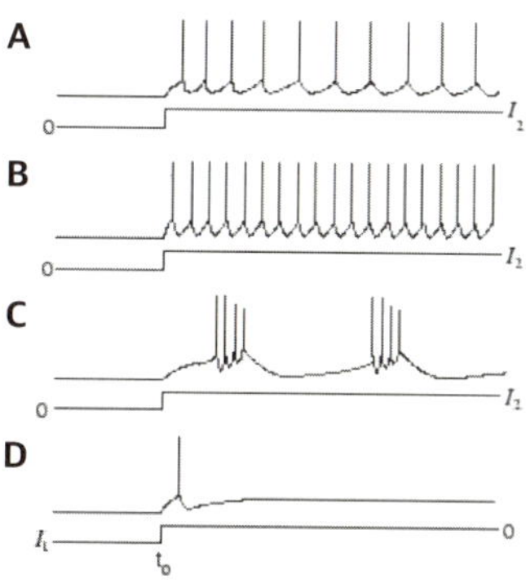

그림3 자극에 따른 다양한 형태의 활동전위. 위는 뉴런의 활동전위, 아래는 자극을 보여주고 있습니다.

1963년 노벨 생리의학상을 수상합니다. 활동전위를 발생하는 수학 모델은 물리학에 자주 등장하는 미분 방정식 형태를 가지고 있어 물리학 지식이 수학 모델을 이해하는 데 큰 도움이 되었습니다.

우리 몸에는 구석구석 뉴런이 분포되어 있습니다. 예를 들어 손가락이 못에 찔리면 손가락 끝에 있는 뉴런의 수상돌기를 자극하게 됩니다. 이 자극에 의해 나트륨(Na) 이온과 칼륨(K) 이온이 뉴런을 드나들면서 스파이크 형태의 활동전위가 발생하고 이 신호가 신경망을 따라 뇌에 전달됩니다. 그러면 뇌는 손가락이 못에 찔렸음을 인식하고 손가락을 떼라는 명령을 내리게 됩니다. 또 뇌는 필요에 따라서 응급조치를 하도록 명령을 내리기도 합니다.

뉴런에 자극이 없을 때는 −70mV였던 활동전위가 자극이 주어지면 일시적으로 35mV 정도로 커졌다가 다시 감소합니다. 이런 작은 크기의 전압을 띤 스파이크 형태의 활동전위는 몇 가지 특징을 가지고 있습니다. 자극이 일정 세기 이상일 때만 활동전위가 발생하고 자극이 그보다 작으면 발생하지 않습니다(전부 아니면 전무의 법칙). 또한 자극의 세기가 크면 클수록 활동전위의 크기는 변하지 않지만, 더 자주 발생되어 신호의 세기가 강해집니다.

인공 뉴런과 인공 신경망의 탄생

1943년 미국의 신경학자 매컬러(1898~1969)와 수학자 피츠(1923~1969)는 0과 1의 이진법에 기반한 단순한 인공 뉴런을 제안하고 인공 뉴런에 기반한 매컬러-피츠 모델을 만들었는데, 이것이 최초의 인공 신경망이라고 할 수 있습니다. 인공 뉴런에 두 개의 신호

        쌓아올린 신경망 속에서 인공의 직관을 발견하다

가 입력되는데 두 신호의 합이 1보다 크면 출력 신호가 1이 되고 합이 1보다 작으면 출력 신호는 0이 됩니다. 두 사람은 이런 단순한 인공 뉴런들을 연결하여 인간의 뇌를 논리적으로 설명할 수 있는 모델을 만들 수 있었습니다. 이들의 모델이 훗날 인공지능을 가능하게 하는 동력이 되었습니다. 피츠는 불우한 가정에서 태어난 천재였습니

프랭크 로젠블랫

다. 20살의 나이 차이에도 불구하고 피츠의 천재성을 알아본 매컬러의 도움으로 과학사에 남을 연구를 할 수 있었으나 우울증에 시달리다 46세의 젊은 나이로 생을 마감합니다.

1957년 미국 심리학자인 로젠블랫(1928~1971)은 매컬러와 피츠의 단순한 인공 뉴런 대신 이보다 개선된 인공 뉴런인 퍼셉트론 Perceptron을 제안합니다. 퍼셉트론의 가장 큰 특징은 입력 신호에 가중치를 줄 수 있다는 것입니다. 다시 말해 특정 신호는 입력 신호에 더 큰 기여를 하고 다른 신호는 작게 기여하도록 조절할 수 있습니다. 그리고 입력 신호에 가중치를 곱한 값의 합이 특정한 값보다 크면 출력 신호가 발생하고 작으면 출력 신호가 발생하지 않습니다. 퍼셉트론의 장점은 데이터의 학습을 통해 가중치를 조정할 수 있어 학습 효과를 가진 신경망을 구성할 수 있다는 것입니다.

로젠블랫의 퍼셉트론 신경망은 입력층과 출력층으로만 구성된 단층 퍼셉트론 모델로 간단하지만, 오늘날 딥러닝의 출발점이 되었다는 점에서 중요한 의미를 가집니다. 하지만 로젠블랫의 단층 퍼셉

트론 모델로는 한계가 있음이 지적되고 예상보다 인공 신경망 연구가 지지부진해지면서 미국 정부의 지원이 줄자 인공지능 연구의 겨울이 오게 됩니다. 이를 비관한 로젠블랫은 1971년 자살로 생을 마감합니다. 너무 시대를 앞서간 것이 로젠블랫에게 오히려 독이 된셈입니다.

다층 퍼셉트론 모델

얼어붙었던 인공 신경망 연구에 다시 불을 붙인 것은 다층 퍼셉트론 모델과 역전파 알고리즘의 등장이었습니다. 입력층과 출력층만있는 단층 퍼셉트론 모델과는 달리 다층 퍼셉트론 모델은 입력층과출력층 사이에 하나 이상의 은닉층이 존재합니다.

다층 퍼셉트론 모델에서 가장 어려운 점은 은닉층의 가중치를 추

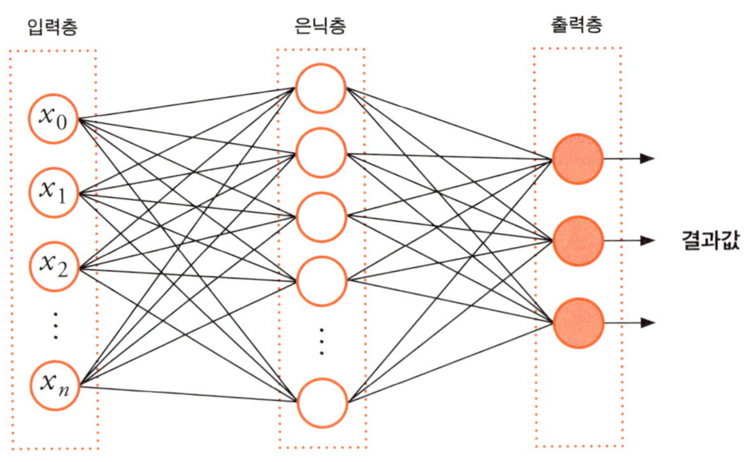

그림4 다층 퍼셉트론 모델. 각각의 원은 하나의 퍼셉트론을 의미합니다.

  쌓아올린 신경망 속에서 인공의 직관을 발견하다

정하는 것인데 역전파 알고리즘은 데이터 학습을 통해 출력 신호가 원하는 결과와 다를 경우 그 오차를 입력층 방향으로 역전파시켜 가중치를 구하는 방법입니다. 역전파 알고리즘을 사용하면 입력에 대해 원하는 결과와 정확히 일치하는 출력을 얻을 수 있어 퍼셉트론 신경망의 응용성을 크게 향상시킬 수 있습니다. 다층 퍼셉트론 모델은 딥러닝이나 기계학습과 같은 현재의 인공지능 개발의 기초를 제공하고 있습니다.

인공지능의 발전과 논란

초기의 인공지능은 앞서 이야기한 인공 신경망에 데이터와 규칙을 입력하여 답을 찾는 알고리즘을 가진 신경망이었습니다. 그 후 등장한 머신 러닝(기계학습)에서는 데이터와 답을 입력하면 스스로 학습을 통해 규칙을 찾아내는 알고리즘을 가진 신경망을 사용했습니다. 가장 진화된 딥러닝(심층 학습)은 데이터만 입력하면 스스로 방대한 학습을 통해 규칙과 답을 찾아내는 알고리즘을 장착한 거대 신경망입니다.

현대의 인공지능의 발전은 알고리즘의 발전 외에 반도체를 포함한 전자공학과 정보과학의 눈부신 발전이 있었기 때문에 가능했습니다. 컴퓨터의 핵심인 CPU의 발전 이상으로 그래픽 처리장치인 GPU의 눈부신 성장이 있어 지금과 같은 인간을 위협하는 인공지능으로 발전할 수 있었습니다. 인공 신경망의 아이디어가 제시된 후 이를 충분히 구현하는 데 수십 년의 시간이 걸린 이유는 바로 아이디어를 실제로 구현하는 데 필요한 기술이 발전하지 못했기 때문입니다.

이제 챗GPT로 대표되는 생성형 인공지능은 수십억 개 이상의 인공 뉴런으로 구성된 거대 언어 모델이라는 인공 신경망 시스템을 가지고 있습니다. 거대 언어 모델 인공지능은 언어를 기반으로 운영되며 엄청난 양의 데이터를 스스로 모으고 학습하여 사용자가 제시하는 질문에 흡사 사람처럼 답을 제공합니다. 챗GPT의 경우 수조 개의 연결, 수천억 개의 인공 뉴런에 수백 테라바이트의 텍스트 데이터를 학습하여 인간과의 대화는 물론이고 번역, 카피라이팅 등의 작업을 수월하게 처리하고 있지요. 영국의 튜링이 지금 살아 있다면 인간을 뺨치는 인공지능의 능력에 감탄하지 않을까요?

인공지능이 급속히 발전하면서 여러 우려의 목소리가 나오고 있습니다. 딥페이크나 가짜 뉴스 생산에 따른 신뢰성 문제, 지적재산권을 둘러싼 문제, 중독성 문제, 가장 크게는 인공지능으로 인한 대량 실업 가능성 문제 등 사회적으로 고민해야 할 여러 문제가 등장하고 있으나 아직 뚜렷한 해법은 없습니다. 인공지능으로 인한 사회의 변화를 보면 여러분이 왜 과학의 발전에 관심을 가져야 하는지 이해할 수 있으리라 생각합니다.

 쌓아올린 신경망 속에서 인공의 직관을 발견하다

맺음말

끝까지 이 책을 읽어주신 독자 여러분께 진심으로 감사의 인사를 전합니다. 여러분의 노력은 앞으로 충분히 보상을 받으리라 믿습니다. 물리학은 발명의 어머니라고 합니다. 물리학 아이디어를 잘 생각하다 보면 새로운 기술이나 제품을 발명할 수도 있습니다. 반도체를 연구하다 트랜지스터를 발명한 일이나 양자역학을 응용해 레이저를 발명한 일이 모두 물리학 아이디어를 구체적인 제품으로 구현한 사례입니다. 머지않은 미래에 등장할 양자컴퓨터, 핵융합발전소, 인공지능을 갖춘 로봇 등 우리 사회를 변혁할 새로운 기술이나 제품의 기반이 되는 것이 물리학입니다. 앞으로 계속해서 물리학에 관심을 가져주시기 바랍니다.

마지막으로 재미가 없을 수 있는 물리학 내용을 읽기 쉽고 재미있게 편집하느라 수고하신 바다출판사 편집팀에게 감사를 드립니다. 편집팀의 노고가 없었다면 이런 좋은 책이 나올 수 없었음을 고백합니다. 다시 한번 감사를 전합니다.

대형 서점이나 큰 도서관에 가면 수많은 교양 과학 도서를 만날 수 있습니다. 어느 책을 고르더라도 과학 지식을 얻는 데 문제는 없습니다. 자신의 수준에 맞는 책을 골라 읽는 것이 가장 바람직하며 더 높은 지식을 원한다면 수준이 더 높은 책을 골라 읽으면 됩니다. 그래도 중고교생 이상의 독자를 위한 비교적 널리 알려진 과학 도서를 추천하니 참고하시기 바랍니다.

좀 더 높은 수준의 수식을 사용한 물리학 도서를 원한다면 다양한 대학 1학년 일반물리학 교재를 권합니다. 교양 수준의 물리학 최신 정보를 위키피디아, 유튜브, 생성형 인공지능 등의 온라인을 통해 얻을 수도 있습니다. 하지만 과학 도서처럼 체계화된 다량의 정보를 얻기는 어렵고 온라인 정보는 다시 보려면 시간과 노력이 도서에 비해 더 든다는 단점을 가지고 있습니다.

물리학 일반에 대한 궁금증을 풀어줄 교양 도서

《속 보이는 물리 1, 2, 3》 (한국물리학회 지음, 동아사이언스, 2005~2006년)
중고교생을 위한 물리학 소개. 학교에서 배우지 못한 원리를 더 깨닫게 해줍니다.

《물리 이야기》 (로이드 모츠 지음, 차동우 옮김, 전파과학사, 2001년)
물리학 역사를 자세히 소개하고 있습니다. 지금은 절판이 되어 도서관에서 빌려볼 수 있습니다.

《엔트로피》 (제레미 리프킨 지음, 이창희 옮김, 세종연구원, 2015년)
엔트로피에 관련된 이야기와 인류의 미래에 관한 흥미로운 내용들을 담고 있습니다.

《뉴턴》 (게일 크리스천슨 지음, 정소영 옮김, 바다출판사, 2025년)
뉴턴의 일생과 고전역학에 대해 다루고 있습니다.

현대물리학에 대한 궁금증을 풀어줄 교양 도서

《아인슈타인》 (제레미 번스타인 지음, 이상헌 옮김, 바다출판사, 2025년)
아인슈타인이 양자역학과 상대성이론에 미친 영향을 그의 일생과 함께 다루고 있습니다.

《톰킨스 물리열차를 타다》 (조지 가모브 외 지음, 이창희 옮김, 이지북, 2008년)

현대물리학을 소개하는 고전 과학도서. 상대성이론, 양자역학, 핵물리학, 입자물리학 등을 톰킨스의 모험을 통해 재미있게 소개하고 있습니다.

《E = mc²》 (데이비드 보더니스 지음, 김희봉 옮김, 웅진지식하우스, 2014년)

특수상대성이론의 가장 유명한 공식인 $E = mc^2$과 관련된 역사, 물리학 개념, 재미있는 일화를 소개하고 있습니다.

《카오스》 (제임스 글릭 지음, 박래선 옮김, 동아시아, 2013년)

카오스 이론을 소개하는 고전 도서.

《엘러건트 유니버스》 (브라이언 그린 지음, 박병철 옮김, 승산, 2004년)

입자물리학뿐 아니라 끈 이론, 우주의 근본 이론까지 넓게 다룹니다.

347, 353, 370, 424

ㅍ

파동함수 401~404, 406
파렌하이트, 다니엘 가브리엘 189~190
파속 364~365, 390~391, 396
파스칼, 블레즈 120~121
파스칼의 원리 120~121
파인만, 리처드 462~463
파장 105~106, 178~181, 234~236,
    238, 253~255, 304~305, 332,
    334, 346~349, 351, 353, 357,
    361, 364, 367~368, 379, 384,
    389~391, 396, 468
패러데이 발전기 158, 161~162
패러데이, 마이클 154~156, 158~160,
    163, 165, 170~172
팽창우주설 335, 340
퍼셉트론 491~493
펄머터, 솔 340
퍼텐셜에너지 71~75, 187, 191, 203,
    304~305, 402
페르마, 피에르 드 90~91, 94
펜지어스, 아노 앨런 337~338
포돌스키, 보리스 408
폴더르, 디르크 393
푸앵카레, 앙리 483~485
푸코, 장 베르나르 레옹 101~103
푸코의 진자 102
풀러렌 466
프라운호퍼, 요제프 폰 255, 350
프라운호퍼선 255, 350
프라운호퍼협회 350

프랙탈 480~481
프랭클린, 벤저민 127~129, 131, 137
프레넬, 오귀스탱 장 107
프리드만, 알렉산드르 329, 335
《프린키피아》47~48, 54, 59, 173
플랑크, 막스 345~356, 360, 381, 387,
    407~408
플랑크상수 351, 367
플랑크의 양자가설 350~354, 380,
    382, 389, 396, 404
플로지스톤 184~186, 189
피조, 이폴리트 루이 99~102
피츠, 월터 490~491
피츠제럴드, 조지 270
피츠제럴드-로런츠의 길이 줄어듦
    효과 270~271, 276, 282

ㅎ

하드론 440~443, 448
하위헌스, 크리스티안 68, 82~84, 103,
    184, 251
하이젠베르크, 베르너 387~391, 400,
    403~404, 406~409, 425
하이페론 441
한, 오토 423~424
해밀턴, 윌리엄 로언 401
해밀턴역학 401
핵력 62~63, 172, 416~418, 441, 445,
    447~450
핵분열 291~292, 423~427
핵붕괴 419~422, 425, 448
핵융합 236, 291~292, 311, 427~429,
    459

기타

한 권으로 총정리한 물리의 법칙

초판 1쇄 발행 2026년 3월 27일

지은이 김영태
책임편집 이기흥
디자인 윤철호

펴낸곳 (주)바다출판사
주소 서울시 서대문구 신촌로3길 15 6층
전화 02-322-3885(편집) 02-322-3575(마케팅)
팩스 02-322-3858
이메일 badabooks@daum.net
홈페이지 www.badabooks.co.kr

ISBN 979-11-6689-401-5 03420